AF337785

LE NOUVEAU THÉATRE

D'AGRICULTURE

Paris. — Impr. de Ad. Lainé et J. Havard, rue des Saints-Pères, 19.

LE NOUVEAU THÉATRE

D'AGRICULTURE

OU

DESCRIPTION RAISONNÉE DES TRAVAUX

NÉCESSAIRES A LA CULTURE DES TERRES

ACCOMPAGNÉE

D'UNE ÉTUDE COMPARATIVE DES AUTEURS LATINS

QUI ONT ÉCRIT SUR L'AGRICULTURE

PAR

M. H. DAUDIN

ANCIEN PRÉSIDENT DE LA SOCIÉTÉ AGRICOLE ET INDUSTRIELLE
DU DÉPARTEMENT DE L'OISE

> Rura mihi et rigui placeant in vallibus amnes
> Flumina amem silvasque, inglorius.
> (VIRG., *Georg.*, l. II.)
>
> Que je me plaise aux champs et près du ruisseau
> qui arrose ma vallée ; que j'aime les eaux et
> les bois, et que je vive obscur !

PARIS

VICTOR MASSON ET FILS

PLACE DE L'ÉCOLE DE MÉDECINE

—

M DCCC LXIV

BIBLIOTHÈQUE IMPÉRIALE

A LA MÉMOIRE VÉNÉRÉE

DE MES PARENTS

O vous ! qui tous deux morts avant l'âge m'avez laissé, encore au berceau, exposé à tous les périls, à toutes les peines de la vie, soyez bénis, pour m'avoir transmis, comme un précieux héritage, ce sentiment avec lequel on se suffit à soi-même; qui permet de s'isoler au milieu de la foule, et de ne pas se trouver seul, même aux lieux les plus déserts!

C'est à vous que je dois l'amour des beautés de la nature et le désir ardent de connaître ses œuvres. Si je ne vous ai pas suivis dans les sentiers ardus de la science, du moins, mon esprit a toujours été porté vers un but sérieux. J'ai aimé, j'ai cultivé, j'ai orné, en pensant à vous, ces lieux où ont été faites les premières recherches, les premières études qui ont servi de base à l'Histoire naturelle des reptiles, et à d'autres ouvrages interrompus par une mort prématurée. J'y laisserai aussi quelques souvenirs, et des marques longtemps visibles de mon passage sur cette terre.

J'ai voulu aujourd'hui, à votre exemple, placer mon nom en tête d'un livre, quelque modeste qu'il fût. Parmi toutes mes études, j'ai choisi, pour les résumer, dans un traité élémentaire et méthodique, les notions qui s'appliquent à l'art le plus utile à l'humanité.

Je vous dédie ce fruit de mes observations et de mon expérience. Recevez ce témoignage tardif d'une piété profonde; et plaise à Dieu que « dans ce monde invisible où tous un jour nous nous réunissons », je jouisse enfin du bonheur qui m'a été refusé : celui de vous connaître et de vous aimer !

François-Marie Daudin, né le 29 août 1776, mort le 28 novembre 1804, fils d'un conseiller de la chambre des comptes, et non d'un fermier général, comme on l'a dit dans plusieurs biographies ; auteur de l'*Histoire naturelle des reptiles*, en huit volumes, faisant suite aux œuvres de Buffon, dans l'édition de Sonnini, et de plusieurs mémoires scientifiques, publiés dans le *Bulletin* de la Société philomathique et dans les *Annales d'histoire naturelle*.

Il avait entrepris, dans les dernières années de sa vie, de composer un *Traité élémentaire et complet d'ornithologie* dont il n'a paru que deux volumes.

Dans une notice faite pour un dictionnaire biographique, sur mes parents, qu'il avait connus, Cuvier a écrit cette phrase : «Ils n'ont pas laissé d'enfants.» Cette erreur, qui n'a jamais été rectifiée, a été reconnue par lui, dans la lettre suivante qu'il m'a écrite, à la date du 18 février 1818.

A MONSIEUR HYACINTHE DAUDIN,

Chez M. Massin, *rue des Minimes*, n° 10.

« Je suis très-fâché, monsieur, de l'erreur que j'ai
« commise à votre sujet, dans mon article sur feu mon-
« sieur votre père. Je saisirai la première occasion de la
« réformer; heureusement, elle ne peut vous nuire, et
« vous avez des titres de naissance qui ne permettent
« pas de vous opposer un dictionnaire fait avec les ma-
« tériaux recueillis comme on a pu. Je m'étais adressé

« dans le temps à monsieur votre grand-père, pour avoir
« des renseignements; il ne m'en procura aucun.
    « Je vous prie d'agréer, etc.   « G. Cuvier. »

    Un autre grand naturaliste, Lacépède, dans une lettre
écrite à ma mère, apprécie ainsi les travaux de mon père.

A MADAME DAUDIN,

Rue Saint-Dominique, hôtel Molé.

    « Madame, j'aurais certainement beaucoup de plaisir
« à lire le premier les Mémoires de mon confrère, des-
« tinés pour les *Annales d'Histoire naturelle*, mais je se-
« rais bien fâché d'en retarder la publication. Je connais
« depuis longtemps les lumières, le talent, l'exactitude,
« la manière d'écrire de mon confrère, et je l'invite avec
« empressement, puisque mes collègues ont bien voulu
« désirer mon assentiment, à faire jouir le public, le plus
« promptement possible, de ses découvertes et de ses
« nouvelles productions.
    « Agréez, madame, ma reconnaissance pour l'intérêt
« que vous prenez à la santé de ma femme dont l'état
« commence à s'améliorer, et recevez la nouvelle ex-
« pression de mon respect.

             « B. G. E. Lacépède. »

    « Le 28 vendémiaire an XI. »

Adélaïde-Geneviève DE SAINT-SAUVEUR, née le 6 avril 1775, morte le 25 octobre 1804, fille d'Hyacinthe Philémon, chevalier de Saint-Sauveur, lieutenant général commandant une brigade des gardes du corps. Cuvier dit, dans sa notice, qu'elle était d'une figure et d'un caractère aimables, et qu'elle aidait son mari dans ses travaux.

Douée d'un talent d'artiste, elle a dessiné la plupart des planches de l'*Histoire naturelle des reptiles.* Elles ne sont inférieures en rien aux autres planches du même ouvrage, qui sont dues au crayon de Desève.

Il ne reste aujourd'hui personne qui l'ait connue ; et je n'ai d'elle que quelques lignes de son écriture, et la copie d'un petit tableau de Metzu, qui peut supporter la comparaison avec l'original, que j'ai vu au Musée de La Haye.

Je transcris ici une lettre qui lui a été adressée de Rome par le cardinal de Bernis, son parent. C'est le seul écrit que je possède, où il soit parlé d'elle, et qui puisse me rappeler son souvenir.

A MADEMOISELLE ADÉLAÏDE DE SAINT-SAUVEUR,

A l'hôtel de M. le comte d'Affry, à Fribourg, en Suisse.

« Je viens de recevoir, ma chère cousine, la lettre dont
« vous m'avez honoré le 21 du mois dernier. Quoique
« cette lettre me rappelle la mort de M. le comte d'Affry,
« que j'aimais et estimais infiniment, et celle du comte
« de Nozières, j'ai été charmé de faire connaissance avec

« la digne fille de M. le chevalier de Saint-Sauveur avec
« qui, et l'évêque de Bazas (frère du chevalier), j'ai passé
« une partie de ma jeunesse. Je vois que vous avez hérité
« des sentiments, très-rares aujourd'hui, de toute notre
« famille ; et c'est une consolation pour moi de retrouver
« en vous la façon de penser de mes meilleurs amis et
« parents. Je vous prie de dire à l'abbé Rousseau de me
« donner de vos nouvelles toutes les fois qu'il m'écrira,
« et d'être bien persuadée, ma chère cousine, de mon
« tendre et respectueux attachement.

« Le card. DE BERNIS. »

« A Rome, 12 février 1794. »

J'ai voulu reproduire, dans quelques exemplaires de
cet ouvrage, des lettres auxquelles j'attache un grand
prix. Sans cette précaution, qui en assure la conservation, elles seraient restées ignorées, et auraient complétement disparu, dans un avenir peu éloigné.

TABLE DES CHAPITRES.

INTRODUCTION.

Il y a peut-être quelque témérité à écrire un livre sur l'agriculture, après tant d'excellents ouvrages qui ont traité de l'art de cultiver la terre et l'ont élevé à la hauteur d'une science, quand une foule de savants agronomes et de praticiens instruits écrivent chaque jour des articles spéciaux, et publient le résultat de leurs observations et de leurs études dans des recueils périodiques, dans les bulletins des comices agricoles et des sociétés d'agriculture. Aussi ai-je hésité longtemps avant d'entreprendre ce travail. Je me suis enfin décidé par cette considération, qu'un sujet si vaste ne peut jamais être épuisé, et que d'ailleurs, s'il m'arrive de reproduire des idées déjà émises, au moins je les aurai présentées dans d'autres termes et sous une forme nouvelle.

N'est-ce pas surtout de l'agriculture que l'on peut dire ce que la Fontaine a dit de la fable :

> Mais ce champ ne se peut tellement moissonner
> Que les derniers venus n'y trouvent à glaner ?

J'ai donc essayé de glaner dans ce champ où d'autres ont moissonné avant moi. Mais j'ai cherché surtout à glaner sur mon propre fonds.

Pendant vingt ans j'ai dirigé seul et personnellement une ferme importante, j'en ai conduit tous les travaux activement, directement, avec attention et persévérance ; et, même aujourd'hui, je n'ai pas tellement abandonné la culture que je ne sois encore un peu du métier. Pendant de longues heures, et par tous les temps, j'ai marché près de la charrue, j'ai suivi la herse et les autres instruments, les voyant fonctionner sur le terrain, étudiant leur mécanisme et leurs effets, observant l'action produite, selon la saison, selon le temps, humide ou sec, beau ou pluvieux.

J'ai consulté la pratique des meilleurs cultivateurs de mon voisinage, dans une contrée qui peut se vanter d'être au premier rang. Un d'entre eux a obtenu la prime d'honneur, à l'Exposition régionale de Beauvais en 1861 ; et quelle que soit son expérience ou son mérite réel, il a autour de lui d'heureux imitateurs et de dignes émules. Dans un sol de nature très-inégale, où l'on trouve, à côté de terres bonnes et fertiles, des coteaux calcaires secs et maigres, quelques terrains sablonneux, surtout des plateaux pierreux où la charrue mord avec peine, on est parvenu à ne laisser aucun espace inculte, et à obtenir partout, à force de soins, des récoltes égales à celles des pays les plus favorisés.

J'ai parcouru presque toutes les parties de la France ; j'ai comparé les différentes méthodes ; et, grâce à la rapidité des chemins de fer, j'ai pu constater presque instantanément, d'une extrémité à l'autre, l'état des terres et l'apparence des récoltes.

C'est le résultat de toutes ces observations que j'ai exposé dans une espèce de résumé méthodique. J'ai essayé surtout de décrire, aussi clairement que possible, les détails pratiques, les actes pour ainsi dire matériels et mécaniques, qui se succèdent depuis la première préparation des terres jusqu'à la récolte.

J'espère qu'on me pardonnera d'avoir cité quelques vers des *Géorgiques*. Au mérite éclatant de la poésie, Virgile joint celui de l'observation réelle des choses qu'il décrit. En indiquant des procédés admis et approuvés par tous les agronomes de nos jours, en rappelant des préceptes incontestés, je les ai souvent rencontrés sous ma plume, exposés avec le magnifique langage du poëte, dans une forme sentencieuse et concise qui les grave dans la mémoire.

Je n'ai pas résisté au plaisir de les rappeler, et je pense qu'on aimera ces rapprochements, d'une actualité frappante, de certaines théories des vieux âges qui sont restées toujours nouvelles parce qu'elles étaient vraies.

Il en est de même de certains passages des

auteurs latins qui ont écrit sur l'agriculture. J'ai cité ceux qui m'ont paru dignes de remarque, toutes les fois que j'ai cru pouvoir le faire à propos. Ils seront lus peut-être volontiers par les personnes versées dans la connaissance de la langue latine ; pour celles qui n'en ont pas fait l'objet de leurs études, ou qui l'ont oubliée, j'ai pris soin de placer, à la suite de chaque citation, sa traduction presque littérale.

On ne peut voir sans intérêt les préceptes donnés par les agronomes de l'antiquité, lorsqu'ils ont été vérifiés par l'expérience d'une longue suite de générations d'agriculteurs. La description des vieux usages, des antiques méthodes de culture, offre aussi un curieux sujet d'examen, soit que ces usages subsistent encore après tant de siècles, soit qu'ils aient subi des changements et des transformations, ou qu'ils aient été entièrement abandonnés.

On peut réduire à quatre le nombre des auteurs latins dont les écrits, traitant de l'économie rurale, sont parvenus jusqu'à nous.

Le premier, dans l'ordre chronologique,

est Caton l'Ancien, appelé aussi Caton le Censeur. Son livre sur l'agriculture a été écrit près de deux siècles avant notre ère. Le style en est concis, souvent un peu barbare. Il dit peu de chose sur la culture des terres : il traite surtout, mais sans ordre et sans suite, de l'administration et de la surveillance d'un domaine, de la culture de la vigne et de l'olivier. Enfin il indique une foule de recettes de médecine et de ménage, qui sont aujourd'hui sans aucune utilité.

Près d'un siècle et demi après Caton, et quelques années avant Virgile, Varron écrivit, à l'âge de quatre-vingts ans, son traité agronomique divisé en trois livres. Le premier s'occupe, d'une manière générale, de l'agriculture proprement dite ; le second, du bétail ; le troisième, des oiseaux de basse-cour et des abeilles.

Ce sont des espèces de conversations familières entre différents interlocuteurs, auxquels il donne des noms plaisamment significatifs. Agrius traite de l'agriculture. Stolon (rejeton) s'occupe des arbres, de la multiplication de la vigne et de l'olivier. Scrofa (truie) parle du bétail et des pourceaux. Vaccius ; des vaches et des bêtes bovines. Enfin Merula (merle), Pavo (paon), Pica (pie) et Passer (moineau) interviennent dans la dissertation sur les oiseaux de volière et de basse-cour.

Varron avait composé, sur divers sujets, de nombreux ouvrages, et passait près de ses contemporains pour un homme très-savant. Aussi son livre sur l'économie rurale offre-t-il plus de traces de connaissances générales que de notions vraiment pratiques. Comme il est écrit avec soin et avec méthode, on peut dire même, avec esprit, on le lit avec intérêt et on y trouve d'utiles renseignements sur son époque.

Vers l'an 3o de l'ère chrétienne, Columelle composa l'ouvrage le plus étendu que les anciens nous aient laissé sur l'agriculture. Cet ouvrage est divisé en douze livres, sur lesquels il n'y en a que quatre qui traitent de la culture des terres et de l'entretien du bétail. Dans les autres il est question de la vigne, de l'olivier, des abeilles, des arbres et du jardinage. Dans le douzième, il a donné, à l'exemple de Caton, quantité de recettes empiriques ou économiques, de peu de valeur.

Le livre deuxième, consacré à l'agriculture, n'est pas sans mérite. Columelle y cite assez fréquemment Virgile, et s'est inspiré des *Géorgiques*. On lui reproche un style fleuri et prétentieux, peu convenable dans une œuvre qui demandait avant tout de la clarté, de la précision et une certaine simplicité de bon goût.

Un critique a dit de lui :

Litteratis Columella magis placet, quam prodest agricolis.

« Columelle plaît aux hommes lettrés plus qu'il n'est utile aux agriculteurs. »

Il faut mentionner encore Pline le Naturaliste, qui, sous Vespasien, a écrit une histoire naturelle divisée en trente-sept livres, dans lesquels il traite *de omni re scibili*, de toutes les connaissances que peut embrasser l'esprit humain. Le système du monde, l'astronomie, la météorologie, la physique, la géographie, l'histoire, la médecine et toutes les branches de l'histoire naturelle, sont passées en revue dans cet ouvrage universel. Le livre dix-huitième est entièrement consacré à l'agriculture. Pline y résume les préceptes donnés par Caton, Varron et Virgile, dont les noms sont souvent cités. Il a aussi reproduit, dans d'autres termes, plusieurs passages du traité de Columelle, qui avait été écrit quelque temps avant lui. Aux notions puisées dans les livres de ces agronomes, il a ajouté celles qu'il avait acquises lui-même dans ses voyages à travers un grand nombre de provinces soumises à la domination romaine.

Quoique l'œuvre de Pline contienne de graves et nombreuses erreurs, dues à l'état peu avancé des sciences physiques à cette époque et à l'immensité du sujet qu'il avait embrassé, on y remarque beaucoup d'observations exactes, exposées dans un style nerveux et concis. On sait qu'il mourut étouffé, pendant la première éruption du Vésuve, victime de son amour pour la science et du désir imprudent d'observer de trop près un terrible et curieux phénomène.

Enfin, quatre siècles environ après l'écrit

de Caton, a paru celui de Palladius, qui n'ajoute rien aux notions données par ses prédécesseurs. Il se borne souvent à reproduire des passages de Columelle, dont il a fait, pour ainsi dire, un extrait. Cet ouvrage est divisé en quatorze livres, qui, du second au treizième, portent le nom des douze mois de l'année, et forment comme une espèce de calendrier du cultivateur. Le premier contient les principes généraux et quelques aphorismes d'une forme assez concise et ingénieuse. Le quatorzième est un petit traité en vers sur la greffe des différentes espèces d'arbres.

Parmi tous ces agronomes, je n'hésite pas à placer Virgile au premier rang. Il a tracé dans les *Géorgiques* les premiers principes de l'agriculture d'une manière à peu près aussi complète que les ouvrages spéciaux sur cette matière. Il a su composer une œuvre exquise sur le sujet en apparence le plus vulgaire, et présenter les choses les plus communes avec une richesse d'ornements qu'on doit d'autant plus admirer qu'elle n'exclut pas l'exactitude des descriptions.

Toutefois, il faut le reconnaître, parmi des

conseils utiles, des renseignements intéressants sur l'origine de l'art agricole, tous ces auteurs, et Virgile lui-même, s'égarent trop souvent dans une foule d'idées superstitieuses et dans les chimères de l'astrologie, qui était un des grands préjugés de ce temps.

Dans les premières années du XVIIIe siècle, un savant jésuite, le P. Vanière, fit paraître successivement les seize livres d'un poëme latin sur l'économie rurale, intitulé : *Prædium rusticum*, « le Domaine ou la Maison rustique. » Cet ouvrage excita un grand enthousiasme chez les contemporains de l'auteur, qui fut surnommé par eux : « le Virgile de la France. »

Il y a, en effet, dans le *Prædium rusticum* certains passages que Virgile n'eût peut-être pas désavoués. Cependant ce poëme ne peut être considéré que comme une élégante et poétique amplification des traités agronomiques de Varron, de Columelle, et du *Théâtre d'agriculture* d'Olivier de Serres, qui lui ont servi comme d'argument. Il se borne le plus souvent à reproduire leurs préceptes et leurs théories, en des vers harmonieux et faciles.

L'œuvre du P. Vanière a donc un mérite purement littéraire, et l'on ne peut dire qu'elle ait réellement contribué au progrès de la science agricole. Ce n'est pas qu'il ne se livre à des développements puisés dans son propre fond, et qu'il n'aborde aussi des sujets nouveaux. Par exemple, le jeu du mail, la peste de Marseille, l'éducation des vers à soie, l'éloge de quelques personnages de son temps, lui fournissent des sujets qu'il traite avec bonheur. Il indique comment doit être construite une glacière, comment on y conserve la glace ou la neige, afin que les gens de la campagne puissent rafraîchir leur boisson pendant les chaleurs de l'été, raffinement sans doute inconnu aux cultivateurs de son temps, et réservé, même de nos jours, aux habitudes luxueuses des habitants des villes.

Pline avait dit :

Hi nives, illi glaciem potant, pœnasque montium in voluptatem gulæ vertunt. (Liv. XIX, s. xix.)

« Ici les neiges, ailleurs la glace, servent de boisson, et la rigueur du climat des montagnes devient une source de plaisir pour la sensualité des gourmands. »

Ut sole sitim referente, gelata
Restituat tepidis aqua frigus amabile lymphis.
(*Præd. rust.*, 1. VIII.)

« Afin que, l'ardeur du soleil ramenant la soif, la glace rende à l'eau devenue tiède, une agréable fraîcheur. »

Il y a un passage sur les paniers, qu'on croirait avoir été écrit dans quelque satire sur les modes de nos jours :

Indignatur enim segetem quæ jugera centum
Vestierat, vix matronæ satis esse tegendæ.
Purpureis grandes intexere vestibus orbes
Qualibus ille solet sua cingere dolia vinclis.
Occupat una vias laxosque canephora vicos ;
Vixque suas intrat foribus bipatentibus ædes,
Protensis late tunicis, inflantur in austro
Carbasa, cum plenis sulcat ratis æquora velis.
(*Præd. rust.*, 1. II.)

« Le villageois s'indigne de voir que le prix d'une moisson qui avait couvert cent arpents suffise à peine à vêtir une dame de la ville. Elles font coudre dans leurs robes de grands cercles, pareils aux cerceaux dont il se sert pour relier ses tonneaux. Une seule de ces femmes à paniers occupe toute la largeur des rues ; elle a peine à rentrer chez elle ; il faut ouvrir les portes à deux battants, tant elle a donné d'ampleur à ses jupes ; ainsi la toile s'enfle au vent, quand un vaisseau vogue à pleines voiles sur les flots. »

J'ai cru pouvoir citer çà et là quelques vers du P. Vanière, soit pour les rapprocher des passages des auteurs anciens offrant le même sens, soit lorsqu'ils m'ont paru rendre ma pensée d'une manière élégante et neuve.

Il m'a semblé, d'ailleurs, que toutes ces citations, se rattachant bien au sujet, répandraient quelque variété et un certain intérêt littéraire sur une œuvre aride et peu attrayante par elle-même.

Environ un siècle avant le poëme de Vanière, en l'an 1600, un gentilhomme languedocien fit paraître, sous le titre de THÉATRE D'AGRICULTURE ET MESNAGE DES CHAMPS, le premier ouvrage méthodique et suivi qui ait été écrit en notre langue sur cette matière.

L'auteur de cet ouvrage, Olivier de Serres, mourut à quatre-vingts ans, en 1619, entouré d'une haute considération, et fut jugé digne d'être appelé le père de l'agriculture française.

Cependant son livre, écrit en vieux langage, était presque oublié, lorsque, dans les dernières années du XVIIIe siècle, le gouvernement de la République, sentant la nécessité d'améliorer l'agriculture de la France, ordonna , entre autres mesures , l'impression d'une nouvelle édition des œuvres d'Olivier de Serres.

L'ouvrage, réimprimé avec luxe, sous les auspices de la Société d'agriculture du département de la Seine, fut enrichi, par des agronomes célèbres appartenant à cette société, de notes qui rectifient ce qui était inexact, éclaircissent et complètent ce qui était obscur et insuffisant, et donnent à cette édition une valeur bien supérieure à celle que pouvait avoir par elle-même l'œuvre originale.

En effet, le traité agronomique d'Olivier de Serres reproduit à peu près ceux des agronomes latins, surtout celui de Columelle. La division des deux ouvrages est la même et les matières traitées sont presque identiques.

On a vu plus haut le sommaire de chacun des douze livres de Columelle. Le *Théâtre d'agriculture* comprend huit livres ou lieux, ainsi composés : I. Du devoir du Mesnager. Généralités , connaissance et mesurage des terres, bâtiments champêtres, domestiques. II. Du labourage des terres a grains. Fumiers, semences et moissons. III. De la cul-

TURE DE LA VIGNE. Vendange et façon des vins.
IV. DU BÉTAIL A QUATRE PIEDS. Herbages, prés,
fourrages, bœufs, chevaux, ânes, moutons,
pourceaux et chiens. V. DE LA CONDUITE DU
POULAILLER, DU COLOMBIER, DE LA GARENNE, DU
PARC, DE L'ESTANG, DU RUSCHER ET DES VERS A
SOYE. VI. DES JARDINAGES. VII. DE L'EAU ET DU
BOIS. Fontaines, rivières, puits, mares; bois
taillis, arbres, futaie. VIII. DE L'USAGE DES
ALIMENTS, ET DE L'HONNESTE COMPORTEMENT EN
LA SOLITUDE DE LA CAMPAGNE. Aliments, confi-
tures, recettes, remèdes pour les personnes et
pour les bêtes.

Quoiqu'il ait emprunté beaucoup aux anciens, Olivier de Serres mettait lui-même en
pratique les préceptes développés dans son
livre. Vivant sur son domaine, qu'il faisait
cultiver sous ses yeux, il y introduisait des
améliorations de tout genre. Il avait fait de
sa terre du Pradel un séjour délicieux, où
tout ce qui est utile et productif se réunis-
sait à l'agréable. Son esprit éclairé et judicieux avait rejeté la plupart des erreurs superstitieuses qui déparent les écrits des anciens.

« En ce poinct, dit-il dans le chapitre VII
« du premier livre, presque tous les hommes
« se sont trompés, donnant confusément tout
« à la vertu du soleil, de la lune, des autres
« planètes et estoilles, y ayant indifféremment
« assujetti tous ouvrages humains, la plus-
« part sans apparence de raison.

« Hésiode, Virgile, Columelle, Pline, Con-
« stantin César et autres antiques ont cu-
« rieusement et scrupuleusement observé ces
« choses-là : lesquelles recherchans de près,
« chacun treuvera partout quelque reste de
« superstition païenne couverte du manteau
« chrestien, observée de père à fils jusques
« aujourd'hui.

« Donques le bon mesnager, sans s'amuser
« d'attendre par trop les lunes, les signes,
« les mois ne les jours, expédiera ses affaires
« lorsque par bon tempérament le ciel et la
« terre s'accorderont par ensemble ; prenant
« par les cheveux l'occasion venant des bon-
« nes saisons, qui n'estans de longue durée,
« ne vous donnent tous-jours loisir de para-
« chever à l'aise vos affaires ; à cette fin se
« munissant de diligence, comme du plus se-

« courable outil duquel l'homme se puisse
« servir en toutes actions. » (L. I, chap. vii.)

Cependant, malgré ces sages conseils et
cette assurance d'un esprit supérieur aux préjugés, on voit par certains passages qu'il n'est
pas entièrement exempt « de ce reste de superstition païenne. »

On en jugera par les exemples suivants :

« Le moudre des blés pour la garde des
« farines est meilleur (comme aussi le pain
« qui en provient moins sujet à moisir), la
« provision estant faicte en décours, qu'en
« croissant. » (L. I, ch. vii.)

« Les vignes languissantes sont secourues
« par la taille de la nouvelle lune ; et par
« celle de la vieille, est rabattu l'orgueil de
« celles qui se jettent trop en bois. » (*Id.*, *ibid.*)

« L'influence de la lune se recognoist au flux
« et reflux de la mer, s'engrossissant à mesure
« de la lune ; aux mouëlles des bœufs, mou-
« tons et autres bestes, et aussi à la chair des
« poissons à escaille, qui croissent et dé-
« croissent quant et la lune ; aux fourmis qui
« cessent de travailler quand la lune est en
« conjonction avec le soleil. » (L. I, ch. vii.)

« Chacun tient que du froment vert, chan-
« ci, ridé et léger, provient l'yvroie. J'ai
« moi-même esgrené un espi de froment,
« dans lequel se trouvèrent quelques grains
« d'yvroie ; qui me font ne révoquer en doute
« le dégénérer du froment, en telle maligne
« graine d'yvroie. » (L. II, chap. iv.)

« L'espeautre a cela de commun avec le
« froment que de dégénérer en autre espèce :
« mais c'est en avoine en laquelle se change
« à la longue. » (*Id.*, *ibid.*)

« Est remarquable la naturelle amitié de
« l'asperge avec les cornes de la mouton-
« naille, pour s'accroistre gaiement près d'el-
« les ; qui a fait croire à aucuns, les asperges
« procéder immédiatement des cornes. Pour
« laquelle cause au fond de la fosse met on
« un lit de cornes. » (L. VI, chap. viii.)

Ceci est la reproduction d'une assertion bizarre de Pline :

Invenio silvestrem asparagum nasci et arietis cornibus tusis atque defossis. (Pl., liv. XIX, s. xlii.)

« Je trouve que des cornes de bélier brisées et enfouies
donnent naissance à l'asperge sauvage. »

« On tient la semence de chou envieillie,

« produire des raves ; et celle des raves lon-
« guement gardée, des choux. » (L. VI,
ch. VII.)

Olivier de Serres emprunte cette erreur
grossière à Varron, dont il a traduit cette
phrase :

Ex semine brassicæ vetere sato, nasci aiunt rapa ; et
contra ex raporum brassicam. (VARR., l. I, cap. XI.)

J'ai signalé ces assertions bizarres, dont
j'aurais pu relever un bien plus grand nombre, pour faire voir comment les meilleurs
esprits sont obligés de payer le tribut à la
crédulité de leur siècle.

Doit-on s'étonner que, dans l'ordre moral
et intellectuel, l'humanité ait marché si lentement vers la vérité, quand, dans l'observation des faits purement matériels, dans l'étude
des questions physiques, elle a eu à secouer
tant de préjugés, à écarter tant d'erreurs, à
percer de si épaisses ténèbres, dont on sem-
blait environner comme à plaisir la connaissance des phénomènes naturels les plus sensibles?

Olivier de Serres n'en est pas moins un

agronome intéressant et original qu'on peut consulter avec fruit. S'il conserve une partie des erreurs du passé, il se tient au courant des progrès de son époque; et aucune des découvertes de son siècle n'a passé inaperçue devant lui.

Ainsi, quoique l'Amérique, dont l'existence était connue de l'ancien continent seulement depuis un siècle, fût encore à peu près inexplorée, quoique les recherches n'eussent dû produire que des résultats encore mal constatés, Olivier de Serres parle déjà avec connaissance de cause de la pomme de terre, du maïs et de la canne à sucre.

On lui doit surtout l'extension considérable donnée en France à l'éducation du ver à soie et à la culture du mûrier, dont quinze ou vingt mille sujets ont été plantés par ses soins, à la demande d'Henri IV, dans le jardin des Tuileries, et de là répandus dans toutes les provinces du royaume où la culture de cet arbre devait prospérer.

Enfin, il y a dans le livre d'Olivier de Serres un mérite particulier indépendant de sa valeur réelle, qu'il signale lui-même, lorsqu'il

dit dans sa préface : « Qui peut nier que
« ceux qui ont écrit les premiers n'aient
« beaucoup faict, seulement en montrant
« le chemin et rompant la glace aux au-
« tres? »

Une chose bien digne de remarque, quand
on étudie les œuvres des anciens, c'est de voir
en quel honneur ils tenaient les cultivateurs
et leur utile profession. Quelque populaire,
quelque honoré que soit chez nous le soldat-
laboureur, il est placé bien moins haut sur
l'échelle sociale, que ces illustres capitaines
qui retournaient à leur charrue après avoir
commandé les armées, et que le peuple allait
reprendre au labourage quand il avait encore
besoin de leurs services.

Caton rappelle en ces termes le respect que
les premiers Romains avaient pour ceux qui
cultivaient la terre :

Virum bonum quum laudabant, ita laudabant : « bonum agricolam, bonumque colonum. » Amplissime
laudari existimabatur, qui ita laudabatur.

« Quand ils voulaient faire l'éloge d'un homme de
bien, ils le faisaient ainsi : « C'est un bon agriculteur et

un bon fermier. » Cette sorte de louange passait pour la plus magnifique qu'on pût donner. »

Avec l'excellence de l'agriculture, on a aussi reconnu, dans tous les temps, combien cet art est difficile et laborieux.

Virgile a dit :

> Pater ipse colendi
> Haud facilem esse viam voluit.

« Jupiter lui-même a voulu que la terre ne fût cultivée qu'avec peine. »

Et déjà, le plus ancien des livres avait appris qu'au commencement des temps, Dieu dit à l'homme : « Tu mangeras ton pain à la sueur de ton visage. »

Quelque pénible que soit encore le labeur de celui qui cultive la terre, une pensée consolante se présente à l'esprit, quand on compare la condition actuelle des ouvriers de culture à l'état abject et misérable que leur avait fait, avant le christianisme, cette civilisation romaine si vantée.

Chez les Romains, la plupart de ceux qu'on employait aux travaux des champs étaient esclaves ; et non-seulement ils n'étaient pas libres, mais beaucoup d'entre eux étaient enchaînés, ou chargés de fers. On les considérait comme des choses, comme des instruments et non comme des hommes.

C'est une étude douloureusement instructive que de rechercher dans les agronomes anciens la manière dont on traitait ces malheureux.

On lit dans Varron :

Nunc dicam agri quibus rebus colantur. Quas res alii dividunt in tres partes instrumenti : genus vocale, et semi-vocale et mutum. Vocale in quo sunt servi, semivocale, in quo sunt boves, mutum in quo sunt plaustra. (Varr., l. I, cap. xvii.)

« Maintenant je dirai quelles sont les choses qui servent à la culture des champs. Quelques-uns les divisent en trois sortes d'instruments : ceux qui ont la parole, ceux qui ont la voix sans la parole, et ceux qui sont muets. Ceux qui parlent sont les esclaves, ceux qui ont une voix et ne parlent pas sont les bœufs, ceux qui sont muets sont les chariots. »

Un peu plus loin, Varron, qui est très-humain, conseille au maître de se faire obéir par les esclaves à la parole, plutôt qu'à l'aide du fouet, s'il peut obtenir le même résultat.

Caton appelle ces esclaves *servi compediti*, « qui ont des entraves aux pieds. » Il indique rigoureusement la quantité de grain qu'on doit donner à chacun pour sa nourriture. Quant à la bonne chère et aux friandises, rien n'est plus économique ; il faut citer le chapitre entier :

Cap. LVIII. Pulmentarium familiæ quantum detur.

Pulmentarium familiæ, oleæ caducæ quam plurimum condito, postea oleas tempestivas, unde minimum olei fieri poterit, eas condito, parcito, uti quam diutissime durent. Ubi oleæ comessæ erunt, halecem et acetum dato. Oleum dato in menses unicuique sextarium unum. Salis unicuique in anno modium satis est.

Chap. LVIII. Ce qu'il faut donner aux gens pour le ragout.

Pour le ragoût des gens, conservez le plus que vous pourrez d'olives tombées, ensuite des olives de saison, de celles qui doivent rendre le moins d'huile ; faites-les confire et ménagez-les, pour qu'elles durent le plus longtemps possible. Quand les olives seront mangées, donnez de la saumure et du vinaigre. Donnez de l'huile à raison d'un setier (une chopine) par tête pour chaque mois. Un boisseau de sel par tête suffira pour une année.

La même économie réglait la distribution des vêtements.

Cap. LIX. Vestimenta familiæ.

Vestimenta familiæ tunicam pedum trium semis, saga alternis annis. Quoties cuique tunicam aut sagum dabis, prius veterem accipito, unde centones fiant. Sculponeas bonas alternis annis dare oportet.

Chap. LIX. Vêtir les gens.

Le vêtement des gens se composera alternativement, tous les deux ans, d'une tunique de trois pieds et demi et d'une saie (espèce de sarrau ou de chemise). Toutes les fois que vous donnerez à chacun une tunique ou une saie, reprenez d'abord l'ancienne; elle servira à faire des morceaux. Il faut donner tous les deux ans une paire de bons sabots.

Passons au logement. Columelle, en donnant des conseils pour les constructions rurales, en décrivant la distribution intérieure des bâtiments d'une ferme modèle, indique comment doit être établie l'habitation des esclaves; et cette indication n'est pas donnée comme une mesure de rigueur, mais comme une prescription d'humanité :

Optime solutis servis cellæ meridiem æquinoctialem spectantes fient. Vinctis quam saluberrimum subterraneum ergastulum, plurimis idque angustis illustratum fenestris, atque a terra sic editis, ne manu contingi possint. (*Col.*, l. I, cap. VI.)

« Il sera bien de disposer pour les esclaves délivrés de leurs entraves des cellules exposées au midi équinoxial. Pour ceux qui sont aux fers, on construira une prison souterraine, aussi saine que possible, éclairée par un grand nombre de fenêtres étroites, assez élevées au-dessus du sol pour qu'on n'y puisse atteindre avec la main. »

Cette prison salubre s'appellerait chez nous une cave; et les fenêtres, des soupiraux. Qu'on juge, d'après ces recommandations données dans un but d'humanité, et pour qu'on fasse bien les choses, comment pouvaient être traités les esclaves chez des maîtres avares ou inhumains !

Ce n'est donc pas seulement de ses sueurs que l'homme, dans l'antiquité païenne, a trempé la terre en la cultivant; il l'a mouillée trop souvent de larmes de rage et de déses-

poir. Les principes de mansuétude et de cha-
rité que la morale chrétienne a répandus sur
la société moderne, ont fait tomber ces
chaînes, ont aboli peu à peu ces coutumes
barbares ; cependant, hélas ! malgré le progrès
des lumières, les agronomes ne peuvent se
flatter d'exempter l'homme d'un travail pénible. Du moins, ils s'efforcent de lui enseigner l'art d'en tirer tout le profit possible.

Pour moi, je sais que je n'apprendrai rien
aux cultivateurs intelligents des cantons où
l'agriculture est florissante. Il y a dans l'art,
si complexe et si difficile, de cultiver la terre,
d'en combiner, d'en varier et d'en recueillir
les productions, certaines notions pratiques
que la théorie ne peut enseigner. Elles se révèlent d'elles-mêmes à l'homme habitué à
féconder, par un travail et des soins assidus,
un sol qu'il connaît, sous un ciel qui lui est
familier. Le champ le mieux cultivé en apparence, selon les règles tracées par les agronomes, pourra quelquefois donner une récolte
défectueuse ; mais un vieux praticien se trom-
pera rarement, lorsqu'après avoir façonné et
ensemencé sa terre, dans les circonstances

qu'il juge les plus favorables, il vous dira avec un signe de satisfaction : « Voilà une récolte assurée. »

A côté de ces cultivateurs de profession, de ces hommes d'expérience, pour ainsi dire héréditaire, il en est d'autres qui, rebutés par l'encombrement de toutes les carrières, par la difficulté de parvenir aux fonctions publiques, se décident à vivre à la campagne. Possesseurs d'un bien rural plus ou moins étendu, ils prennent le parti de s'y fixer, afin de l'exploiter eux-mêmes et d'y introduire toutes les améliorations possibles.

Ce sont là des dispositions qu'on ne saurait trop encourager. C'est un exemple qui n'a pas encore chez nous assez d'imitateurs.

Est-il une existence plus digne et plus utilement remplie, que celle du propriétaire qui a passé de longues années sur son domaine, au milieu des occupations si variées qu'offre la campagne à celui qui sait la comprendre et l'aimer! Entretenir dans un état toujours prospère les parties les mieux soignées ; mettre en valeur ce qui a été né-

gligé ; ne laisser rien d'inculte ni d'improduc-
tif ; faire rendre à chaque portion du domaine
tout ce que comporte sa nature et sa situation ;
laisser après soi des bâtiments bien construits et bien distribués, des terres parfaitement cultivées, des prés florissants, des bois
bien plantés et régulièrement aménagés, des
arbres qui, sans nuire à la culture, ornent la
propriété et en augmentent la valeur : n'est-ce
pas une œuvre qui rend témoignage de la
persévérance intelligente de celui qui l'a accomplie ?

Écoutons sur ce point Olivier de Serres :

« Digne de louange est l'homme qui, se
« voyant possesseur légitime d'un beau do-
« maine, passant plus outre, s'esvertue à lui
« faire produire des fruicts à l'accoustumée,
« ains par ingénieuse dextérité, contraint,
« par manière de dire, sa terre, d'elle-mesme
« obéissante au labeur et soin des hommes,
« à lui rapporter plus que de l'ordinaire. A
« quoi y va de l'honneur. »

On peut trouver dans les occupations
champêtres, toutes grossières qu'elles sont
en apparence, un genre d'intérêt propre à

satisfaire les esprits même les plus délicats et les plus ornés. L'existence du propriétaire rural n'est pas tellement bornée aux soins matériels, qu'elle ne laisse une large place aux travaux de l'intelligence. Il est bon que celui qui veut se consacrer à la culture, à l'amélioration d'un domaine, y soit préparé par ses études ; que le goût de la littérature lui permette de charmer ses loisirs par des lectures solides ; que la connaissance des différentes branches des sciences naturelles lui fasse observer avec intérêt et avec fruit les nombreux phénomènes qui se produiront chaque jour sous ses yeux ; enfin que l'amour du beau et un certain penchant artistique le portent à contempler avec bonheur le spectacle de la belle nature, et à disposer tout, autour de lui, de la manière la plus propre à contenter le goût et à charmer les regards.

> Rure vides quæ picta placent,

a dit Vanière.

> Vous voyez aux champs ce qui vous plaît en peinture.

Si un artiste devient célèbre et acquiert une

gloire durable et méritée pour avoir reproduit sur la toile une scène champêtre avec
art et avec vérité, n'y a-t-il pas aussi un mérite réel et vraiment digne d'être apprécié
chez celui qui crée un paysage naturel et
animé par d'heureux mouvements de terrain, de riches massifs d'arbres et de verdure, de verdoyantes prairies qui récréent la
vue, des constructions utiles et pittoresques,
des animaux aux belles formes et de santé
florissante, animant et vivifiant ce riant tableau, et toutes ces beautés, toutes ces richesses, non pas mortes, non pas stériles et réduites à la dimension d'un cadre et à l'épaisseur d'une toile, mais réelles, mais vivantes,
changeant et se transformant selon le temps
et les saisons; enfin, devenant pour le pays
une source d'abondance, et contribuant à
augmenter l'aisance générale, que procure
toujours une nature féconde et un sol rendu
productif au plus haut degré?

Les services matériels et positifs, que rend
à l'État et au pays l'homme qui se consacre
tout entier à l'amélioration d'un domaine,
s'effacent encore devant le bien moral que

produit sa présence habituelle au milieu de la population des campagnes.

Dans les villes et dans les centres populeux, où l'on se connaît à peine, l'influence des hommes éclairés est moins directe et moins sensible : on pourrait dire bien souvent qu'elle est nulle. Mais dans un lieu retiré, dans un village, l'homme qui possède une certaine instruction, qui jouit d'une certaine aisance, attire les regards de tous ; il connaît tous les habitants et tous le connaissent. On le consulte, on s'appuie sur ses lumières et sur ses conseils. Il redresse les erreurs, combat la crédulité et l'ignorance ; il concilie les différends ; et, dans sa sphère d'influence et d'activité, il contribue à faire régner l'union et le bon ordre, et un certain bien-être, selon la mesure de ses facultés.

Toutefois, il ne faut pas le dissimuler, dans l'état actuel de nos mœurs, un pareil genre de vie demande un certain dévouement obscur, une sorte de renoncement à tout ce qui constitue, selon l'opinion commune, une existence brillante et digne d'envie.

De toutes les positions privées, qu'elles

tiennent à l'agriculture, au commerce, aux finances, aux arts ou à l'industrie, celle du propriétaire campagnard, du *gentleman farmer*, comme disent les Anglais, est sans contredit la plus isolée, celle qui éloigne le plus le maître et sa famille des plaisirs mondains et des distractions de la vie sociale. Mais aussi, s'il est privé de la plupart des jouissances que procure la société, il est dispensé de beaucoup des obligations et des devoirs qu'elle impose. Il est l'homme vraiment indépendant et libre. Il exerce sur toute l'étendue de son domaine une volonté souveraine; et, comme la raison et son propre intérêt lui commandent d'en faire usage pour le bien de ce qui l'environne, il vit au milieu d'une nature souriante, entouré d'êtres heureux et satisfaits. A chaque instant du jour sa retraite est animée par les joyeux ébats d'animaux, de volatiles de toute espèce, bien nourris, bien soignés et bien portants. Tous le connaissent, tous l'aiment et lui font fête, car ils se sentent protégés par lui, et ils éprouvent continuellement les bons effets de sa surveillance et de ses soins.

Ces jouissances intimes et douces doivent suffire à un homme modeste et dépourvu d'ambition. Il ne demeure pas pour cela indifférent aux questions qui agitent le monde littéraire ou politique. Il applaudira volontiers aux succès obtenus sur un théâtre plus brillant et plus exposé aux regards de la foule ; aux triomphes oratoires du barreau ou de la tribune ; aux services éclatants du jurisconsulte et de l'homme d'État ; aux palmes cueillies par les poëtes ou par les hommes de lettres ; à la gloire même du champ de bataille, quoiqu'elle s'acquière au prix des plus douloureux sacrifices.

Celui qui se sentira une vocation décidée pour cette belle et noble carrière du propriétaire agriculteur, devra s'y préparer par un travail sérieux et même par des études spéciales. La plupart de ceux qui débutent dans la culture ne manquent ni de zèle, ni d'activité, mais ils ont souvent des vues trop générales, trop d'impatience et un désir immodéré d'innovation.

Combien ne pourrait-on pas citer d'agronomes d'un mérite incontestable, de théoriciens habiles, qui se sont fourvoyés pour avoir voulu, tout d'un coup, mettre en pratique des systèmes, d'ailleurs fort rationnels, sans tenir compte de circonstances accessoires dont ils n'appréciaient pas assez l'importance ! Combien d'établissements modèles, dont les comptes se balancent chaque année en déficit, parce qu'on y fait tout avec luxe, et qu'on s'occupe à grands frais de l'ensemble en négligeant les détails !

C'est sur ces divers détails, relatifs aux travaux matériels de la culture, que je me propose d'appeler l'attention.

On doit comprendre, d'ailleurs, qu'il est presque impossible de tracer des règles absolues, applicables à tous les terrains, à toutes les circonstances, dans un pays accidenté, et sous un climat variable et inégal. Aussi ne doit-on jamais se presser de changer trop brusquement les habitudes de la contrée où l'on s'établit ; bien qu'elles puissent paraître, au premier coup d'œil, tenir d'un esprit de routine, elles se trouvent ordinairement fondées sur des nécessités locales que nous n'avions pas d'abord aperçues.

La plus simple opération agricole exigeant des préparations et des soins, qui durent pendant une ou plusieurs années, il en résulte que l'agriculture est, de toutes les industries, celle où les améliorations se font le plus lentement, où les fautes ont les conséquences les plus durables et sont les plus difficiles à réparer.

J'engage donc ceux qui débutent dans cette carrière à agir avec une extrême circonspection. Ils trouveront d'abord, chez les meilleurs cultivateurs du voisinage, de bons exemples à suivre. Qu'ils introduisent les réformes peu à peu, après en avoir bien constaté l'utilité par des essais prudents. Celui qui veut faire autrement que ses voisins, est tenu de faire mieux; il n'y a rien de plus fâcheux, pour l'amour-propre et pour les intérêts d'un cultivateur, que d'avoir de mauvaises récoltes quand les autres en ont de bonnes, et de laisser paraître son infériorité, après s'être posé en réformateur.

Nos debemus et imitari alios, et aliter ut faciamus experientia tentare quædam, sequentes non aleam, sed rationem aliquam. (VARR., l. I, cap. XVIII.)

« Nous devons d'abord imiter les autres, et, pour faire autrement qu'eux, tenter quelques essais par manière d'expérience, en prenant pour guide non le hasard, mais un certain raisonnement. »

Sequendum nobis, dum sumus novicii, triplicem regulam, superioris domini institutum, et vicinorum, et experientiam quamdam. (VARR., l. I, cap. XIX.)

« Quand nous sommes encore novices dans la culture, nous avons à suivre trois règles de conduite : la coutume du maître qui nous a précédés, celle des cultivateurs voisins, et enfin nous livrer à quelques expériences. »

Parce peregrinos cultus tentare, novasque
Explorare vias; imitare quod approbat usus.
(Præd. rust., l. II.)

« Évitez d'essayer des cultures étrangères à votre localité et de vous engager dans des voies nouvelles. Imitez d'abord ce qui est consacré par l'usage. »

ÉLOGE DE L'AGRICULTURE

ET

DE LA PROFESSION DE CULTIVATEUR.

———

On a dit et répété bien des fois que l'agriculture est le premier des arts. Cette proposition est vraie, de quelque manière qu'on l'envisage. L'agriculture est le premier des arts, parce qu'elle est, de tous les arts, le plus ancien et le plus nécessaire (1).

L'homme encore à demi barbare vécut d'abord de sa chasse et des produits spontanés du sol. Son premier pas dans la civilisation a été de nourrir et de soigner des animaux utiles, de faire croître et de multiplier les plantes les plus propres à lui fournir des aliments. Il est si vrai que cet art de culti-

---

(1) Sine agri cultoribus nec consistere mortales, nec ali pósse manifestum est. (*Col.*, l. I.)

« Il est bien évident que, sans le travail de ceux qui cultivent la terre, la race humaine ne pourrait ni subsister ni se nourrir. »

ver la terre a précédé tous les autres et se perd
dans la nuit des temps, que le blé, la plante alimentaire par excellence, ne se trouve nulle part à
l'état sauvage, et que son origine est inconnue.

A mesure que l'homme s'est multiplié, ses besoins se sont accrus : il s'est vu forcé de donner
plus d'extension à ses premiers essais de culture.
Il a armé son bras d'instruments successivement
perfectionnés ; il a appelé à son aide des animaux
plus robustes que lui, qu'il a su dompter et soumettre au joug. L'expérience acquise, transmise et
développée de génération en génération, est venue
apporter, de siècle en siècle, de nouveaux éléments
de succès. Peu à peu, les besoins se sont étendus
en raison des moyens de les satisfaire. D'abord,
c'était beaucoup de vivre ; plus tard, il a fallu vivre
commodément. Enfin, l'amour du bien-être a fait
naître l'amour du luxe. Les progrès de l'agriculture
ont permis de satisfaire à tous les besoins, à tous
les caprices. A la liste, de plus en plus longue, des
plantes alimentaires confiées aux soins du cultivateur, est venue se joindre celle des plantes textiles,
des plantes usuelles de tout genre, qui trouvent des
emplois si variés dans les arts et dans l'industrie.

C'est grâce à l'agriculture que les descendants de
ces hommes grossiers qui vécurent de proie et de
fruits sauvages, peuvent aujourd'hui savourer des
aliments délicieux et jouir de tous les raffinements

de la vie civilisée. Il est vraiment remarquable que la plupart des denrées de première nécessité, celles surtout qui servent à nourrir l'homme, ou à le vêtir, sont dues à l'art de cultiver la terre, ou viennent de l'une des branches qui se rattachent à cet art. Parmi les substances alimentaires, le sel, le poisson et le gibier ; dans nos vêtements, les fourrures, sont peut-être les seules que nous ne devions pas à la culture.

Toutes nos boissons, le vin, le cidre et la bière, composée de grain fermenté et de houblon, proviennent d'industries accessoires de l'agriculture. C'est elle qui nous donne les cuirs, la laine, le chanvre et le lin. La production même de la soie s'y rattache par la culture du mûrier et par les soins de domesticité donnés à l'insecte qui la produit.

Les principales denrées coloniales, le café, le thé, le riz, le coton, l'indigo, sont des produits cultivés que la nature refuse à notre climat. Le sucre lui-même, dont l'introduction en Europe a fait perdre à la culture des abeilles l'importance qu'elle avait chez les anciens, le sucre lui-même nous serait bientôt exclusivement fourni par l'agriculture indigène, sans la protection spéciale que l'on croit utile de donner, à cet égard, à nos colonies.

Honneur donc aux hommes laborieux qui, dans tous les temps, ont consacré ce qu'ils avaient de

force et d'intelligence à tirer du sein de la terre les
productions les plus utiles à l'humanité! D'autres,
excités par l'ambition ou par le désir de s'enrichir
sans travail, suivaient la fortune des conquérants
et s'attachaient au char de la grandeur et de la
puissance. Les habitants des villes, réunis dans
l'enceinte de leurs murailles, y cherchaient, pendant
la paix, le bien-être et les commodités de la vie;
dans les temps de trouble, un lieu de refuge et des
remparts contre l'ennemi. Le laboureur, courageux
et patient, livré, presque sans défense, au brigan-
dage des maraudeurs ou d'une soldatesque indisci-
plinée, parcourait avec un zèle opiniâtre le cercle
sans fin de ses travaux. C'était peu pour lui d'avoir
à lutter sans cesse contre l'intempérie des saisons;
souvent encore il voyait sa vie menacée, ses bestiaux enlevés, ses récoltes livrées au pillage, ou dévastées par l'incendie (1).

L'agriculture resta longtemps stationnaire au milieu de ces désastres. Elle n'a commencé à être

(1)   Prædator enim per devia miles
     Obliquans iter, occultis vel fraudibus aufert
     Obvia quæque rapax, aut vi grassatur apertâ.
     Villicus arva colens, ab aratro avulsus, acerbis
     Cogitur imperiis lassæ comes ire cohorti.
                              (*Præd. rust.*, l. I.)

« Le soldat maraudeur prend des chemins détournés; il enlève
furtivement ce qu'il rencontre, ou agit à force ouverte. Le villageois qui cultive la terre, arraché à sa charrue, est contraint par
la violence de servir de guide à la troupe fatiguée. »

prospère et à marcher de progrès en progrès qu'après qu'une société mieux assise, l'établissement de gouvernements plus réguliers, eurent amené des mœurs plus douces et des temps plus tranquilles. Les cultivateurs, de nos jours, n'ont pas l'existence incertaine et précaire de leurs devanciers ; mais, s'ils n'ont plus à craindre de se voir dépouillés par la violence, leur carrière n'en est pas moins laborieuse. Ils ont encore à vaincre bien des difficultés ; ils rencontrent bien des obstacles qui, pour être surmontés, demandent une activité et une persévérance peu communes.

On ne sait pas assez de quelle réunion de qualités rares, de quel dévouement, de quelles vertus, doit être doué l'homme que l'on cite comme un cultivateur modèle, ou même celui qui veut diriger convenablement une exploitation rurale.

Il lui faut d'abord une santé robuste, car c'est à lui de donner l'exemple de l'activité. Il doit être tous les jours le premier et le dernier sur pied dans la ferme (1) ; il ne peut, même la nuit, goûter un repos complet, car son sommeil est troublé par sa vigilance ; il pense aux ordres à donner, qui changent souvent, comme le temps, du soir au matin ; il doit s'assurer, à toute heure, que tout est en ordre

______

(1) Primus cubitu surgat, postremus cubitum eat.

(Cat., § 5.)

« Qu'il se lève le premier et qu'il se couche le dernier. »

à l'intérieur ; et, à certaines époques de l'année, sa surveillance nocturne doit s'étendre jusqu'au dehors. Sa patience, sa résignation, doivent être exemplaires pour supporter les contrariétés qui résultent des intempéries et des brusques variations de l'atmosphère, contre lesquelles il doit lutter chaque jour. Il lui faut une prévoyance, une activité soutenue, pour deviner, pour saisir l'instant favorable, qui bien souvent ne se retrouve plus quand on l'a laissé échapper.

Il ne lui suffit pas de savoir parfaitement la partie mécanique de sa profession, le maniement des instruments de labourage et de culture, la conduite des animaux de trait, le régime convenable au bétail, en santé et en maladie ; de connaître à fond les plantes cultivées, le terrain propre à chacune d'elles, l'époque de la semence, celle de la récolte, les soins et les préparations diverses qu'elles exigent ; il faut, de plus, qu'il soit bon administrateur, qu'il entende le négoce, qu'il sache acheter et vendre, non une seule sorte de marchandise, mais les denrées les plus diverses et les plus disparates.

Il a des intérêts à débattre avec une foule de négociants et d'industriels consommés, agissant chacun dans sa spécialité. Dans ses rapports avec eux, le cultivateur ne doit se montrer inférieur à aucun ; tous s'efforceront de lui vendre cher et d'acheter ses produits aux plus bas prix. Il lui faut une adresse infinie, une fermeté constante, pour soutenir, sans désavantage, une lutte qui se renouvelle tous les jours. Rien n'égale à cet égard l'habileté du cultivateur intelligent, si ce n'est sa bonne foi. Au milieu de l'agitation d'un marché, dans le tumulte d'une foire, il contractera, comme vendeur ou comme acheteur, pour des sommes souvent considérables, sous la seule garantie d'un consentement réciproque et verbal. Rentré chez soi, chacun inscrit la convention; quelquefois même, la mémoire tient lieu d'écriture, et il est rare qu'en fin de compte on ne se trouve pas d'accord (1).

C'est surtout dans ses rapports avec ses domestiques, avec les nombreux ouvriers qu'il occupe, que le chef d'exploitation doit faire preuve d'une grande sagacité, surtout d'un esprit invariable de droiture et de justice. Il a souvent affaire à des hommes peu éclairés; il faut qu'il soutienne leur zèle par une rigueur tempérée de bienveillance; qu'il soit ferme avec eux, sans être dur; qu'il sache

______

(1) Scripturæ rudis et rationum, sæpius affert
    . . . . . pactos quàm scripta volumina nummos.
                    (*Præd. rust.*, l. II.) ·

« Peu habitué à écrire et à raisonner, il aime mieux payer le prix convenu en bons écus, que de produire de volumineux écrits. »

donner des ordres précis, pour que tout marche sans hésitation et sans perte de temps (1).

Le travail d'une ferme n'est pas comme celui d'une fabrique, où tout est réglé d'avance d'une manière invariable, où chaque ouvrier fait tous les jours la même tâche. Dans une exploitation agricole, tout change avec les saisons, tout est incertain, tout est variable comme le temps. Le maître doit être préparé à tout; il faut qu'il occupe toujours son monde de la manière la plus utile, qu'il ait de la besogne à donner pour la pluie et pour le beau temps. Et ce travail si mobile, si changeant, il ne s'exécute pas sur un espace restreint, où la surveillance soit facile, où tout puisse être embrassé d'un coup d'œil; c'est dans des lieux très-éloignés l'un de l'autre que cette surveillance doit s'exercer. Chaque matin, les ouvriers de la ferme se dispersent, à l'intérieur ou dans les champs, et chacun d'eux doit être toujours disposé à agir comme si l'œil du maître était sans cesse dirigé vers lui.

On comprend que le chef d'une pareille exploitation ne peut éviter des pertes énormes et tirer un parti avantageux de tous les bras qu'il emploie,

---

(1) Servitia exemplo moderare, magisque silentem
Te famuli metuant, rabidâ quàm voce tonantem.
       (*Præd. rust.*, l. II.)

« Gouverne tes serviteurs par ton exemple, et que tes domestiques craignent plus ton silence que les éclats furieux de ta voix. »

sans s'attacher, autant que possible, ceux dont le concours lui est nécessaire. C'est surtout par son exemple qu'il excite leur zèle ; un fermier paresseux et indolent n'aura jamais des ouvriers laborieux : vivant au milieu de ses domestiques, et presque toujours sous leurs yeux, il doit leur offrir le modèle de l'ordre, de l'exactitude, de la sobriété, de l'économie. Les écarts du maître sont contagienx : s'il aime la dépense, le plaisir, la dissipation, il verra bientôt autour de lui la discipline se relâcher, le travail languir et la prospérité de son établissement sera compromise (1).

C'est surtout comme père de famille exemplaire que s'offre à nous le cultivateur pénétré de l'étendue de ses devoirs et des difficultés de sa profession. Sa femme, non moins vigilante, non moins active, partage son existence laborieuse. Elle préside aux soins du ménage, à ceux de la basse-cour et à tous les travaux de l'intérieur de la ferme ; c'est pour elle une occupation de tous les jours, de tous les instants, sans interruption, sans

----

(1) Temperat imperium clementia ; lentus ad iram,
  Villicus exemplo præit ipse ; ducemque sequuntur,
  Et morum famuli testes sociique laborum.
(Præd. rust., l. II.)

« Il adoucit ses ordres par la bienveillance ; peu porté à la colère, le cultivateur donne le premier l'exemple. Ses domestiques, témoins et compagnons de ses travaux, se règlent sur ses actes et sur sa conduite. »

trêve et sans repos. L'un et l'autre n'ont qu'une
pensée, qu'un but : le succès de leur entreprisé.
Ils sentent la nécessité de la concorde et de l'u-
nion ; ils vivent unis dans le travail (1). Leurs enfants, leurs plus utiles auxiliaires, sont de bonne
heure associés à l'œuvre commune : élevés dans une
discipline sévère, ils apprennent à obéir pour savoir
un jour commander, et prennent part, selon leur
force, à tous les travaux (2). Ces familles de cultivateurs nous rappellent les mœurs patriarcales. Et
qu'on ne croie pas que j'en aie tracé un tableau fait
à plaisir ; il n'est pas un pays de grande culture où
l'on ne rencontre fréquemment l'homme estimable,

(1)   Curis instat levioribus uxor.
    Imperat alter agris ; regit interiora domorum
    Altera. . . . .
    Alterius sic alter eget, sic ruris opimas
    Mutuus auget opes amor et concordia vitæ.
                                  (*Præd. rust.*, l. II.)

« La femme s'occupe des menus détails. L'un gouverne le travail des champs, l'autre l'intérieur du ménage... Ainsi ils ont besoin l'un de l'autre ; ainsi les riches produits de la terre s'ac-
croissent par leur attachement mutuel et par leur union. »

(2) Rusticus agrestes puer informatur ad usus.
    Vix pedes ire potest, et jam tractare ligones
    Incipit et patrio assurgit robustus honori.
                                  (*Præd. rust.*, l. II.)

« L'enfant du laboureur est formé de bonne heure aux habitudes champêtres. A peine peut-il marcher, qu'il commence à
manier le hoyau, et, robuste, il s'associe aux honorables travaux
de son père. »

la famille intéressante dont j'ai fait le portrait, presque d'après nature (1).

Cette réunion de qualités chez le bon cultivateur, ces habitudes de travail et d'économie, dès long-temps inhérentes à sa profession, lui sont surtout devenues nécessaires dans les conditions faites à l'agriculture par les lois fiscales, par l'augmentation des. salaires, par la rareté des bras dans les campagnes, en un mot, par les changements survenus dans la société moderne.

L'agriculture diffère de toutes les autres industries par une circonstance capitale : c'est qu'elle opère sur un fond essentiellement borné, qui est le sol lui-même. Une exploitation rurale ne peut dépasser une certaine étendue que la surveillance du maître puisse embrasser facilement, tandis que les autres spéculations n'ont pour limite que l'audace et les ressources des spéculateurs. Combien avons-nous vu de nos jours créer de vastes entreprises industrielles! Elles ont absorbé une masse énorme de capitaux, au détriment de la propriété territoriale ; elles ont donné des bénéfices fabuleux à leurs fon-

______

(1)   Intereà dulces pendent circùm oscula nati.
      Casta pudicitiam servat domus.
                          (VIRG., *Géorg.*, l. II.)

      Cependant ses enfants, ses premières richesses,
      A son cou suspendus, disputent ses caresses.
      Chez lui de la pudeur tout respecte les lois.
                          (DELILLE.)

dateurs, et offrent encore, même aux cours élevés actuels, un intérêt considérable, qui fait rechercher ces valeurs avec empressement.

Malgré l'accroissement progressif de la population, malgré les besoins toujours renaissants de la consommation, l'industrie agricole n'aura jamais les mêmes chances que ces industries privilégiées.

Le cultivateur n'a pas, comme le spéculateur et le commerçant, l'occasion de ces gains considérables et imprévus, qui permettent de faire une fortune rapide. L'agriculture ne produisant guère que des denrées de première nécessité, la raison d'État exige que le prix de ces denrées ne dépasse jamais un certain niveau, toujours peu élevé. Les gouvernements y pourvoient par des tarifs, par des droits sur les produits exportés, et par des importations de céréales qui enlèvent au cultivateur, dans les années les plus favorables, les profits que l'élévation des cours lui aurait procurés.

Il ne peut faire, d'ailleurs, de ces spéculations hardies, de ces inventions qui placent tout à coup un industriel au-dessus de ses rivaux. Tout ce que fait un cultivateur, il le fait au grand jour et sous les yeux de tous. On lui laisse ses erreurs, on profite de ses progrès, et l'imitation, en se généralisant, lui enlève bientôt une grande partie des avantages qu'une heureuse innovation lui aurait procurés, s'il eût pu la garder pour lui seul.

Quelque sollicitude que les gouvernements témoignent pour l'agriculture, ils sont loin de lui accorder les faveurs qu'ils prodiguent à l'industrie et au commerce. Les financiers et les commerçants se touchent et se soutiennent mutuellement. Ils ont l'oreille du pouvoir ; ils occupent et payent dans les grandes villes de nombreux ouvriers, dont l'attitude, calme ou menaçante, répand dans les hautes régions la sécurité ou la crainte. Il faut toujours compter avec eux. Mais l'ouvrier des campagnes ne fait pas d'émeute. Le cultivateur vit hors de la scène politique : écoutant de loin les bruits de la ville, il demeure étranger, souvent même indifférent aux graves événements qui s'y passent. Il ne fait jamais de révolutions ; il les déteste, et pourtant il les accepte, espérant toujours que celle qui s'est accomplie sera la dernière (1).

Il faut donc à l'homme qui se dévoue à cette belle et utile profession, une véritable vocation, ou, comme on le voit dans beaucoup de familles, une habitude héréditaire. L'été, l'hiver, en tout temps, il vivra sur le sol qu'il doit rendre fertile, près des nombreux animaux qui réclament sa protection et ses soins. Il n'ira pas, dans les mauvais jours, cher-

(1) Minimèque male cogitantes sunt, qui in eo studio occupati sunt. (*Cat.*, § 1ᵉʳ.)

« Ceux qui sont occupés à la culture des champs ne pensent jamais à mal. »

cher les amusements et les plaisirs de la ville. Ses
distractions sont au milieu des travaux qu'il dirige ;
ses plaisirs sont autour de son propre foyer (1).

Telles sont les habitudes, telles sont les mœurs
de ces familles d'agriculteurs qui, de génération en
génération, se sont vouées à la culture, à l'amélioration du sol, quelquefois dans la même ferme, presque toujours dans la même contrée. Les uns, arrêtés par des circonstances défavorables, souvent par
la division de leur fortune, résultant d'un trop grand
nombre d'enfants à doter, sont restés fermiers
comme leurs pères. Ceux-là n'ont retiré d'autre fruit
de leurs longs travaux, qu'une considération juste-
ment acquise, un établissement solide et la satisfaction de voir auprès d'eux leurs proches honorablement établis.

D'autres, plus heureux, ont pu acquérir des
propriétés importantes, quelquefois la ferme même
qu'ils exploitaient ; et conservant, dans leur position nouvelle, leurs mœurs simples et leursh abi-
tudes de travail et d'économie, peuvent être regar-
dés comme les véritables riches de notre époque.

C'est entre les mains de ces hommes d'expé-

_____

(1) Oppida rarus adit, cùm res et commoda poscunt
     Tempora, servatas fruges ut vendat.
                                    (*Præd. rust.*, l. II.)

« Il va rarement à la ville ; lorsque les affaires le demandent et
que le temps le permet, il y va pour vendre les produits de ses
récoltes. »

rience que se trouvent les vraies fermes modèles ;
celles dont le chef et le directeur, n'étant pas en-
travé par les clauses rigoureuses d'un bail, par la
crainte de laisser à un autre le fruit de ses avances
et de ses améliorations, donne à son exploitation
tout le développement dont elle est susceptible, et
en obtient la plus grande somme possible de profit
réel. Ces nouveaux propriétaires connaissent et mettent en usage les véritables éléments de succès : le
bon emploi du temps, l'absence d'un personnel inutile, le retranchement de toute dépense super-
flue (1). Pour tout luxe, ils exposent aux regards
de leurs voisins la belle tenue de leur exploitation,
des bestiaux nombreux et florissants, tirés des meilleures races, et une aisance exempte de toute pré-
tention au faste et à l'ostentation.

Que dirai-je de l'homme du monde, du riche propriétaire, qui, fatigué des plaisirs bruyants, dé-
goûté des affaires et du fracas des villes, veut chercher le calme des sens et la tranquillité d'esprit
dans les douces occupations de la vie champêtre (2) ?

(1) Nec plures alito famulos quàm rure colendo
     Exercere potes.   (*Præd. rust.*, l. II.)

« N'ayez pas plus de domestiques que vous ne pouvez en occuper dans votre exploitation. »

(2)   Et secura quies et nescia fallere vita.
              (Virg., *Géorg.*, l. II.)

« Une existence sûre et paisible, où les déceptions sont inconnues. »

Il peut consacrer une partie de sa fortune à des expériences, à des essais plus ou moins heureux. Il fera venir, à grands frais, des bestiaux des races les plus renommées. Il voudra comparer et voir fonctionner sous ses yeux les instruments aratoires les plus vantés. Il aura, dans sa ferme, des domestiques nombreux et bien rétribués. Il n'épargnera la dépense ni dans la distribution des bâtiments, ni dans la nourriture des animaux, ni dans l'emploi des engrais, ni dans la main-d'œuvre. Il pourra ainsi, à sa manière, créer une exploitation modèle; et si, tout compte fait, il arrive que les frais excèdent la recette; il trouvera une ample compensation dans la satisfaction de son amour-propre, dans le bien-être qu'il éprouvera lui-même et qu'il répandra autour de lui ; et il reconnaîtra, qu'après tout, cette satisfaction est moins coûteuse et plus salutaire que les jouissances mondaines auxquelles il a renoncé (1).

Souvent encore, le propriétaire d'un modique domaine, dont le revenu serait insuffisant pour lui procurer la jouissance du luxe ou le faire vivre dans l'aisance, se décide à demeurer sur ses terres en

---

(1) Indè vigor membris et nescia vita podagræ
Morborumque, parit quos desidiosa voluptas.

(*Præd. rust.*, l. II.)

« D'où une constitution vigoureuse qui ne connaît ni la goutte ni les maladies qu'engendrent l'oisiveté et les plaisirs. »

les faisant valoir. Plus son genre de vie sera simple
et se rapprochera de celui du fermier, plus il obtiendra de succès. Il devra s'être initié aux connaissances nécessaires, par quelques lectures et par
l'observation de la pratique locale. Il faut qu'il
sache donner lui-même, en toute circonstance, les
ordres convenables; en un mot, il faut qu'il soit
réellement et personnellement cultivateur. S'il conserve aux champs les habitudes de la ville, s'il se
contente d'une surveillance indirecte et s'en remet
à des agents mercenaires du soin d'ordonner et de
diriger les travaux, il pourra bien trouver dans
l'économie du séjour à la campagne, dans l'usage
large et commode des produits de l'exploitation,
une sorte d'abondance et une aisance apparente;
mais l'absence d'une direction unique et ferme sera
un obstacle aux améliorations sérieuses (1).

Cependant, tous ces essais, tous ces efforts indi-
viduels concourent vers un but commun, le perfectionnement de l'art agricole. Il y a, pour le cultivateur qui observe, un enseignement sérieux dans les

(1)   Nam plus exempla jubentis
         Quam præcepta valent; et ruris in arte colendi
         Si sapiat plus servus hero, male jussa facesset.
                              (*Præd. rust.*, l. I.)

 « Car l'exemple de celui qui ordonne a plus de pouvoir que ses
ordres mêmes; et, dans l'art de cultiver la terre, si le domestique en sait plus que le maître, il exécutera mal ce qui lui est
prescrit. »

améliorations réelles qu'il voit introduire, et même dans les fautes qu'il voit commettre. Il n'en est pas de l'agriculture comme du commerce, où le négociant se ruine sans profit pour ses concurrents. Le cultivateur qui réussit aide ses voisins et ses émules par les bons exemples qu'il leur donne ; celui qui se trompe les sert encore par ses écarts, en leur montrant l'écueil qu'il faut éviter (1).

(1)   Invideat nulli, sed quas miratur opimas
       Alterius segetes, tentet superare colendo.
                        (*Præd. rust.*, I. II.)

« Qu'il ne porte envie à personne ; mais, s'il admire chez un autre de magnifiques récoltes, qu'il tâche de les surpasser par la perfection de sa culture. »

DE LA
CULTURE DES TERRES.

CHAPITRE PREMIER.

NATURE DES TERRES.

S'il fallait en croire d'anciens dictons populaires, la fertilité du sol arable dépendrait bien moins de la nature même des terres, que des soins donnés à leur culture et des travaux entrepris pour les améliorer.

« Tant vaut l'homme, tant vaut la terre, » dit un de ces proverbes. Il est confirmé par cet autre : « Il n'y a pas de mauvaises terres, il n'y a que de mauvais maîtres. »

Ces propositions sentencieuses ne doivent pas être prises à la lettre. Elles signifient seulement qu'on rencontre bien rarement des terrains d'une stérilité absolue, qui ne puissent être amenés, par des travaux intelligents et soutenus, à un état de fertilité satisfaisant. Nous voyons en effet que, presque partout, la culture a pris possession du sol, et que

même elle s'étend de jour en jour et s'établit définitivement sur des terrains longtemps dédaignés
comme improductifs.

Il s'en faut de beaucoup, cependant, que toutes
les terres soient d'une fertilité à peu près égale. Il
y a des sols riches et naturellement féconds, d'autres d'une fertilité moyenne ; d'autres enfin sont
ingrats et rebelles et ne deviennent productifs qu'à
grands frais.

> Nec vero terræ ferre omnes omnia possunt.
>
> (VIRG., *Géorg.*, l. II.)

> Tout sol enfin n'est pas propice à toute plante.
>
> (DELILLE.)

Ce vers de Virgile est ainsi reproduit par Vanière :

> Non omnis enim fert omnia tellus. (*Præd. rust.*, liv. I.)

> « Toute terre ne porte pas toute espèce de plantes. »

La valeur d'une exploitation rurale dépend de la
proportion qui existe entre l'étendue des bonnes
terres et celle des terres mauvaises ou médiocres.
Ce sont des domaines privilégiés et, du reste, assez
rares, que ceux où l'on ne trouve que des terres
profondes et riches, produisant d'abondantes récoltes avec peu d'engrais.

Dans la plupart des fermes, on rencontre quel-

ques parties défectueuses. Si l'étendue de ces terres
est peu considérable, il est facile, avec le temps, de
les améliorer, de les transformer, pour ainsi dire, par
des travaux convenables et par une culture appropriée, par des engrais, des amendements raisonnés,
des transports de terre, des défoncements. C'est là
le cas auquel les proverbes cités plus haut sont applicables. Mais il est aisé de concevoir que si toute
l'étendue ou même la plus grande partie d'une exploitation se composait de terres de mauvaise qualité, il faudrait se résigner à n'avoir jamais que de
faibles produits, ou faire chaque année des dépenses si considérables, que le cultivateur se trouverait
en perte, quelle que fût l'augmentation de récoltes
qu'il aurait obtenue par ces moyens dispendieux.

On peut dire, en thèse générale, que ce sont les
bonnes terres qui permettent d'améliorer les mauvaises. Une bonne terre rend plus qu'elle ne demande ; une terre ordinaire absorbe à peu près tout
ce qu'elle donne ; une mauvaise terre produit peu
et demande beaucoup.

La plupart des agronomes ont donné la description de procédés fort ingénieux pour faire l'analyse
chimique des terres. Ces opérations, d'ailleurs fort
minutieuses, et qui demandent une certaine expérience des préparations et des manipulations usitées
dans les laboratoires, me paraissent avoir un intérêt purement scientifique.

Il est peu de cultivateurs qui aient pratiqué sur leurs terres ces opérations d'analyse, qu'il faudrait d'ailleurs répéter sur chaque partie d'un domaine. Un praticien expérimenté, à la simple inspection de la terre, et surtout en la travaillant, jugera toujours bien sa qualité et le degré de fertilité qui lui est propre. La connaissance exacte de la composition chimique importe peu ; et il est d'autant moins nécessaire de connaître la proportion rigoureuse de toutes les parties constituantes du sol cultivé, qu'en général les plantes soumises à la culture ne demandent pas des recherches si savantes et végètent d'une manière satisfaisante, à l'aide des procédés ordinaires, et dans les terrains les plus divers.

Il est rare qu'on ne trouve pas à la surface du sol des fragments de la roche qu'il recouvre. Ils en indiquent généralement la nature dominante. Cependant, par une exception remarquable, les terrains qui reposent sur la craie, roche essentiellement calcaire, sont fortement mélangés de cailloux siliceux.

Les terres cultivées, considérées selon leur nature, se divisent en trois classes principales : les terres sablonneuses ou siliceuses, les terrains calcaires, et les terrains argileux. La condition la plus défavorable est celle où l'un de ces trois éléments entre seul dans la composition du sol arable, à l'exclusion des deux autres ; la plus heureuse a lieu lorsque les trois principes sont mêlés et combinés dans des proportions convenables. Il y a des sols qui manquent totalement du principe siliceux, d'autres, du principe calcaire ; mais l'argile, ou terre alumineuse, existe dans presque tous les terrains.

L'argile, facilement détrempée et délayée par les pluies, s'est trouvée en suspension dans les eaux répandues à la surface du sol, à l'époque des grands cataclysmes et pendant les inondations plus récentes ; elle s'y est déposée, sous forme de vase ou de limon, et a recouvert ainsi, presque partout, le terrain primitif d'une couche, quelquefois très-épaisse, à laquelle les géologues ont donné le nom de *diluvium*. C'est ce mélange de l'argile avec les terrains calcaires, ou siliceux, qui forme les sols dits argilo-calcaires ou argilo-siliceux.

> Nigra fere et presso pinguis sub vomere terra
> Optima frumentis. (VIRG., *Géorg.*, l. II.)

> Pour le froment, choisis ces terrains forts,
> Pleins de sucs au dedans, noirâtres au dehors.
> (DELILLE.)

Considérés dans leurs propriétés physiques, ces trois terrains ont des caractères particuliers bien tranchés, et se distinguent par des différences très-marquées.

La silice se trouve à peu près pure dans le cristal de roche. Elle forme la base d'un certain nombre de roches, qui toutes produisent des étincelles au choc de l'acier, comme la pierre meulière, les grès, les cailloux, ou silex pyromaques, que l'on trouve engagés dans la craie, ou mêlés au terrain qui la recouvre ; le granit est aussi une roche en grande partie siliceuse. Soumises à l'action du feu, les terres siliceuses se vitrifient. On sait que les sables blancs de la forêt de Fontainebleau sont recherchés pour la fabrication du verre.

Parmi les roches siliceuses, les grès, composés de particules agglomérées, plus ou moins adhérentes, produisent du sable par leur division, soit qu'on les écrase, soit qu'on les use par le frottement. Les autres roches, réduites en fragments, donnent du gravier ; le gravier, extrêmement divisé, donne aussi du sable. Les molécules des sables siliceux sont insolubles ; elles se précipitent au fond de l'eau et restent toujours dures et rudes au toucher. Ces granules ont un aspect brillant et vitreux.

Les terrains sablonneux ont une couleur jaune pâle ; cependant les sables produits par les grès des Vosges ont une teinte rouge très-prononcée. Le sable granitique est noirâtre.

Les molécules du sable, n'ayant aucune cohésion entre elles, laissent pénétrer l'eau comme à travers un filtre. Quand le sable est complétement desséché, lc vent le soulève et le déplace. Les dunes et les déserts sablonneux offrent de fâcheux exemples de cette mobilité.

Les roches calcaires ne font point jaillir de feu sous le choc du fer. Fortement chauffées, elles se calcinent sans subir de retrait et produisent de la chaux. On les rencontre en bancs très-puissants, que l'on exploite dans les carrières d'où l'on extrait la pierre à bâtir, ou la pierre de taille. Elles présentent, dans la craie, une masse d'une étendue et d'une épaisseur considérables. Les marbres appartiennent aussi à la formation calcaire.

Les roches calcaires ont un aspect mat et terne; elles sont divisibles à l'infini, jusqu'à être réduites en poussière, qui, mélangée d'eau, produit une espèce de pâte ou de bouillie. Par ce motif, elles fournissent, pour l'entretien des routes, des matériaux bien inférieurs à ceux qui proviennent des roches siliceuses.

Les terres calcaires, dont l'étendue est la plus considérable de toutes, sont aussi très-perméables et se dessèchent promptement. Leur couleur est généralement blanche, surtout dans les terrains de craie. Cette couleur est un indice de stérilité; mais, comme ces terres sont le plus souvent mêlées d'argile, elles prennent dans ce cas une couleur jaune ou fauve plus ou moins prononcée.

Les terres argileuses, ou à base d'alumine, ne se trouvent guère à l'état de roche solide, si ce n'est mélangées avec d'autres substances, dans les schistes argileux. L'argile, exposée à l'action du feu, éprouve un retrait considérable. Elle acquiert une dureté et une cohésion remarquables sous la forme de briques, de tuiles et de poteries de différentes qualités.

L'argile, saturée d'eau, est douce au toucher et a quelque chose de gras et d'onctueux.

> Haud unquam manibus jactata fatiscit,
> Sed picis in morem, ad digitos lentescit habendo.
> (VIRG., *Géorg.*, l. II.)

« Elle ne s'émiette jamais quand on la presse dans les mains, mais elle s'étend sous les doigts à la manière de la poix. »

Elle se délaye à l'infini en particules impalpables, qui forment ce qu'on appelle de l'eau trouble. La couleur de la terre argileuse est le plus souvent d'un fauve brun ; cependant certaines argiles, dites plastiques, sont d'un gris ardoisé ou verdâtre, quelquefois d'un blanc jaunâtre, ou à teintes rosées. Dans cet état, ces terres, que l'on désigne sous le nom de terres glaises, sont infertiles. Elles sont imperméables et retiennent l'eau à la surface ; mais, quand cette eau s'est complétement évaporée, elles se fendent et se crevassent, à cause du retrait qu'elles subissent par la dessiccation.

Tous ces terrains, à l'état pur, c'est-à-dire offrant à la surface du sol une couche friable, composée des débris de la roche à laquelle ils appartiennent, seraient tout à fait infertiles ; leur mélange même n'offrirait pas aux plantes cultivées des principes nutritifs suffisants pour les faire végéter avec vigueur, si une longue suite d'années n'y avait introduit des éléments particuliers de fertilité.

Sur presque toute la surface solide du globe que nous habitons, le terrain naturel ou primitif, celui qui s'est trouvé superposé à tous les autres, après l'accomplissement des dernières révolutions, a été profondément modifié par l'effet des phénomènes atmosphériques, par le mélange de terrains de transport ou de sédiment, enfin par l'introduction de substances animales et végétales déposées et accumulées depuis des siècles.

Le mélange de l'argile diluvienne a d'abord donné presque partout, aux sols sablonneux ou calcaires, la consistance qui leur manquait ; puis ce terrain, ainsi modifié, est devenu d'autant plus fertile, d'autant plus favorable à la culture, qu'il s'est trouvé contenir en plus grande quantité de l'engrais, ou des déjections animales, de l'humus ou du terreau végétal, formé de débris de plantes en décomposition.

Examinons, en dehors des efforts de la culture et de tout travail humain, ce qui a dû se passer depuis des siècles.

Quelles que soient les causes des dernières révolutions qui ont bouleversé la surface du globe, à quelque époque que ces révolutions se soient accomplies et aient cessé leur action perturbatrice, nous voyons que partout des productions végétales se sont développées. De nombreuses espèces de plantes, herbacées ou ligneuses, parcourant, sous l'œil de Dieu, toutes les phases de leur végétation, ont laissé à la place qu'elles occupaient, leurs feuilles et leurs tiges qui s'y sont décomposées. Ainsi s'est formée sur le sol une couche de terreau végétal de plus en plus épaisse, qui, d'année en année, a donné à la végétation spontanée de nouvelles forces.

Neque enim rudis et modo ex silvestri habitu in arvum transducta fœcundior haberi terra debet, quod sit requietior et junior; sed quod multorum annorum frondibus et herbis, quas suapte natura progenerabat, velut saginata largioribus pabulis, facilius edendis educandisque frugibus sufficit. (*Col.*, l. I, cap. i.)

«Quand une terre inculte vient de passer de l'état de forêt à l'état de culture, il ne faut pas attribuer sa fécondité à ce qu'elle est plus jeune et plus reposée ; mais c'est que, saturée pendant un grand nombre d'années d'une nourriture abondante par les feuilles et les herbes qu'elle faisait naître spontanément, elle suffit plus facilement à la production et au développement des récoltes. »

D'un autre côté, les animaux sauvages, les car-
nassiers, qui dévoraient les autres, les herbivores,
qui broutaient les plantes, les insectes même, qui
pullulaient sur cette terre vierge, l'ont enrichie successivement en y mêlant la matière animale. Les
premiers cultivateurs n'ont eu qu'à remuer la terre
pour la pénétrer de tous ces principes de vie et de
fécondité, et à remplacer les végétaux qui y crois-
saient spontanément, par des plantes plus appropriées à leurs besoins.

Chaoniam pingui glandem mutavit arista.
(VIRG., *Georg.*, l. I.)

« Ils ont remplacé les glands de Chaonie par de riches
moissons. »

La culture s'est établie d'abord sur les parties qui
paraissaient les plus fertiles. Elle s'est étendue peu
à peu et s'est emparée de tous les terrains, à l'exception de ceux où les instruments aratoires ne
peuvent agir, soit à cause de la présence de la roche
vive à la surface, soit par suite d'une déclivité excessive, qui exposerait d'ailleurs la terre, ameublie
et soulevée par la charrue, à être entraînée par
les pluies.

On comprend par là les motifs qui s'opposent
encore aujourd'hui au défrichement des terrains en

pente, et l'intérêt qui s'attache au reboisement des montagnes.

Les terres les plus riches sont donc d'abord celles des vallées, où les eaux ont apporté et déposé, depuis des siècles, le limon et les détritus enlevés aux terrains supérieurs.

> Huc summis liquuntur rupibus amnes
> Felicemque trahunt limum.
>
> (Virg., *Georg.*, l. II.)

> C'est au fond du vallon
> Que l'eau des monts voisins porte un riche limon.
>
> (Delille.)

Cependant, il arrive quelquefois que des rivières au cours impétueux, sortant de leur lit, déposent, au lieu de limon, un gravier stérile.

Les plaines possèdent ordinairement un degré de fertilité satisfaisant, parce que, si les alluvions et les dépôts successifs faits par les eaux ne viennent pas les enrichir autant que les vallées, au moins elles ne se trouvent pas dépouillées, comme les terrains en pente rapide, de la terre végétale qui a pu s'y former.

Toutefois, malgré la puissance de reproduction que la nature a donnée aux plantes, malgré la tendance de la vie végétale à s'établir partout avec une abondance et une vigueur progressives, il se trouve encore dans beaucoup de localités des terrains arides, des sols légers et maigres, qui, n'ayant pu nourrir qu'une végétation chétive, ne se sont pas assez sensiblement améliorés pour récompenser largement le cultivateur de ses soins et de ses travaux. Les plaines de craie blanche de la Champagne, certains plateaux calcaires, secs et pierreux, des sols graveleux, des dépôts sablonneux, et même de vastes étendues de sable, comme les Landes de Gascogne, offrent de tristes exemples de stérilité relative.

> Nam jejuna quidam clivosi glarea ruris
> Et tophus scaber, et . . . . . creta.
> (VIRG., *Georg.*, l. II.)

« Ce sont des terrains bien maigres que les champs en pente couverts de gravier, le tuf rebelle et la craie. »

Le défaut d'une terre argileuse trop tenace peut être corrigé facilement par le mélange, en proportion modérée, de sables siliceux ou calcaires, par l'application de la chaux ou de la craie blanche, dans l'opération appelée marnage ; mais, pour donner la consistance nécessaire aux sols secs et légers, qui ne retiennent pas l'eau des pluies et la laissent évaporer aussitôt qu'ils l'ont reçue, il faudrait y transporter des terres substantielles en quantité si considérable, qu'un pareil travail ne pourrait être entrepris sur une grande étendue.

Terram enim terra emendari, super tenuem pingui injecta, aut gracili bibulaque super humidam ac præpinguem, dementiæ opera est. (PLIN., *Hist. nat.*, lib. XVII, sec. III.)

« Vouloir corriger la terre par d'autre terre, en portant de la terre grasse sur de la terre légère, ou de la terre maigre et sablonneuse sur de la terre humide et compacte, c'est une œuvre de folie. »

Quand ces circonstances défavorables sont restreintes et forment de simples accidents locaux, l'état généralement prospère de l'agriculture, dans la contrée environnante, procure des ressources qui font bientôt disparaître l'infériorité de ces terrains, par une culture intelligente, des engrais abondants et des récoltes appropriées à la nature du sol. Mais, quand une contrée tout entière est composée de ces terrains deshérités, la culture y reste longtemps languissante et le pays est considéré, au point de vue agricole, comme un pays pauvre. Il faut une main puissante, d'énormes sacrifices de capitaux pour entreprendre, sur une grande échelle, des travaux d'amélioration qui dépassent les moyens ordinaires du commun des cultivateurs.

Le plus sage parti, pour celui qui possède un domaine de ce genre, est de ne cultiver, comme terres labourables, parmi les moins mauvaises, qu'une étendue limitée, proportionnée à la quantité d'engrais dont il pourra disposer. Le seigle, quel-

ques méteils, le sarrasin, l'orge, les pommes de
terre, et comme prairie artificielle, le sainfoin, y
pourront donner de bons produits. La partie non
labourée, purgée de pierres, débarrassée des broussailles, des plantes épineuses et impropres à la nourriture du bétail, formera un pâturage qui, fréquenté
par les troupeaux, s'améliorera, lentement peut-
être, mais d'une manière certaine. Des défrichements partiels et successifs pourront être opérés,
pour augmenter progressivement l'étendue des
terres cultivées. Comme spéculation à longue
échéance, on fera sur les parties les plus pierreuses
et le plus décidément infertiles, des plantations des
arbres à feuilles caduques qui réussissent le mieux
dans une situation analogue, ou des meilleures espèces de conifères.

C'est ainsi qu'avec des soins et surtout avec de
la persévérance, le propriétaire, le cultivateur intelligent peut tirer parti de la situation la plus ingrate.
Tout le pays profite de ces améliorations et de ces
progrès. La richesse générale s'en accroît ; et c'est
par là que se trouve justifié le proverbe cité au commencement de ce chapitre, dont le sens est que
la terre, même la plus rebelle, finit par valoir ce
que vaut l'homme qui l'exploite et qui lui consacre
son temps et son travail.

Il convient d'ajouter ici que, par une heureuse
circonstance, le climat tempéré de la France étant

éminemment favorable à la végétation de la vigne dans plus des deux tiers de l'étendue du territoire, les sols les plus pauvres, qui seraient impropres à la culture des céréales, ont pu être convertis en d'excellents vignobles, qui constituent une de nos principales richesses territoriales, celle peut-être que l'étranger nous envie le plus. On évalue à près de deux millions d'hectares l'étendue des terres, presque toutes médiocres, consacrées à la culture de la vigne.

On peut citer comme exemple les vignobles qui occupent une partie du terrain crayeux de la Champagne ; les terrains pierreux et calcaires du centre et du sud-ouest de la France, qui produisent des vins capiteux, dont la distillation fournit les eaux-de-vie les plus renommées ; quelques coteaux granitiques des bords du Rhône, les graviers anciennement déposés entre les deux grandes rivières, la Garonne et la Dordogne, qui ont donné le nom de vin de Grave à un cru très-célèbre ; enfin, les pentes schisteuses du versant oriental des Pyrénées, où naissent les vins de Collioure.

Ces qualités diverses des sols, donnant ici d'abondantes moissons, là, peu propres à la culture des céréales mais convenant parfaitement à celle de la vigne, sont indiquées dans ce vers :

> Hic segetes, illic veniunt felicius uvæ.
>
> (Virg., Georg., liv. I.)

« Ici le sol produit de riches moissons ; là il est plus favorable à la vigne. »

On aime à relire, dans leur élégante concision,
ces aphorismes du grand poëte, qui, au milieu de
fictions et de développements poétiques, pose de
loin en loin quelques préceptes dont l'exactitude a
été confirmée par l'expérience des siècles.

CHAPITRE II.

Défricher un terrain, c'est faire passer à l'état de terre labourable un sol depuis longtemps inculte. On défriche un bois, une lande couverte de broussailles, de genêts, d'ajoncs, de bruyères, pour en faire un champ cultivé.

> Aut unde iratus silvam devexit arator,
> Et nemora evertit multos ignava per annos,
> Antiquasque domos avium cum stirpibus imis
> Eruit : illæ altum nidis petiere relictis;
> At rudis enituit impulso vomere campus.
>
> (Virg., Georg., l. II.)

> Ce terrain, couvert d'un bois stérile,
> Que son maître rougit de laisser inutile,
> D'une main indignée il y porte le fer,
> Détruit les vieux palais des habitants de l'air;
> L'oiseau tremblant s'enfuit de son nid qu'on ravage,
> Et le soc rajeunit cette plaine sauvage. (Delille.)

On donne aussi le nom de défrichement au labour par lequel on rompt une prairie naturelle ou artificielle. On dit défricher un pré, un champ de trèfle ou de luzerne ; ce n'est plus, dans ce cas, qu'une des opérations ordinaires de la culture. C'est un labour énergique qui demande plus de force, mais qui fait partie des travaux périodiques et prévus de toute exploitation agricole.

Dans certaines contrées, qui certes ne sont pas de celles où l'agriculture est le plus florissante ; dans la Bretagne, par exemple, quand une terre paraît fatiguée et ne donne pas des récoltes satisfaisantes, on cesse de la cultiver : elle reste en friche pendant quelques années. Les plantes spontanées, quelquefois les ajoncs, reprennent possession du sol ; les troupeaux y paissent en liberté. Dès qu'elle paraît suffisamment reposée, qu'elle a reçu un peu d'engrais par l'effet prolongé du pâturage, on y met de nouveau la charrue. C'est bien là encore un défrichement, mais qui n'offre aucune difficulté particulière, puisque le terrain n'a cessé que depuis peu de temps d'être cultivé. Ces cultivateurs arriérés en sont encore à la tradition exprimée dans ce vers des Géorgiques :

Nec nulla interea est inaratæ gratia terræ.

« Il peut être bon pour la terre de rester quelque temps sans être labourée. »

C'est de la jachère permanente et, qui pis est, de la jachère sans culture.

Si on ne doit pas rencontrer dans le terrain à défricher une résistance excessive par la présence de souches, de racines ou de pierres d'un certain volume, il y a avantage, et surtout économie, à se servir d'une charrue puissante, mise en action par des attelages appropriés. On diminuera encore la difficulté du travail, en y procédant après un dégel ou après de grandes pluies, alors que la terre, saturée d'eau, se laisse pénétrer plus facilement.

Mais il arrive souvent que le défrichement offre à la charrue des obstacles insurmontables, et ne peut s'exécuter qu'à force de bras. C'est le cas particulier sur lequel je me propose d'insister dans ce chapitre.

On peut opérer des défrichements dans des conditions essentiellement différentes.

Ils peuvent faire l'objet d'une spéculation importante, ayant pour but d'établir une ferme, de créer un domaine rural, à la place d'une forêt ou sur des terrains incultes.

Ou bien on se propose simplement d'augmenter l'étendue d'une exploitation en pleine activité, en y joignant de nouvelles terres prises sur des bois voisins, ou sur des pâturages et des terres en friche.

Dans le premier cas, c'est une grande entreprise,

qui demande une mise de fonds considérable pour main-d'œuvre, construction de bâtiments, acquisition de bestiaux, instruments, semences et frais de premier établissement.

Pour un défrichement partiel et restreint, les ressources courantes du cultivateur doivent suffire, car la dépense se borne aux frais du défrichement, et se trouvera largement compensée par les récoltes, ordinairement abondantes, obtenues dans une terre neuve, sans engrais, pendant les premières années.

Du reste, on ne doit chercher à étendre une exploitation que lorsque toutes les parties déjà cultivées sont parfaitement soignées. Rien n'est plus sage que ce précepte de Columelle, reproduit d'une manière plus concise par Palladius :

Nil dubium quin minus reddat laxus ager non recte cultus, quam angustus eximie. (*Col.*, l. I, cap. III.)

« Il n'est pas douteux qu'un champ vaste, mal cultivé, ne rende moins qu'un plus petit qui l'est parfaitement. »

Fecundior est culta exiguitas quam magnitudo neglecta. (*Pal.*, l. I, cap. VI.)

« Un petit espace bien cultivé rapporte plus qu'une grande étendue négligée. »

Avant d'entreprendre un défrichement sur une

grande échelle, il convient de sonder, d'étudier le sol que l'on veut mettre en culture ; d'en reconnaître la profondeur et la qualité ; de s'assurer enfin que le changement de nature de la propriété offrira des avantages réels et surtout durables.

C'est principalement quand il est question de détruire un bois bien planté et suffisamment garni, qu'il faut agir avec circonspection et peser mûrement le pour et le contre. On a vu trop souvent de bons bois devenir de très-mauvaises terres. La valeur d'une superficie à réaliser ; l'appât de quelques récoltes abondantes, ou d'un fermage élevé pendant quelques années, a séduit des propriétaires imprévoyants, ou pressés de jouir. Une terre naturellement pauvre, traitée sans ménagement et promptement épuisée, n'a plus donné qu'un produit bien inférieur à celui des bois qui la couvraient ; quelquefois même, il a paru plus profitable de la replanter. Dans ce cas, un bénéfice temporaire, basé sur de faux calculs, a été suivi d'une perte réelle et d'une longue déception.

Vanière s'élève ainsi contre la destruction des forêts :

Antiquos ferro ne dejice lucos.
Avorum munere natas
Tu quoque silvarum transmitte nepotibus umbras.
(*Præd. rust.*, l. I.)

Je t'en conjure au moins, d'une hache inhumaine
Préserve les vieux bois qui parent ton domaine.
Des arbres jusqu'à toi transmis par tes aïeux,
Transmets l'ombre sacrée à tes derniers neveux.
(FRANÇOIS DE NEUFCHATEAU.)

La condition essentielle pour le défrichement des bois, c'est d'être sûr que la nature du sol et les circonstances locales permettront d'obtenir des terres, pour un temps indéfini, un revenu certain, supérieur ou au moins égal à celui du terrain boisé. S'il s'y trouve des taillis de quelque valeur, ou des arbres de haute futaie, c'est une circonstance fort avantageuse. La vente de ces bois peut couvrir les frais de l'entreprise; quelquefois même elle procurera des sommes importantes. Cette considération seule suffit souvent pour motiver le défrichement; il devient alors, pour le moment présent, une bonne affaire, quand même les terres cultivées ne donneraient qu'un revenu égal à celui des bois dont elles ont pris la place, puisque, le revenu restant le même, on a de plus un capital dont on peut disposer.

Aussi, dans les derniers temps, de vastes défrichements de bois et de forêts ont été entrepris par des propriétaires et des spéculateurs. Cette tendance a été si exagérée qu'on a pu craindre une diminution trop considérable des ressources forestières, et qu'il a paru prudent d'en assurer la conservation. Des lois spéciales ont restreint le droit de propriété, en permettant à l'administration de s'opposer au défrichement.

Ces lois ont été, depuis peu, modifiées, et le véto de l'administration limité à des cas exceptionnels. D'une part, les propriétaires de bois étaient revenus de leur engouement exagéré pour les défrichements; puis on a reconnu que l'usage du charbon de terre, devenu plus général par les facilités de transport que procurent les chemins de fer, et par le perfectionnement des appareils de chauffage, que l'emploi du fer dans les constructions, faisaient disparaître, en grande partie, les craintes que l'on avait conçues, sur la disette du combustible et la rareté des bois de service.

Il faut dire aussi, qu'au point de vue de l'économie sociale, l'augmentation du prix des bois paraît offrir peu d'inconvénients, en comparaison des avantages d'une production plus abondante de bétail et de céréales, qui doit suivre la conversion du sol forestier en terres labourables.

On s'est souvent préoccupé de l'effet que les défrichements et la diminution du sol forestier pourraient produire sur l'alimentation des sources, et sur le volume d'eau qu'elles fournissent aux ruisseaux et aux rivières, qui portent la fécondité dans les campagnes.

On a pensé que les forêts et les grandes agglomérations d'arbres attiraient les nuages, les retenaient et les forçaient à se résoudre en pluie ; d'où on concluait naturellement que, les forêts étant détruites et les arbres abattus, la plupart des sources voisines seraient taries ou notablement diminuées. S'il en était ainsi, une certaine aridité du sol et une stérilité relative remplaceraient l'état de fertilité dû à l'humidité bienfaisante, entretenue par le voisinage des grands bois.

Si les effets des défrichements ont été exactement constatés, on s'est sans doute trompé sur leur cause, en attribuant aux arbres et aux forêts une influence directe sur la condensation des vapeurs et sur leur résolution en pluie. Il pleut très-abondamment sur de vastes espaces nus et découverts : il pleut dans les plaines dépourvues d'arbres ; il pleut sur les mers ; les pluies ne sont pas moins abondantes sur les immenses pâturages et sur les polders de la Hollande, que sur les forêts de la Norwége et de la Suède.

S'il est vrai que le volume d'eau fourni par certaines sources ait sensiblement diminué après des défrichements, on peut expliquer ce fait d'une manière très-rationnelle, sans en chercher la cause dans la diminution de la quantité d'eau tombée des nuages.

Les sources sont les issues par lesquelles les eaux amassées dans de vastes réservoirs souterrains s'échappent à la surface du sol, pour former des ruisseaux et des rivières ; ces réservoirs sont alimentés par l'eau des pluies qui pénètre dans la terre, s'y infiltre lentement, et traverse toutes les couches, ordinairement fort épaisses, qui se trouvent au-dessus de la grande nappe d'eau intérieure.

Quand la terre végétale, le sous-sol immédiat et les bancs sous-jacents se trouvent dépourvus d'humidité, à la suite d'une sécheresse prolongée, il faut beaucoup de temps et une très-grande continuité de pluies, avant que toute cette masse soit humectée, imbibée et pénétrée par l'infiltration, au point que les eaux parviennent jusqu'aux couches inférieures, et élèvent le niveau des grands réservoirs qu'elles alimentent. Ce niveau général s'élèvera d'autant plus, qu'une plus grande abondance d'eau aura traversé les couches supérieures ; et il en résulte que, si une partie des eaux tombées sur le sol, au lieu d'y être absorbée, vient à couler à la surface, elle sera perdue pour l'alimentation des sources et de la nappe d'eau qui les produit.

C'est par là que les grands défrichements peuvent avoir un effet sensible et presque immédiat sur le débit des sources, c'est-à-dire sur l'abondance ou la rareté de leurs eaux. Quand la surface du sol est en friche, non pas seulement couverte de forêts, mais de gazons, de landes, de bruyères ou de broussailles ; les herbes, les feuilles, la mousse, forment un amas de substances spongieuses, qui retiennent l'eau des pluies, l'empêchent de s'écouler au loin, et la forcent à s'infiltrer, au moment de sa chute, sans aucune déperdition. Dans ce cas, toute l'eau tombée arrive aux nappes inférieures, et donne aux sources un écoulement plus abondant, à l'exception de ce qui se perd par l'évaporation, d'ailleurs bien moins considérable sur un sol couvert et ombragé, que sur la terre nue.

Supposons le terrain défriché et mis en labour ; la surface, fréquemment remuée par la culture, devient battue et plombée par l'effet des pluies. Elle est lisse, ne retient pas l'eau qu'elle reçoit, et l'absorbe moins facilement. Dans de grandes pluies, des orages, des fontes de neige, les eaux surabondantes coulent sur les guérets, dans les sillons, en suivant les pentes ; elles se déversent dans les fossés, sur les routes et sur les chemins, se réunissent dans les ravins, au fond des vallons, y forment momentanément des ruisseaux d'eau bourbeuse, gagnent enfin les cours d'eau naturels, gonflent et font déborder les ruisseaux et les rivières, jusqu'à ce que les fleuves les portent au sein des mers, entraînant, avec le limon, des débris végétaux, des parcelles de fumier et des chaumes enlevés aux terres cultivées.

Le même effet se produit, avec plus de violence

et de rapidité, dans les pays de montagnes, là où la roche vive se montre à nu, ou recouverte par une couche mince de terre végétale et de gazon moussu, que les eaux traversent promptement. Elles courent à la surface impénétrable des rochers, et se précipitent bientôt dans le lit des torrents subitement grossis. Dans cette nature tourmentée, les défrichements n'ont aucune influence sur les eaux ; c'est la conservation de la terre végétale elle-même qu'ils peuvent compromettre ; son assiette peu stable sur des roches glissantes, à pentes rapides, l'expose à être emportée dans les ravins, quand on la prive, par la culture, de la cohésion que lui donnent les racines des arbres et des plantes qui la recouvrent.

La quantité d'eau qui s'écoule à la surface des champs défrichés est donc très-considérable ; on doit admettre qu'au lieu de s'échapper en pure perte, et souvent en causant de grands dommages, ces eaux auraient pénétré dans le sol, quand il était plus facilement perméable, si elles avaient été retenues par tout ce qui s'opposait à leur écoulement, avant le défrichement. C'est ainsi que la transformation des forêts et des terrains incultes en terres labourables, peut restreindre l'alimentation régulière des sources et faciliter l'irruption torrentielle et malfaisante des eaux pluviales.

Mais, pour que de semblables résultats se produisent d'une manière sensible, il faut que l'état superficiel du sol ait été changé sur une très-grande étendue. Ces changements, le progrès de la culture tend à les propager et à les étendre de plus en plus. S'ensuit-il que l'on doive considérer les défrichements comme une cause de perturbation dans l'état général d'une contrée, et comme pouvant produire, par la suppression des sources, une sorte de calamité publique? bien loin de là. Un défrichement judicieux, exécuté dans des conditions convenables, sera toujours une excellente opération, au point de vue de l'intérêt public et particulier. Ce serait un faux calcul que de laisser en friche des terrains plus ou moins boisés, propres à produire de bonnes récoltes, dans le seul but, assez problématique, de conserver à quelque source voisine son volume d'eau ordinaire. Mais il faut admettre aussi que, partout où la culture du sol n'offrira pas des avantages certains, on devra conserver les forêts, planter les parties nues, et couvrir tout le terrain d'arbres appropriés à sa nature et au climat.

L'utilité d'un défrichement étant bien constatée, il faut d'abord débarrasser le terrain de tout ce qui en occupe la surface. Les bois seront abattus et enlevés. S'il s'y trouve des genêts, des ajoncs, des arbrisseaux ligneux pouvant être utilisés comme combustible, ils seront coupés, réduits en fagots destinés à la consommation locale, à l'usage des fours à pain, et surtout des fours à chaux et à briques qui peuvent exister dans le pays. Les plantes herbacées, les grandes herbes, seront fauchées, liées en bottes après leur dessiccation, et soigneusement conservées, en meule ou sous des hangars, pour la litière des animaux. Elles produiront ainsi des fumiers auxquels l'exploitation future devra sa prospérité.

Les pierres, plus ou moins volumineuses, qui couvriraient le sol seront extraites ou ramassées. Elles fourniront des matériaux pour la construction de bâtiments ou de murs de clôture. Elles serviront à l'empierrement, à l'entretien des routes et des chemins. Si elles se trouvaient en trop grande quantité pour être utilement et actuellement employées, on les réunirait en monceaux cubiques ou coniques, de manière à leur faire occuper le moins d'espace possible. Quelquefois on les dispose autour des champs dont elles marquent la limite.

Saxosum facile est expedire lectione lapidum, quorum si magna est abundantia, velut quibusdam substructionibus partes agri sunt occupandæ, ut reliquæ emundentur. (*Col.*, l. II, cap. II.)

« Il est facile de débarrasser un terrain pierreux en ramassant les pierres ; si elles se trouvent en grande abondance, on les rassemblera sur certaines parties du champ, comme

une sorte de construction, afin que les autres parties
soient nettes. »

Vanière décrit le même procédé dans les vers
suivants :

Expediendus erit saxis et gramine campus...
Sed lapides manibus remove , mediosque per agros
Altius accumula, vel grandibus obrue fossis.
(Præd. rust., l. I.)

« Il faudra débarrasser le champ des pierres et des herbes...
On ramasse les pierres à la main et on les amoncelle au
milieu des champs, ou bien on les enterre dans des fossés
profonds. »

Mais aussitôt il émet une opinion qui est encore
partagée par beaucoup de cultivateurs ; c'est que
l'enlèvement des pierres à la surface d'un champ
peut être quelquefois très-nuisible à la terre :

Sæpe tamen cupidos humus exossata colonos
Decipit; amotis seu jam durata lapillis
Parcius enatam succos emittat in herbam ;
Sive repercutiens solem, radicibus imis
Calculus auxilio est, et iniquos temperat æstus.
(Id., ibid.)

« Cependant, il arrive souvent que la terre, pour ainsi dire
désossée, trompe l'espoir avide du cultivateur ; soit que,
devenue plus compacte par l'enlèvement des petits cailloux, elle communique aux jeunes plantes des sucs moins
abondants ; soit qu'en répercutant les rayons du soleil, le
caillou protége les racines et tempère les fâcheux effets
d'une chaleur brûlante. »

Cette question de l'épierrement des champs a pris aujourd'hui une importance extrême, à cause de la quantité très-considérable de pierres de toute nature que les terres cultivées fournissent à l'entretien des routes et des chemins.

Il est facile de se rendre compte de l'appauvrissement du sol par l'enlèvement des pierres, en quantité considérable ou fréquemment renouvelé.

Que l'on remplisse d'eau un vase contenant des cailloux, si on en ôte quelques-uns, le niveau du liquide s'abaissera un peu ; si on les enlève tous, il s'abaissera en proportion de leur volume ou de la place qu'ils occupaient, et il pourra ne rester que très-peu d'eau dans le vase.

Il en est de même du sol arable : il se compose d'une couche de terre végétale, souvent mélangée de cailloux, en quantité variable ; s'ils entrent pour un quart dans la constitution du sol, et que l'épaisseur cultivée soit de vingt centimètres, les cailloux enlevés, la couche de terre végétale sera réduite de vingt centimètres à quinze ; il faudra, pour lui rendre sa profondeur, entamer le sous-sol ordinairement stérile et le fertiliser par des amendements et par des engrais abondants. Si, au lieu d'enlever les pierres tout d'un coup, on en prend sur le sol annuellement une quantité qui représente une épaisseur moyenne d'un centimètre, la profondeur de la terre végétale sera chaque année diminuée d'autant. C'est une cause de détérioration évidente a laquelle on ne peut remédier que par des dépenses réitérées d'engrais et de culture.

On a remarqué d'ailleurs que les terres à cailloux sont très-favorables à la production des céréales ; les cailloux agissent comme corps interposés et rendent le sol moins compacte ; après une pluie d'été, ils empêchent l'évaporation trop rapide, et, conservent longtemps, au-dessous d'eux, un peu de l'humidité si nécessaire aux plantes.

C'est donc une servitude assez onéreuse que celle qui est imposée aux cultivateurs, de souffrir le ramassage des pierres à la surface des champs, pour l'entretien des routes. Cette servitude est encore aggravée par l'usage abusif et vexatoire qu'en font trop souvent les entrepreneurs et adjudicataires des travaux.

Les administrations départementales et communales doivent donc agir avec les plus grands ménagements, et surtout obliger leurs agents et les ouvriers en sous-ordre, à la stricte observation des règlements. Elles doivent assurer la conservation des droits du propriétaire et du possesseur des terrains. Dans tous les cas, les terrains affectés à l'enlèvement des pierres doivent être désignés d'une manière précise ; la quantité à prendre doit être déterminée ; le possesseur du champ devra être préalablement averti, et il doit lui être alloué une indemnité proportionnée au dommage causé et à la valeur des matériaux.

Un obstacle à peu près insurmontable se rencontre dans la présence, sur certaines terres, de bancs de pierre superficiels, ou de roches d'un volume tel, qu'elles ne pourraient être enlevées ni déplacées. Leur extraction, à l'aide de la mine, et des moyens usités chez les carriers, peut, dans des circonstances données, être l'objet d'une spéculation particulière ; mais, en vue du défrichement seul, les frais d'extraction dépasseraient probablement les bénéfices que la mise en culture du terrain pourrait offrir.

Quod tamen ita faciendum erit, si suadebit operarum vilitas. (*Col.*, l. II, cap. II.)

« Il ne faut le faire que si le bas prix de la main-d'œuvre le permet. »

Le sol une fois déblayé, les ouvriers chargés de le défricher peuvent être mis à l'œuvre ; il est, en général, avantageux d'avoir un ou plusieurs entrepreneurs, à tant l'hectare ; ces entrepreneurs traitent directement avec les ouvriers et les font travailler, sous leur surveillance et sous leur responsabilité.

Les frais d'un défrichement varient beaucoup, selon le prix plus ou moins élevé de la main-d'œuvre, la consistance du terrain à défoncer, la quantité de pierres qu'il renferme, l'abondance et la valeur des racines qu'on peut y rencontrer. Le défrichement d'un are de terre se fait pour 1 franc, dans les circonstances les plus favorables; ce prix peut s'élever jusqu'à 4 francs, selon les difficultés du travail.

Dans les défrichements de bois, la valeur des souches et des racines à extraire doit être prise en considération; on les abandonne ordinairement aux ouvriers. Dans certains sols dont la fouille est facile, le défrichement peut être fait pour le bois; quelquefois, au contraire, ce bois de souches tombe à vil prix, et les ouvriers obligent l'entrepreneur ou le propriétaire à le conserver en le payant, moyennant un prix convenu.

L'outil presque uniquement employé est la pioche, dite tournée, ayant à l'un de ses bouts un pic acéré, et à l'autre bout une lame aplatie : il faut y joindre la cognée, pour les souches et les fortes racines.

Les ouvriers belges qui viennent fréquemment entreprendre ces travaux dans les départements du nord et du centre, se servent d'une pioche particulière très-pesante, dont l'extrémité pénétrante est en forme de fer de lance, et la partie tranchante en lame épaisse, large de 12 à 14 centimètres.

Pour que le travail soit bien fait, la personne qui

le surveille doit s'assurer que chaque ouvrier a toujours devant lui une petite tranchée ouverte, appelée jauge, dans laquelle il fait tomber la terre et les gazons que la pioche a entamés ; cette jauge aura au moins la profondeur qu'on doit donner plus tard au labour. Elle se remplit et elle se reforme à mesure que l'ouvrier avance en piochant la terre ; de cette manière, aucune racine, aucune pierre d'un certain volume, ne peut manquer d'être extraite ; il en resterait un grand nombre si l'on se contentait de fouiller le terrain çà et là, au-dessus, avec la pioche.

Le défoncement opéré, comme il vient d'être dit, les racines et les pierres qu'il a fournies doivent être enlevées le plus promptement possible, avant que le terrain se trouve plombé par les pluies et que les plantes soulevées aient repris racine ; c'est alors la charrue, la herse et le rouleau qui doivent achever l'œuvre.

Si le sol, avant le défrichement, était bien couvert de bois, il doit s'y trouver peu de plantes à racines vivaces et résistantes. Un simple labour suffira pour le mettre en état de recevoir la première semence.

Si, au contraire, le terrain était découvert et gazonné, il renferme le plus souvent des plantes à racines adhérentes et tenaces, qu'il faut nécessairement détruire, pour le mettre en bon état de cul-

ture; car ces plantes repousseraient vigoureusement, dans une terre fraîchement remuée, au détriment des premières récoltes.

Dans ce cas, on procédera comme pour toute
terre envahie par des plantes vivaces et traçantes,
laissant après le labour des gazons épais, auxquels
la terre est fortement adhérente. On retournera ces
gazons avec la herse ; puis, quand leur surface exposée à l'air sera sèche et devenue friable, on passera le rouleau pour les rompre et forcer la terre
à s'en détacher. On répétera, s'il le faut, cette
opération plusieurs fois, à quelques jours d'intervalle, toujours par un temps sec. L'action alter-
native et réitérée de la herse, au besoin, de l'extirpateur, suivie de celle du rouleau, finit, en peu de
temps, par laisser à nu sur le sol les racines les
plus vivaces qui se trouvent desséchées et détruites
par l'effet du hâle et du soleil.

Le terrain défriché étant convenablement préparé, il s'agit de l'ensemencer. D'après l'usage le
plus général, c'est de l'avoine que l'on y sème pour
la première récolte. Quelquefois on débute par une
semence de froment d'hiver. Si le défrichement a
été terminé dans le courant de l'été, si la terre se
trouve dans un bon état de préparation à l'époque
convenable pour semer les céréales d'hiver, le méteil ou le froment réussira parfaitement, plus sûre-
ment même que l'avoine.

Sur les défrichements faits en hiver, et prêts en mars à recevoir la semence, on sème de l'avoine, pour ne pas laisser passer tout un été en pure perte. Mais souvent, dans cette terre creuse et non encore rassise qui se dessèche facilement, l'avoine semée tard se brûle et s'échaude pendant les étés secs ; cette récolte est plus sujette à manquer que celle du froment semé en automne, parce que, dans ce cas, l'hiver raffermit la terre et lui donne la consistance nécessaire.

Si l'on crée une exploitation entièrement nouvelle sur des défrichements, il est prudent de ne pas précipiter l'entreprise ; d'opérer successivement pendant plusieurs années, de manière qu'un assolement périodique se trouve établi, quand toutes les terres auront été mises à l'état de culture régulière et suivie.

Le point le plus important, après un défrichement général ou partiel, c'est de ne pas épuiser le sol par des récoltes consécutives ; c'est de ménager avec économie les éléments de fertilité qu'un long état de repos y a accumulés. Une ou deux récoltes sans engrais, rarement trois, voilà tout ce qu'un cultivateur prudent et soigneux de l'avenir peut se permettre sur un terrain défriché, même très-riche en terreau végétal. Les pailles et fourrages de ces premières récoltes fourniront amplement les fumiers nécessaires pour entretenir cette richesse du sol ; on pourra même profiter de l'excédant pour améliorer d'autres parties du domaine.

Outre les céréales auxquelles les terres récemment défrichées conviennent parfaitement, on y cultive avec succès les pommes de terre, le colza ; et, parmi les fourrages annuels ou vivaces, les pois et le sainfoin. Quant à la luzerne, s'il se trouve, dans la profondeur du terrain, des racines d'arbres ou de végétaux ligneux, il faudrait attendre, avant de l'y introduire, que ces racines fussent complétement mortes et presque entièrement décomposées.

Il est encore un autre système de défrichement, décrit dans quelques ouvrages sous le nom d'*écobuage*. Il consiste à lever, à la surface du sol, une couche de gazons que l'on brûle avec les herbes et les broussailles qui les couvrent. Le plus souvent, pour que l'opération réussisse, les gazons doivent être disposés de manière à former un grand nombre de petits fours sous lesquels on met le feu, pour en répandre ensuite le résidu. On parle même d'une sorte d'écobuage qui consiste à brûler la terre nue, notamment l'argile.

L'écobuage est le premier effort de l'homme contre une nature inculte et sauvage : c'est l'acte violent du conquérant qui soumet une contrée par le fer et par le feu. Aussi ce système de culture a-t-il été surtout en usage chez les peuples primitifs, et est-il encore appliqué, par exception, aux terres les plus rebelles.

« C'était, selon M. de Gasparin, le mode d'exploitation des Celtes. C'est encore ainsi que les Tartares cultivent la céréale à laquelle ils ont donné leur nom, *fagopyrum tartaricum,* dans les steppes du sud-ouest de la Russie et dans la Sibérie méridionale. L'écobuage a été pratiqué de tout temps par les populations dispersées sur de vastes espaces de plaines ou de forêts. »

On fait encore de grands travaux de ce genre sur les immenses plaines de bruyères, sur les tourbières sablonneuses qui occupent une grande partie de la Hollande, au-delà du Zuyderzée, dans les provinces de Groningue, de Drenthe et d'Over-Yssel. Veut-on savoir quelles tristes ressources ce travail ingrat et pénible procure aux populations ? Après l'incinération des gazons herbeux ou tourbeux levés à la surface du sol, on y récolte du sarrasin pendant cinq ou six années consécutives; mais, après ces cinq ou six récoltes, dont le produit décroît progressivement, il faut cesser toute culture, et abandonner de nouveau la terre à elle-même et à la végétation spontanée, pendant un intervalle qui varie de vingt-cinq à cinquante ans. Après quoi une nouvelle opération d'écobuage peut être entreprise, mais avec moins de succès que la première fois.

BIBLIOTHÈQUE IMPÉRIALE

Ce sont là des procédés barbares. L'agriculture digne de ce nom, quand elle a pris possession d'un terrain, ne l'abandonne plus. Elle se garde bien de l'épuiser ; elle ménage ses forces, elle l'entretient, elle l'améliore, et sait le faire produire, d'une manière régulière et suivie, tout ce que comporte la nature de la terre et le climat.

(Voyez sur ce qui précède un travail de **M. E.** de Laveleye, sur l'économie rurale en Néerlande, publié dans la *Revue des Deux-Mondes,* nº du 15 janvier 1864.)

J'avoue humblement que je n'ai jamais vu pratiquer aucune opération de ce genre, que ce procédé me paraît d'une exécution très-coûteuse, et d'une efficacité problématique. Partout où l'on pourra recueillir des plantes sèches propres à servir de litière, il y aura bien plus d'avantage à les faire passer sous le bétail, pour les convertir en fumier, qu'à les brûler sur le sol, presque en pure perte.

J'ai vu brûler, par accident, dans des taillis, une couche assez épaisse d'herbes, de mousse et de feuilles sèches ; il restait des traces noires sur le terrain, mais pas de cendres en quantité appréciable.

Quant aux végétaux ligneux, il est bien rare qu'on ne trouve pas à les employer utilement comme combustible ; ce n'est donc que pour se débarrasser de matières inutiles et gênantes qu'on devrait y mettre le feu.

On peut d'ailleurs comparer, sur des données certaines, l'utilité que peuvent offrir les herbes sèches, pour former un amendement par leur incinération, avec les avantages qu'elles présentent pour la composition des fumiers.

Il résulte des expériences faites par M. de Saussure, que 1000 kilogrammes de paille ou d'herbes sèches produisent par leur combustion environ 40 kilogrammes de cendres, ou 4 pour 100 de leur poids. Au premier aperçu, cette évaluation peut sembler exagérée ; cependant, en la supposant exacte, il me paraît certain que ces 1000 kilogrammes, employés comme litière dans les étables, ou simplement épandus dans les cours, ou même stratifiés et réduits en terreau végétal à demi consommé, produiront comme engrais sur les terres, une amélioration plus réelle et plus durable, que les 40 kilogrammes de cendres jetées au vent.

La pratique de brûler l'argile, usitée, dit-on, en Angleterre, n'a pas trouvé chez nous d'imitateurs; c'est une opération coûteuse, qui doit offrir de grandes difficultés d'exécution. On peut voir, autour des fours à briques, de l'argile non cuite, mais simplement brûlée ; mélangée dans une terre forte, elle pourrait servir à la diviser, mais cette substance inerte est, par elle-même, absolument impropre à toute végétation.

On prétend faire remonter l'origine de l'écobuage

au temps des Romains : on en trouve, dit-on, la trace dans ces deux vers des *Géorgiques* :

Sæpe etiam steriles incendere profuit agros,
Atque levem stipulam crepitantibus urere flammis...

(VIRG., *Georg.*, l. I.)

traduits ainsi par Delille :

Cérès approuve encor que des chaumes flétris,
La flamme, en pétillant, dévore les débris.

On remarquera qu'il ne s'agit pas ici de brûler de la terre ni même des gazons, mais seulement les herbes sèches, ou le chaume qui se trouve à la surface. Or, aujourd'hui, dans une culture soignée, on fauche de si près, qu'il ne reste pas de chaume sur les champs dépouillés de leur récolte ; dans tous les cas, je le répète, chaumes et herbes sèches sont beaucoup mieux employés à faire du fumier, ou même à être enfouis sur place, qu'à être brûlés.

Cependant, il peut être quelquefois utile de brûler certaines herbes sur le terrain. Par exemple, quand on a ramené avec la herse, ou avec l'extirpateur, des plantes difficiles à détruire ; du chiendent, des graminées à racines traçantes , on peut craindre que ces plantes imparfaitement desséchées, ne reprennent racine par l'effet des rosées ou des pluies, qui peuvent ranimer leur séve ; alors il est prudent de les rassembler et d'y mettre le feu. On doit brûler aussi les chardons, dont la graine pourrait se répandre, et infester le terrain où ils ont été coupés, et même les champs voisins.

Il n'y a rien là qui ressemble à l'écobuage, et quand on tient à faire usage de cendres, comme stimulant, sur les terres ou sur les prairies artificielles, il est rare qu'on ne puisse pas se procurer en quantité suffisante, et à prix modéré, des cendres pyriteuses, des cendres de tourbe ou des cendres de fourneau, provenant des usines les plus rapprochées.

Si l'on considère les immenses changements que les défrichements ont apportés à l'aspect général de nos contrées, depuis les temps antérieurs à l'occupation romaine, on sera frappé de l'impulsion donnée par l'agriculture au progrès des mœurs et à l'amélioration de la condition sociale. La Gaule était alors un pays barbare, presque partout couvert de forêts. Les habitants, vivant dans des retraites souterraines, dans des huttes de terre et de branchages, avaient une existence misérable. La religion des Druides entretenait cet état de barbarie, par le respect des arbres dont elle avait fait un véritable culte.

> Silvarum studiosa, suos cum Gallia quondam
> Vix aleret cives, patria migrare relicta
> Atque peregrinos alio deferre penates
> Maluit, excisis victum quam quærere silvis.
>
> *(Præd. rust.*, l. V.)

« Lorsque la Gaule, jalouse de ses forêts, nourrissait à peine ses habitants, ils aimèrent mieux abandonner leur patrie et transporter leurs pénates dans des contrées étrangères, que d'abattre les arbres pour tirer du sol leur nourriture. »

L'invasion romaine a commencé la transformation du pays. Elle a ouvert, à travers les forêts, de grandes voies de communication ; elle a fondé des villes, elle les a peuplées d'habitants, et, pour les nourrir, elle a défriché de vastes espaces, où l'agriculture s'est établie, selon les usages des nations civilisées.

Les défrichements se sont propagés de siècle en siècle, lorsqu'on a vu que la culture intelligente des terres, profitable à ceux qui s'y livraient, était pour tous une source de bien-être et de richesse. Enfin, nous sommes parvenus à ce point, qu'il reste peu de terrains qui ne soient cultivés, autant que le comporte leur nature ; la prudence, et un esprit raisonnable de conservation, commandent aujourd'hui de soigner et de respecter les arbres, comme la loi du progrès commandait autrefois de les détruire.

Ecquis honor ruris, nemorum si gratia desit ?
(Præd. rust., l. V.)

« Quel charme restera-t-il aux champs, s'ils ne sont plus ornés par les bois ? »

———————

CHAPITRE III.

DES ASSOLEMENTS.

La première et la plus importante détermination à prendre, pour celui qui se met à la tête d'une entreprise agricole, c'est de choisir son assolement; c'est-à-dire, d'établir la succession périodique des différentes natures de récoltes qu'il se propose d'obtenir, à des intervalles réguliers et prévus d'avance, sur chaque partie du terrain exploité.

On comprend, en effet, que le cultivateur ne doit point agir au hasard, ni semer arbitrairement telle ou telle plante, selon son caprice, ou selon les besoins du moment. Celui qui voudrait s'affranchir ainsi d'un ordre fixe et d'un aménagement régulier, verrait bientôt la disette succéder à l'abondance. Un désordre irréparable s'introduirait dans tous les services de son exploitation, et l'appauvrissement général du sol, serait le résultat d'un entraînement irréfléchi, et du défaut de règle et de méthode.

Il est donc nécessaire pour le propriétaire qui afferme ses terres, et même pour celui qui cultive des terres qui lui appartiennent, que la culture soit renfermée dans certaines limites, qui ne permettent pas à la cupidité, ou à l'imprévoyance, d'abuser des forces productrices du sol, et qui établissent un certain équilibre entre les produits de chaque année, de manière à compenser l'une par l'autre les années bonnes et mauvaises. Cet ordre, qui ramène tous les ans, pour le cultivateur, le même cercle de soins, de travaux et de profits, constitue ce qu'on appelle « l'assolement. »

..... Redit agricolis labor actus in orbem,
Atque in se sua per vestigia volvitur annus.

(VIRG., *Georg.*, l. II.)

« Les travaux du cultivateur reviennent sans cesse dans le même cercle, comme l'année tourne continuellement sur elle-même, en suivant la marche qui lui est tracée. »

Les différents systèmes de culture que l'on peut concevoir, rentrent dans deux assolements principaux : l'assolement triennal et l'assolement alterne.

Dans le premier, toutes les terres labourables sont réparties, le plus également possible, entre trois divisions ou soles, dont la première est con-

sacrée aux céréales (1) d'hiver, la seconde, aux céréales de printemps, et la troisième aux fourrages
verts et aux plantes sarclées ; au besoin, à une culture en jachère nue, si l'épuisement du sol, ou
l'envahissement des plantes nuisibles l'exige.

Dans l'assolement alterne, la culture des plantes
céréales ne doit jamais revenir deux ans de suite sur
le même terrain. Les récoltes de ce genre doivent être
séparées par un intervalle d'une année, consacrée à
la culture des fourrages légumineux, ou des racines
sarclées ; de sorte que ce système repose sur l'al-
ternative continuelle d'une récolte de grains suivie
d'une récolte de fourrage.

L'assolement alterne, loin d'être une innovation due aux préceptes des agronomes modernes,
était bien connu du temps de Virgile, qui le décrit
ainsi :

..... Ibi flava seres, mutato sidere, farra,
Unde prius lætum siliqua quassante legumen,

(1) On appelle *céréales* les plantes de la famille des graminées,
dont les graines, disposées en épis ou en grappes, contiennent de
la farine, ordinairement propre à la nourriture de l'homme. On
les a nommées *céréales*, parce que les anciens en attribuaient
l'introduction à Cérès, déesse de l'agriculture. Ce sont principalement les diverses variétés de froment, le seigle, l'orge, même
l'avoine ; et, pour les climats méridionaux, le maïs, le millet et le
riz. Le sarrasin, vulgairement appelé blé noir, quoique n'appartenant pas à la famille des graminées, est cependant quelquefois
compté au nombre des plantes céréales.

Aut tenues fœtus viciæ, tristisque lupini
Sustuleris fragiles calamos silvamque sonantem.

(VIRG., Georg., l. I.)

« Tu récolteras, l'année suivante, des moissons dorées de froment, là où tu avais recueilli précédemment des pois dans leur cosse tremblante, ou le fourrage grêle de la vesce, ou les tiges fragiles et les gousses sonores du maigre lupin. »

Les prairies naturelles pérmanentes, et les prairies artificielles à long terme, restent en dehors de tous les assolements. Les premières n'en font jamais partie ; les secondes en sont distraites lors de leur ensemencement ; elles y reprennent leur place à l'époque du défrichement.

Le choix à faire entre ces deux systèmes, triennal ou alterne, dépend d'une foule de circonstances qu'il faut bien peser. En général, il vaut mieux conserver l'assolement déjà établi, que de le changer sans nécessité, ou sans avantage évident. Il faut considérer, si l'on cultive comme propriétaire ou comme fermier, si l'on doit conserver longtemps sa culture ; si l'exploitation est restreinte ou étendue, si les terres sont réunies ou divisées, si le sol convient aux fourrages et particulièrement aux fourrages-racines, s'il est favorable à l'engraissement et à l'élève du bétail, si les débouchés et les habitudes du pays favorisent telle ou telle production, si la main-d'œuvre est commune et à bas prix, ou rare et d'un prix élevé, si la proximité d'une ville permet de se procurer des engrais à des conditions avantageuses.

Sans prononcer d'une manière absolue sur la préférence à donner à l'un ou à l'autre de ces assolements, préférence qui dépend, comme on le voit, de certaines circonstances locales et particulières, j'exposerai rapidement les conditions propres à chacun d'eux.

L'assolement triennal est le plus généralement usité. Il convient particulièrement aux terres soumises à des conditions de bail ; il permet moins d'écarts de culture, et par là offre plus de garanties aux propriétaires. Il exige de la part de l'exploitant moins d'avances, moins de frais de main-d'œuvre et d'engrais ; il offre aussi moins de combinaisons compliquées, et son application plus simple demande moins de soins et de travail. Il convient surtout à la production des céréales qui, dans ce cas, occupent les deux tiers des terres en labour. Les pailles qui en proviennent sont converties en fumiers, qui suffisent aux besoins de la culture, puisque, dans cet assolement, c'est assez qu'un tiers des terres, celui destiné aux céréales d'hiver, reçoive de l'engrais.

Cet assolement, le plus anciennement pratiqué, paraît, aux yeux des agronomes, empreint d'un certain esprit de routine ; mais il a aussi suivi la loi

du progrès, et il a reçu des perfectionnements, qui
ont corrigé ce qu'il offrait de défectueux. Selon les
anciens usages, un tiers des terres devait rester
chaque année en jachère, c'est-à-dire en repos.
Cette année de repos, consacrée aux travaux destinés à l'ameublissement du sol, à la destruction
des plantes nuisibles et à l'application des engrais,
paraissait nécessaire, pour réparer l'épuisement
causé par deux récoltes consécutives de céréales,
qui laissent la terre sans engrais pendant deux
années, et pendant deux étés sans culture. L'introduction des prairies artificielles a profondément
modifié ce que l'ancien état de choses avait de vicieux. Dans une culture bien dirigée, une partie
des terres labourables, qui peut varier du sixième
au quart de la contenance totale, est ensemencée en
luzerne ou sainfoin, et produit, pendant plusieurs
années, d'abondantes récoltes de fourrage, et un
excellent pâturage pour le bétail. Sans avoir besoin
d'engrais pendant ce temps, la terre s'améliore
sensiblement. Elle se repose, comme on le dit communément ; elle se purge de mauvaises herbes,
surtout des espèces annuelles et des chardons. Elle
s'enrichit de l'engrais qu'y déposent les troupeaux
qu'on y fait paître, et des détritus des feuilles et
des portions de tiges qui s'y perdent après chaque
récolte ; de sorte qu'après cinq, six, ou même huit
années d'un bon produit, obtenu sans frais de cul-

ture ou d'engrais, le terrain défriché reprend sa place dans l'assolement, avec un degré plus grand de fertilité, et se trouve dans de meilleures conditions pour produire de bonnes récoltes.

En parlant comme je viens de le faire, de *l'introduction* des prairies artificielles, je n'ai pas voulu dire que les plantes qui les composent, et notamment la luzerne, fussent dues à une découverte récente, dont se serait enrichie notre agriculture. Il faut entendre seulement que, sous l'impulsion donnée par d'habiles agronomes, la culture de ces plantes, et surtout celle de la luzerne, a pris depuis le commencement de ce siècle, une extension considérable.

La luzerne était bien connue des anciens, et ses avantages étaient appréciés par eux, comme le témoigne ce passage remarquable de Columelle :

Ex iis pabulis quæ placent, eximia est herba medica, quod cum semel seritur, decem annis durat; quod per annum deinde recte quater, interdum etiam sexies demetitur; quod agrum stercorat; quod omne emaciatum armentum ex eo pinguescit; quod ægrotanti pecori remedium est; quod jugerum ejus toto anno tribus equis abunde sufficit. (COL., l. II, cap. x.)

«Parmi les meilleurs fourrages, il n'en est pas de plus excellent que la luzerne. Une fois semée, elle peut durer dix ans; elle est ensuite convenablement coupée quatre fois, souvent même six fois par an; elle donne de l'engrais à

la terre; toute espèce de bétail maigre s'engraisse avec
elle ; elle rétablit un troupeau languissant ; un seul arpent
de cette plante peut suffire pleinement à trois chevaux
pendant toute l'année. »

Olivier de Serres est le premier qui ait employé
cette expression de « prairies artificielles. » Il faut
lui en savoir gré, quoiqu'il lui donne une signification différente de celle qui est admise dans le
langage agronomique moderne.

On appelle aujourd'hui « prairies artificielles, »
les terres occupées temporairement par des plantes
fourragères, presque toutes de la famille des légumineuses, qui ne cessent pas de faire partie de l'assolement périodique, ou n'en sont distraites que pour
quelques années, après lesquelles elles y reprennent
leur place ordinaire.

Olivier de Serres désigne comme « prairies artificielles » les prairies permanentes, à base de graminées, dont l'établissement et la conservation demandent des soins particuliers d'ensemencement et
d'entretien. Il leur donne ce nom par opposition
aux « pâturages et pâtis sauvages, agrestes et naturels, » qui existent et se maintiennent sans culture,
« et que le père de famille laisse en perpétuelle
jachère. »

(V. Ol. de Serres, Tableau ou description sommaire du quatrième lieu.)

Il est facile d'apprécier l'importance de la révo-

lution, qui s'est opérée dans la culture, quand il est
devenu possible de nourrir une plus grande quantité de bétail, c'est-à-dire de produire plus d'engrais, pendant que l'on diminuait en même temps
l'étendue des terres à fumer chaque année. Dès
lors, l'année de repos, ou de jachère nue, qui, dans
l'ancien usage, était regardée comme une nécessité,
a cessé d'être improductive. On l'a utilisée par des
récoltes accidentelles, intercalées entre les diverses
opérations de la culture préparatoire du froment.

Le trèfle commun, semé dans les mars, pour être
récolté dans la jachère, a donné un fourrage d'été
très-abondant, et un utile supplément aux fourrages
secs, pour les provisions d'hiver. Peu à peu, un grand
nombre d'autres plantes fourragères ont pris place
sur les jachères, sans fatiguer le sol et sans nuire à
sa préparation. La navette, semée comme fourrage
printanier, la minette, ou lupuline, le trèfle incarnat, le trèfle blanc, les légumineuses annuelles,
pois, vesce et lentille, cultivées sur la jachère pour
être fauchées ou consommées sur place, avant leur
maturité, ont formé, depuis le premier développement de la végétation, jusqu'à la fin de l'été, une
succession non interrompue de récoltes fourragères
fort utiles. Dans quelques sols, profonds ou légers, on
a introduit la culture des racines. C'est ainsi qu'en
développant et perfectionnant l'assolement triennal,
on est parvenu à augmenter progressivement le

nombre des têtes de bétail, et à produire assez
d'engrais pour supprimer la jachère, et conserver
néanmoins les deux tiers des terres en céréales,
sans diminution du produit de celles-ci.

Résumons en peu de mots l'assolement triennal.
Si l'on envisage en même temps tout l'ensemble
de l'exploitation, on trouvera les terres labourables
qui la composent occupées de la manière suivante.
Un sixième, ou même un quart de ces terres sera en
luzerne, si le sol est substantiel et profond; en sainfoin, s'il est léger, calcaire ou trop maigre pour
qu'on y cultive la luzerne avec succès. Les cinq
sixièmes ou les trois quarts qui restent, sont divisés
par tiers, dont le premier est ensemencé en céréales
d'hiver, froment, méteil ou seigle, selon la qualité
du terrain. Le second tiers produit les céréales de
printemps, l'avoine, l'orge, ou du froment de mars,
destiné à suppléer au manque de la récolte d'hiver.
Le troisième tiers enfin, est occupé par les fourrages bisannuels, trèfle commun, lupuline ou trèfle
blanc, semés dans les mars de l'année précédente;
par le trèfle incarnat, la navette, semés avant l'hiver
sur les chaumes, et par des fourrages annuels en
mélange, semés successivement, de quinzaine en
quinzaine, pour être consommés encore verts,
avant que la maturité du grain ait fatigué le sol.
C'est également sur cette division que se place la

culture des racines fourragères, navets, betteraves ou pommes de terre.

Si nous considérons, pour chaque partie de l'assolement, la série des opérations auxquelles elle doit être soumise séparément, pendant la période de trois années, nous trouverons la première année consacrée aux travaux qui doivent préparer la terre à recevoir en automne la semence de froment. C'est pendant cette année qu'a lieu l'application des engrais, et la production des récoltes fourragères accidentelles, que j'ai signalées précédemment comme une dérogation, comme un perfectionnement à l'ancien système triennal.

Pendant la seconde année, la terre est occupée entièrement par les céréales d'hiver, semées dans l'automne précédent. Leur végétation se prolonge pendant le printemps et l'été, et se termine, en juillet et août, par la récolte. Sauf quelques sarclages, cette division, ou sole, ne demande rien alors au cultivateur. Il voit pousser ses blés, il jouit de son travail et en recueille les fruits. La terre lui rend avec usure ce qu'elle a reçu. La moisson seule réclame ses soins, et est l'objet d'une dépense qu'il acquitte volontiers.

Pour la troisième année, on dispose la terre à recevoir les céréales de printemps, c'est-à-dire l'avoine et l'orge ; un seul labour suffit ordinairement à l'avoine, qui se sème en mars et avril. L'orge en demande deux, quelquefois trois, si la terre n'était pas bien nette. Elle se sème en avril et mai.

En hersant les avoines, ou en semant l'orge, on y introduit la semence des prairies artificielles à récolter sur la jachère, l'année suivante, qui sera la première de la seconde période triennale. Les travaux de cette troisième année sont donc peu compliqués et peu dispendieux. Un labour d'hiver ou de printemps, rarement deux, quelques hersages, point de dépense d'engrais, voilà tout ce qui est nécessaire.

C'est donc seulement pendant une année sur trois, si l'on considère isolément chaque division de l'assolement triennal, ou pour le tiers des terres en labour, si l'on considère l'ensemble de l'exploitation, que le cultivateur doit faire d'importants sacrifices de culture et d'engrais.

Jachère, blé et mars, telle est la formule de l'assolement triennal réduite à sa plus simple expression. Le vice de cet assolement, renfermé dans les bornes étroites de son cercle primitif, c'était la disette de fourrages, par suite la rareté des bestiaux et l'insuffisance des engrais, rendus pourtant nécessaires par deux récoltes épuisantes, faites pendant deux années consécutives. La culture des luzernes a fait disparaître ces inconvénients ; elle a permis d'augmenter le nombre des bestiaux et la quantité des engrais, et d'utiliser, par des récoltes de fourrages, l'année de jachère, qui était autrefois improductive.

C'est au cultivateur à combiner avec intelligence ces ressources intercalaires, selon ses besoins, et en proportion des engrais dont il peut disposer. Il ne doit pas perdre de vue que son principal produit est celui des céréales d'hiver. Tous les efforts de la culture sont dirigés en vue d'en obtenir la plus abondante récolte possible. De cette abondance même dépend le succès des récoltes qui suivront. Le blé lui fournit la paille, base principale de ses fumiers ; d'ailleurs, un bon blé est ordinairement suivi d'une bonne avoine.

C'est donc une faute grave de compromettre la réussite du froment, par une récolte faite mal à propos sur la jachère. Toutes les fois que le mauvais état de la terre, ou le défaut d'engrais l'exigera, il vaudra mieux préparer sa terre par une année de jachère nue, que de la fatiguer par des dessolements qui occasionnent des frais sans compensation.

Je viens de tracer le tableau de l'assolement triennal ; c'est le mode de culture le plus ancienne-ment, le plus généralement mis en pratique. Il est prescrit aux fermiers dans la plupart des baux. Modifié comme je l'ai dit, il offre des résultats sa-tisfaisants, et je ne conseillerai pas de le changer, sans des motifs très-graves, lorsqu'on le trouvera établi sur une exploitation.

L'assolement alterne est peut-être plus rationnel ; il est plus conforme aux préceptes de la science ; il repose sur cette règle que, pour éviter l'épuisement du sol, il faut en varier les productions ; que chaque espèce de plante, puisant dans la terre les principes nutritifs qui lui sont propres, c'est un système vicieux de cultiver, pendant deux ou plusieurs années, dans le même terrain, des plantes de même nature. De là la nécessité d'alterner continuellement les récoltes, en faisant suivre la culture d'une plante céréale par celle d'un fourrage, ou d'une plante sarclée.

Alternis facilis labor,

a dit encore Virgile, et il ajoute :

Sic quoque mutatis requiescunt fœtibus arva.
(*Georg.*, l. I.)

« On repose la terre en changeant ses productions. »

Sic viget in partus, mutato semine, terra.
(*Præd. rust.*, l. VIII.)

« Ainsi la terre est abondante dans ses productions, quand on change la nature des semences. »

Le résultat le plus frappant de cet assolement, comparé à l'assolement triennal, est celui-ci : tandis que, dans le système triennal, on obtient des céréales deux années sur trois, ou sur les deux tiers des terres en labour, on n'en récolte, dans le système alterne, qu'une année sur deux, ou deux sur quatre, c'est-à-dire sur la moitié des terres. Il suit de là que l'assolement triennal paraît, au premier coup d'œil, bien plus favorable à la production des grains, objet d'un commerce suivi, et dont la valeur, facilement réalisable sur les marchés, offre aux cultivateurs une ressource certaine, sur laquelle ils peuvent compter en tout temps. Mais, si l'on considère que l'assolement alterne permet d'affecter la moitié des terres, au lieu du tiers, à la production des fourrages, on reconnaîtra que, dans ces conditions, il est possible d'entretenir un plus grand nombre de têtes de bétail, et de produire une plus grande quantité d'engrais, à l'aide desquels on pourra compenser, par l'abondance des récoltes, la diminution de l'étendue consacrée à la culture des céréales.

Ainsi, l'assolement alterne est celui qui convient le mieux à une culture progressive. Il doit être surtout adopté par les agronomes qui tendent à la perfection de l'art agricole. Il se prête à des combinaisons extrêmement variées, et il est propre à donner la plus grande somme possible de produits. Mais, en même temps, il réclame bien plus d'activité, de soins et de surveillance ; il exige une mise de fonds plus considérable, et une plus grande dépense de main-d'œuvre et d'engrais. Il est subordonné, d'ailleurs, à certaines conditions que je vais indiquer rapidement.

La première de toutes, s'il s'agit d'un fermier, est que le bail ne lui impose pas l'assolement triennal, par une clause rigoureuse et obligatoire. Si l'on veut substituer l'assolement alterne à l'assolement triennal, dans une contrée où ce dernier système est en usage, toutes les parties de l'exploitation doivent être accessibles par des chemins, autrement, les terres enclavées n'étant pas cultivées comme les terres voisines, on serait souvent dans la nécessité de réclamer le passage sur des terres ensemencées, et de payer des indemnités coûteuses. Il faut être assuré d'une longue jouissance, posséder des capitaux suffisants, et se sentir pourvu de la somme d'activité et d'énergie nécessaire, pour mener à bien une entreprise laborieuse.

Il faut être sûr que les terres sont propres à la culture des fourrages, et, au moins en grande partie, à celle des racines sarclées ; que l'entretien du bétail offre, dans la localité, des chances raisonnables de bénéfices ; qu'on trouvera facilement dans le pays, à un prix convenable, les ouvriers et journaliers dont on aura besoin ; qu'on pourra se procurer, à de bonnes conditions d'achat et de transport, les engrais et amendements qui seront nécessaires, surtout pendant les premières années.

L'existence de toutes ces conditions étant reconnue, et le système de l'alternat étant admis, il restera encore à examiner dans quelle limite de périodicité il devra être mis en pratique. Si la culture de l'avoine offre peu d'avantage dans la localité, si elle n'est pas indispensable à l'alimentation des chevaux ou des moutons, on pourrait récolter tous les deux ans du froment, du méteil ou du seigle, et la périodicité serait alors biennale. Mais il faudrait une terre riche et de grandes ressources en engrais pour soutenir longtemps cette production épuisante.

Si, comme il arrive ordinairement, la culture de l'avoine est une des branches importantes de l'exploitation, cette céréale alternera, de deux en deux ans, avec le froment, et l'on aura une périodicité quadriennale. Mais alors, ne récoltant de froment ou de méteil que sur le quart des terres, dans les années médiocres, il restera peu de ces grains pour la vente, après qu'on aura prélevé ce qui est nécessaire aux besoins du ménage, à l'ensemencement, aux frais de moisson et au payement en nature des divers ouvriers et gens de service. Dans les bonnes années, au contraire, l'excès d'engrais à l'aide duquel on cherche à compenser le peu d'étendue de la culture du froment, donnera souvent des blés couchés, dont le grain sera peu abondant et de qualité médiocre.

Il y a une combinaison assez favorable dans l'adoption d'une périodicité sexennale, présentant la succession de culture suivante : 1re année, culture préparatoire avec fourrages verts annuels et fumier; 2e année, froment; 3e, racines sarclées avec fumier ou parc; 4e, froment; 5e, trèfle et lupuline semés dans la récolte précédente; 6e, avoine sur défrichement.

Ou bien : 1re année, fourrages verts annuels et fumier; 2e, froment; 3e, racines sarclées, fumées; 4e, avoine; 5e, trèfle et lupuline, semés dans l'avoine; 6e, blé sur défrichement, avec parc ou autre engrais.

Cet assolement peut être modifié et varié au gré de l'exploitant, et avec le dernier exemple, il procure, comme dans le système triennal, deux années sur six, ou le tiers des terres en froment, mais un sixième seulement en avoine.

Il est vrai que cette récolte d'avoine venant, soit sur un défrichement de trèfle, soit après des racines fumées, sera toujours supérieure à celle qui succède immédiatement, dans l'assolement triennal, à une récolte de froment.

Pour obtenir ainsi tous les ans une succession non interrompue de récoltes, on voit quelle perfection de culture et quels soins sont nécessaires.

La terre étant presque continuellement occupée, il reste bien peu de temps pour les labours et pour les travaux destinés à la destruction des mauvaises herbes. Il pourra même arriver, dans les années pluvieuses, où les labours et hersages ne font que déplacer les racines, sans que l'action du soleil et du hâle ait le temps de les détruire, que la terre se trouvera envahie par les plantes parasites. Il faudra se décider, dans ce cas, à manquer une récolte de fourrage, et à faire une jachère nue pour nettoyer le sol.

Je n'insisterai pas davantage sur les détails relatifs à l'assolement. Le reste dépend de l'intelligence du cultivateur ; il doit avoir la prudence de ne demander à sa terre que ce qu'elle peut produire, eu égard aux engrais qu'elle a reçus et à l'état de propreté et de netteté où elle se trouve. Il ne faut pas perdre de vue qu'une mauvaise récolte est toujours désastreuse, parce qu'elle occasionne autant de frais qu'une bonne, et qu'elle est toujours suivie d'une récolte encore plus mauvaise, si l'on ne fait préalablement disparaître l'appauvrissement du sol, ou la culture défectueuse qui en est la cause.

CHAPITRE IV.

DES LABOURS.

Le labourage est l'opération première et fondamentale de l'agriculture. C'est en labourant la terre que le cultivateur en prend possession. C'est par les labours qu'il l'ameublit, qu'il la met en contact avec les agents atmosphériques; qu'il y introduit les engrais qui doivent la rendre fertile; qu'il la purge des plantes parasites et nuisibles; enfin, qu'il la dispose à recevoir, dans des conditions favorables, la semence des récoltes qui doivent le payer de ses peines.

Caton mettait l'importance des labours bien avant celle des engrais.

Quid est agrum bene colere? bene arare. Quid secundum? arare; tertio, stercorare. (CAT., cap. LXI.)

« Qu'entend-on par bien cultiver un champ? Le bien labourer. Quel est le second point? le labourer; le troisième? le fumer. »

Virgile dit en parlant du labour :

Agricola incurvo terram dimovit aratro ;
Hinc anni labor ; hinc patriam parvosque nepotes
Sustinet...   (*Georg.*, l. II.)

« Le laboureur a ouvert la terre avec sa charrue recourbée : c'est là son travail de l'année ; c'est par là qu'il
soutient l'État et qu'il nourrit sa jeune famille. »

Cet art du labourage paraissait, chez nos aïeux,
si important, si essentiel, qu'avant qu'on eût adopté
les dénominations modernes de cultivateur, d'a-
griculteur et d'agronome, celui qui exerçait cette
belle et utile industrie, s'appelait par excellence :
« un laboureur. »

L'homme n'employa d'abord pour labourer la
terre que la force de son bras. Il pouvait alors obtenir à peine, par son travail, de quoi suffire à ses
besoins personnels et à ceux de sa famille. C'est
par l'invention de la charrue, qu'il est devenu possible à un seul homme, aidé de la force d'animaux soumis au joug, de cultiver une étendue de
terre, bien plus considérable que celle qui lui était
nécessaire. Dès lors, l'agriculture a été créée, et
ses productions ont pu devenir un objet d'échange
et de commerce.

Tunc brachia fossor
Versandis adhibebat agris, neque jungere tauros
Norat adhuc, nec equo ferri. (*Præd. rust.*, l. III.)

« L'homme alors se servait de ses bras pour fouir la terre ; il ne savait pas mettre les bœufs sous le joug, ni se faire porter par un cheval. »

Les premières charrues, sans roues et sans avant-train, avaient la forme de celles qu'on emploie encore aujourd'hui sous le nom d'araires. On y a ajouté dans la suite un avant-train, monté sur des roues, destiné à leur donner plus de fixité.

Quel que soit le système en usage, la pièce principale de la charrue, c'est le *soc*. Les Latins l'appelaient *vomis*, ou *vomer*, parce qu'après avoir soulevé la terre, il semble la vomir, lorsqu'elle est rejetée par le versoir.

Le soc pénétrant dans la terre, comme un coin tranchant, doit s'y frayer un passage, en écartant les pierres et les corps durs, qui lui font obstacle. On y ajoute, comme accessoires, et pour compléter son action, un *versoir*, fixe ou mobile, qui rejette et renverse la terre ; une *oreille*, qui la repousse encore davantage, pour ouvrir le sillon ; enfin, un *coutre*, lame tranchante, placée obliquement, en avant et au-dessus du soc, qui entame la surface du sol et prépare l'effet du versoir, en portant la tranche de terre soulevée du côté où elle doit être rejetée.

Le soc, dans l'araire des anciens, s'adaptait à l'extrémité d'une pièce recourbée, appelée *buris*.

Continuo in silvis magna vi flexa domatur
In burim, et curvi formam accipit ulmus aratri.
(VIRG., Georg., l. I.)

« Dans les forêts même, on ploie l'orme avec de grands efforts pour le contourner en *buris,* et il reçoit la forme recourbée de l'araire. »

Aujourd'hui, le soc s'ajuste sur un support horizontal nommé *sep*, qui glisse après lui dans le sillon. Derrière le sep vient se placer une pièce longue et solide, qui s'élève en faisant un angle assez ouvert : c'est l'*age*, la *haye*, ou le *suivant* de la charrue.

Dans les charrues à avant-train, l'age s'appuie sur une sellette placée droit au-dessus des roues. Il peut être porté en avant, ou en arrière, ce qui a pour effet de diminuer, ou d'augmenter la profondeur du labour. Il porte, à des hauteurs différentes, plusieurs trous qui servent à le fixer au point convenable, au moyen d'une cheville de fer. On peut même graduer encore la distance intermédiaire entre chaque trou, par des anneaux de fer, que l'on glisse au-dessus ou au-dessous de la cheville. Enfin, une vis de pression serre l'age contre la sellette, pour l'empêcher de tourner trop facilement, et maintenir le soc dans sa position au fond du sillon.

L'appareil de traction fixé à l'avant-train, doit être calculé pour n'occasionner aucune perte de force. Il doit communiquer au soc une impulsion parallèle à la surface du sol, en le maintenant à une profondeur toujours égale, que l'on doit pouvoir régler à volonté. Il faut donc que la pointe du soc ne se soulève pas, ce qui forcerait la charrue à *se déterrer;* et qu'elle ne tende pas à piquer en terre, ce qui augmenterait indéfiniment la profondeur du labour, et apporterait aux efforts de l'attelage une résistance inutile.

Pour compléter la construction de la charrue, et faciliter son maniement, les Romains plaçaient à l'arrière un manche unique, appelé *stiva*. On la munit aujourd'hui de deux *mancherons*, qui servent à la diriger, à la soulever au besoin, et à la tourner, quand on arrive au bout des sillons.

De nos jours, la formation de sociétés d'agriculture et de nombreux comices agricoles, les concours ouverts par ces sociétés, les expositions générales et régionales organisées par le Gouvernement, les encouragements et les récompenses décernés aux meilleurs instruments, ont excité l'émulation des constructeurs-mécaniciens. On a mis sous les yeux des cultivateurs embarrassés de faire un choix, un grand nombre de charrues de formes diverses, présentant une variété infinie dans les détails de leur construction. En général, on se presse peu d'adopter ces instruments nouveaux. On se décide difficilement, dans chaque contrée, à abandonner la charrue du pays, ordinairement appropriée à la nature du sol, dont le maniement est familier à ceux qui la conduisent, et que les ouvriers de la localité sont habitués à construire et à réparer.

Toutefois, des améliorations notables ont été adoptées par la plupart des cultivateurs. C'est d'abord, pour les charrues à avant-train, l'usage d'un régulateur à vis, qui limite la profondeur du labour; c'est une confection généralement plus soignée, dans laquelle l'introduction du fer a donné aux charrues nouvelles plus de légèreté, plus d'élégance, et en même temps plus de solidité. Puis, bientôt, la substitution de socs en fonte dure aux socs de fer forgé. Les socs de fer s'usent promptement, malgré l'acier que le forgeron doit ajouter à leur pointe et sur leurs ailes. Dans un terrain pierreux et sec, on en met jusqu'à deux hors de service en un jour, tandis qu'un soc de fonte résiste six ou huit fois davantage.

Il n'entre pas dans le plan que je me suis tracé, de décrire en détail les différents systèmes de charrues dont on fait usage. Je dirai seulement qu'elles forment trois catégories bien distinctes : les araires, ou charrues sans avant-train; parmi les charrues à avant-train, celles à versoir fixe; enfin, les charrues tourne-oreille, ou à versoir mobile.

L'araire est la charrue primitive; celle qui est

décrite dans tous les ouvrages et figurée dans tous les dessins que nous a laissés l'antiquité. Elle est encore en usage dans la plupart des départements du Midi et de l'Ouest, et dans les pays de montagnes, où la pente des terres cultivées rend impossible l'emploi de charrues montées sur des roues. Sa construction, en général, est grossière et son travail imparfait. Il est à regretter que l'empire de l'habitude ait fait conserver dans tant de lieux un instrument défectueux. Cependant, il est juste de dire que l'illustre Mathieu de Dombasle a perfectionné et propagé l'araire de Roville, qui ne laisse rien à désirer pour la bonne exécution du labour. Le principal avantage de ce système, c'est que toute la force de traction agit directement sur le soc sans aucune déperdition ; tandis que, dans les charrues à avant-train, il y a une perte de force assez notable, causée par le poids même de l'avant-train et par la résistance des roues.

L'araire demande, pour être dirigée convenablement, une grande habitude, une certaine adresse et une attention soutenue. La pièce principale, celle qui, sous le nom d'*age* ou de *haye*, se retrouve dans toutes les charrues, n'ayant pas en avant un point d'appui, a un mouvement incertain et flottant. Pour peu que la traction soit inégale et qu'il y ait de déviation dans la marche, le soc est obligé de la suivre et le labour n'a plus la régularité nécessaire.

Dans tous les départements du Nord et dans la Belgique, où l'araire est en usage, on a remédié à cet inconvénient, en plaçant à l'avant un support en forme de roue, ou de sabot, qui glisse dans le sillon et sert à maintenir la direction. Ces araires à roues sont connues sous le nom de *charrues Brabant*. On élève encore contre l'usage de l'araire une autre objection, qui s'applique également à toutes les charrues à versoir fixe ; c'est que, jetant la terre d'un seul côté, elles rendent nécessaire la culture en billons, et donnent prise à toutes les critiques que soulève ce genre de culture.

Les charrues à avant-train, à versoir fixe, fonctionnent avec régularité. Leur soc n'ayant qu'une aile, ou étant déjeté d'un seul côté, ouvre bien la raie et vide parfaitement le sillon. La terre qu'il soulève, poussée par un large versoir offrant un point d'appui solide, se renverse complétement et fait ordinairement un demi-tour entier, de sorte que, ce qui était à la surface du sol, se trouve exactement appliqué au fond du sillon. Ces avantages incontestables me paraissent balancés par des inconvénients tels, qu'à tout prendre, je n'hésite pas à donner la préférence à l'autre système, celui des charrues tourne-oreille.

Avec le versoir fixe, la terre soulevée se trouvant toujours rejetée du même côté, par exemple, à la droite du conducteur, on ne peut en labourant, aller et revenir en sens contraire dans le dernier sillon. Lorsqu'on a ouvert la première raie, en jetant la terre de gauche à droite, il faut en retour, ouvrir un sillon parallèle, dont la terre est aussi rejetée de gauche à droite, sur celle du premier. Cela forme une espèce d'ados contre lequel, en allant et en revenant, la charrue renverse la terre des nouveaux sillons qu'elle ouvre. A mesure que le travail avance, les deux lignes où fonctionne la charrue, dans son mouvement de va-et-vient, s'éloignent l'une de l'autre. Ainsi, quand on a labouré dix raies en allant et dix en revenant, celle où marche le laboureur se trouve distante, de l'intervalle de vingt raies, de celle dans laquelle il doit revenir. Il faut donc, toutes les fois qu'on arrive au bout du champ, perdre du temps pour aller chercher le sillon de retour. Si l'on continuait à labourer de cette manière un champ d'une certaine étendue, la distance à parcourir en pure perte deviendrait de plus en plus considérable, et vers la fin du travail, il faudrait à chaque sillon, traverser toute la largeur de la pièce, et traîner à vide la charrue, d'une extrémité à l'autre.

Pour abréger ce trajet inutile, on forme successivement des ados parallèles, autour desquels on tourne ; de sorte que le champ labouré se trouve divisé en planches, bombées dans toute leur longueur, et séparées l'une de l'autre par un sillon

profond. La largeur des planches varie dans chaque localité selon ses usages. Elle est quelquefois
de 6 à 10 mètres; quelquefois, elle est réduite à
1 ou 2 mètres, et la terre nouvellement labourée
offre alors l'aspect d'un champ couvert de fossés
contigus.

Qui n'a été frappé, en traversant en chemin de
fer, le Poitou, la Touraine et bien d'autres contrées, de voir toutes les terres dont les planches
sont perpendiculaires à la voie ferrée, présenter
dans les récoltes des espaces vides, formant
comme un nombre infini de petits sentiers parallèles? Ces vides occasionnent nécessairement une
perte de terrain considérable et une diminution
sensible dans le produit.

Cette disposition a paru avantageuse dans les
terrains humides, pour assainir le sol. On conçoit
en effet, que l'humidité surabondante abandonne
la partie la plus élevée des billons, pour se porter
dans les intervalles plus profonds. Mais alors, une
partie du champ perd ce que l'autre a gagné; il en
est de même dans le cas où la culture en billons,
aurait pour but d'augmenter, sur la partie bombée,
l'épaisseur de la terre végétale. La partie creuse
forme une espèce de fossé dépourvu de terre,
souvent rempli d'une eau stagnante, où la récolte
est à peu près nulle.

Pour remédier au mal, il faudrait, au labour

suivant, former les nouveaux ados dans le creux des anciens billons ; y rejeter la terre des planches, et faire en sorte que, ce qui était le milieu de chacune d'elles, en devînt la séparation. On opérerait par là une sorte de nivellement, et la surface du champ redeviendrait à peu près plane. Mais presque partout, on conserve aux planches leur position primitive ; il en résulte ce système de culture en billons très-relevés, encore si généralement suivi, qui doit être regardé comme essentiellement vicieux. Indépendamment de l'excès d'humidité qui s'amasse entre les billons, dont la direction n'est pas toujours calculée de manière à laisser écouler les eaux, le piétinement réitéré des bœufs, ou des chevaux de labour, en tournant au bout de chaque planche produit, par un temps humide, l'effet le plus fâcheux. L'usage de la herse ou du rouleau est bien plus difficile et moins efficace sur cette surface inégale ; ces instruments ne pouvant agir que dans la longueur des sillons, ou dans une direction un peu oblique, mais jamais en travers, à cause des ressauts produits par les intervalles profonds qui séparent les planches. Enfin, on est privé, dans ce système, de l'effet des labours croisés, si utiles pour bien diviser et pour ameublir le sol, et pour détruire plus promptement les herbes nuisibles.

Voici ce que dit sur ce sujet Olivier de Serres :

« La crainte des eaux fait qu'en beaucoup d'endroits on dispose le labourage par sillons voutoyés et rehaussés en rondeur, enfermés entre deux lignes parallèles larges et profondes, semblables à petits fossés, selon la pratique de la Beausse et d'ailleurs, aimant mieux se mettre au hasard de mal labourer la terre, que d'exposer leurs blés à la merci des extrêmes humidités. Sur quoi, sans crainte d'enfreindre les priviléges des coutumes, je dirai qu'on faut, puisque, contre les préceptes de l'art, la terre n'est entrecroisée par la culture. »

Un autre inconvénient très-grave doit être encore signalé. Dans presque toutes les charrues à versoir fixe, le soc glisse au fond du sillon dans une position parfaitement horizontale ; de sorte qu'au dessous du labour, la terre n'est ni entamée, ni même légèrement grattée. Elle est, au contraire, comprimée par le soc sur lequel pèse la charrue. Le fond du sillon a l'apparence d'un sentier battu, et il y a une espèce de solution de continuité entre la terre soulevée par le labour et celle qui se trouve au dessous. Lors donc que les racines ont traversé toute l'épaisseur de terre ameublie par la culture, elles rencontrent une terre durcie sur laquelle elles s'arrêtent, et la végétation se trouve nécessairement ralentie.

Avec la charrue à versoir mobile, ou à tourne-oreille, tous ces inconvénients sont évités. Quand on a ouvert le premier sillon, en rejetant la terre de gauche à droite, ce que nos cultivateurs appellent *enrayer*, on fait passer de la droite à la gauche une pièce mobile, appelée *oreille*, qui sert à repousser la terre soulevée par le soc, et l'on ouvre en retour un nouveau sillon, dont la terre est rejetée de droite à gauche dans le premier. Une des roues de la charrue, celle du côté où est placée l'oreille, est toujours alternativement engagée dans le creux de la dernière raie, et contribue au maintien de la direction. Le travail se continue de même, sans interruption, en changeant l'oreille à chaque tour, jusqu'à ce que tout le champ soit labouré, formant ainsi une surface plane, sur laquelle l'humidité des eaux pluviales se trouve également répartie. Il est rare que le terrain n'ait pas une pente naturelle qui facilite l'écoulement des eaux surabondantes. Quelques raies d'égout, convenablement dirigées, peuvent aider à l'assainissement du sol. Dans le cas exceptionnel où le champ formerait un palier parfaitement horizontal, où l'eau séjournant à la surface ne pourrait qu'être absorbée par infiltration, la culture en billons ne changerait pas cette situation, puisque les sillons creux ne pourraient avoir aucune pente, et formeraient des fossés où l'eau séjournerait.

Le labour plat des charrues à versoir mobile se prête d'ailleurs parfaitement à l'action des instruments qui sont les auxiliaires de la charrue. Il acquiert lui-même une plus grande perfection, par la manière dont on peut varier la direction des labours successifs, que réclame une terre bien cultivée.

Dans la charrue tourne-oreille ordinaire, le soc muni de deux ailes, est bombé en forme de voûte, et ne touche le fond du sillon, que par sa pointe et par le tranchant des ailes. Au lieu donc de fouler la terre, comme le soc horizontal, il la fouille et l'arrache, pour ainsi dire, en lui faisant une sorte de liaison avec le fond du labour.

On vient d'appliquer à cette charrue un perfectionnement, qui rend son usage plus commode, et son travail plus parfait. On y a adapté un double versoir en tôle épaisse, rendu mobile au moyen d'un mécanisme très-simple, et pouvant être alternativement poussé vers la droite, ou vers la gauche, c'est-à-dire du côté où la terre doit être rejetée. Le soc, muni d'une seule aile, comme dans la charrue à versoir fixe, est monté sur un axe tournant, de telle sorte que le même mécanisme qui repousse le versoir, fait faire un demi-tour à l'axe et au soc lui-même, afin que l'aile soit toujours dirigée du côté convenable. Par ce moyen, chaque face du soc se trouvant tour à tour en dessus et en dessous, la pointe et l'aile s'usent d'une manière bien plus égale. Enfin, pour éviter de comprimer

le fond du sillon, le soc a une position un peu oblique, et, au lieu de présenter de chaque côté une
surface plane, il est creusé d'une large cannelure
entre l'aile et la souche.

Ce qui complète les avantages de la charrue
tourne-oreille, c'est qu'on peut avec elle former des
billons, comme avec la charrue à versoir fixe. Il
suffit pour cela de laisser l'oreille en place.

Je n'entrerai pas dans plus de détails, sur le travail matériel du labourage, ni sur la manière de
conduire la charrue. Dans chaque pays, les bons
ouvriers, connaissant la terre qu'ils cultivent et les
instruments qu'ils dirigent, font d'excellents laboureurs. Mais il est bon de rappeler quelques préceptes généraux, qu'il faut mettre en pratique,
pour obtenir les meilleurs résultats possibles.

D'abord la profondeur à donner au labour doit
être considérée avec attention. Elle dépend surtout
de la nature du sous-sol, et de la quantité d'engrais dont on dispose. Le sol arable se compose,
dans des proportions très-diverses, d'éléments siliceux, alumineux ou calcaires, mélangés de détritus
végétaux et de déjections animales, dont l'abondance ou la rareté accroît ou restreint la fertilité
du sol. Cette couche de terre végétale, dont l'épaisseur peut varier depuis 10, jusqu'à 30 ou 40 centimètres, est soulevée, divisée, ameublie par les
instruments aratoires. Sa fertilité est entretenue,

et, s'il se peut, augmentée, par l'introduction d'engrais et d'amendements, qui réparent la déperdition causée par l'enlèvement des récoltes, que l'on tire chaque année de la terre.

Si la couche de terre végétale est mince, si le sous-sol est, par sa nature, tout à fait impropre à la végétation, les labours devront être peu profonds. Ils devront l'être davantage, si la culture antérieure a donné à la terre une certaine profondeur. J'ai dit que la quantité d'engrais dont on dispose, doit aussi être prise en considération. En effet, si l'on calcule la quantité de fumier nécessaire, pour mettre en bon état d'engrais, une épaisseur donnée de terre labourable, la même quantité sera insuffisante, si l'on augmente sensiblement cette épaisseur, surtout si on l'a augmentée tout d'un coup, et si on a mêlé à la couche de terre végétale, soumise depuis longtemps à la culture, une terre maigre et infertile, enlevée au sous-sol, par un défoncement irréfléchi.

Aussi, parmi les *tours*, que joue trop souvent un fermier sortant à son successeur, il en est un qui consiste à arracher la terre, c'est-à-dire à ramener à la surface, par un labour profond, une partie du sous-sol stérile. La terre s'en trouve appauvrie momentanément, au moins jusqu'à ce que de nouveaux et copieux engrais aient réparé le mal. Mais alors, hâtons-nous de le dire, la terre aura gagné, au lieu de se trouver détériorée ; car à égalité de qualité et d'engrais, une terre profonde est toujours plus fertile que celle qui l'est moins.

Omnis humus quamvis lætissima, tamen inferiorem partem jejuniorem habet, eamque attrahunt excitatæ majores glebæ. Quo evenit, ut infecundior materia mista pinguiori segetem minus uberem reddat. (COL., l. II, cap. IV.)

« Toute terre végétale, même la plus fertile, a cependant au-dessous d'elle une terre plus maigre, que l'on ramène en soulevant des gazons trop épais. D'où il arrive qu'une matière inféconde, mêlée à la terre grasse, rend la moisson moins abondante. »

En général, surtout pour la culture des céréales d'hiver, après qu'on a déposé les fumiers et les engrais sur le sol, il faut modérer la profondeur des labours. Ce sont les céréales de printemps, surtout l'avoine, qui supportent le mieux un labour profond, ces semences de mars se faisant ordinairement sans engrais. Encore, si l'on devait semer sur deux façons, c'est-à-dire après deux labours, il faudrait considérer, si la semence doit être recouverte par la herse, ou par la charrue. Si on doit enterrer le grain à la charrue, on donne d'abord un bon labour, puis, après un hersage préalable, on enfouit la semence par un labour superficiel, sur lequel on fait encore passer la herse, pour niveler le sol. Si l'on sème à la herse, le premier labour, destiné à retourner le chaume de la récolte précédente, sera fait à la légère ; on fera plus profond le second labour, sur lequel doit être répandue la semence.

Indépendamment de la profondeur des labours, qui doit attirer principalement l'attention du maître, il existe, selon les temps et les localités, une foule de circonstances, qui doivent être prises en considération. On doit veiller à ce que, pour paraître faire plus de besogne, le laboureur ne prenne pas trop de raie, c'est-à-dire, ne fasse pas de trop larges sillons, entre lesquels il laisserait une bande de terre, que le soc n'aurait pu atteindre.

Dans les champs qui ont une pente assez prononcée, il faut éviter de labourer dans le sens de cette pente, à l'approche de la saison des dégels, ou de celle des orages. Souvent les eaux provenant d'une fonte de neige, ou d'une pluie d'orage, en coulant dans les sillons, les changent en ravins, entraînent la terre végétale, et causent un dommage irréparable. On devra donc, le plus souvent, labourer dans une direction transversale, ou au moins oblique, par rapport à la pente du terrain ; et quand le labour a été fait dans le sens de cette pente, ne pas tarder à le rabattre, par un hersage en travers.

Tali agro in arando maxime est observandum, semper ut transversus mons sulcetur. (COL., l. II, cap. IV.)

«Dans ces sortes de terrains, il faut toujours avoir soin de labourer en travers de la pente. »

On doit aussi, dans ces terrains en pente, jeter la terre le plus souvent possible *en contremont ;* c'est-à-dire vers la partie la plus élevée du champ. La terre, ameublie par la culture, tend sans cesse à descendre, entraînée qu'elle est vers la partie inférieure, et par son propre poids et par l'effet des pluies. Il faut combattre cette cause permanente de dégradation, en relevant la terre par les labours. Dans le cas seulement, où il s'agira d'enfouir du fumier, ou de retourner une prairie artificielle, il faudra jeter la terre dans le sens de la pente, pour ne pas laisser le fumier à découvert, ou le défrichement imparfait.

C'est encore là un des inconvénients des labours en billons, qui se font avec les charrues à versoir fixe, que lors même, qu'il paraît rationnel de verser la terre dans un sens déterminé, la moitié des sillons est jetée dans le sens voulu, l'autre moitié est renversée en sens contraire.

Il est bon encore, dans les champs qui touchent à des bois ou à des chemins, de dérayer sur la limite du bois ou du chemin. Au lieu de commencer le labour et de rejeter la terre sur cette limite même, on formera à quelque distance, dans l'intérieur de la pièce, un ados qui augmentera sur ce point la profondeur du sol. Le sillon laissé ouvert au bord du bois, ou près du chemin, sera promptement et avantageusement rempli, d'un côté par les feuilles venant du bois, qui s'amassent dans le sillon, de l'autre, par la boue et la poussière entraînées par les pluies, qui lavent la chaussée. En repoussant ainsi, autant que possible, la terre des extrémités du champ vers l'intérieur, on obtiendra, sans nuire à personne, une amélioration lente, mais progressive et certaine.

C'est dans ce but, que les laboureurs avides *dérayent* toujours sur le voisin, et poussent la terre de leur côté. Un cultivateur soigneux doit s'opposer à ces actes de mauvais voisinage, qui tendent à former entre les champs, de larges raies de séparation, où la récolte devient nulle. Chaque voisin doit à son tour enrayer sur la limite du champ, et commencer le labour, en rejetant la terre du côté où la raie est restée creuse ; de cette manière, il n'y a dommage pour l'un ni pour l'autre. Chacun peut jouir utilement de tout son terrain, et obtenir une récolte favorable, jusqu'à la ligne séparative.

Lorsque, après avoir commencé à labourer à la limite d'un champ, on est arrivé à la limite opposée, le travail ne se trouve pas toujours achevé. Si les champs voisins, aboutissant aux deux extrémités du labour, sont déjà ensemencés ou préparés, on ne pourrait y marcher sans causer du dommage ;

on doit alors arrêter les animaux de labour sur la ligne séparative. Il y aura donc, dans toute la largeur du champ, deux bandes transversales non labourées, égales à la distance qui existe entre le soc et les pieds de devant des animaux. Cet intervalle pourra même être plus grand, si la pièce voisine est chargée d'une récolte déjà haute, qui force à s'arrêter plus tôt, pour ne pas la laisser brouter. Dans nos cantons, on nomme ces deux bandes de terre, qu'il faut labourer après coup, en dehors du labour principal, *les forières*, de *foris*, dehors. Si, au bout de ces forières, l'état des pièces voisines ne permet pas de pousser le labour jusqu'à la limite, il restera nécessairement aux angles, des espaces non atteints par le soc. Il faudra fouir ces *encoignures* avec la fourche ou le hoyau.

Toutes les fois qu'il sera possible d'avancer sur les terres voisines, pour y tourner la charrue, sans causer de dommage, on pourra labourer jusqu'à l'extrême limite. Mais, de même qu'on doit éviter de nuire aux voisins, on doit éviter aussi de se nuire à soi-même. Il faut se garder d'entraîner sur la terre voisine une partie du fumier qu'on aurait mis dans la sienne. Il faut encore avoir soin, en tournant la charrue, de ne pas faire tomber, en dehors de son terrain, la terre meuble qui s'est attachée au versoir. Ces précautions peuvent paraître minutieuses; mais une perte minime qui se re-

nouvellerait plusieurs fois chaque année, sur toute
la lisière d'un champ, produirait à la longue une
détérioration sensible.

Quand une pièce de terre est entièrement labourée, on doit en marquer avec soin les limites, en
tirant des raies droites d'une borne à l'autre, sans
les ouvrir trop profondément, mais de manière à
rendre la ligne séparative bien apparente.

Dans une exploitation bien tenue, tous ces travaux sont faits avec soin, afin que toutes les parties
du champ se trouvent également bien cultivées.

In agro periclitantur interiora, nisi colantur extrema
(PAL., l. I, cap. VI),

dit Palladius.

« L'intérieur d'un champ court risque d'être négligé, si
les bords restent sans culture. »

L'utilité des labours croisés est aussi généralement reconnue, et a déjà été signalée plus haut.
Démontrons-la d'une manière en quelque sorte
mathématique. Supposé que le soc, depuis l'axe de
sa pointe, jusqu'à l'extrémité de l'aile, ait une largeur de vingt centimètres ; si on ne prend que vingt
centimètres de raie, et qu'on laboure parfaitement
droit, il est clair, que dans la profondeur du labour,
il n'y aura pas un point, qui n'ait été atteint et

fouillé par le soc. Mais, pour peu que la charrue dévie, et que le parallélisme des sillons soit interrompu à quelques places, ce qui est inévitable, il y aura, partout où la distance entre eux sera de plus de vingt centimètres, un certain espace que le soc n'aura pas touché, où la terre restera dure et compacte, ou n'aura été que refoulée. Cette imperfection sera d'autant plus grande qu'il y aura plus de différence entre la largeur des sillons et celle du soc. Or, la largeur du soc tend sans cesse à diminuer par l'usure progressive de l'aile. D'ailleurs, quelque habile et attentif que soit celui qui tient la charrue, il arrive fréquemment et forcément que la dureté du sol, causée par la sécheresse, la rencontre d'une pierre, d'ornières creusées par les charrois, les obstacles divers qui peuvent se présenter, dérangent la marche de la charrue, la font même quelquefois quitter la raie par intervalles. Supposons, par la pensée, que toute la terre, réellement soulevée par le premier labour, soit enlevée, on en verra le fond marqué, dans la direction des sillons, de côtes inégales, de petites élévations, d'espaces saillants que le soc n'a pu atteindre. Si, bientôt après, on donne un second labour transversal au premier, ces inégalités disparaîtront, et toute l'épaisseur de la terre labourée sera fouillée et ameublie. Si, au contraire, tous les labours successifs se font dans le même sens, le soc suivra presque toujours le creux des anciennes raies, et laissera subsister tout ce que le premier travail avait d'imparfait.

Bubulcus per proscissum ingredi oportet, ita nec ubi crudum solum et immotum relinquat, quod agricolæ scamnum vocant. (COL., l. II, cap. II.)

« Le bouvier doit s'avancer dans le sillon, de telle sorte qu'il ne laisse aucune partie du sol dure et non soulevée, ce que les cultivateurs appellent *un banc.* »

Nos laboureurs appellent cela « faire un veau. »

Qui arando crudum solum inter sulcos relinquit, suis fructibus derogat, terræ ubertatem infamat. (PAL., l. I, § 6.)

« Celui qui en labourant laisse de la terre dure entre les sillons, nuit à sa récolte et déprécie la fertilité de son champ. »

Servandum vero est, ut inter sulcos non mota terra relinquatur. (PAL., l. II, § 3.)

« Il faut prendre garde de laisser entre les sillons de la terre qui ne soit pas fouillée. »

Cette nécessité de croiser les labours est bien évidente encore, dans toutes les contrées où l'on a l'habitude de planter des arbres à cidre dans les terres. Quoique la charrue puisse raser les arbres d'assez près, chaque arbre forme un obstacle qui oblige, pendant plusieurs tours, à quitter la raie à cinq mètres environ avant l'arbre, pour la reprendre cinq mètres après. Chaque arbre planté dans une terre labourée se trouve donc au milieu d'un ovale très-allongé, qui reste inculte.

Si le second labour a lieu dans le même sens, l'espace inculte restera le même : il faudra nécessairement le fouir à grand'peine, avec la houe, ou avec la pioche. Mais si on laboure en travers, le nouvel ovale laissé autour de l'arbre, sera transversal au premier, dont les deux extrémités, jusqu'à une distance rapprochée de l'arbre, se trouveront labourées ; il ne restera donc à piocher qu'un très-petit espace.

Quant à la manière de croiser les labours, elle consiste, tout simplement, à labourer d'abord le terrain en longueur, et ensuite dans sa largeur. Si le terrain était très-allongé et trop étroit pour être labouré en travers, on ouvrirait un sillon très-court à l'un des angles ; les sillons suivants s'allongeraient successivement , jusqu'à passer au milieu du champ en diagonale. Ils finiraient, en diminuant progressivement de longueur à l'angle opposé au premier. Ce labour, que nous appelons *labour en courts tours,* demande plus de temps et plus de peine, mais ses bons effets compensent bien la peine et la perte de temps.

Virgile et tous les auteurs, ont décrit les labours croisés :

> ..... Proscisso quæ suscitat æquore terga,
> Rursus in obliquum verso perrumpit aratro.
>
> (VIRG., *Georg.*, l. I.)

« Il coupe obliquement, en changeant la direction de sa charrue, les sillons élevés que le premier labour avait tracés dans la plaine. »

> Omne arvum rectis sulcis, mox et obliquis subigi debet.
> (PLIN., *Hist. nat.*, l. XVIII, cap. XIX.)

« Tout champ doit être labouré, d'abord à sillons droits, et, bientôt après, à sillons obliques. »

> Nec mora, transversis iterum secet æquora sulcis.
> (*Præd. rust.*, l. II.)

« Il faut sans retard couper le premier labour par un labour en travers. »

> Transversis campum sulcis inverte, priusquam
> Respuat, æstivo dein tempore durus, aratrum.
> (*Præd. rust.*, l. VII.)

« Donnez à la terre un labour transversal, avant que, durcie par la chaleur de l'été, elle repousse la charrue. »

Il faut encore avoir égard aux conditions atmosphériques, qui doivent faciliter les travaux de culture, ou les rendre plus pénibles. Les premiers labours d'automne, ceux qui suivent l'enlèvement complet des récoltes et l'ensemencement des céréales d'hiver, se donnent d'abord sur les jachères, c'est-à-dire sur les chaumes d'avoine et sur les terres qui doivent, apres l'hiver, recevoir plusieurs façons.

Ces premiers labours sont exposés à être battus par les pluies. Ils laisseront la terre lourde et compacte, comme tous ceux qui se font dans la saison pluvieuse, quand le sol détrempé *se taille* sous le soc. On compte alors sur l'effet des gelées pour mûrir la terre, et sur les autres travaux, faits dans la saison favorable, pour ramener la terre à l'état de division et d'ameublissement convenable.

Dans la période qui précède immédiatement les grands froids, quand la température s'abaisse, les pluies deviennent rares, le sol est plus traitable et moins humide. On fait alors d'excellents labours dits *labours à semer*, sur lesquels on pourra semer en mars, des avoines recouvertes par quelques tours de herse de fer. Cette semaille économique, sur une seule façon, est ordinairement dans d'excellentes conditions de succès.

Si, pendant l'hiver, il survient un dégel, on profite du ramollissement du sol, pour défricher à la charrue les sainfoins et luzernes usées, qui s'arrachent alors plus facilement. Sur ce labour gazonneux et inégal, rendu friable par les dernières gelées, on sème, quelquefois dès la fin de février, les premières avoines, qui sont les plus productives.

Après l'hiver, quand on ne doit plus compter sur les effets salutaires de la gelée, il faut éviter avec soin de labourer par un temps de pluie. La terre que l'on a travaillée molle et délayée, reste longtemps intraitable et rebelle ; elle devient *raide,* comme disent les cultivateurs ; elle est plus facilement et plus fâcheusement atteinte par le hâle et par la sécheresse. Dans de pareilles circonstances, les labours destinés à l'ensemencement de prairies artificielles, seraient presque toujours suivis d'un échec complet.

Tous les agronomes déjà cités, insistent avec force sur le danger de mettre la charrue dans une terre détrempée par la pluie.

Terram cave cariosam tractes. — Si cariosam terram tractes, eo malum est. (CAT., cap. XXXIV et XXXVII.)

« Ayez soin de ne pas labourer une terre imbibée de pluie. Si vous labourez la terre trop humide, cela est mauvais. »

Quandoque arabitur, observabimus ne lutosus ager tractetur : nam quæ limosa versantur arva toto anno desinunt posse tractari, nec sunt habilia sementi. (COL., l. II, cap. IV.)

« Quand on labourera, nous recommandons de ne pas
travailler une terre boueuse ; car les champs qui ont été
labourés trop humides ne peuvent plus être cultivés de
toute l'année, et sont impropres à recevoir la semence. »

Observandum est ne lutosus ager aretur, nam terra quæ
lutosa tractatur in primordio, fertur toto anno non posse
tractari. (*Pal.*, l. II, § 3.)

« Il faut faire attention à ne pas labourer un champ
boueux ; car la terre qui a d'abord été labourée avec un
excès d'humidité ne peut, dit-on, être mise en état pendant tout un an. »

Nec duram recludat humum, vel ab imbre lutosam.
(*Præd. rust.*, l. II.)

« Qu'il n'ouvre pas la terre trop dure, ou détrempée par
la pluie. »

Virgile, avec sa précision ordinaire, exprime en
deux mots que les travaux de labourage et de semence doivent être faits avec le beau temps : *Nudus
ara, sere nudus*. Mot à mot : « Laboure nu, sème
nu ; » précepte qu'on pourrait traduire librement
par cette phrase : « Il faut se mettre en chemise
pour labourer et pour semer. »

Il y a des terres privilégiées, facilement perméables aux eaux pluviales, qui restent toujours saines
dans les temps les plus humides, et qui, dans les sécheresses les plus obstinées, ne durcissent et, comme

on dit, ne *se scellent* jamais. Ces terres font la joie
du cultivateur ; il les aborde et les travaille comme
il lui plaît. Il en est d'autres, d'une nature compacte et rebelle, des terres fortes, argileuses, ou à
fond de glaise, où l'on ne peut mettre le pied après
la pluie, et que les instruments les plus énergiques
ne peuvent entamer quand la surface en est durcie.
Pour de semblables terrains, il faut saisir le moment ; les tenir constamment en bon état de labour
et de culture, et ne pas se laisser surprendre, au
printemps par la sécheresse, ni à l'automne par les
pluies.

Chez un cultivateur diligent, toutes les terres non
ensemencées auront reçu un labour d'hiver, au plus
tard avant la fin de mars. Vers cette époque, on
donnera à tous les premiers labours un hersage
énergique, pour rompre la croûte qui s'est formée
à la surface. Une terre ainsi préparée, quelle que
soit la sécheresse qui doit survenir, se laissera toujours pénétrer sans difficulté.

Si, par une cause quelconque, une terre n'ayant
pu être labourée à temps, se trouvait prise de hâle ;
ou bien, ce qui arrive assez souvent, si un champ
de minette, ou de fourrage consommé sur place,
était sec et battu, au point de ne pouvoir être en-
tamé que difficilement, il faudrait attendre la
pluie, qui ne peut manquer de venir tôt ou tard.
Autrement, on risquerait de ruiner les animaux de

trait, de briser des charrues, d'user des socs, pour écorcher à grand'peine la surface du sol, ou pour le voir s'*éclater*, c'est-à-dire, se diviser en gros fragments, durs comme des morceaux de pierre. Mais, aussi, la pluie, une fois venue, il faut en profiter sans retard, pour labourer légèrement la surface humectée.

At qui siccitatibus aruerunt, expediri probe non possunt. Nam vel respuitur duritia soli dens aratri, vel si qua parte penetravit, non minute diffundit humum, sed vastos cespites convellit. (COL., l. II, cap. IV.)

« Les terres durcies par la sécheresse ne peuvent pas être travaillées d'une manière convenable ; car, ou la pointe du soc est repoussée par la dureté du sol, ou, si elle a pu pénétrer en quelque endroit, elle ne soulève pas une terre ameublie, mais elle arrache d'énormes éclats. »

Quos (juvencos) ego maluerim pratis errare solutos,
Arida durati quam terga revellere campi.
(Præd. rust., l. VIII.)

« J'aimerais mieux voir les bœufs errer en liberté dans les prés, qu'arracher la surface aride d'un champ durci. »

On comprend d'ailleurs qu'à mesure que l'été s'avance, que les labours et les travaux de culture se succèdent, que les mauvaises herbes sont détruites, que les engrais et les fumiers ont été mêlés à la terre qu'ils divisent, l'état du sol devient de plus en plus satisfaisant. L'action des instruments aratoires s'exerce avec une facilité et une efficacité de plus en plus sensibles ; au point qu'à l'approche des semailles d'automne, la terre d'un champ bien soigné, peut être comparée à celle d'un jardin bien cultivé.

CHAPITRE V.

USAGE DE LA HERSE ET DU ROULEAU.

Pour amener les guérets à leur état de perfection, on a recours à divers instruments, qui sont
les auxiliaires de la charrue. On emploie les herses
à dents de bois et à dents de fer : les extirpateurs
et scarificateurs, sortes de herses mécaniques montées sur des roues. Enfin, les rouleaux cylindriques
et les rouleaux brise-mottes et piétineurs.

La herse achève et perfectionne le travail de la
charrue. Elle ramène et met à nu, à la surface du
sol les mauvaises herbes que la charrue a déracinées. Elle soulève les jeunes plantes nuisibles, récemment germées, et les fait périr, en les laissant
exposées à l'air et au soleil. Elle divise et ameublit
la terre, et mélange plus intimement avec elle les
fumiers en décomposition, et les engrais et amendements qu'on y a déposés. Elle recouvre les semences, en rabattant sur elles la partie saillante
des sillons formés par le labour. Si la semence a

été enterrée à la charrue, la herse sert à niveler et à aplanir la surface du champ, pour rendre plus efficace l'emploi des rouleaux, et plus facile l'usage de la faux des moissonneurs.

> Multum adeo rastris glebas qui frangit inertes,
> Vimineasque trahit crates, juvat arva. (*Georg.*, l. I.)

« C'est un travail bien favorable aux champs que de briser les mottes de terre avec la herse, ou en traînant des claies d'osier. »

Ces derniers mots font voir quels instruments grossiers, des claies d'osier, étaient employés comme auxiliaires de la herse.

Les herses sont composées de barres parallèles, ordinairement en bois de frêne, munies de dents de fer, ou de dents de bois, le plus souvent, de cornouiller. Quant à leur forme, on distingue les herses triangulaires et les herses carrées, ou trapézoïdes.

Les herses à dents de bois sont les plus légères, aussi peut-on leur donner plus de longueur de barres, et par cela même, elles agissent sur un plus large espace, et font plus de besogne dans un temps donné. On les emploie dans les terres tendres, légères ou sablonneuses, et dans les champs nouvellement labourés, où les dents de fer entreraient trop profondément.

La herse à dents de fer est destinée à agir dans les terres fortes, et sur celles dont la surface est encroûtée. Elle pénètre dans le labour, et ramène les tiges et les racines du chiendent et des autres herbes traçantes. Son usage est nécessaire dans les terres pierreuses, et sur les vieux labours.

On fait des herses de différentes grandeurs. De petites herses, pour la force d'un cheval, et de plus grandes, pour deux et même pour trois chevaux. Leur forme varie selon l'usage des localités. La herse triangulaire est principalement employée dans les contrées où les terres en culture sont plantées d'arbres fruitiers. Elle permet au conducteur d'éviter plus facilement ces arbres, et de passer près d'eux sans les blesser ; le côté fuyant obliquement, glisse le long de l'arbre, quand il le touche, et ne lui donne qu'une atteinte légère.

Le défaut de cette herse est de n'avoir qu'une ou deux dents en arrière, à ses deux angles, de sorte que son effet est presque nul aux extrémités. Pour obtenir une action égale sur toutes les parties du champ, il faut qu'en revenant à chaque tour, on fasse repasser les dernières dents de la herse, sur la trace qu'elles viennent de laisser en allant. Avec cette précaution, le travail est satisfaisant, mais on embrasse en réalité moins d'espace que la largeur de la herse ne paraît le comporter. On obtient un travail plus égal et plus parfait avec les herses carrées, ou en forme de trapèze; aussi leur usage paraît-il plus général et plus répandu.

Un des principaux obstacles qui s'oppose au bon effet de la herse, c'est la présence de fumiers longs et pailleux, ou des herbes et fourrages verts, qui viennent d'être enfouis, et dépassent encore en partie la surface du sol. Dans ce cas, la paille, ou les tiges de plantes, s'amassent entre les dents; la herse *bourre*, elle se soulève, elle n'agit plus, ou laisse derrière elle de larges traînées. Le conducteur est obligé à chaque instant de la lever pour la débourrer, en faisant tomber, avec les mains, ou avec un bâton, ce qui s'est embarrassé dans l'instrument. Quelquefois on est forcé de la traîner *dents-arrière*, c'est-à-dire de l'atteler, de manière à tourner en arrière la courbure des dents, qui est ordinairement dirigée en avant. Les dents glissent alors sur le sol sans y pénétrer, et ramènent moins d'herbe et de fumier; mais aussi le hersage reste bien imparfait, et le sommet des sillons se trouve simplement rabattu ou effacé.

. Lorsqu'une herse fonctionne, elle rase le sol, où ses dents pénètrent plus ou moins, pendant que ses barres en effleurent la surface. Les points d'attache se trouvent donc, l'un tout près de terre, au sommet de la herse, l'autre, à la hauteur de l'épaule des chevaux, ou de la tête des bœufs. La ligne de traction, au lieu d'être parallèle à la direction de l'instrument, suit une oblique très-prononcée, de bas en haut. Cette disposition produit une perte de force considérable. De plus, l'instrument, au lieu d'agir convenablement et de produire tout son effet, tend à se soulever en avant, de sorte que souvent les dents postérieures touchent seules la terre. Dans les contrées où une fâcheuse routine n'a pas prévalu, on attelle très-long, et on ajoute même aux traits ordinaires un bout de chaîne, qui rattache la volée à la tête de la herse. Par ce moyen, la ligne de traction tend à se rapprocher de la direction horizontale ; la herse pose mieux sur le sol ; elle agit d'une manière plus énergique.

Dans certains cantons, au contraire, une pratique très-défectueuse s'est généralisée et est tellement passée en usage, que, malgré des injonctions réitérées, et des ordres précis donnés aux ouvriers de ferme, on ne peut les faire renoncer à cette mauvaise habitude. Dans les cantons dont je parle , toutes les fois que les conducteurs attellent les chevaux à la herse, ils commencent par raccourcir les traits, en y faisant un nœud en forme de 8. Ils prétendent rendre ainsi la herse plus légère, et épargner aux chevaux de la fatigue. Ils ne veulent pas voir qu'en attelant de court, ils enlèvent la herse et l'empêchent de poser sur la terre ; que si elle y pénètre moins, elle ne remplit pas le but qu'on se propose ; qu'elle pèse de tout son poids sur la tête du collier des chevaux, auxquels elle cause des maux de garrot souvent très-graves. Avec un pareil mode de tirage, la herse agit si mal, qu'on est souvent obligé de la charger avec un fagot, une grosse pierre, ou une pièce de bois. Qu'on ôte ce poids inutile, qu'on rallonge les traits, la herse fonctionnera mieux et les chevaux souffriront moins. Ils tireront de l'épaule, au lieu de tirer du garrot. Vains conseils, raisonnement inutile! les nœuds routiniers restent, et les charretiers de ces cantons croiraient manquer à leur devoir, s'ils ne se conformaient pas à cet usage traditionnel.

J'ai donné déjà le conseil d'éviter, dans les cultures de printemps et d'été, de labourer les terres au moment des grandes pluies. Cette recommandation s'applique encore avec plus de rigueur au travail de la herse. Herser par un temps pluvieux, c'est non-seulement un travail inutile ; c'est faire une mauvaise besogne, dont le moindre inconvénient sera d'être forcé de la recommencer, dans un temps plus favorable. Il faut excepter le cas où l'on herse en automne, pour recouvrir du blé semé sur le labour, ou pour rabattre un dernier labour, fait pour enterrer la semence. Dans cette circonstance, la terre peut, sans inconvénient, être alourdie à sa surface. Le blé n'en lèvera que mieux, et l'hiver remettra tout en bon état. C'est d'ailleurs un travail urgent qui ne peut se remettre à un autre temps.

Le travail des extirpateurs tient le milieu entre celui de la charrue et celui de la herse. C'est un hersage très-énergique, c'est un labour très-expéditif. La plupart des extirpateurs sont tout en fer. Ils ont un avant-train monté sur trois roues, et sont munis des deux côtés, d'un régulateur, qui permet de les fixer à la profondeur voulue. L'arrière-train est ordinairement garni de sept dents disposées sur deux rangs ; trois en avant et quatre en arrière. Ces dents légèrement courbées, la pointe en avant, sont élargies au milieu en forme de palette. L'arrière-train se relève et se renverse sur l'avant-train, les dents en l'air, pour mener l'instrument d'un lieu à un autre. Telle est la construction la plus ordinaire ; mais il y a des extirpateurs et scarificateurs de formes très-diverses ; les uns à cinq dents, les autres à trois dents seulement, quelquefois ces dents ont la forme de socs, quelquefois celle de lames triangulaires horizontales. L'usage local, la force des attelages, sont consultés par les cultivateurs, pour le choix de l'instrument qui leur convient.

Le travail de l'extirpateur demande une force assez grande, souvent celle de trois et même de quatre chevaux. Par ses dents, fortes et élargies, il soulève la terre plus profondément et plus complétement que la herse ; mais elles la fouillent, sans la retourner comme la charrue. On s'en sert pour déplanter les chaumes, pour déraciner le chiendent et les herbes traçantes, ou pour enfouir des semences, d'une manière plus prompte qu'avec la charrue, quand toutefois le simple emploi de la herse paraîtrait insuffisant, à cause de la dureté du sol.

L'usage du rouleau n'est pas moins important. Pour toute culture soignée, c'est un instrument de première nécessité. Si une terre est infestée de mauvaises herbes, après avoir soulevé les gazons avec la charrue, on les divise avec la herse, puis on les écrase avec le rouleau ; un nouveau tour de herse détache la terre des racines, qui ne tardent pas à mourir, pourvu qu'on ait fait le travail par un temps sec. Pendant les ardeurs de l'été, on roule les champs nouvellement labourés et les fumiers récemment enfouis, pour conserver un peu d'humidité à la terre et empêcher le hâle d'y pénétrer. Au printemps, dans les beaux jours, on passe le rouleau sur les blés et sur les avoines pour les faire taller et pour les rechausser, en écrasant les mottes de terre restées à la surface du champ ; on roule aussi les prairies artificielles, pour niveler le terrain, et pour appuyer les plantes que la gelée aurait soulevées.

Pour herser un terrain, on fait d'abord passer la herse sur la limite et on continue de proche en proche, par un mouvement parallèle d'aller et de retour, jusqu'à ce qu'on soit arrivé à l'autre extrémité. Pour rouler un champ, au contraire, après avoir fait passer le rouleau sur la limite, on continue, dans le même sens à faire le tour de la pièce ; on rétrécit le cercle en passant toujours en dedans de l'espace déjà roulé, jusqu'à ce qu'on soit arrivé au centre. Alors il ne reste plus qu'à aller une ou deux fois d'un angle à l'autre, pour aplanir les endroits que le rouleau n'a pu atteindre, lorsqu'on changeait de direction à chaque coude.

Si l'on avait à rouler un terrain en pente, il y aurait à craindre que le rouleau, en descendant plus vite que les animaux qui le traînent, ne vînt à leur tomber sur les jarrets ; pour ces sortes de terrains, il faut faire adapter aux barres du rouleau, un timon avec lequel les chevaux, attelés comme à un chariot, arrêteront facilement la vitesse accélérée de l'instrument ; il va sans dire qu'on ne peut rouler qu'une surface exempte d'humidité, sous peine de voir la terre s'attacher sur le rouleau en plaques épaisses, qui ne tarderaient pas à l'empêcher de fonctionner.

D'après l'ancien usage, les rouleaux sont formés d'un cylindre en bois d'orme ou de chêne, dont le diamètre varie depuis 35 jusqu'à 50 centimètres et plus ; et la longueur de 2 mètres à 2^m,40. On a depuis remplacé ces rouleaux en bois par des cylindres de fonte pesant 5 à 600 kilogrammes.

La pression du rouleau sur le sol est égale à la pesanteur totale divisée par sa longueur ; soit un cylindre de 2 mètres pesant 1,000 kilogrammes, chaque décimètre de longueur produira sur le sol correspondant une pression de 50 kilogrammes. Si on augmente le poids de 50 kilogrammes et la longueur de 1 décimètre, la pression sera exactement la même. Mais le poids total de 1,000 kilogrammes étant conservé, si on réduit sa longueur de 2 mètres à 1 seul, la pression deviendra double, elle sera de 100 kilogrammes par décimètre, au lieu de 50 ; il n'y a donc pas d'autre avantage à augmenter la longueur, que celui de rouler plus promptement un espace donné.

D'ailleurs, plus un rouleau est long, plus il rencontre dans sa marche d'inégalités, de corps durs et saillants, qui le soulèvent et font porter la plus grande partie du poids sur un même point. Pour répartir plus également la pesanteur, on a imaginé de diviser le cylindre dans sa longueur en trois parties indépendantes l'une de l'autre, quoique tournant sur le même axe. Quand une des sections du cylindre vient à rencontrer une saillie résistante, elle se soulève seule, et les deux autres continuent de presser le sol avec lequel elles restent en contact.

Le rouleau piétineur, au lieu d'être composé d'un cylindre tout uni, comme le rouleau simple, est garni de plusieurs rangs de chevilles en bois ou en fer, ou de saillies de formes et de combinaisons diverses ; il est destiné principalement à remplacer sur les terres ensemencées, jugées trop légères, l'effet produit dans le parcage, par le passage et le piétinement du bétail. Le piétineur doit fouler le sol, en y laissant des inégalités qui retiennent les eaux et les empêchent de couler trop rapidement, comme il arriverait sur une surface parfaitement unie.

Dans les rouleaux à chevilles, l'extrémité de chaque cheville décrit un cercle dans le mouvement de rotation. Comme elle s'enfonce nécessairement dans la terre, elle y trace dans son trajet un arc de cercle, en déplaçant et soulevant la terre, au lieu de la presser directement.

J'ai fait construire, sur un modèle particulier, un rouleau piétineur, qui laisse sur le champ où il passe, des dépressions disposées avec une régularité et une symétrie parfaites ; il est garni de petites pièces en bois d'orme, épaisses de 10 centimètres, et d'une longueur égale à la cinquième partie de la circonférence du cylindre, dont elles embrassent la courbe. Ces pièces arrondies et proéminentes au milieu, sont amincies à leurs extrémités, par lesquelles on les fixe au cylindre avec de forts clous. Après la pose des cinq pièces formant le premier rang circulaire, au bout du cylindre, le second rang

se pose de telle sorte, que les saillies des pièces
qui le composent correspondent aux vides du premier. On continue de même, jusqu'à ce que le cylindre soit garni dans toute sa longueur. On obtient ainsi un rouleau portant dix rangées longitudinales de mamelons saillants, alternativement
séparés par des intervalles creux. Leur pression
sur un sol léger produit des lignes régulières de
points enfoncés, correspondant aux parties saillantes, séparés par de petites éminences, formées
par les creux, sous lesquels la terre n'a été que légèrement comprimée.

Il y a un rouleau piétineur ou brise-motte, appelé *rouleau-squelette*, parce que le corps du cylindre est garni de cercles ou de côtes saillantes en
fonte moulée, laissant entre chacune d'elles un
intervalle. Ces côtes en passant sur la terre, y
marquent en creux des lignes parallèles continues.
Si leur saillie, au lieu de former autour du rouleau un cercle entier, était interrompue par des intervalles réguliers, et que ces parties vides fussent
placées devant les saillies de la côte voisine, on
aurait un effet pareil à celui produit par le piétineur en bois décrit plus haut.

Pour faire usage du piétineur, bien plus encore
que pour le rouleau simple, un temps beau et sec

est nécessaire. Les inégalités de l'instrument l'exposent à retenir facilement la terre humide, qui remplirait les parties creuses, et produirait l'apparence et l'effet d'un énorme cylindre de terre comprimée.

La herse est un instrument si nécessaire, qu'il était impossible qu'il n'en fût pas question dans les ouvrages des anciens. Nous voyons par les *Géorgiques*, qu'il y avait des herses de construction très-différente : l'une était une sorte de claie, formée de branches entrelacées, l'autre une véritable herse, un lourd râteau muni de dents.

On a vu, au commencement de ce chapitre, deux vers indiquant l'usage de ces instruments; Virgile les nomme encore plus loin, en décrivant le matériel de la culture.

Arbuteæ crates, et iniquo pondere rastri.

« Des claies faites de branches d'arbousier, et des herses pesantes. »

Pline dit aussi dans quelles circonstances on doit se servir de la herse :

Aratione per transversum iterata, occatio sequitur, ubi res poscit, crate vel rastro ; et sato semine iteratio.

(PLIN., l. XVIII, sec. XLIX.)

« Lorsqu'on a donné un second labour en travers, on herse ensuite, selon le besoin, avec la claie, ou avec la herse ; et on herse de nouveau, après avoir semé. »

Quant à l'usage du rouleau, j'ai vainement cherché dans les agronomes latins un passage qui s'y rapporte. Il y a bien dans Virgile un vers qui s'applique à l'emploi d'un rouleau cylindrique, mais c'est uniquement pour la préparation de l'aire destinée au battage des grains.

Area cumprimis ingenti æquanda cylindro.

« D'abord, qu'un lourd cylindre également roulé,
Aplanisse la terre où tu battras le blé. »   (Delille.)

On faisait si peu de cas, chez les anciens, de la paille et du chaume, qu'on ne s'attachait pas à rendre la surface des champs bien nivelée. Elle n'avait pas besoin, comme aujourd'hui, d'être rasée de près par la faux des moissonneurs.

CHAPITRE VI.

DES CHARROIS ET DES ATTELAGES.

Les charrois occupent une place très-importante dans le mouvement d'une exploitation agricole. Ils ont principalement pour objet, le transport des fumiers et des engrais, de la ferme aux champs, et celui des récoltes, des champs à la ferme. Ils ont encore pour but, de conduire au marché et chez l'acheteur, les grains et les denrées vendues par le cultivateur. Enfin ils s'appliquent aux transports de matériaux pour l'entretien des chemins, pour les réparations et constructions de bâtiments, pour l'approvisionnement de combustible, et à une foule d'autres circonstances particulières, qu'il serait difficile d'énumérer.

Chaque pays a son système de voitures, ordinairement approprié aux besoins de la culture locale, à l'état des routes, à la situation des terres, à la nature et à la force des animaux de trait. On ne doit changer qu'avec prudence les habitudes établies, dont les inconvénients sont presque toujours compensés par certains avantages particuliers. La différence essentielle entre ces systèmes, réside dans la construction des voitures, montées sur deux ou sur quatre roues ; il serait difficile de se prononcer d'une manière absolue, sur la préférence à donner aux unes ou aux autres. Contentons-nous d'examiner les différentes circonstances qui se rapportent à leur usage.

Les voitures à quatre roues, ou chariots, sont employées particulièrement dans les pays où l'on élève des chevaux, parce que les juments poulinières sont moins fatiguées, moins exposées à des chocs dangereux, attelées deux à deux au timon d'un chariot, qu'entre les limons d'une voiture à deux roues. On s'en sert aussi dans les pays de montagnes, les quatre roues donnant à l'équipage une assiette plus sûre, et plus de stabilité. Les points d'appui sur le sol se trouvant en nombre double, les roues creusent des ornières moins profondes et coupent moins les terres, sur lesquelles se font les charrois. Les voitures à quatre roues sont encore en usage dans les pays où l'on attelle des bœufs, parce que ces animaux, moins lestes que les chevaux, sont moins propres à être placés entre des limons. Enfin les chariots, avec leurs deux essieux et leurs deux paires de roues, sont d'une construction plus légère et plus économique. Leurs roues sont moins pesantes, et toutes les pièces qui les composent exigent moins de force et de longueur, par suite, du bois de qualité moins choisie, qu'on se procure plus facilement et à moins de frais.

On se sert surtout de voitures à deux roues dans les pays de plaine et de grande culture, et dans la plupart des départements qui avoisinent Paris. Elles sont d'un usage plus expéditif, se manient mieux et se tirent plus lestement d'embarras. Ces voitures, qui n'ont de point d'appui que sur une seule ligne, prise au milieu de leur longueur, doivent être construites avec une solidité particulière. Dans les voitures à fourrage de grandes dimensions, les deux pièces principales, appelées *gîtes*, sont formées des deux moitiés d'un filet de frêne ou de chêne, portant de 6 à 8 mètres de longueur, sans aucun nœud. Elles demandent aussi beaucoup de force dans leurs roues et dans leur essieu.

Les dispositions des anciennes lois et ordonnances sur la police du roulage, en prescrivant des jantes de roues d'une largeur proportionnée au chargement, avaient encore contribué à exagérer la pesanteur des équipages. Sur un attelage de cinq chevaux, on pouvait compter que deux au moins étaient nécessaires pour traîner le poids de la voiture vide. L'abolition de cette législation a été un grand bienfait pour les cultivateurs : il faut espérer qu'en conservant les conditions de solidité convenables, on abandonnera bientôt, dans la construction des voitures, ces roues énormes, ces pièces massives, qui chargent les animaux de trait d'un poids inutile.

Un point fort important à considérer dans le chargement d'une voiture à deux roues, c'est que la charge soit placée bien en balance, de sorte que le cheval de limon ne se trouve ni écrasé ni soulevé, par le poids porté trop en avant, ou trop en arrière. Quelque précaution que l'on ait prise à cet égard, il est impossible que l'équilibre ne varie pas dans le trajet, d'autant plus que la charge tend à glisser, en avant dans les descentes, et en arrière dans les montées. Aussi doit-on prendre pour cheval de limon un animal grand, leste et vigoureux.

La construction des voitures montées sur deux roues et sur un seul essieu, s'applique avec un grand avantage aux tombereaux destinés au transport des terres, du sable, des cailloux, de la marne et des fumiers très-consommés. Au moyen de l'articulation du limon sur le gîte, fixés l'un à l'autre par un boulon, et maintenus en ligne droite par une barre transversale mobile, appelée *clef,* on peut, en retirant cette clef, faire basculer le corps du tombereau sur l'essieu. On le fait ainsi tomber en arrière, ou, comme on dit, *on le met à cul.* Le fond forme alors un plan incliné sur lequel on fait glisser aisément la charge, soit tout à la fois, soit peu à peu et par tas espacés de distance en distance. Le conducteur doit surtout avoir soin, pendant que le tombereau est renversé en arrière, d'alléger continuellement la partie antérieure. S'il laissait la charge accumulée en avant, il arriverait, lorsque les chevaux se mettent en marche, que l'impulsion donnée rabattrait le tombereau dans la position horizontale, et produirait une forte commotion sur les reins du cheval de limon.

La disposition des tombereaux est on ne peut plus commode, pour garnir un champ de terreau, ou d'engrais disposé en tas régulièrement alignés. Mais comme il n'est guère possible de leur donner une très-grande longueur, ils ne peuvent servir à transporter que des matières assez pesantes, pour former un chargement raisonnable, sous un volume peu considérable. Il est évident d'ailleurs qu'ils n'offrent d'avantage que pour le transport des matières qui doivent être déposées sur la terre. Pour les fumiers légers et pailleux, la capacité d'un tombereau ne contiendrait pas la charge ordinaire des attelages d'une grande exploitation. On les transporte dans de longues voitures, garnies sur les côtés de planches ou de ridelles à claire-voie.

Dans le cas particulier du transport des fumiers longs, je n'hésite pas à donner la préférence aux chariots à quatre roues. Ces fumiers, pour être épandus plus également à la surface du champ, doivent être préalablement déposés, en tas égaux, sur des lignes formées à des distances égales. Quand le charriage se fait sur des voitures à deux roues, on rencontre de grandes difficultés pour opérer le déchargement dans les conditions qui viennent d'être indiquées.

On fait tomber le fumier sur la terre, en le tirant avec un croc à long manche; mais la position des roues s'oppose à ce qu'on le tire sur le côté, au milieu de la voiture. Le cheval placé dans les limons empêche de le faire tomber par devant. D'un autre côté, dès qu'on a tiré un ou deux tas de fumier par derrière, il reste du côté opposé un excès de charge qui pèse sur le dos du cheval. Il est donc nécessaire de faire le déchargement alternativement en avant et en arrière, pour maintenir lá voiture en équilibre.

Voici comment agissent la plupart des charretiers, pour rendre leur besogne plus facile : ils détellent le cheval de limon, le font sortir du brancard et le laissent marcher libre à côté de la voiture; puis ils font retomber la voiture toute chargée sur l'extrémité des limons. Elle se trouve alors inclinée en avant : cette inclinaison leur permet de tirer facilement un premier tas de fumier entre les brancards, à la place qu'occupait le limonier.

La voiture étant ordinairement attelée de quatre chevaux, trois chevaux restent encore en ligne. On les fait avancer de quelques pas; ils tirent la voiture par les traits du cheval, appelé *cheval de cheville*, parce que ses traits étaient autrefois fixés à des chevilles placées au bout des limons. A la distance convenable, on arrête l'attelage, alors la voiture, allégée sur le devant, fait la bascule et s'incline en arrière; on fait tomber par derrière un nouveau tas de fumier, après quoi l'équilibre étant de nouveau déplacé, la voiture s'abaisse encore sur les limons. On continue à produire de la même manière ce mouvement alternatif de bascule, jusqu'à ce que tout le fumier soit déposé en lignes convenablement espacées; puis on remet le limonier à sa place et l'on ramène la voiture vide à la ferme, où l'on en prend une autre, pleine de fumier, que l'on décharge comme la première.

Cette manœuvre fatigue beaucoup le cheval attelé au bout des limons. Quand la voiture retombe en arrière, les limons s'enlèvent tout à coup, tendent les traits de bas en haut, et impriment aux épaules du cheval une violente secousse. Dans le mouvement contraire, produit par l'effort des chevaux pour rabattre la voiture, sa chute sur les traits tendus, donne à toute l'encolure du cheval un ébranlement non moins violent.

Il y a un autre inconvénient avec certaines gran-

des voitures, dont les ridelles, placées au milieu,
vis-à-vis des roues, ne garnissent pas toute la longueur. Dans ce cas, on forme les tas de fumier, non
entre les limons, mais sur le côté, devant et derrière la roue. Ces tas n'ayant pas moins de 60 à
70 centimètres de hauteur, il faut un vigoureux
coup de collier pour les affaisser et faire passer la
roue par dessus, avec un attelage vacillant, dans
une terre qui souvent cède sous la charge. Il me
paraît donc que le système d'attelage le plus convenable, pour le transport des fumiers de ferme,
serait d'employer des chariots à quatre roues ; de
tirer le fumier, en enlevant, sur un côté du chariot, une ridelle mobile, entre la roue de devant et
celle de derrière. Cette ridelle peut se rabattre, de
manière à former un plan incliné, sur lequel le
fumier glisse au-delà de la ligne des roues. La voiture conserve sa position, et le fumier ne fait jamais obstacle au mouvement de progression.

On construit aussi des chariots dont le corps,
placé en équilibre sur l'essieu des roues de derrière, est maintenu dans la position horizontale par
une chaîne fixée à l'avant-train. En détachant cette
chaîne, on renverse facilement le chariot en arrière, et toute la charge peut être déposée sur le
sol, comme celle du tombereau, sur une ligne
droite, comprise entre les deux lignes parcourues
par les roues.

On voit que le charroi des fumiers aux champs, dans une grande culture, est un travail plus compliqué qu'on ne serait disposé à le croire. Pour les petits cultivateurs, qui n'ont que deux chevaux attelés, l'usage du tombereau, ou d'une voiture de peu de longueur, leur permet de tirer toute la charge en arrière, sans aucune difficulté.

Le transport des fourrages en bottes, ou des céréales en gerbes, se fait également bien sur des chariots et sur des voitures à deux roues. Les chariots conservent toujours l'avantage de leur stabilité sur quatre points d'appui, qui dispense de toute précaution particulière, dans l'opération du chargement et du déchargement. Avec les voitures à deux roues, le voiturier doit mettre une attention constante à disposer ses bottes ou ses gerbes, également à l'avant et à l'arrière, pour ménager le limonier. En général, les charretiers sont fort habiles à charger, ou, comme ils le disent, à *tasser* une voiture de fourrage. Ces voitures sont munies de barres transversales et longitudinales, appelées *ranchers,* qui dépassent les roues, et, aux deux extrémités, de montants appelés *gardes,* inclinés en avant et en arrière. Les ranchers, ainsi que les ridelles, sont garnis de petites chevilles qui empêchent les bottes de glisser. Au moyen de ces appareils, lorsque le corps de la voiture est plein jusqu'à la hauteur des ridelles, on peut élargir les assises de fourrage, que l'on dispose par lits, les unes au-dessus des autres. Le tout est ensuite assujetti par un fort câble, fixé à l'avant, passé au-dessus du rang supérieur et serré à l'arrière autour d'un moulinet, à l'aide de courts leviers appelés *garrots*. Ce câble de sûreté a pour objet, non-seulement de prévenir l'éboulement, mais aussi il réunit la charge en un seul bloc, et l'empêche de peser sur l'extrémité des gîtes qui, sans cette précaution, pourraient se rompre au-dessus de l'essieu, leur unique point d'appui.

Il y a encore un autre genre de voitures appelées *fourgons*, qui, montées sur deux roues, portent, au lieu de limons, un timon unique, auquel on attelle deux chevaux de front et ordinairement un cheval en arbalète. Ce timon est fixe et ne tourne pas dans un avant-train, comme celui des chariots. Ces voitures sont remarquables par un mouvement très-prononcé de bascule, ou de balancement sur l'essieu, qui fatigue les chevaux. Leur usage est très-limité, surtout depuis l'établissement des chemins de fer, qui ont supprimé le transport du poisson de mer, par ces sortes de voitures, que les chasse-marée employaient presque exclusivement.

Enfin, on construit encore des voitures à quatre roues, munies d'un brancard au lieu de timon. Ces voitures offrent les avantages de la position stable, dans laquelle le limonier n'est jamais gêné par la charge, placée trop en arrière ou trop en avant. Cependant, elles sont peu à l'usage des fermes, parce que ce cheval, se trouvant seul en rapport immédiat avec l'équipage, peut difficilement l'enlever dans les mauvais pas, dans les champs labourés, sur les terres qui cèdent sous le poids. On les emploie principalement sur le pavé des villes, pour porter de lourds chargements de pierre de taille, de plâtre ou de farine.

On rend ces voitures à quatre roues et à limonière plus maniables, en y attelant trois chevaux de front. Mais, alors, ces trois chevaux présentent une largeur gênante dans les passages étroits et dans les embarras de voitures. C'est surtout un attelage de grandes routes, que l'on voyait fréquemment, aux diligences et aux berlines de poste, au temps où la poste florissait.

Après ce coup d'œil jeté sur les transports agricoles, qui demandent une certaine pratique et des soins particuliers, examinons rapidement les différents systèmes d'attelage.

Le harnachement des chevaux de culture doit être à la fois solide, simple et économique. Il doit faciliter le développement entier de la force du cheval, sans le blesser et sans lui faire éprouver une gêne inutile. Il se compose, presque partout, d'une bride garnie de son mors et de ses rênes; d'un collier embrassant le cou, plus rarement d'une bricole passée autour du poitrail. Cette bricole ne se met guère qu'aux chevaux que le collier aurait blessés, et jusqu'à leur guérison. Au collier sont attachés des traits de corde ou des chaînes de fer : les traits sont en cuir plat doublé et piqué, dans les harnais très-soignés. Les traits sont maintenus horizontalement le long des flancs de l'animal par deux bandes de cuir, l'une supérieure, dite sur-dos, l'autre inférieure, appelée sous-ventrière. Quand les chevaux sont attelés en ligne, si un d'eux a le ventre et les hanches plus larges que le poitrail de celui qui le suit, les traits, par leur frottement prolongé, usent d'abord le poil et peuvent occasionner des écorchures désagréables à la vue et souvent douloureuses. On doit donc les garnir d'un fourreau en cuir qui les empêche de blesser. Quelquefois même on est obligé de les tenir écartés, en les faisant porter sur les deux bouts d'un bâton placé en travers derrière le cheval.

Pour les chevaux de limon, il faut de plus une sellette, sur laquelle repose la dossière qui supporte les brancards, et un appareil, nommé avaloire, qui permet au cheval de s'acculer et de retenir l'équipage en descendant les pentes. Sur les pentes difficiles, on retient encore une voiture pesamment chargée, au moyen d'une seconde avaloire, dite avaloire de retraite. Elle se place sur la croupe du cheval qui précède le limonier. Pour en faire usage, arrivé au haut d'une côte, on dételle tout l'attelage, à l'exception du cheval de limon, qui reste seul à sa place. On attache le *devancier*, celui qui marche devant, derrière la voiture, par deux bouts de traits, ajoutés aux autres en avant du collier. On place tous les chevaux en ligne, leurs traits tendus d'avant en arrière, par l'avaloire de retraite, sur laquelle s'accule le cheval de cheville. Tout étant bien en position, le limonier, qu'on tient s'il le faut à la bride, engage doucement la voiture sur la pente. Instinctivement, ou par habitude, les chevaux placés en arrière résistent, craignant d'être entraînés ; et tous concourent, par leur mouvement de recul, à modérer la vitesse et à prévenir les accidents.

Le collier est garni d'attelles plus ou moins amples et variées de forme, selon l'usage et la fantaisie des bourreliers. Ces attelles ne sont pas cependant un simple ornement ; elles ont pour but d'empêcher les chevaux, en entrant vivement à l'écurie, de raser de trop près les jambages de la porte, ce qui exposerait le harnais à être endommagé, et le cheval à s'épointer, c'est-à-dire à se rompre l'extrémité de l'os de la hanche.

Dans les fermes bien tenues, on fait aux harnais un rhabillage d'hiver et un rhabillage d'été. Pour l'hiver, on les garnit de housses en cuir, ou en peau de mouton, partant du collier et couvrant l'encolure et le dos du cheval. Pour l'été, on met une légère couverture de toile et des *volettes*, ou bandes de filet garnies de cordelettes, dont le balancement chasse les mouches.

Si l'on compare l'attelage d'un chariot, où les chevaux sont placés deux à deux, à celui d'une voiture où ils marchent sur une seule ligne, on remarque que le conducteur du chariot a ses chevaux plus rassemblés; qu'ils s'excitent et se soutiennent l'un l'autre; qu'ils sont deux au timon, pour retenir l'équipage sur les pentes, ou l'enlever dans un détour. Mais s'il y a quatre ou six chevaux, les deuxième et troisième couples ont à traîner une lourde volée, qui leur retombe sur les jarrets, qui tend sans cesse à plonger par son poids et par celui des traits, ce qui occasionne une perte de force assez notable. Dans un attelage en ligne, le limonier, qui donne la direction dans les passages difficiles, est entièrement sous la main du conducteur. Quand les quatre ou cinq chevaux sont bien sur leurs traits, ces traits forment deux lignes parallèles et horizontales à la hauteur des épaules, et tous agissent avec un ensemble parfait, sans la moindre déperdition de la force employée.

Quand deux systèmes sont presque également mis en pratique; quand des usages différents se perpétuent, sans que l'un cède la place à l'autre, c'est qu'ils présentent des avantages et des inconvénients qui se balancent, et qu'il est permis d'hésiter entre eux. Autrement, celui qui l'emporterait d'une manière évidente, ne tarderait pas à être généralement et exclusivement adopté.

Ces réflexions peuvent s'appliquer à la coutume persévérante de l'emploi des bœufs, ou des chevaux pour les travaux de culture, selon les habitudes locales. Ni les essais comparatifs; ni les discussions raisonnées, ayant pour objet d'établir la supériorité de l'un de ces systèmes sur l'autre, n'ont pu changer ces habitudes, ni modifier la pratique en usage dans chaque contrée.

Les motifs tirés du raisonnement, les calculs formulés par des chiffres, paraissent établir un avantage marqué en faveur de la race bovine; cependant, dans presque tous les pays où l'agriculture est en progrès, où les cultivateurs passent pour avoir le plus d'aisance et de lumières, les chevaux sont employés exclusivement à tous les travaux.

Résumons en peu de mots ce qui a été dit sur cette question.

Le bœuf de travail coûte moitié moins que le cheval. Un bœuf valant de 200 à 300 francs, un cheval coûtera de 400 à 600 francs. On paye même jusqu'à 1,000 ou 1,200 francs un cheval de trait de haute taille, surtout s'il a les qualités requises pour faire le service de limonier.

La substitution des bœufs aux chevaux, dans une exploitation rurale, produirait donc une économie sur le capital de premier établissement. De plus, la portion de ce capital représentée par les bœufs, tend sans cesse à augmenter, parce que le bœuf prenant du poids avec l'âge, acquiert chaque année plus de valeur, jusqu'à un certain terme où il est avantageux de s'en défaire.

Le prix du cheval, au contraire, décroît rapidement, et se réduit, en peu d'années, à la seule valeur du cuir.

Le bœuf, par sa nature moins fougueuse, par sa constitution moins irritable, est exposé à moins d'accidents et à moins de maladies que le cheval. D'ailleurs, un bœuf blessé, ou mis hors de service par un accident, conserve encore tout son prix pour la boucherie. Avec une jambe cassée, le meilleur cheval ne vaut pas plus que sa peau.

Si l'on compare les frais de nourriture et d'entretien, on trouvera que le bœuf consomme moins, qu'il se contente de fourrages de qualité inférieure, et peut entièrement se passer de grain.

12 à 15 kilogrammes de fourrage sec, foin, trèfle ou paille d'avoine, suffisent à la consommation journalière d'un bœuf; l'été, il vivra bien au pâturage, ou de fourrage vert donné à l'étable; toutes les racines, betteraves, carottes, navets; les résidus des fabriques de sucre et des distilleries, of-

frent pour sa nourriture des ressources abondantes et économiques.

Il faut au cheval de trait, avec 12 kilogrammes de fourrage sec bien choisi, au moins 10 litres d'avoine par jour, valant en moyenne 85 centimes. Ces 85 centimes représentent la valeur de 14 kilogrammes de fourrage, qui, ajoutés aux 12 kilogrammes de la ration journalière, portent la valeur de la consommation d'un cheval à celle de 26 kilogrammes de fourrage sec de première qualité.

Avec moins de nourriture, le fumier du bœuf est plus abondant et meilleur que celui du cheval, ce qui s'explique par le séjour prolongé des aliments dans la panse et dans les intestins, et par la quantité d'eau absorbée pour faciliter le travail de la rumination, qui rend les urines plus copieuses et les déjections plus humides.

Enfin le bœuf, plus dur et plus robuste, peut se passer, jusqu'à un certain point, des soins et des pansements qui sont nécessaires à la santé du cheval.

Au point de vue de l'économie sociale et de l'intérêt public, il est évident d'ailleurs, que si les chevaux de labour étaient partout remplacés par des bœufs, la production de la viande de boucherie en serait accrue dans une proportion considérable, au grand avantage de la consommation générale.

Il faut ajouter à toutes ces considérations, que le

harnachement ou l'équipement ordinaire d'un bœuf de travail, coûte infiniment moins cher et dure plus longtemps que celui du cheval.

Il y a aussi généralement une économie sur la ferrure. Dans les pays où la terre est douce et renferme peu de pierres, on ne ferre pas les bœufs; tandis que le pied du cheval a besoin d'être ferré partout; la corne du sabot qui s'éclate facilement, pourrait être endommagée, même pendant le séjour à l'écurie.

Quand il paraît indispensable que le bœuf soit ferré, on se contente souvent de ferrer les pieds de devant, ou bien encore, le pied étant fourchu et divisé en deux ongles, on ferre seulement l'ongle extérieur, qui fatigue le plus. Dans tous les cas, les fers du bœuf sont plus légers, demandent moins de clous et durent plus que ceux du cheval.

Cependant, quoique toutes ces raisons aient été exposées et développées bien des fois, quoiqu'elles doivent se présenter naturellement à l'esprit du cultivateur intelligent; l'usage des chevaux pour les travaux de la culture s'est établi dans un grand nombre de lieux; il y persiste malgré les arguments contraires, et je pense que l'emploi du cheval, pour les travaux de labour et de gros trait, balance au moins celui du bœuf par sa généralité, et qu'il l'emporte, par la somme du travail produit.

Cette préférence donnée au cheval est fondée sur des motifs qu'il faut examiner.

Tout se résume en un seul point : le cheval est plus vif, plus alerte que le bœuf, il fournit plus de travail dans un temps donné, et son travail est plus soutenu; en un mot il marche plus vite et peut marcher plus longtemps.

Les agronomes qui ont émis l'opinion la plus favorable à l'emploi des bêtes bovines, reconnaissent qu'un attelage de bœufs, fait tout au plus les quatre cinquièmes du travail produit dans le même temps par un attelage de chevaux. Mais si l'on tient compte, en toute circonstance, de la lenteur du bœuf comparée à la vitesse du cheval, depuis sa sortie de l'écurie, jusqu'à ce qu'il soit tout attelé et prêt à marcher, on trouvera une différence de plus du quart en faveur du cheval. Cette différence déjà grande, calculée sur un temps limité et sur une épreuve passagère, sera bien plus considérable, si l'on recherche la quantité de travail fait dans toute une saison, ou pendant l'année entière.

Une paire de chevaux de labour peut travailler huit à dix heures par jour, avec le seul repos du dimanche, qui même n'est pas toujours complet; le bœuf ne résisterait pas à cette continuité de travail, il mange lentement; il faut de plus qu'il rumine à loisir, il supporte difficilement l'ardeur du soleil et la chaleur excessive. Pour être maintenu dans un état convenable, il faut qu'il se repose environ la moitié du jour, ou au moins un jour sur trois. Le cheval n'a pas besoin d'être gras pour faire un bon service; mais si le bœuf n'est pas tenu suffisamment en chair, il faudra bien des mois de nourriture abondante et de repos absolu, pour qu'il puisse être vendu avantageusement, quand il sera temps de l'envoyer à la boucherie.

Ainsi, une exploitation de trois charrues attelées de chevaux, en demandera quatre, si elles sont tirées par des bœufs. Six chevaux pourront suffire au travail de ces trois charrues; il faudra douze bœufs, pour en faire marcher quatre sans interruption. Ce qui est plus grave encore, à une époque où les salaires sont plus élevés, où les ouvriers de culture deviennent rares, il faudra quatre domestiques de ferme, pour faire avec des bœufs, la besogne que trois pourront faire avec des chevaux.

La lenteur de la marche du bœuf, le rend peu propre aux transports à longue distance, sur les grandes routes, et une voiture attelée de bœufs serait un cause d'embarras, dans les villes populeuses où la circulation est très-active. On serait donc presque toujours dans l'obligation d'avoir, avec des bœufs pour les travaux ordinaires de culture, des chevaux pour les charrois éloignés, et pour le service personnel du cultivateur et de sa famille.

Enfin, ce qui explique parfaitement le fait observé, que l'usage des chevaux prédomine surtout dans les contrées les plus riches et les plus avancées ; un attelage de chevaux bien équipés, satisfait plus l'amour-propre du maître, et surtout celui du conducteur.

Cette considération, qui pourrait paraître secondaire, a une importance très-réelle, qui sera comprise par tous ceux qui ont étudié le secret mobile des actions et des volontés humaines. On sait que tel domestique de culture, qui conduit avec une certaine fierté des chevaux fringants, trouverait indigne de lui, de descendre au rôle de conducteur de bœufs.

C'est peut-être là une des conséquences de l'accroissement de l'aisance générale et des progrès du luxe ; car il semble que dans les temps reculés et dans l'enfance de l'art agricole, le bœuf ait été seul employé pour tirer la charrue.

Dans les auteurs anciens, le bœuf ou le taureau, est toujours cité exclusivement, lorsqu'il est question de labourage.

Tout le monde connaît ce vers :

Sic vos non vobis fertis aratra boves !

«O bœufs ! ce n'est pas pour vous que vous tirez la charrue ! »

Virgile dit encore :

Depresso incipiat jam tum mihi taurus aratro
Ingemere.   (VIRG., *Georg.*, l. I.)

« Il est temps de voir le taureau gémir sous le poids de
la charrue. »

Pingue solum primis extemplo a mensibus anni
Fortes invertant tauri.   (*Id.*, *ibid.*)

« Qu'une terre forte soit retournée dès les premiers
mois de l'année par des taureaux vigoureux. »

Ecce autem duro fumans sub vomere taurus
Concidit.   (*Id.*, *ibid.*, l. III.)

Voyez-vous le taureau fumant sous l'aiguillon ?
Il meurt !   (DELILLE.)

Aratra jugo referunt suspensa juvenci.

« Les jeunes bœufs rapportent l'araire suspendue à leur
joug. »

On trouve aussi dans Ovide :

Duxit araturos sub juga curva boves.

« Il mèna ses bœufs au labourage sous leurs jougs recourbés. »

Il qualifie ainsi le bœuf :

Natum tolerare labores.

« Animal né pour la peine et le travail. »

On pourrait multiplier à l'infini ces citations, et
on ne trouvera pas un seul passage, applicable au
travail du cheval à la charrue.

Virgile a d'ailleurs clairement indiqué la destination différente du cheval et du bœuf.

Seu quis olympiacæ miratus præmia palmæ,
Pascit equos, seu quis fortes ad aratra juvencos.
(VIRG., *Georg.*, l. III.)

Veut-on pour vaincre à Pise un coursier généreux ?
Veut-on pour la charrue un taureau vigoureux ?
(DELILLE.)

On peut donc regarder comme assez moderne
l'emploi du cheval dans les travaux de labourage.
Partout les auteurs anciens nous le montrent destiné à traîner des chars de luxe, à des luttes de
vitesse, à tous les exercices de l'équitation, à la
chasse, et surtout au service du cheval de guerre.

Varron fait ainsi l'énumération des usages auxx-
quels le cheval était employé.

Equi, quod alii sunt ad rem militarem idonei, alii ad
vecturam, alii ad admissuram, alii ad cursuram, alii ad
rhedam, non item sunt spectandi atque habendi.
(VARR., l. II, cap. VII.)

« Comme les chevaux sont propres, les uns à la guerre, les autres à la voiture, d'autres à la monte, d'autres à la course, d'autres enfin à traîner des chars, ils ne doivent pas être tous choisis et traités de même. »

On ne peut pas même conclure avec certitude de ce passage, et des expressions *ad vecturam* et *equos vectarios* qui viennent après, que les chevaux aient été employés aux champs pour les charrois. Les bœufs paraissent avoir été presque exclusivement consacrés à cet usage.

On lit dans Virgile :

                                        Cernes
Plura domum tardis decedere plaustra juvencis.

« Tu verras de nombreux chariots revenir à la ferme, traînés par de jeunes bœufs au pas tardif. »

Et dans Ovide :

Ducunt Sarmatici barbara plaustra boves.

« Chez les Sarmates, les bœufs traînent des chariots grossiers. »

Cependant, on employait aussi chez les Romains les mulets et les ânes, pour porter à dos les fumiers et pour traîner des chariots de travail.

Caton fait entrer dans l'inventaire du mobilier

d'une ferme : *Asinos ornatos clitellarios, qui stercus vectent*, 3. « Trois ânes garnis de leur bât, pour porter le fumier. » Et *asinos plostrarios*, 2. « Deux ânes pour le chariot. »

Plus loin, il dit :

Quot juga boverum, mulorum, asinorum, habebis, totidem plostra esse oportet. (CAT., cap. LXII.)

«Il faut avoir autant de chariots que de paires de bœufs, de mulets et d'ânes. »

On lit dans Varron :

Ubi terra levis, ibi non bubus gravibus, sed vaccis aut asinis quod arant, eo facilius ad aratrum leve adduci possunt. (VARR., l. I, cap. XX.)

« Là où la terre est tendre, on peut se servir pour labourer, non de bœufs pesants, mais de vaches ou d'ânes, qui peuvent être attelés facilement à une charrue légère. »

Columelle parle en ces termes de l'emploi du mulet et de la mule pour la charrue :

Clitellis aptior mulus. Mula quidem agilior ; sed uterque sexus et viam recte graditur, et terram commode proscindit. (COL., l. VII, cap. XXXVII.)

«Le mulet est plus propre pour le bât, la mule est plus agile ; mais l'un et l'autre font route aisément, et labourent bien la terre. »

Enfin Palladius nous apprend que l'âne était fréquemment employé aux travaux des champs :

Minor vero asellus maxime agro necessarius est, qui et laborem non recusat et negligentiam tolerat.

(PAL., l. IV, cap. xiv.)

« L'âne est très-nécessaire aux champs, car il ne se rebute pas du travail et peut se passer de soins. »

Une chose digne de remarque, c'est que le P. Vanière, dans son *Prædium rusticum*, a tellement reproduit les anciens, qu'il semble, comme eux, exclure le cheval de tous les travaux de la culture, tandis qu'il décrit avec complaisance le travail du bœuf et la manière de le dresser au joug :

Qui longas amat ire vias, aut horrida Martis
Castra sequi, tenera facilem cervice domari
Fingat equum. . . .
Est alios nobis bos instituendus ad usus,
Difficiles aret impulso qui vomere terras,
Luctanti vel plaustra trahat stridentia collo.

(*Præd. rust.*, l. III.)

«Celui qui aime à parcourir de longues routes ou à suivre dans les camps les jeux cruels de Mars, doit former un cheval encore jeune et facile à dompter. . . .

« Le bœuf doit être dressé pour d'autres usages, soit qu'il laboure la terre avec peine, en y faisant pénétrer le soc, soit qu'il traîne, par l'effort de son cou puissant, des chariots qui crient sous le poids. »

Il parle également de l'emploi de l'âne et du mulet pour la charrue :

Arva colunt et asinus iners et mula biformis,
Et neque difficiles veniunt ad aratra, sed ultro
Accipiunt cervice jugum, versantque solutas
Vomeribus terras, et plaustra gementia ducunt.
(Præd. rust., l. III.)

« On emploie, pour cultiver les champs, l'âne paresseux et la mule à la double origine ; on les attelle sans difficulté à la charrue, et ils supportent volontiers le collier, pour labourer les terres légères et traîner des chariots pesants.»

Pas un mot du cheval au labourage ; et cependant, depuis longtemps déjà, on se servait de chevaux pour le labour, puisque plus d'un siècle avant Vanière, Olivier de Serres avait dit : « Les bœufs, « *chevaux*, mulets, mules et asnes sont les bestes « employées en tout pays au labourage des terres « à grains. »

Il avait même résumé d'une manière fort nette la comparaison que nous avons établie plus haut entre les chevaux et les bœufs, et sa conclusion paraît faire pencher la balance en faveur du cheval:

«Le cheval est la beste de labourage la plus difficile à entretenir, de plus grande despence que nulle autre en son vivre, harnois et fers ; sujete à maladie, et de longue guérison, n'estant d'autre espérance que de son travail, veu que sa chair ne sa peau ne sont d'aucun service au mes-

nage ; car vous perdez tout-quite le cheval, s'il s'espaule,
s'il se rompt ou s'estord une jambe, ou s'il meurt par
accident ou par vieillesse : comme de mesme est-il des
mulets et asnes. Et comme en ceste qualité le cheval
cède au bœuf, aussi en son labour il le devance de beaucoup, pour la vistesse de son pas, dont il remue plus de
terre en un jour que le bœuf ne faict en quatre. Pour laquelle cause est-il prisé en ce service par dessus tout autre
animal ; aimans mieux les bons mesnagers se mettre en
despence et hazard, que de faire traisner en longueur tout
leur labourage, auquel consiste toute l'espérance de leur
négoce. »   (OL. DE SERRES, l. II, chap. II.)

Ainsi, bien qu'aucun passage des auteurs n'indique que le cheval ait servi, chez les anciens, au
travail de la charrue, il y était employé dès le
seizième siècle, et de nos jours, il est acquis irré-
vocablement à la culture.

D'un autre côté, l'usage des bêtes bovines offre
des avantages tels, qu'on ne l'abandonnera pas, dans
les contrées où il est en vigueur. Les deux systèmes
continueront à être mis en pratique, concurrem-
ment, avec leurs avantages et leurs inconvénients
balancés.

Ce n'est pas seulement le bœuf que l'on assujettit
au travail. On y soumet aussi le taureau, et quelquefois la vache elle-même.

Du reste, le travail du taureau est tout exceptionnel. Le taureau, comme animal reproducteur,
pouvant suffire à un grand nombre de vaches, on
n'en conserve qu'un seul, dans chaque exploitation

un peu importante. Comme sa chair fournit à la boucherie une viande d'une qualité inférieure, on n'a aucun intérêt à en multiplier le nombre, au-delà des besoins de la reproduction.

Quant à la vache, ce n'est guère que dans les pays où son produit a peu de valeur, qu'on ne craint pas de lui imposer un travail pénible. Dans les fermes où le lait et le beurre sont une production importante et lucrative, la vache est l'objet de soins et de ménagements tels, qu'on se garderait bien de lui causer une fatigue quelconque. On cherche même à lui éviter celle qui résulterait d'une marche prolongée, pour aller à un pâturage éloigné et pour en revenir.

Si l'on compare le mode d'attelage du bœuf à celui du cheval, on verra que, dans la pratique générale, il est pour le bœuf, le moins compliqué et le moins dispendieux qu'il soit possible d'imaginer.

Il se compose ordinairement d'un joug simple ou double. Le joug est une pièce de bois massive, hêtre ou frêne, creusée de manière à emboiter un peu le sommet de la tête, sur lequel on le place au-dessus des cornes. Il est solidement fixé, au moyen d'une longue courroie, qui fait plusieurs tours sur le front de l'animal. Un coussinet de toile, garni de bourre, ou de menue paille d'avoine, prévient les lésions que pourrait produire la pression de cette courroie ; car c'est sur elle, et non sur le joug même, que se trouve le point d'appui pendant le travail.

Le joug est simple, quand chaque bœuf porte le sien séparément. Il est alors muni à ses extrémités, de crampons auxquels sont fixés les traits, qui vont s'attacher à la charrue, ou à la voiture. Avec le joug simple, l'animal peut être attelé seul, ou s'ils sont deux accouplés ensemble, leurs mouvements sont assez libres, et ils ne dépendent pas l'un de l'autre.

Le joug double se compose d'une seule pièce de bois, posée transversalement sur la tête des deux bœufs appareillés. Il est attaché, comme le joug simple, à l'aide de courroies. Toute la force de traction se transmet par un trait unique, une chaîne fixée au milieu du joug, et passant entre les deux bœufs.

Rien n'est plus simple, rien n'est moins coûteux, rien ne demande moins de soins et d'entretien que cet appareil. Mais aussi, on ne peut voir sans un sentiment de commisération pénible, deux animaux pour ainsi dire soudés l'un à l'autre, dans la position la plus gênante, et réduits à une solidarité de mouvements, qui fait penser aux jumeaux siamois.

Ils ne peuvent tourner la tête ; mais si l'un essaye de la porter un peu à droite ou à gauche, s'il veut la lever, ou l'abaisser vers la terre, il faut avant tout que l'autre s'y prête. Ils doivent avoir à tout instant une volonté commune. Du reste, tous leurs mouvements sont nécessairement très-restreints. Ils ne peuvent même chasser les mouches, aux piqûres desquelles ils sont très-sensibles ; car le bœuf n'a pas, comme le cheval, la queue mobile, au point de s'en battre les flancs, et de s'en faire un chasse-mouches, ou un éventail. Quelque soin que l'on prenne pour former des couples égaux de taille et d'allure, dès qu'ils ne marchent pas sur un plan horizontal, l'un se trouvant plus bas que l'autre, ils sont contraints de porter la tête de côté, dans une position forcée. Cela arrive continuellement dans le travail du labourage, puisqu'un des bœufs se trouve toujours au fond du sillon, au-dessous du niveau du sol, sur lequel marche son compagnon.

On se sert, dans quelques parties de l'Allemagne, d'un autre joug plus léger et moins grossier, qui se place sur le front du bœuf et s'attache aux cornes ; avec ce système, tout l'effort de l'animal porte sur le joug, qui doit par conséquent être bien rembourré, sur la face concave appliquée au front.

Enfin, il y a encore une autre sorte de joug, que l'on pose en travers sur le garrot. Celui-ci laisse libres les mouvements de la tête ; mais il porte sur un point d'appui peu résistant. Il n'utilise pas toute

la force, et occasionne souvent des blessures, qui
obligent à en abandonner l'usage.

C'est celui que recommande Columelle.

Hoc genus juncturæ maxime probatum est. Nam illud
quod in quibusdam provinciis usurpatur, ut cornicibus
illigetur jugum, fere repudiatum est ab omnibus, qui
præcepta rusticis conscripserunt; neque immerito. Plus
enim queunt pecudes collo et pectore conari quam cornibus. Atque hoc modo tota mole corporis totoque pondere
nituntur; at illo, retractis et resupinis capitibus excrucian-
tur.   (COL., l. II, cap. II.)

«Cette manière d'accoupler les bœufs est très-approuvée;
car l'habitude qui s'est introduite dans plusieurs provinces, de lier le joug aux cornes, est à peu près rejetée
par tous ceux qui ont écrit pour les hommes de la campagne; et ce n'est pas sans raison, car les bœufs peuvent
faire plus d'efforts par le cou et par le poitrail que par les
cornes. Et de cette manière, ils emploient toute la masse
de leur corps et tout leur poids; mais, par l'autre système,
ils souffrent cruellement d'avoir la tête tirée en arrière et
abaissée vers la terre. »

Cependant il reconnaît que ce joug posé sur le
garrot n'est pas sans inconvénient, et que les bœufs
en sont souvent grièvement blessés.

Bubulcus cum ventum erit ad versuram, in priorem
partem jugum propellat, et boves inhibeat, ut colla eorum
refrigescant; quæ celeriter conflagrant, nisi assidue refri-
gerentur, et ex eo tumor ac deinde ulcera invadunt.
                                      (COL., *id.*, *ibid.*)

« Il faut que le laboureur, quand on arrivera au sillon de
retour, pousse le joug en avant et arrête ses bœufs, afin de
laisser leur cou se refroidir; car il s'enflamme promptement, si on ne le rafraîchit pas continuellement, et il y
survient des tumeurs et ensuite des ulcères. »

J'ai dit à la page 11 de l'Introduction, que les
traités agronomiques des latins avaient servi d'argument au poëme de Vanière. On en trouvera une
preuve bien frappante dans le rapprochement des
vers suivants avec les deux passages de Columelle, qui viennent d'être cités :

Sublimes ut eant speciosius inter arandum
Alta fronte boves, neque tanto pinguia nisu
Rura secent, loro septemplice jungat arator;
Cervicique jugum, non cornibus illiget : ipso
Plus etenim collo possunt et pectore tauri
Quam capite et cornu ; tota sic pondere, tota
Mole lacertosi nituntur ad intima terræ
Viscera, nec tensa graviter cervice laborant.
Attritos autem manus officiosa bubulci,
Propellens hinc inde jugum, refrigeret armos;
Ne damnosa tepens invadant ulcera collum.

(Præd. rust., l. III.)

« Pour que les bœufs marchent en labourant la tête haute,
dans une attitude plus droite et plus fière, pour qu'ils fas-
sent moins d'efforts en fendant la terre lourde et tenace, le
laboureur doit les accoupler par sept tours de courroie ; il
doit lier le joug à l'encolure et non aux cornes ; car les
bœufs ont plus de force dans le cou et dans le poitrail,

que par la tête et par les cornes ; ces robustes animaux emploient ainsi tout l'effort de leur poids et de leur masse pour fouiller les entrailles de la terre, et ils ne souffrent pas d'avoir la tête péniblement tendue. Mais il faut que la main officieuse de leur conducteur repousse et déplace le joug, pour rafraîchir leurs épaules meurtries, de peur que de fâcheux ulcères n'envahissent leur encolure échauffée. »

Quelques cultivateurs soigneux, qui ne s'arrêtent pas à des motifs d'économie mal entendue, donnent au bœuf un collier, comme au cheval. Ce collier doit être fait de manière à embrasser l'encolure, sans blesser l'épaule et sans gêner la respiration. Il doit toujours être coupé à sa partie inférieure, dont on réunit les extrémités au moyen d'une clavette, après l'avoir jeté autour du cou ; car le bœuf ne peut jamais y passer la tête, comme le cheval.

L'usage du collier nécessite un harnachement complet. Traits, sur-dos, sous-ventrière ; sellette et avaloire, si on met l'animal en limons. Un équipement bien soigné sera complété par une couverture légère, munie tout autour de *volettes,* pour chasser les mouches ; et même, par une pièce de toile attachée sous le ventre, assez lâche pour produire dans la marche une sorte de ventilation qui rafraîchit l'animal, et éloigne les insectes de la partie du corps où la peau a le moins d'épaisseur et le plus de sensibilité.

Un bœuf ainsi équipé travaillera mieux et plus

longtemps, et se maintiendra dans un état plus
satisfaisant, que celui qui supporte, avec la fatigue
du travail, une gêne continuelle, qui est un véritable supplice.

Chez les anciens, on appelait joug, *jugum*, ce qui,
en général, servait à assujettir l'animal et à le soumettre au travail. Il semble même, d'après un passage des *Géorgiques*, que les bœufs étaient souvent
attelés au moyen d'un collier.

D'abord, le mot *jugum* s'applique, dans les auteurs, aussi bien au cheval qu'au bœuf.

Virgile, décrivant dans le Ve livre de l'*Énéide*,
une espèce de régate, une lutte de vitesse à la rame,
compare les barques à des chars, et s'exprime
ainsi :

> Non tam præcipites bijugo certamine campum
> Corripuere, ruuntque effusi carcere currus ;
> Nec sic immissis aurigæ undantia lora
> Concussere jugis, pronique in verbera pendent.

> D'un moins rapide essor, dans la lice emportés,
> Volent en tourbillons cent chars précipités.
> Avec moins de transport, retenant leurs haleines,
> Penchés sur le timon et secouant les rênes,
> Dans les plaines d'Élis, les jeunes combattants
> De leurs coursiers fougueux aiguillonnent les flancs.

(DELILLE.)

Plus loin dans le VIIe livre, il dit en parlant de préparatifs de guerre :

> Ille frementes
> Ad juga cogit equos.

« Il place sous le joug ses chevaux fougueux. »

Enfin, on trouve dans un poëme de Claudien un passage plus explicite encore :

> Hic sub juga ferrea nectit
> Cornipedes, rigidisque docet servire lupatis.

« Il assujettit ses chevaux par un joug de fer, et leur apprend à obéir à la rude pression du mors. »

Le mot *jugum* s'appliquait donc au collier, ou à la partie du collier qu'on nomme *les attelles*. Il y a plus, Virgile nous apprend, de la manière la plus précise, comment on accouplait les bœufs par le collier, et avec quelles précautions on les habituait au travail.

> Ac primum laxos tenui de vimine circlos
> Cervici subnecte ; dehinc ubi libera colla
> Servitio assuerint, ipsis e torquibus aptos
> Junge pares, et coge gradum conferre juvencos.
> (VIRG., *Georg.*, l. III.)

« Commencez par passer autour de leur cou des cercles flottants d'osier léger. Puis, quand leur encolure, d'abord libre, sera habituée à cette marque de servitude, accouplez, à l'aide de colliers bien ajustés, de jeunes bœufs appareillés, et forcez-les à marcher ensemble d'un pas égal. »

Il dit ensuite comment on les dressait à traîner les chariots, d'abord vides, puis portant par gradation les charges les plus pesantes.

Il n'y a pas un mot qui se rapporte au cheval, comme animal de travail ou de fatigue; d'où il faut conclure, comme je l'ai dit, qu'il n'était pas employé aux rudes travaux de l'agriculture.

Que les cultivateurs aient recours à la force du cheval ou à celle du bœuf, il faut surtout qu'ils n'en abusent jamais : ils doivent tous leurs soins à ces utiles animaux. S'il a été donné à l'homme de les soumettre et d'exercer sur eux son empire, il s'en rend indigne en les traitant d'une manière barbare, et même en leur imposant un travail au-dessus de leurs forces. L'intérêt particulier conseille la douceur et les bons traitements; mais un motif plus élevé en fait une obligation rigoureuse. Si l'homme a été créé à l'image de Dieu, les animaux ont été créés à l'image de l'homme : ils sentent et souffrent comme lui Le bœuf et le cheval sont d'autant plus dignes de pitié qu'ils supportent tout sans se plaindre. Ils ne font entendre aucun cri, aucune plainte, sous le fouet ni sous le bâton. Cette résignation muette doit toucher les cœurs les plus endurcis. Honte à celui qui se montre cruel envers ces animaux ! Il se rabaisse au-dessous d'eux; méfiez-vous de lui, car il est dur pour tous, et jamais il ne sera serviable ni humain pour ses semblables.

CHAPITRE VII.

DES ENGRAIS.

Les engrais sont l'âme de l'agriculture. Ils sont pour le cultivateur la source principale de toute prospérité : sans eux, il ne peut y avoir que déception et ruine. Celui qui dirige une exploitation agricole doit donc s'attacher par dessus tout à produire la plus grande quantité possible d'engrais de bonne qualité; à n'en laisser perdre ni détourner aucune partie; à s'en procurer en dehors de son exploitation, aux conditions les plus avantageuses; enfin, à les employer de la manière la plus convenable et la plus productive.

Les différentes sortes d'engrais peuvent être classées de la manière suivante : Les fumiers et les terreaux. — Le parcage des animaux. — Les engrais liquides. — Les engrais pulvérulents.

Les fumiers se composent de matières végétales, de paille, d'herbes vertes ou sèches, de feuilles, de mousse, etc., mélangées et imprégnées de déjections animales, et se trouvant, par suite d'une certaine fermentation, dans un état plus ou moins avancé de décomposition. La quantité de fumiers que peut produire une ferme dépend donc de l'abondance des pailles et fourrages qu'on y récolte, et du nombre de têtes de bétail qu'on y nourrit. Les deux termes de cette proposition ont entre eux une corrélation intime : ils agissent incessamment l'un sur l'autre, et peuvent suivre une progression continue. En effet, augmenter le nombre des animaux d'une ferme, c'est se procurer les moyens d'accroître la richesse du sol et l'abondance des récoltes. Cette augmentation de récolte fournira à son tour les moyens d'accroître encore le nombre des animaux. On arriverait ainsi à un progrès indéfini, si on ne rencontrait des obstacles et des temps d'arrêt, résultant de l'insuffisance des bâtiments d'exploitation, des années défavorables, des accidents et des maladies qui diminuent tout à coup la quantité du bétail, enfin des crises diverses qui limitent les bénéfices du cultivateur, lui imposent des charges extraordinaires ou imprévues, et l'obligent à se défaire d'une partie de ses bestiaux.

Toutefois, malgré les fluctuations causées par des circonstances exceptionnelles, les principes que je viens de poser sont admis et pratiqués par tous les agriculteurs éclairés de la France et des pays étrangers ; partout on se propose pour but : d'augmenter les productions du sol par les engrais, et les engrais en multipliant le bétail.

Ces préceptes étaient déjà bien connus des agronomes de l'antiquité, et ils ont été clairement exposés dans l'ouvrage de Varron, au livre intitulé *de re pecuaria* :

Pabulum in fundo compascere, quam vendere plerumque magis expedit domino fundi; et stercoratio ad fructus terrestres aptissima, et maxime ad id pecus appositum. Qui habet prædium, habere utramque debet disciplinam, et agriculturæ, et pecoris pascendi.

(Varr., lib. II, *Præf.*)

« Il est presque toujours plus avantageux au propriétaire d'un domaine d'y faire consommer le fourrage que de le vendre. D'une part, le fumier est ce qui convient le plus aux fruits de la terre; de l'autre, l'entretien du bétail est éminemment propre à la production du fumier. Celui qui possède un domaine rural doit donc réunir les deux industries : celle de la culture des terres et celle de la nourriture du bétail. »

Le P. Vanière, dans son *Prædium rusticum*, signale en vers élégants le secours mutuel et nécessaire que doivent se prêter ces deux industries :

Alter arat, camposque fimo juvat alter ovillo;
Servit agro pecus, et pecori dat molle vicissim
Gramen ager; neque rura vigent armentaque, densi
Sive greges campis, gregibus seu pascua desunt.

(*Præd. rust.*, l. II.)

14

« L'un laboure ; l'autre fertilise les champs par le fumier des troupeaux. Le bétail engraisse la terre, et la terre lui donne en retour de gras pâturages ; ni les champs n. le bétail ne peuvent prospérer, si de nombreux troupeaux manquent aux champs, ou si le fourrage manque aux troupeaux. »

Les débris végétaux en décomposition contiennent, il est vrai, par eux-mêmes des principes fertilisants, mais leur action sera d'autant plus énergique qu'ils seront plus fortement animalisés, ou mélangés de substances ou de déjections animales. Ces déjections ont une efficacité très-grande, quand on les applique directement sur les terres, par le parcage. Dans les étables et dans les cours, on les recueille au moyen des litières, qui les reçoivent ou les retiennent. Ces litières relevées en tas, conservées jusqu'à un certain degré de fermentation et de décomposition, puis transportées dans les champs, à l'état de fumier plus ou moins consommé, entretiennent et développent la fertilité du sol.

La quantité des fumiers dont le cultivateur peut disposer dépend donc de l'abondance des pailles et des fourrages que lui fournit son exploitation ; mais la qualité de ces fumiers, leur valeur comme engrais, dépend du nombre des animaux mis en contact avec eux, et surtout de la manière dont ces animaux ont été nourris. Dix vaches bien nourries font de meilleur fumier que quinze autres vaches dont la nourriture serait insuffisante et peu substantielle.

L'importance des litières est si bien comprise, dans les pays de culture avancée, que les pailles déjà fourragées par les moutons y ont une valeur considérable, pour la formation des fumiers. Dans ces contrées, des terrains marécageux, qui ne produisent que des herbes grossières rebutées des animaux, sont réservés pour fournir des litières, dites litières de marais. On les fauche vers la fin de l'été : les herbes qui en proviennent, fanées et bottelées, se vendent avantageusement aux cultivateurs des environs, et ces marais donnent souvent un revenu supérieur à celui des meilleures terres. Le fumier produit par ces litières se fait promptement : il convient, par cela même, pour former les derniers engrais, à l'approche des semailles.

Virgile connaissait bien l'importance des litières ; il recommande d'en faire un copieux usage :

Et multa duram stipula filicum que maniplis
Sternere subter humum.

(Virg., Georg., l. III.)

« Il faut étendre sur la terre dure une paille abondante et des bottes de fougère. »

14.

La manière de faire les fumiers varie, selon le degré d'intelligence et de soin des cultivateurs. Dans beaucoup de fermes, on se contente d'enlever de temps en temps la litière des bestiaux. On la dépose sur un emplacement, souvent très-mal choisi et mal préparé ; il est situé en pente ; il reçoit les égouts des toits et les eaux des cours ; ces eaux, en traversant les fumiers, en entraînent la substance à travers les rues et les chemins, avec un grand dommage pour la salubrité publique, et une grande perte pour le cultivateur négligent.

Dans les exploitations mieux dirigées, on dispose à l'avance une place légèrement enfoncée, ou une fosse peu profonde et accessible aux voitures ; on en garnit le fond de craie battue, ou de matériaux peu perméables. On a soin d'en détourner les eaux pluviales, puis on étend sur cette aire, par couches successives, les litières extraites tous les jours, ou tous les deux jours, des étables et des écuries. On y introduit tous les liquides qui viennent de l'intérieur de ces bâtiments, et surtout on n'en laisse échapper aucune partie. Tout le tour doit être relevé soigneusement, de manière à empêcher une évaporation trop rapide et à développer dans la masse une fermentation modérée. Dans ces conditions, il faut à peu près deux mois pour avoir un amas de fumier d'un certain volume, arrivé au degré convenable de décomposition. Le charroi

peut donc se faire environ six fois par an ; mais
ces charrois doivent nécessairement être avancés, ou retardés, en raison de l'urgence des autres
travaux, de l'état des chemins, et de celui des
terres où les engrais doivent être conduits.

Si l'écurie des chevaux et l'étable des vaches se
trouvent rapprochées, il sera facile et avantageux
d'en mêler les fumiers. Autrement, si le mélange
devait nécessiter une main-d'œuvre trop coûteuse,
ils seraient formés et transportés séparément ;
celui des chevaux, autant que possible dans les
terres froides et humides ; celui des vaches, dans les
terres chaudes et sèches.

Dans la pratique ordinaire, on ne nettoie les
bergeries que de loin en loin, à des intervalles
qui peuvent varier depuis un mois jusqu'à trois. La
litière des moutons étant très-abondante, leurs
excréments étant beaucoup plus secs que ceux des
autres animaux, ils peuvent rester longtemps dans
la bergerie sans produire un état apparent de
malpropreté. A mesure que le fumier devient
plus épais, on relève les crèches et les râte-
liers, pour qu'ils soient toujours à la hauteur convenable. Cet usage ne peut être approuvé ; il a pour
effet de laisser sous les moutons une couche de
fumier, d'où se dégagent sans cesse des gaz et des
vapeurs malsaines ; une chaleur sourde, quelquefois
très-intense, qui leur attendrit la corne des pieds,

et occasionne ces maux de pied dont les moutons sont atteints si fréquemment et en si grand nombre. Il arrive aussi que la surface est composée de paille encore entière, et nullement consommée, tandis que la couche inférieure, échauffée par une fermentation vive et prolongée, blanchit, se dessèche et forme un fumier brûlé, de mauvaise qualité. Il serait donc convenable d'enlever la litière des bergeries, au moins une fois par semaine, pour la déposer au dehors, de la même manière que celle des étables. Le fumier des moutons est encore plus chaud, et beaucoup plus actif que celui des chevaux.

Dans les établissements parfaitement tenus, et dans les fermes modèles, on prend des soins vraiment minutieux, pour la manipulation des engrais. Toutes les litières sont réunies chaque jour, et disposées en couche régulière, dressée et foulée également, à peu près comme celles que font les jardiniers. Quand cette couche, de largeur variable, a atteint une certaine hauteur, par exemple environ deux mètres, on l'arrose, s'il fait très-sec, et on laisse la fermentation s'y développer. On forme ensuite, de la même manière, une seconde ou une troisième couche, à côté de la première, jusqu'à ce que celle-ci ait été enlevée, après quoi on en dresse une autre à la même place. Le fumier se fait ainsi plus vite et plus également. Il ne se trouve jamais, comme avec les procédés ordinaires, long et pailleux à la surface, et presque réduit en terreau au fond de la masse.

Secundum villam duo habere oportet sterquilinia, aut unum bifariam divisum; alteram enim in partem ferri oportet e villa novum fimum, ex altera veterem tolli in agrum. Quod enim infertur recens, minus bonum. Id cum flacuit, melius. (VAR., l. I, cap. XIII.)

« On doit avoir près de la ferme deux places pour le fumier, ou une seule divisée en deux parties. On déposera sur l'une le fumier nouveau extrait de la ferme ; on enlèvera de l'autre le fumier ancien, pour le porter aux champs. Car celui qui est employé nouveau est moins bon; il est meilleur quand il est consommé. »

Ce passage, qui date de dix-huit siècles, ne paraît-il pas avoir été écrit hier?

Lorsqu'on transporte les fumiers aux champs, on les dépose par tas égaux et alignés, formant un cône irrégulier de 60 à 70 centimètres de hauteur. On les espace entre eux de 5 mètres environ, et on forme les lignes, ou chaînes, à 7 mètres l'une de l'autre. Dans ces conditions, il faut, pour fumer convenablement un hectare de terre, vingt-quatre voitures à trois ou quatre colliers, contenant chacune environ douze tas, ou *fumerons*.

Les cultivateurs qui fument ainsi leurs terres sourient en voyant ce qui se passe encore dans tant de départements, où l'on dépose de loin en loin quelques petits tas imperceptibles de fumier noir et gras, très-bon sans doute, mais en quantité si minime qu'on peut dire que ces terres sont fumées par la méthode homœopathique.

Le fumier s'épand avec une fourche à la surface du champ, bien également, et sans laisser d'amas ni de vides. Dans les temps de hâle, et quand le soleil est ardent, il ne faut pas tarder à l'enterrer par un labour.

Siccior in tenues vanescit inobrutus auras.

(*Præd. rust.*, l. VIII.)

« S'il se dessèche sans être enfoui, l'engrais se perd et s'évapore dans l'air. »

Dans les temps ordinaires, il n'y a pas d'inconvénient à le laisser séjourner un peu sur le sol. Si les parties aqueuses s'évaporent, l'engrais pénètre peu à peu dans la terre, qui se trouve toujours dans un état très-favorable, sous la couche de fumier qui la recouvre. Quelquefois même, par exemple, si on a mis du fumier sur des prairies naturelles, ou artificielles, on le laisse se décomposer à la surface du champ.

On a beaucoup agité le question de savoir s'il convient d'employer les fumiers longs, ou très-consommés. A volume égal, celui qui est consommé contient plus d'engrais, ou plus de matière animale et azotée. Il procure donc une économie de transport, pour les terres éloignées de la ferme. Il convient aussi aux terres légères qui n'ont pas besoin d'être divisées. Mais, dans la plupart des cas, le fumier à demi consommé, et même peu consommé, agit d'une manière très-favorable, et produit un effet plus durable. Il est vrai qu'il doit être employé en quantité plus considérable; mais, par cela même, il introduit dans la terre une substance interposée, qui la soulève et la divise. Sa décomposition lente soutient la végétation des plantes, en leur fournissant peu à peu les principes nutritifs dont elles ont besoin. Le fumier long a aussi une propriété hygrométrique très-prononcée, il attire et conserve une humidité très-salutaire. Enfin, toutes choses égales, les fumiers ont une efficacité d'autant plus grande, que leur application est plus rapprochée de l'époque de la semaille. Une terre fumée modérément à la fin de l'été, un peu avant d'être ensemencée, produira autant que si elle l'avait été copieusement, quelques mois auparavant.

Indépendamment des fumiers provenant des litières étendues chaque jour dans les étables, on peut recueillir d'excellents engrais dans tout l'espace fréquenté habituellement par le bétail et par la volaille, dans les cours et enclos autour de la

ferme, et sur les chemins qui conduisent aux mares
et aux abreuvoirs. Le transport journalier des fourrages, au moment de leur distribution, disperse de
tous côtés des brins de paille et des parcelles végétales. Le piétinement des bestiaux les mêle au sol,
dont la surface, souvent détrempée par les pluies,
est aussi imprégnée des déjections de tous les animaux de la ferme. Le cultivateur soigneux ne né-
gligera pas de faire enlever et rassembler en monceaux ces boues et ces terreaux. Il fera curer les
fossés qui bordent les chemins et les herbages,
remplis par le limon qu'entraînent les pluies. Les
boues des mares et des abreuvoirs, mis à sec par
les chaleurs de l'été, lui fourniront encore un
engrais riche et substantiel. Il les laissera mûrir
quelque temps à l'air, ou à la gelée, et les fera
transporter sur les parties les plus ingrates de ses
terres. Tous ces terreaux améliorent le sol d'une
manière très-sensible; et en ajoutant un peu d'é-
paisseur à la couche de terre végétale, ils produisent
un effet plus durable que le fumier.

Cohors exterior crebro operta stramentis ac palea, oc-
culcata pedibus pecudum, fit ministra fundo ex ea quod
evehatur.   (VAR., l. I, cap. XIII.)

«La cour, en dehors des bâtiments, souvent couverte de
litière et de paille, foulée aux pieds des bestiaux, fournit
de l'engrais qu'on y prend pour le porter aux champs. »

Inertis est rustici defici stercore. Licet enim quamlibet frondem, licet e vepribus et e viis compitisque congesta colligere ; licet filicem decidere, et permiscere cum purgamentis cortis; licet depressa fossa, qualem stercori reponendo fieri præcepimus, cinerem cœnumque cloacarum et culmos cæteraque quæ everruntur, in unum colligere.

(COL., l. II, cap. XIV.)

« C'est le fait d'un cultivateur négligent de manquer de fumier. En effet, il peut rassembler des feuilles et des broussailles, recueillir les balayures des rues et des carrefours ; il peut couper de la fougère, et mêler tout cela avec les ordures de la basse-cour; il peut creuser une fosse, comme nous l'avons conseillé, pour y déposer le fumier, et y réunir en tas la cendre, les immondices des égouts, du chaume et tout ce qu'il est possible de ramasser. »

Arva putri non posse fimo saturare, coloni
Desidis est, pagi sordes, cœnosaque villæ
Purgamenta, comas nemorum, frondemque caducam ;
Et paleas. . . . . omnia fossis
Ingerite !   (*Præd. rust.*, liv. VIII.)

« C'est le fait d'un cultivateur négligent de ne pouvoir engraisser ses champs de bon fumier. Recueillez les boues du village, les ordures et immondices de la ferme, les branchages et les feuilles tombées, les menues pailles..... et entassez le tout dans la fosse à fumier. »

Il se forme aussi du terreau devant les granges, à l'endroit où l'on vanne les grains ; il s'y amasse de la poussière, des balles de graminées, des graines légères, des brins d'herbe et de paille. Tout cela s'humecte de pluie, germe, fermente, et produit un terreau végétal qui n'est pas à dédaigner, mais dont l'emploi demande quelques précautions.

Comme ces amas contiennent, en très-grande quantité, des graines des plantes qui infestent le plus communément les récoltes, il serait vraiment fâcheux de reporter aux champs toutes ces semences, encore pourvues de leurs facultés germinatives. Il faut donc favoriser leur germination, et détruire successivement toutes les jeunes plantes, avant de les transporter avec la terre qui les contient. Dans ce but, on doit remuer et retourner plusieurs fois ces dépôts, afin d'amener toutes les graines à la surface, et de faire périr les embryons à mesure qu'ils sont éclos. Pour plus de sûreté, on déposera ces terreaux et poussières de granges sur les prairies, où les plantes qui auraient persisté seront coupées par la faux, ou par la dent des animaux. Ou bien encore on les emploiera sur les terres à seigle : les mauvaises herbes qui y pousseraient seraient étouffées, ou dominées par le seigle, à cause de sa végétation précoce et de la hauteur de ses tiges.

On a essayé quelquefois de suppléer au fumier par des plantes à l'état herbacé, enterrées par un labour, sur le champ même où on les a fauchées. Le trèfle et le sarrasin sont celles qui reçoivent le plus souvent cette destination, à cause de leur nature aqueuse, et aussi parce que leur produit a moins de valeur que celui des autres récoltes. Les auteurs que j'ai déjà cités vantent particulièrement le lupin pour cet usage

Je dois dire que cette méthode est actuellement peu mise en pratique par les bons cultivateurs. D'abord ils font en sorte de se procurer tout le fumier qui leur est nécessaire ; puis ils savent que les substances végétales n'acquièrent toute leur valeur, comme engrais, qu'après avoir été imprégnées de substance animale. On fait donc faucher et rapporter à la ferme, tout ce qui peut servir de fourrage ou de litière ; ou bien, l'on épargne les frais de fauchage, en faisant piétiner et brouter, autant que possible, par les vaches ou par les moutons, la récolte qu'on veut enfouir, ce qui se fait surtout pour les regains de trèfle, ou pour la dragée consommée sur place. Le sarrasin est rebuté par les animaux, comme fourrage ; il est peu propre à servir de litière ; c'est dans tous les cas une maigre ressource. Quant au lupin, *tristis lupinus*, comme dit Virgile, sa culture est très-restreinte, et limitée à quelques départements du midi.

Voici d'ailleurs ce qu'ont dit à ce sujet Varron, Columelle et Palladius :

Quædam etiam serunda, quod ibi subsecta atque relicta, terram faciunt meliorem. Itaque lupinum cum necdum siliculam cœpit, et nonnunquam fabalia, si ad siliquas non ita pervenit ut fabam legere expediat, si ager macrior est, pro stercore inarare solent.

(VAR., l. I, cap. XXIII.)

« On sème quelquefois des plantes, dans le but de les couper et de les laisser sur place pour améliorer la terre. C'est ainsi que le lupin, avant qu'il ait pris ses cosses, quelquefois même les fèves, si elles ne sont pas assez avancées pour qu'on puisse les récolter, sont enterrées à la charrue en guise de fumier, si la terre est maigre. »

Si viciam pabularem viridem desectam confestim aratrum subsequatur, et quod falx reliquerit, priusquam inarescat, vomis rescindat atque obruat; id enim cedit pro stercore. Nam si radices ejus desecto pabulo relictæ inaruerint, succum omnem solo auferent, vimque terræ absument.   (COL., l. II, cap. XIII.)

« Si on coupe de la vesce encore verte, et qu'on y mette de suite la charrue, de sorte que ce que la faux a laissé, avant d'être desséché soit arraché par le soc et enterré, cela tient lieu de fumier. Mais si les racines laissées après la coupe du fourrage ont eu le temps de sécher, elles enlèveront tout le suc de la terre et épuiseront sa force. »

Lupinus et vicia pabularis, si virides succidantur, et statim supra sectas eorum radices aretur, stercoris similitudine agros fecundant : quæ si exaruerint antequam proscindas, in his terræ succus aufertur.

(PAL., l. I, cap. VI.)

« Le lupin et la vesce fourragère, si on les coupe en vert et qu'on les enterre aussitôt coupés, par un labour, engraisseront le champ comme du fumier. Si on les a laissés sécher avant de les enfouir, ils auront épuisé le suc de la terre. »

>   Florentes inarate fabas pro stercore.
>   (*Præd. rust.*, l. VIII.)

« Enterrez des fèves en fleurs, en guise de fumier. »

LE PARCAGE consiste à laisser séjourner sur la terre, pendant une partie du jour, et surtout pendant la nuit, les animaux herbivores réunis en troupeau, et enfermés dans un enclos mobile, appelé *parc*. Les moutons et les vaches sont à peu près les seuls animaux que l'on fasse parquer. Le parcage des moutons a lieu presque généralement : celui des vaches ne se pratique que d'une manière exceptionnelle, et dans des circonstances particulières.

Les avantages du parcage sont évidents, et son effet est très-puissant sur les récoltes. Il met les déjections animales en contact immédiat avec le sol, sans déperdition aucune, et en supprimant toute espèce de frais de main-d'œuvre et de transport. On fait parquer les moutons pendant tout le temps où ils n'ont pas trop à souffrir des intempéries : cette saison dure environ six mois, des premiers jours de mai aux premiers jours de novembre. On attend le développement du premier fourrage, qui peut leur permettre de trouver aux champs leur nourriture. C'est la navette en fleur qui fournit le plus souvent ce fourrage printanier; et presque toujours, le premier parc est mis pour la nuit, sur le champ même où le troupeau a pris sa nourriture pendant le jour. A la navette succède le trèfle incarnat, la minette, puis la luzerne et le trèfle commun, avec quelques fourrages annuels en mélange, appelés *drayée*. Enfin la moisson ouvre au troupeau un vaste champ de pâturage; et avec les regains de prairies artificielles, on atteint facilement l'époque à laquelle les pluies et le froid des nuits d'automne, obligent à ramener les moutons à la bergerie.

Pendant le printemps et l'été, le terrain parqué doit recevoir presque aussitôt un léger labour, soit à la charrue, soit avec l'extirpateur. Depuis la fin d'août, on peut placer le parc sur une terre bien préparée, jusqu'au moment où il est possible de commencer à semer les premiers blés, et enterrer tout à la fois l'engrais et la semence. La légère perte qui pourra résulter de l'évaporation, dans une saison où le soleil a déjà moins de force, sera bien compensée par les bons effets d'un procédé qui favorise la germination des grains et la végétation des jeunes plantes, en mettant la semence en contact direct avec l'engrais.

Dès que les premiers blés ont été semés, on doit sans retard faire parquer les moutons sur une pièce récemment ensemencée, et continuer à mettre le parc sur la semence, jusqu'à la fin de la saison. Cette méthode est on ne peut plus avantageuse, et donne des récoltes remarquables, par leur vigueur et par la fermeté de leur tenue. L'engrais déposé à la surface arrive directement au collet des plantes et descend peu à peu vers les racines. Le piétinement des moutons sur la terre nouvellement remuée produit aussi un effet très-favorable. Les bons résultats du parcage sur la semence sont si bien connus des cultivateurs, qu'ils le prolongent toujours autant que la saison le permet; quelquefois même, plus qu'il ne serait convenable pour la santé du troupeau. Dans nos départements du nord, le 11 novembre est le terme ordinaire pour plier le parc et rentrer les moutons. Il est entendu que si, bien avant ce terme, il survenait des pluies très-abondantes, il faudrait les ramener momentanément au bercail, sous peine de les voir souffrir beaucoup, et de corroyer la surface du champ de telle sorte, que la semence ne pourrait se faire jour et percer la terre.

Le parc dans lequel on enferme les moutons est formé de palissades mobiles appelées *claies*. Ces claies sont composées de gaulettes entrelacées, ou de lames minces en bois blanc de sciage, ou mieux en bois de chêne fendu. Elles ont ordinairement deux mètres de longueur, sur 1 mètre 40 centimètres de hauteur. On les assujettit à l'aide de montants, nommés *crosses*, placés en arc-boutant, en dehors du parc et maintenant les claies entre des chevilles, à leur extrémité supérieure. Ces crosses recourbées et percées d'une mortaise vers l'extrémité qui touche la terre, y sont fixées par un pieu.

L'étendue du parc doit être proportionnée au nombre de têtes qu'il renferme. Il faut que le troupeau y soit à l'aise, et que toutes les bêtes puissent se coucher sans être gênées, mais en garnissant tout le terrain. Dans un parc trop grand, les moutons se rassemblent plus d'un côté que de l'autre ; l'engrais se trouve inégalement réparti, et manque même entièrement sur certains points.

Le troupeau passe chaque jour au parc quatorze ou seize heures ; de six à huit heures du soir, selon la saison, jusqu'au lendemain, vers dix heures du matin. On attend pour le mener au pâturage que la rosée soit évaporée. S'il restait sur le même emplacement pendant un temps aussi long, on engraisserait de cette manière trop peu de terrain, et l'expérience a prouvé qu'il y aurait excès d'engrais sur ce point. On ne laisse donc séjourner les moutons à la même place, que pendant six ou sept heures, après lesquelles on change le parc, en enlevant trois de ses côtés, pour les reformer en carré derrière le quatrième, que l'on conserve. On fait entrer les moutons dans cette seconde enceinte, de sorte qu'on engraisse chaque nuit une étendue double de l'aire, ou de la surface du parc. On est même dans l'usage, lorsque les moutons parquent sur le blé semé, de changer le parc deux fois, pour avoir trois espaces parqués pendant chaque nuit. Le berger, dont la cabane roulante est placée tout à côté, doit tourner le parc, d'abord vers minuit, puis vers quatre heures du matin. C'est un surcroît de besogne que rachetent bien les avantages qu'il procure. D'ailleurs, en ayant des claies surnuméraires, on peut disposer deux enceintes dans la soirée, afin qu'au milieu de la nuit, on n'ait qu'à faire passer le troupeau de la première dans la seconde. Les moutons habitués à ce changement, s'y prêtent sans difficulté et sans désordre.

Pour établir la proportion du nombre de claies avec le nombre de moutons qu'elles doivent contenir, il suffit de faire un calcul fort simple.

On peut compter qu'il faut environ un mètre carré pour chaque bête, la longueur des claies étant ordinairement de deux mètres. Il suffit de prendre le double du nombre des claies d'un côté, et le double des claies du côté adjacent. En multipliant ces deux chiffres l'un par l'autre, leur produit indiquera combien le parc contient de mètres, et combien il faut de moutons pour le garnir.

Ainsi, un parc de 8 claies par côté, donne pour le produit du nombre double, soit 16 par 16, 256, c'est-à-dire 256 mètres et 256 moutons.

Il faut d'ailleurs, pour que ces calculs soient exacts, que le parc construit avec un nombre de claies donné, soit formé carrément; car si on lui donnait, avec le même nombre de claies, une forme allongée, ou celle d'un rectangle, la surface se trouverait diminuée. Par exemple, un parc de 32 claies, construit sur 8 claies, ou 16 mètres de côté, donne une superficie de 256 mètres, et doit contenir 256 moutons. Si avec ces 32 claies, on formait un rectangle allongé, ayant deux grands côtés de 12 claies, ou de 24 mètres, et les deux autres de 4 claies, ou de 8 mètres, les 32 claies ainsi disposées, n'auront en capacité que 192 mètres et ne devront plus contenir que 192 moutons.

On sent bien aussi que ces évaluations ne sont qu'approximatives, et doivent être prises seulement comme point de départ. Il est aisé de concevoir que des moutons de grande taille et nourris abondamment occuperont plus d'espace et donneront plus d'engrais, à nombre égal, que des bêtes de petite espèce et mal nourries. On trouve donc un double avantage à bien nourrir le bétail : la production des engrais vient s'ajouter aux profits que l'on obtient directement du troupeau.

Omnia pecudi larga præbenda sunt alimenta; nam vel exiguus numerus, cum pabulo satiatur, plus domino reddit, quam maximus grex, si senserit penuriam.

(Col., l. VII, cap. iii.)

« Tous les aliments doivent être donnés aux troupeaux
en abondance; car même un petit nombre de bêtes, rassa-
siées de nourriture, rapportent plus à leur maître qu'un
nombreux troupeau dont la nourriture est insuffisante. »

On fait aussi parquer bien souvent les vaches
réunies en troupeau, et les bœufs mis à l'engrais
dans les herbages. Mais ces animaux, étant fort
lourds, ne peuvent être laissés, comme les moutons,
sur les terres en labour, où leurs pieds s'enfonce-
raient à la moindre pluie. C'est principalement sur
les prairies naturelles, et sur les pâturages secs,
que l'on place le parc des bêtes à cornes. Quand
ces herbages sont clos, ce qui est le cas le plus ordinaire, on se contente presque toujours d'y laisser
en liberté le bétail, qui se rassemble pour y passer
la nuit, dans le lieu qui lui convient.

Cette méthode est vicieuse, en ce que les animaux
prennent l'habitude de se réunir tous les soirs dans
un même lieu, où l'engrais se trouve accumulé avec
excès. En les habituant à se rassembler chaque soir
dans un parc, que l'on place sur les parties qui ont
le plus besoin d'engrais, on améliore successivement toute la prairie, et on lui donne une richesse
de végétation qui subsiste longtemps.

Les vaches ont besoin d'un espace relatif
beaucoup plus grand que celui qui est nécessaire
aux moutons. Il faut qu'elles puissent circuler
librement dans leur enceinte; aussi, au lieu de chan-

ger le parc une ou deux fois la nuit, comme celui des moutons, on le laisse quelquefois deux ou trois nuits à la même place. Il est vrai que, dans ce cas, l'herbe se trouve tellement imprégnée d'engrais, que, dans les premiers temps, elle répugne au bétail; mais après les gelées d'automne, elle perd son goût désagréable, et, pendant les années qui suivent, ces places engraissées sont celles qui donnent le pâturage le plus abondant, et celui que les animaux recherchent le plus.

Dans les champs cultivés, les vaches ne sont guère mises au parc que sur les prairies artificielles, notamment sur les trèfles. Elles y laissent un excellent engrais, qui produit de magnifiques récoltes de froment.

J'ai voulu rechercher si la coutume du parcage était nouvelle, ou si on pouvait lui assigner une origine déjà ancienne. On trouve dans Pline une seule phrase qui démontre que, si le parcage n'était pas, comme aujourd'hui, une pratique générale et régulière, du moins il était bien connu dans l'antiquité, et que dans certaines exploitations, on y avait recours pour l'engrais des terres :

Sunt qui optime stercorari putent, sub dio retibus inclusa pecorum mansione.　　　(PL., l. XVIII, sec. LIII.)

« Il y en a qui pensent qu'on engraisse très-bien les terres par le séjour des troupeaux, renfermés en plein air, dans une enceinte à claire voie. »

Olivier de Serres indique aussi que, de son temps, on faisait parquer les moutons, et même le gros bétail :

« Le fien du bétail lanu s'employe un peu diversement des autres. C'est que, sans frais de charroi, il se trouve tout porté sur les terres de relais, par le moyen du parc où tel bétail, et le caprin couche durant la nuit, la plupart de l'année ; et qui s'y promenant à plaisir, engraisse fort bien les terres. De mesme sans despence, est employé celui du gros bétail, couchant en campagne dans le parc. »

(Ol. de S., IIe lieu, chap. iii.)

En Normandie, et dans quelques autres contrées, on pratique une méthode particulière, qui a pour but de régulariser la consommation du pâturage et la répartition de l'engrais. On place les vaches en ligne, au bord d'un champ de fourrage, surtout de minette, ou de trèfle. Chacune d'elles est attachée, à distance égale, au bout d'une corde, ou d'une chaîne, fixée à un anneau, tournant autour de la tête d'un pieu enfoncé en terre. Plusieurs fois par jour, quand l'animal a brouté tout l'espace que la corde lui permet d'atteindre, on enlève le pieu, pour l'enfoncer un peu plus loin, dans le champ servant de pâture. Tout le troupeau s'avance ainsi en ligne, laissant après lui l'engrais provenant du fourrage qu'il a consommé sur place. C'est ce qu'on appelle : mettre les vaches *au tiers*.

En général cette méthode est excellente et très-économique : elle épargne le transport des fourrages et des engrais; cependant elle présente quelques difficultés dans la pratique. D'abord, il est nécessaire de faire boire, au moins deux fois par jour, le troupeau rangé en ligne, quelquefois bien loin des cours d'eau et des mares. Il serait fort incommode de détacher tous ces animaux, pour les conduire à l'abreuvoir et de les rattacher ensuite. Il faut donc transporter de l'eau, dans des tonneaux, et la présenter à chaque bête l'une après l'autre, dans des seaux, ou dans des baquets; puis, s'il s'agit de vaches laitières, il faut venir les traire sur place le matin et le soir, et porter le lait à la ferme. Dans ce cas aussi, on doit placer un gardien, qui couche à côté du troupeau.

Le cultivateur pèsera les avantages et les inconvénients qui peuvent s'offrir; il examinera les circonstances locales et les conditions dans lesquelles il se trouve, avant d'adopter, ou de repousser un système, souvent utile, mais quelquefois plus embarrassant que profitable.

Les engrais liquides jouent un grand rôle dans la culture moderne. Longtemps dédaignés et négligés, ils sont devenus, chez les cultivateurs soigneux et intelligents, l'objet d'une attention particulière. Dans toute exploitation bien dirigée, on s'applique avec soin à les recueillir. Leur emploi judicieux a sur la végétation les effets les plus marqués, et ils sont comptés, avec raison, parmi les agents de production les plus actifs.

Mais, comme il n'y a guère de procédé utile qui n'ait ses inconvénients et qui ne rencontre certaines difficultés dans son application, le transport des engrais liquides exige des soins et des préparations qui s'opposent à ce que leur usage soit aussi général qu'il devrait l'être. Ces engrais ne peuvent être transportés que dans un tonneau construit et disposé exprès. Les tonneaux de porteurs d'eau, et ceux qui sont employés à l'arrosement des promenades publiques, conviendraient parfaitement, si on n'éprouvait quelque difficulté à les remplir, soit à l'aide d'une pompe, soit avec des seaux que l'on verse dans un entonnoir placé à la partie supérieure. Le liquide doit s'épancher dans une auge transversale percée de trous, ou sur une planche, de laquelle il découle en nappe, sans battre la terre. Après qu'on a fait usage de ces tonneaux, il convient de les tenir constamment remplis d'eau, ou garantis du hâle et du soleil; autrement, après un certain intervalle de repos, ils se trouveraient tout à fait hors de service.

On a vu, dans les dernières expositions régionales, un tonneau à purin très-commode, et d'une solidité satisfaisante. Il est en zinc, renforcé par des cercles : il s'emplit promptement, au moyen d'un fort piston, placé à la partie supérieure, qui fait le vide dans l'intérieur, de sorte que ce tonneau porte avec lui sa pompe. La pression atmosphérique fait monter d'elle-même l'eau claire, ou le purin, par un tuyau plongeant, qui s'adapte au moyen de brides à vis, et qui se démonte quand le tonneau est plein. Il peut donc servir également bien pour le transport et la distribution des engrais liquides, et pour l'arrosement ordinaire des pelouses et des prairies.

Dans toutes les fermes, l'urine des animaux fournit l'engrais liquide le plus naturel; celui qu'on se procure le plus facilement et à moins de frais. Dans les constructions perfectionnées, on pratique près des étables et des écuries des puisards, ou citernes, où cet engrais se rend par des rigoles disposées exprès. On le puise dans ces réservoirs, à l'aide de seaux ou de pompes, pour arroser les fumiers trop secs, ou pour le transporter aux champs.

Dans nos départements de l'est, dans le duché de Bade et dans la plupart des cantons de la Suisse, il y a à côté du tas de fumier un trou creusé en terre pour recevoir les liquides. En Suisse principalement, on emplit de ce liquide des tonneaux d'une forme particulière, longs quelquefois de deux à trois mètres, sur un diamètre de trente-cinq à quarante centimètres. Cette forme a pour but de leur donner une capacité suffisante, avec peu d'élévation, afin qu'ils puissent être remplis plus facilement. Ils occupent toute la longueur des petits chariots du pays. Pour employer l'engrais, on le laisse couler dans un baquet, dans lequel on le puise avec une espèce d'écope, ou de cuiller de bois munie d'un long manche. On le verse directement et peu à peu au pied des plantes, surtout des turneps et des choux-navets qui sont très-cultivés dans ces contrées.

L'urine humaine est un engrais d'une grande énergie; partout où il existe une certaine agglomération d'hommes, on devrait se mettre en mesure de la recueillir. Cette précaution, utile à l'agriculture, aurait aussi un but de propreté et de salubrité. Ainsi, dans tous les grands centres de population, aux lieux habituellement ou accidentellement fréquentés, dans les pensions, dans les écoles, près des ateliers, et même dans toutes les exploitations de quelque importance, on devrait disposer convenablement des baquets, ou des tonneaux, que l'on enlèverait fréquemment pour en utiliser le contenu comme engrais.

Ce liquide sert surtout à préparer des composts, par son mélange avec des terres, ou mieux avec des cendres. Mêlé au plâtre dans certaines proportions, il donne un engrais particulier, connu sous le nom d'*urate*.

Les mares qui reçoivent les égouts des cours sont encore d'excellents réservoirs d'engrais liquide. Si celui qu'elles contiennent est trop abondamment étendu d'eau de pluie, on attend qu'une sécheresse prolongée en ait fait évaporer la plus grande partie, et on transporte sur les terres ou sur les récoltes le liquide ainsi réduit et concentré.

A l'époque des fortes gelées, quand ces mares sont couvertes d'une couche de glace d'une certaine épaisseur, on peut en profiter pour transporter l'engrais devenu solide. Je reproduis ici sur ce sujet la substance d'un article publié par moi dans *le Cultivateur*, journal des progrès agricoles, numéro du mois de février 1832.

L'hiver, lorsque les mares qui reçoivent les eaux des cours et des fumiers viennent à geler, on fait casser la glace, que l'on retire avec des crocs, et qui se transporte facilement sur les prairies ; à un ou deux jours d'intervalle, selon l'intensité du froid, cette opération peut se renouveler, de sorte qu'en quelques jours on épuise tout le liquide de la mare, qui finit par se trouver à sec.

Cette glace répandue sur la terre se fond peu à peu au moment du dégel : les matières fertilisantes qu'elle contient se dissolvent lentement, et se distillent, pour ainsi dire, sur les prés. Les avantages de ce procédé consistent : à utiliser le temps des gelées, où, après les charrois terminés, les attelages sont peu occupés ; à éviter le transport de l'engrais à l'état liquide, et l'embarras de le recueillir dans des tonneaux ; à pouvoir appliquer cet engrais dans le moment le plus favorable, quand la terre est gelée, à des prairies basses, où les voitures ne pourraient pénétrer sans dommage en tout autre temps ; enfin à dessécher utilement le réceptacle des eaux de fumier, que la première fonte de neige, ou de fortes pluies, auraient fait déborder, en entraînant la plus grande partie de l'engrais qu'il contenait.

On prépare encore d'excellents engrais liquides avec de la fiente de poules ou de pigeons, macérée et délayée dans une certaine quantité d'eau. Le guano employé de la même manière agit plus efficacement que semé sur la terre à l'état pulvérulent ; mais cette préparation demande une perte de temps et des frais de manipulation tels, qu'on ne doit y avoir recours que dans des circonstances exceptionnelles, ou par manière d'expérience.

Les engrais liquides agissent plus promptement que les fumiers. Ils pénètrent la terre plus facilement et se mettent immédiatement en contact avec les racines ; ils commencent à produire leur effet presque au moment même de leur emploi. Si on les applique par un temps sec, les spongioles des racines absorbent avec avidité les parties humides chargées de molécules azotées. Dans ce cas, ils procurent aux plantes les bénéfices de l'engrais, combinés avec les avantages de l'arrosement. Aussi, n'y a-t-il pas de moyen plus efficace pour ranimer la végétation d'une récolte languissante.

Les récoltes auxquelles l'engrais liquide profite le plus, sont : les blés fatigués par l'hiver, ou semés dans un terrain maigre. Les prairies naturelles, surtout les trèfles, que l'engrais fait pousser vigoureusement, au grand avantage de la récolte de blé qui doit suivre. Dans tous les cas, il faut faire le transport par un temps sec, afin de ne pas endommager les récoltes sous les roues et sous les pieds des chevaux.

Dans ces derniers temps, des spéculateurs ont vanté, à grand renfort de réclames, certains engrais liquides de leur composition, comme devant tenir lieu de fumier, et pouvant produire, sous un très-faible volume, les effets les plus énergiques et les plus surprenants. Il suffisait, disait-on, d'imprégner les semences de cet engrais merveilleux, pour obtenir des récoltes prodigieuses. Cette espèce d'homœopathie agricole n'a été souvent qu'une pure déception, pour ceux qui en ont fait l'essai ; mais elle a rapporté à ses inventeurs d'assez beaux bénéfices.

Après les fumiers et les engrais liquides, viennent LES ENGRAIS PULVÉRULENTS : les uns sont obtenus dans l'intérieur de la ferme et par les ressources propres à l'exploitation ; les autres sont le produit d'une fabrication spéciale et l'objet d'un commerce quelquefois très-étendu.

Je n'hésite pas à donner la préférence aux premiers. Ils sont toujours moins coûteux et d'un effet plus sûr, parce que, leur composition étant bien connue de celui qui les emploie, il peut en varier la dose selon le besoin. Le cultivateur doit donc mettre tous ses soins à les recueillir et à les préparer. C'est une mine féconde qui se trouve placée sous sa main. Il y aurait une incurie vraiment coupable à négliger d'en tirer tout l'avantage qu'elle peut offrir.

Il faut mettre en première ligne la fiente de la volaille et des pigeons, qu'on appelle *poulenée*, ou *colombine*. C'est le guano de la ferme, et celui-là n'est pas frelaté. Il n'y a pas d'engrais plus énergique, d'un emploi plus facile et plus commode. On veillera donc à ce que tous les oiseaux de basse-cour rentrent le soir, dans le poulailler qui leur est destiné. On ne doit jamais les laisser passer la nuit sur les arbres, dans les étables, ou sous les hangars. Les poulaillers et les colombiers doivent être spacieux et aérés, pour que les animaux s'y plaisent. Ils seront nettoyés, grattés et balayés le plus souvent possible; l'engrais qu'on en retire doit être amoncelé dans un lieu sec et couvert. Quelque temps avant de le répandre, on doit le battre avec un fléau, pour l'écraser et le réduire en poudre grossière.

Cet engrais se sème à la main, soit au printemps, sur les récoltes faibles qu'on veut ranimer, soit au moment des semailles d'automne. Dans ce cas, on sème l'engrais en même temps que le grain, sur le labour, et on recouvre l'un et l'autre à la herse. La quantité à employer doit varier selon la pureté de l'engrais et sa réduction plus ou moins parfaite. On peut semer depuis six, jusqu'à douze hectolitres par hectare.

Stercus optimum scribit esse Cassius volucrium, præter palustrium ac nantium. De hisce præstare columbinum, quod sit calidissimum, ac fermentare possit terram. Id ut semen aspergi oportere in agro, non ut de pecore acervatim poni. (VAR., l. I, cap. XXXVIII.)

« Cassius dit que la fiente des volailles est un engrais excellent, excepté celle des oiseaux aquatiques et nageurs ; que celle des pigeons est le meilleur de tous, parce qu'il est chaud et peut produire de la fermentation dans la terre ; qu'il faut l'épandre sur le champ comme de la semence, et non le déposer en tas comme le fumier des bestiaux. »

On peut préparer encore dans les fermes de grandes quantités d'engrais pulvérulent, en réunissant dans un lieu convenable des résidus de fumier recueillis au fond des étables, du crottin de moutons et le fond du fumier des bergeries ; les cendres, la suie, toutes les autres substances alcalines, ou azotées que les différentes parties de l'exploitation peuvent procurer. Ces matières remuées fréquemment, bien séchées et divisées, pourront être semées à la main, si elles sont dans un état de préparation achevé, ou à la pelle, si leur préparation est plus grossière ; mais on obtient par le dernier moyen une répartition bien moins égale.

Tous les engrais que je viens d'énumérer offrent l'immense avantage d'être créés dans la ferme, de se trouver toujours à la portée du cultivateur, et de ne lui coûter d'autres frais que ceux de manipulation et de main-d'œuvre. Il doit donc s'attacher à les multiplier et à les rendre assez abondants pour qu'ils puissent suffire aux besoins de la culture.

Si les engrais produits dans la ferme se trouvaient insuffisants, il faudrait en acheter au dehors, aux meilleures conditions possibles. Le voisinage des villes offre la facilité d'y trouver des fumiers et des boues de rues, dont le transport, indépendamment du prix d'achat, est toujours assez coûteux. Ce sont là, d'ailleurs, des occasions tout à fait exceptionnelles.

Parmi les engrais à volume réduit, qui peuvent être expédiés au loin, on distingue : le guano, la poudrette, l'engrais Lainé, le noir animal, les tourteaux de marc d'huile, la poudre d'os, les raclures de corne et d'autres résidus de certaines industries particulières et locales.

Le guano est composé de la fiente desséchée et pulvérisée des oiseaux de mer, accumulée en grandes masses, depuis des siècles, sur certaines îles de l'Océan. Cet engrais très-chaud et très-actif serait une précieuse ressource pour l'agriculture, s'il n'était pas souvent falsifié par ceux qui en font trafic. L'efficacité reconnue du guano détruit un préjugé des anciens, rapporté plus haut, suivant lequel la fiente des oiseaux aquatiques et nageurs serait un engrais de mauvaise qualité.

La poudrette est le résidu sec de la vidange des fosses d'aisance.

L'engrais Lainé est un composé de toutes les substances alcalines et azotées, provenant des immondices des grandes villes, des déchets et des restes abandonnés dans les laboratoires, dans les distilleries et dans certaines usines.

Le noir animalisé est le résultat de la carbonisation des chairs des chevaux abattus, et des os de toute sorte ayant servi à faire du noir pour les raffineries.

Toutes ces substances seraient d'un usage avantageux, mais leur prix est toujours trop élevé pour qu'on puisse les employer en quantité suffisante, surtout s'ils ont été falsifiés par des mélanges qui augmentent leur volume en diminuant beaucoup leur énergie. Ainsi, on introduit souvent dans ces engrais, des marcs de raisin, des poussières de mottes, des cendres, de la suie, des poussiers de charbon, des boues réduites en terreau, de la terre végétale, du sable et une foule d'autres matières, qui vendues aux cultivateurs, au prix de trois à cinq francs l'hectolitre, donnent un résultat à peu près négatif, et ne permettent pas à l'acheteur de rentrer même dans ses déboursés.

Le cultivateur dont les engrais sont insuffisants aura donc plus d'avantage à acheter des pailles et des litières, qu'à demander au commerce des engrais tout préparés. C'est en multipliant ses bestiaux, en leur donnant une nourriture copieuse et des litières abondantes; en soignant la manipulation des fumiers, en recueillant avec soin les engrais liquides, en amassant tous les terreaux, déchets et résidus que peut fournir la ferme et le ménage qui en dépend; c'est par tous ces moyens combinés qu'il parviendra à amener toutes ses terres à un état satisfaisant de fertilité et de prospérité soutenue.

CHAPITRE VIII.

DES AMENDEMENTS.

Les amendements sont destinés à agir comme stimulants, en donnant plus d'activité aux fonctions vitales des plantes, en hâtant la décomposition et l'assimilation des engrais. Quelquefois, quand ils peuvent être employés en quantité assez considérable, ils ont pour but de modifier, d'*amender* la constitution primitive du sol, par l'introduction d'une substance étrangère, qui corrige ses défauts et lui communique les qualités qui lui manquaient.

Toutefois, hâtons-nous de le dire, les amendements sont bien loin de remplacer les fumiers et les engrais. S'ils rendent leur action plus sensible, ils rendent aussi leur emploi plus nécessaire. Ils produisent sur la vie végétale le même effet que les excitants sur l'organisation animale : ils fatiguent, ils épuisent, ils ont besoin d'être accompagnés d'un régime rationnel et fortifiant, et d'être soutenus par une alimentation substantielle.

Il y a trois sortes principales d'amendements :

Les amendements calcaires ; — les cendres, d'origine et de provenance diverses ; — les substances salines, fournies par les mines ou tirées de la mer.

AMENDEMENTS CALCAIRES. La marne est l'amendement le plus abondant et le plus fréquemment employé, dans les contrées où la nature l'a placé. On donne le nom de *marne* ou de *marne argileuse* à des substances calcaires d'origine ou de situation très-diverse. Mais la craie blanche et les craies de différente nature, qui se trouvent à tous les étages de cette puissante formation, sont celles que l'on applique le plus généralement, et avec le plus de succès, dans l'opération appelée *marnage*.

La craie existe en bancs d'une grande épaisseur, dans une partie de la Normandie, dans l'ancienne Picardie, l'Artois, la Champagne, etc. Dans ces localités favorisées, il suffit de creuser la terre pour rencontrer la craie, que l'on extrait par des puits, en formant des excavations souterraines plus ou moins étendues. Quelquefois elle paraît à la surface du sol, et on peut la tirer à ciel ouvert.

Lorsque la craie se montre ainsi à nu, ou lorsqu'elle est recouverte d'une couche de terre végétale insuffisante, elle est une cause d'aridité et de stérilité, comme on peut le voir sur la crête et sur les pentes d'un grand nombre de coteaux crayeux, et dans les vastes plaines de la Champagne. Ailleurs elle est fort utile pour diviser et ameublir les terres fortes et compactes. Elle les assainit, en les rendant plus perméables, et son mélange produit un excellent effet dans les sols siliceux et argileux, où le calcaire fait défaut. Elle convient particulièrement, pour la préparation des terres que l'on destine à la culture des prairies artificielles.

La craie, ou marne, s'emploie en quantité variable, quelquefois très-considérable, sur les terres froides et tenaces. Les ouvriers marneurs la tirent hors des puits, au moyen d'un treuil, dans des mannes d'une mesure déterminée. On renverse ces mannes dans une brouette, avec laquelle on forme, dans toute l'étendue du champ, des lignes de petits tas égaux régulièrement espacés. Il ne reste plus qu'à épandre la marne à la surface du sol; elle se trouve ensuite recouverte et mêlée à la terre, par les labours et par le travail de la herse.

La craie gèle très-facilement. Ces fragments gelés augmentent sensiblement de volume et soulèvent la terre qui les recouvre. Ils *se délitent*, ou se réduisent en poudre au moment du dégel. Il y a donc avantage à marner avant ou pendant l'hiver. Employée après les gelées, la marne se conserve, à l'état de pierre, en morceaux quelquefois assez volumineux, jusqu'à l'hiver suivant. Dans ce cas, elle se mêle à la terre plus difficilement et plus tard.

L'usage de la marne pour l'amendement des terres, était connu dans nos contrées dès la plus haute antiquité, car Pline a décrit les différentes sortes de marne, employées dans la Bretagne et dans la Gaule. Cette substance était appelée *marga,* d'où on a fait margue, ou marne. *Quod genus vocant margam.* Et il ajoute :

Plura ejus genera. Alterum genus albæ cretæ argentaria est. Petitur ex alto, in centenos pedes actis plerumque puteis, ore angustatis; intus, ut in metallis, spatiante vena. — Glebis excitatur lapidum modo ; sole et gelatione ita solvitur, ut tenuissimas bracteas faciat.

(PLIN., *Hist. nat.*, lib. XVII, cap. IV, § 8.)

« Il y en a de plusieurs sortes. L'une d'elles, la craie blanche, est d'un blanc d'argent. On l'extrait du fond de la terre, par des puits poussés quelquefois jusqu'à cent pieds de profondeur ; ces puits, étroits à leur ouverture, s'élargissent à l'intérieur, comme les mines où l'on trouve les métaux. — On la tire en morceaux qui ressemblent à de la pierre ; elle se dissout par l'action du soleil et de la gelée, de manière à se réduire en petits feuillets très-minces. »

Quand on pense que Pline écrivait ceci dans les premières années de notre ère, on est frappé d'étonnement en trouvant si clairement indiquées et déjà admises dans la culture, il y a environ dix-huit siècles, des pratiques que nous sommes tentés d'attribuer aux progrès de nos connaissances et aux découvertes récentes des agronomes.

Margam posteriores margilam, mox et marlam dixerunt, unde nostri, *margue, marle et marne.*
(Notes sur Pline, édition des classiques latins de Lemaire.)

L'extraction de la craie dans des galeries souterraines n'est pas exempte d'inconvénients. Les ouvriers marneurs ne prennent pas toujours les précautions convenables : il en résulte quelquefois des accidents, ou au moins des éboulements, qui produisent dans les champs des excavations désagréables à l'œil, et nuisibles à la culture. Pour éviter de s'éloigner de l'ouverture des puits, en creusant des souterrains trop étendus, les ouvriers ouvrent de larges caves, dont les voûtes surbaissées ne peuvent se soutenir longtemps. Ils ferment l'ouverture des puits, en plaçant en travers des bâtons et des fagots recouverts de terre. Bientôt les bois pourrissent, par l'effet de l'infiltration des pluies, les voûtes s'affaissent, et la terre s'effondre sous les chevaux et les voitures qui passent au-dessus de ces excavations perfides. Aussi préfère-t-on souvent provoquer l'éboulement immédiat des souterrains, après que le marnage est terminé. La culture tend à remplir peu à peu les cavités que ces éboulements forment à la surface du champ.

Pour faire cette opération avec toute la perfection désirable, il faut, après avoir creusé le puits vertical, pénétrant dans l'intérieur du banc, donner aux souterrains la forme de galeries étroites, bien voûtées à leur partie supérieure. Après le marnage, on fermera l'entrée des galeries par un mur construit à sec, avec les cailloux provenant de la fouille et mis en réserve. Le puits sera rempli de fond en comble avec la terre qui en provient, et au besoin avec de la marne tirée exprès. On aura soin de placer en dessus la terre végétale, extraite en commençant le travail. De cette manière, les galeries souterraines peuvent se conserver intactes, et il ne restera à la surface aucune trace de l'excavation.

La solidité des galeries dépend aussi de leur profondeur. Si elles sont assez enfoncées dans le sol pour qu'il y ait au-dessus de leur voûte une épaisseur de terre de quatre mètres et plus, leur éboulement sera moins à craindre que si la couche de terre qui les recouvre avait une épaisseur beaucoup moindre, par exemple, un ou deux mètres.

Si on avait à marner une certaine étendue de terrain, il vaudrait mieux ouvrir plusieurs puits, que de faire, sur le même point, des excavations considérables. On y trouvera d'ailleurs l'avantage d'avoir moins de distance à parcourir, dans le transport de la marne à la surface du champ.

Si l'on a à sa disposition une de ces carrières

appelées *marnières*, pratiquée dans un terrain en pente, où la craie peut être prise à ciel ouvert, on pourra la transporter sur les terres avec un tombereau. Ce moyen, à tout prendre, est plus coûteux ; il occupe au moins trois chevaux, un homme pour les conduire, et deux autres pour charger ; mais il permet de mettre à profit certains temps de neige, ou de gelée prolongée, pendant lesquels, après les charrois de fumiers, on n'aurait plus aucun travail utile à donner aux animaux de trait et à leurs conducteurs.

La chaux, qui s'obtient par la calcination de la craie et de beaucoup d'autres roches calcaires, chauffées au degré convenable, est utile pour hâter la décomposition des engrais. Elle sert à former d'excellents *composts*, étant mélangée avec des fumiers, des litières, des feuilles ou des terreaux.

Voici une des manières les plus économiques de l'employer. On dépose, dans le champ même qu'on veut amender, un certain nombre de petits tas de chaux vive, dont le volume sera réglé d'après le prix de revient, et la quantité qu'on doit consacrer au chaulage d'une étendue donnée. On recouvre de suite chaque tas, de terre prise sur place tout à l'entour, sans produire d'excavations trop marquées. On laisse éteindre ou *fuser* la chaux ainsi étouffée, par la seule humidité de la terre. Vingt-quatre heures après, environ, on mélange bien la terre et la chaux, en les remuant avec la pioche et la pelle. Quand le mélange est complet, on rassemble de nouveau le compost en tas de forme conique, on le laisse reposer pendant quelques jours, pour l'épandre ensuite bien également.

On comprend que si le terrain à chauler était une prairie, on ne pourrait y prendre la terre du compost, sans la détériorer, en la dépouillant en partie de l'herbe et du gazon qui forment son essence. Dans ce cas, la terre provenant des fossés et du curage des mares serait employée de la manière la plus utile.

C'est dans quelques départements de l'ancienne Normandie, dans l'Eure, le Calvados, la Manche, etc., que cet emploi de la chaux comme amendement est le plus répandu. On y voit des fours qui n'ont pas d'autre destination que de fabriquer de la chaux pour l'agriculture. Mais partout où elle est d'un prix élevé, à cause de la cherté du combustible, il y aurait peu d'avantage à l'employer sur les terres.

Pline nous apprend que la chaux était employée avec succès pour fertiliser les terres, dans plusieurs contrées des Gaules :

Ædui et Pictones calce uberrimos fecere agros.
(PLIN., *Hist. nat.*, l. XVII, cap. IV, § 8.)

« Les habitants des environs d'Autun et du Poitou ont rendu leurs champs très-fertiles par le moyen de la chaux.»

Le *gypse*, ou sulfate de chaux, qui fournit le plâtre, appartient à une formation bien plus restreinte, bien plus locale, que les roches calcaires qui peuvent servir à la fabrication de la chaux. On en trouve quelques gisements particuliers sur les hauteurs qui entourent Paris ; notamment à Belleville et à Montmartre, ainsi que dans divers lieux du département de Seine-et-Oise. Cependant le plâtre est extrêmement répandu, tant pour l'usage du bâtiment, que pour être employé comme amendement sur les récoltes.

On le transporte au loin, à l'état brut, en pierres ayant l'apparence de petits moellons, telles qu'on les tire des carrières. Dans ce cas, on le fait cuire, dans des fours construits exprès, aux lieux où on doit en faire usage. S'il doit être employé dans un délai assez rapproché, on le pulvérise après la cuisson, et on l'expédie dans des sacs ne contenant guère qu'un hectolitre, à cause de sa pesanteur spécifique, qui est considérable.

Vers la fin du dernier siècle, ses propriétés merveilleuses ayant été vantées par quelques agronomes, son usage se répandit jusqu'en Amérique. On y fit venir du gypse des carrières voisines de Paris, aucun gisement de cette roche n'ayant encore, à cette époque, été découvert aux États-Unis. On raconte que Franklin, voulant populariser chez les agriculteurs américains l'emploi du plâtre sur les prairies artificielles, traça, en le semant sur un trèfle, des caractères qui formaient ces mots, — probablement en anglais : — Ceci a été platré. Les lettres saupoudrées de plâtre se couvrirent d'une verdure si intense, d'une végétation si vigoureuse, qu'on pouvait lire sur le terrain les mots qui attestaient, par leur relief, la vertu de cet amendement nouveau.

Je n'ai jamais entendu dire que cette expérience ait été renouvelée, et je doute fort que le même résultat se reproduise d'une manière aussi sensible. L'efficacité du plâtre, vantée outre mesure, n'est pas toujours aussi marquée qu'on l'a pretendu. Il est reconnu aujourd'hui qu'il n'agit pas, ou qu'il agit très-peu sur les céréales ; que ses meilleurs effets se font sentir sur les prairies artificielles et, en général, sur les plantes de la famille des légumineuses. De plus, il paraît constant que sur beaucoup de sols calcaires on n'obtient, par cet amendement, aucune augmentation de récoltes appréciable.

Il vaut communément, pris aux fours, 1 fr. ou 1 fr. 50 cent. l'hectolitre, et on n'en sème guère que de trois à six hectolitres par hectare. Comme, d'après ces données, la dépense du plâtrage n'est pas considérable, la plupart des cultivateurs qui ont du plâtre à la portée de leur exploitation aiment mieux risquer quelques avances inutiles, que de négliger une chance possible de succès.

Pour l'employer dans les meilleures conditions, il faut choisir un temps calme et doux, l'heure où les feuilles sont encore humides de rosée, et le moment où les plantes commencent à couvrir la terre.

On peut classer encore parmi les amendements calcaires, certains dépôts de coquilles fossiles, connus sous le nom de *faluns*, que l'on transporte sur les terres comme la marne. Les coquilles, enveloppées d'un sable calcaire formé de leurs débris, produisent à peu près le même effet que la craie, étant comme elle composées de carbonate de chaux. Quoique ces bancs coquilliers se rencontrent en plusieurs endroits, ce n'est guère que dans les contrées où la marne manque, et particulièrement en Touraine, qu'on s'en sert pour amender les terres.

LES CENDRES sont le résidu qui provient de la combustion des végétaux, et de quelques autres substances tirées du sein de la terre, qui paraissent avoir été formées par l'accumulation et la décomposition, dans des conditions particulières, de matières végétales et de corps organisés. Ces substances sont : la tourbe, la houille et les lignites.

Quelle que soit leur origine, les cendres possèdent un principe commun : les sels alcalins, à base de potasse et de soude. C'est à la présence de ces sels qu'elles doivent leurs propriétés stimulantes, et une action marquée sur la végétation ,qui les fait rechercher comme un excellent auxiliaire des engrais.

Les cendres de bois sont les plus répandues : il n'est pas de ménage, presque pas de foyer qui n'en produise. Si on les recueillait avec soin, surtout dans les grandes villes, elles seraient pour l'agriculture une précieuse ressource. Il est vrai qu'elles vont se joindre aux boues et aux immondices de toutes sortes qui sont enlevés journellement, et servent à l'engrais des terres environnantes.

Les tuileries, les fours à chaux et à plâtre, les verreries et toutes les industries qui consomment de grandes quantités de bois, fournissent aussi des cendres excellentes. On les emploie en grande partie, principalement dans les campagnes, pour blanchir le linge, par le moyen des lessives. Ces cendres lessivées peuvent être encore utilement mêlées à la terre, dans les champs ou dans les jardins. Mais, comme un lavage réitéré les a dépouillées presque entièrement des sels qu'elles contenaient, leur nature est essentiellement modifiée. C'est l'eau de lessive elle-même, toute saturée des sels de soude, qui possède presque toutes les propriétés des cendres neuves. On doit en arroser la terre, ou au moins les fumiers.

La *tourbe* est formée d'une couche épaisse de végétaux, de plantes aquatiques et marécageuses, entassées depuis un temps plus ou moins long, au fond de vallées humides, anciennement recouvertes par des eaux stagnantes.

Les cendres qu'elle fournit sont exclusivement à l'usage de l'agriculture. On les obtient dans les établissements industriels dont les fourneaux sont alimentés par la tourbe, et dans les tourbières même, où on la brûle, surtout celle de qualité inférieure et les déchets, pour former des cendres destinées à être vendues aux cultivateurs. La tourbe en produit plus que les autres matières combustibles, parce qu'elle contient toujours une certaine quantité de terre, qui résiste à la combustion, et reste mêlée aux cendres, dont elle augmente le volume.

La *houille*, quoiqu'on la suppose aussi formée d'un amas de corps organisés en décomposition, est entièrement passée à l'état minéral. Elle possède, d'ailleurs, un principe bitumineux très-prononcé, dont on ne peut expliquer l'origine. La quantité de cendre qu'elle produit est en raison inverse de la propriété combustible. Celle qui brûle le mieux ne laisse guère, en résidu, que trois pour cent de son poids. Les houilles de qualité inférieure en produisent bien davantage, d'autant plus qu'il s'y mêle ordinairement des scories et des parcelles schisteuses incombustibles.

Les cendres de houille sont le plus souvent dédaignées. L'agriculture n'en fait guère d'usage que lorsqu'elles ont été ramassées avec les ordures et les balayures des rues. Cependant la consommation du charbon de terre a pris un tel accroissement, qu'on pourrait en recueillir les cendres en quantité très-considérable, sur les locomotives des chemins de fer, dans les usines à gaz, et partout où on emploie la vapeur comme force motrice.

Les *lignites* sont ainsi nommés parce qu'ils paraissent formés de débris *ligneux*, comme si d'antiques forêts avaient été enfouies dans les profondeurs du sol. Par l'effet de certaines modifications chimiques, dont la cause est inconnue, cette matière est devenue bien plus inflammable que le bois lui-même.

Elle existe quelquefois à l'état solide, mais souvent à l'état terreux, ou pulvérulent. Dans ce dernier état, lorsqu'elle est extraite des carrières qui la recèlent, que l'on appelle communément des *cendrières*, après être restée quelque temps disposée en monceaux, à l'air libre, elle s'échauffe et éprouve une combustion spontanée, qui la réduit de quatre cinquièmes. Ayant alors, comme amendement, une énergie bien plus grande, elle offre la possibilité de transporter, sous un même volume et avec le même poids, la quantité nécessaire pour amender une étendue de terrain plus considérable.

On rencontre un certain nombre de ces cendrières dans le nord de la France, notamment dans les départements de l'Oise, de la Somme et de l'Aisne. Elles fournissent les cendres appelées *cendres de lignites, cendres pyriteuses, cendres vitrioliques*. On les transporte souvent à de grandes distances, pour être semées sur les terres. Prises à la carrière à leur état naturel, elles sont nommées *cendres noires* par les cultivateurs, et *cendres rouges*, après qu'elles ont été réduites par la combustion.

Les bancs de lignites sont ordinairement recouverts d'une couche, ou, comme on le dit en Picardie, d'un *cordon* d'argile noirâtre, mêlée de coquilles fossiles. On transporte souvent cette argile sur les terres légères et sablonneuses, pour les rendre plus consistantes et leur donner du fond. Les cultivateurs du pays appellent cela *cordonner* les terres. L'enlèvement de cette couche argileuse met à découvert le gisement de lignite et en facilite singulièrement l'extraction.

Pour compléter cette énumération, il faut encore mentionner les cendres marines, obtenues par la combustion des algues, des plantes imprégnées de sel, qui croissent au fond de la mer, et que le flot arrache et rejette sur les rivages. Les cultivateurs

qui habitent près des côtes, ont grand soin de recueillir ces plantes. Après les avoir fait sécher, on
les rassemble pour les brûler et les réduire en cendres, d'autant plus actives, qu'elles contiennent une
notable quantité de soude.

On voit qu'il est peu de contrées où le cultivateur ne puisse se procurer des cendres. Plus il sera
rapproché des villes, des grandes usines, et surtout
des dépôts de lignites et des tourbières, plus la diminution des frais de transport lui permettra de
faire un usage suivi de cet amendement, dont les
bons effets sont généralement constatés. Il agit de
la manière la plus favorable sur les prairies artificielles, sur les fourrages légumineux annuels, et
même sur les céréales ; soit qu'on le sème au printemps sur les jeunes plantes, soit qu'on le répande
sur le labour, pour l'enterrer avec la semence.

Toutes les cendres, quelle que soit leur provenance, ont à des degrés différents, des propriétés
analogues. C'est surtout comme stimulant qu'elles
agissent sur les plantes par leurs sels ; pour obtenir par elles une modification sensible de la constitution du sol, il faudrait en appliquer une quantité, qui ne serait peut-être pas sans inconvénient.

Les cendres de bois, pures et bien recuites, sont
les plus actives à dose égale. Elles ont aussi le
prix le plus élevé, étant recherchées pour les lessives. Ce prix varie depuis 1 fr. jusqu'à 4 fr. l'hec-

tolitre. On les emploie en quantité très-variable, depuis 10 jusqu'à 30 hectolitres par hectare.

Les cendres de tourbe recueillies dans les fourneaux, où l'on brûle de la tourbe de bonne qualité, sont bien préférables à celles qui sont produites par la combustion sur place, dans les tourbières. Les cultivateurs qui les ont à leur portée, sans grands frais de transport, en mettent souvent sur leurs terres, jusqu'à 40 hectolitres et plus par hectare. Leur prix varie, port non compris, entre 40 et 60 centimes l'hectolitre.

Les cendres pyriteuses non brûlées, telles qu'elles sortent des cendrières, se payent en moyenne 50 centimes l'hectolitre. On en met jusqu'à 50 hectolitres à l'hectare, sur les terres, ou sur les prairies artificielles. Pour celles qui ont été réduites par la combustion, le prix est double et la dose moitié moindre.

Il ne faut pas perdre de vue d'ailleurs, qu'elles doivent être employées pour soutenir l'action des fumiers, mais qu'elles ne peuvent jamais les remplacer. Une terre qui ne recevrait que des amendements pulvérulents, sans être restaurée par de bons et riches engrais, serait bientôt effritée. Il n'y a que le fumier dont la terre ne se fatigue jamais.

Pline nous apprend que dans certaines contrées de l'Italie, situées au-delà du Pô, l'emploi des cendres était regardé comme tellement favorable aux terres, qu'on les préférait même au fumier de cheval, au point que, par une pratique extrêmement vicieuse, on brûlait ce fumier pour le convertir en cendres.

Transpadanis cineris usus adeo placet, ut anteponant fimo jumentorum ; quod quia levissimum est, ob id exurunt. (PL., l. XVII, soc. v.)

« L'usage des cendres est si estimé des cultivateurs qui habitent au-delà du Pô, qu'ils le placent même au-dessus du fumier des bêtes de somme; c'est pourquoi, comme ce fumier est très-léger, ils le brûlent pour en faire de la cendre. »

LES AMENDEMENTS SALINS nous présentent en première ligne le sel marin, ou chlorure de soude. Il existe, dans une proportion qui peut aller jusqu'au 30ᵉ du poids dans les eaux de l'océan, dont on l'extrait en le laissant déposer par l'évaporation de l'eau. On sait qu'on rencontre, jusque dans l'intérieur des continents, des mines de sel cristallisé auquel on donne le nom de *sel gemme*.

Il n'y a pas de substance, dont la valeur comme amendement ait été plus controversée. Des expériences nombreuses ont présenté des résultats entièrement contradictoires. Il est resté établi dans l'opinion et dans la pratique des agronomes, que le sel offre bien moins d'utilité en agriculture par son emploi sur les terres, que comme moyen hygiénique de maintenir la santé des animaux et d'exciter leur appétit, par son mélange, en quantité modérée, à leurs aliments.

On connaît cependant des prairies appelées *prés salés*, que la mer envahit quelquefois, dans les hautes marées, et qui sont renommées par l'abondance et la qualité de l'herbe qu'elles produisent. Mais, d'une part, les substances salines déposées peuvent être dissoutes et entraînées par la rosée et par les pluies ; de plus, il est constant que si les irruptions de la mer étaient considérables et fréquentes, les terrains inondés se trouveraient dans des conditions très-défavorables, et seraient à peu près frappés de stérilité.

L'observation nous apprend en effet, que sur les points du rivage atteints par la haute mer, qu'elle laisse cependant assez longtemps à découvert, pour que la végétation puisse s'y établir, on ne voit pas de plantes cultivées, ni même de plantes champêtres remarquables par leur développement. Ce contact de l'eau salée donne au contraire naissance à une végétation exceptionnelle : à des herbes glauques et sèches, ou à des plantes de consistance charnue, qui n'ont rien de commun aves nos céréales et nos plantes fourragères.

> Salsa autem tellus, et quæ perhibetur amara,
> Frugibus infelix, ea nec mansuescit arando.
>   (Virg., *Georg.*, l. II.)

« La terre imprégnée de sel, et qu'on dit amère, donne des productions déplorables ; la culture même ne peut l'adoucir. »

Autrefois, quand un propriétaire, après quelque grand crime, était frappé d'une espèce de mise hors la loi, on semait du sel sur sa terre, pour en faire comme une terre maudite, condamnée à la stérilité.

On fait cependant un emploi avantageux des algues et autres plantes, ramassées sur les bords de la mer, indépendamment de leur combustion pour la production des cendres. On les laisse réunies en tas jusqu'à un état avancé de décomposition : on y ajoute par couches successives, de la chaux, de la terre, ou du sable ; ou mieux, on les mêle aux fumiers. Elles ne doivent plus être alors considérées comme un amendement. Elles servent à former un compost, ou à augmenter le volume des engrais.

Il est encore d'autres matières utiles à l'agriculture, que l'on trouve en abondance sur quelques points du littoral.

D'abord les sables siliceux sont fort abondants sur toutes les côtes. Insolubles et précipités au fond des eaux par leur poids, ils restent près des lieux où le temps les a formés. La mer les pousse quelquefois au-dessus du niveau ordinaire des marées ; le vent les amoncelle et en forme des dunes. Ce qui reste, alternativement battu par le flux et par le reflux, présente ces plages aimées des baigneurs, si fermes et si douces à la fois sous les pieds nus. Ces sables maritimes peuvent être introduits rationnellement dans les terres voisines argileuses, ou compactes. Ils servent à les diviser et à leur donner le degré d'ameublissement convenable.

Quant au limon calcaire ou argileux, que dans le cours des siècles, les flots ont enlevé au rivage, ou aux falaises de la côte, après être resté en dissolution dans l'eau salée, il a été entraîné par les courants, qui l'ont porté au fond de certaines baies. Là il s'est déposé, et a formé des atterrissements quelquefois très-étendus. Tel est le sable vaseux que l'on trouve dans la baie de Saint-Brieuc et surtout dans la baie de Cancale et autour du mont Saint-Michel. C'est sur cette vase d'une consistance perfide, découverte à la marée basse, qu'on ne peut séjourner sans enfoncer fatalement peu à peu, par le phénomène connu sous le nom d'*enlisement*.

Ce limon marin, appelé *tangue*, est l'objet d'une industrie fort étendue, pour les *tanguiers*, ou voituriers qui le transportent sur les terres, à prix convenu avec les cultivateurs. Il est formé d'un mélange, en molécules très-divisées, de substances calcaires et argileuses, et de sable siliceux ; le tout saturé de principes salins et mêlé de quelques débris de plantes marines, de poissons et de coquillages. Il possède donc une partie des propriétés de l'engrais,

en même temps que celles des amendements ; et
comme on le met souvent, sur des terres peu éloignées, en quantité considérable, il contribue à modifier essentiellement la composition du sol, et à
augmenter l'épaisseur de la terre végétale.

J'ai fait un examen sommaire des différents
moyens que la nature, l'industrie et la science
mettent à la disposition des cultivateurs, pour introduire et augmenter en tous lieux la fertilité du
sol. Mais on doit être convaincu qu'il n'a été découvert encore aucun agent chimique, aucune substance naturelle ou composée, qui puisse remplacer
les fumiers. Certes, les autres engrais ne doivent
être ni dédaignés, ni négligés ; mais ils ne sont que
supplémentaires et accessoires.

Quant aux amendements, on peut dire de tous
ce qui a été dit de la marne, d'une manière para-
doxale : « que s'ils enrichissent les pères, ils appauvrissent les enfants. » Ajoutons que personne ne peut
s'enrichir par la marne, ou par un amendement
quelconque, sans le concours des fumiers, mais
aussi, que les amendements n'appauvrissent jamais
celui qui les alterne avec le fumier, en quantité
convenable.

La production la plus abondante du fumier, c'est-
à-dire la réunion de la plus grande quantité possible
de matières végétales, fortement imprégnées des

déjections du plus grand nombre possible d'animaux nourris sur l'exploitation, voilà, pour l'industrie agricole, la base des améliorations les plus réelles, la source de la prospérité la plus durable, et des succès les plus solides.

On raconte qu'un intendant de l'ancienne Picardie, faisant une enquête sur l'état de l'agriculture dans sa province, interrogeait les hommes d'expérience capables de lui fournir les meilleurs renseignements sur la question qui l'occupait.

On fit venir devant lui un vieux praticien, qui avait fait d'excellentes affaires, et qui passait, depuis longtemps, pour avoir les plus belles récoltes de la contrée. —Voyons, maître Nicolas, dit l'intendant au cultivateur picard, vous avez la réputation de récolter plus que tous vos voisins, sur les terres que vous cultivez : apprenez-moi par quel moyen vous en obtenez de si belles moissons. — Monseigneur, j'y mets *du fien*. — (Du fien, en vieux langage picard, veut dire du fumier.) Oui, réplique l'intendant, je sais que vous fumez bien vos terres; mais que faites-vous de plus, pour les rendre si fertiles ? — Monseigneur, j'y mets encore du fien. — C'est très-bien, je comprends, vous mettez beaucoup de fumier. Mais enfin, ce n'est pas tout, dites-moi quel est votre système de culture. — Monseigneur, je mets du fien et toujours du fien.

On ne put tirer autre chose du brave Picard.

« Du fien, encore du fien, et toujours du fien. » Son secret est encore celui des meilleurs cultivateurs de nos jours. Mais on comprend que pour fumer beaucoup, il faut avant tout s'appliquer à faire beaucoup de fumier. Ceci nous ramène à la progression indiquée au commencement de ce chapitre : accroître indéfiniment les récoltes par les engrais, et les engrais par les récoltes.

Ou simplement : multiplier indéfiniment le bétail; car c'est le bétail, qui fournit les engrais, cause de l'abondance des récoltes ; c'est l'abondance des récoltes qui permet d'augmenter progressivement le nombre du bétail.

Cette nécessité de ranimer la fertilité du sol par les fumiers, et d'activer la végétation par les cendres, a été ainsi exposée par Virgile :

> Arida tantum
> Ne saturare fimo pingui pudeat sola, neve
> Effœtos cinerem immundum jactare per agros.

« Ne craignez pas d'engraisser abondamment les terres avec du fumier et de répandre des cendres sur les champs épuisés. »

Je terminerai en disant avec Columelle :

Omni solo quod segetibus fatiscit, una præsens medicina est, ut stercore adjuves, et absumptas vires hoc velut

pabulo refoveas. — Quare si est, ut videtur, agricolis uti-
lissimum, diligentius de eo dicendum existimo, cum pris-
cis auctoribus quamvis non omissa res, levi tamen admo-
dum cura sit prodita.   (COL., l. II, cap. XIII.)

« Pour toute terre fatiguée par les récoltes, il n'y a
qu'un remède efficace : c'est de lui venir en aide par le
fumier, et, par cette espèce de nourriture, de ranimer ses
forces épuisées. C'est pourquoi, puisque le fumier est
d'une si grande utilité pour les cultivateurs, je pense qu'il
faut traiter ce sujet avec beaucoup de soin, puisque les
anciens auteurs, quoiqu'ils ne l'aient pas omis entièrement, en ont cependant parlé d'une manière très-superfi-
cielle. »

CHAPITRE IX.

Quand les terres ont été convenablement cultivées et préparées, quand elles ont reçu la semence avec tous les soins nécessaires, on pourrait compter sur une excellente récolte, si tantôt une humidité surabondante, tantôt une sécheresse excessive, si les intempéries enfin, ne venaient combattre le travail de l'homme, et déjouer tous les calculs de sa prévoyance.

Cependant, le cultivateur actif et intelligent essaye de détourner, de neutraliser les circonstances les plus défavorables; il engage une lutte persévérante contre les éléments, et si jamais le précepte « Aide-toi, le ciel t'aidera, » a été mis en pratique, c'est par l'homme laborieux, qui voit toute sa fortune exposée au hasard des saisons et à l'incertitude du temps.

On éloigne les eaux stagnantes et l'excès d'humidité, par les raies d'égout, par les fossés d'écoulement et par le drainage ; on combat la sécheresse par l'irrigation.

Les raies d'égout sont des sillons profonds, ordinairement très-sinueux, pratiqués à la surface des terres ensemencées, pour faciliter l'écoulement des eaux provenant des pluies et des fontes de neige. Ces sillons doivent avoir une pente assez prononcée pour que l'eau y coule d'une manière régulière, sans s'arrêter sur aucun point, mais assez lentement pour ne pas entraîner la terre et raviner le sol par sa rapidité.

Il n'est pas nécessaire de tracer des raies d'égout sur toutes les terres. Celles qui sont sablonneuses ou très-perméables ; celles qui ne reçoivent pas d'eau venant des terrains supérieurs ; les plaines à surface horizontale ou d'une pente très-faible, ne sont pas exposées à être dégradées par les eaux. Dans chaque localité, l'expérience a bien appris aux cultivateurs, souvent à leurs dépens, quelles sont les terres pour lesquelles de semblables précautions doivent être prises.

Si on doit marquer des enraiements pour les moissonneurs, selon ce qui sera dit au chapitre des semences, il faut le faire avant de former les raies d'égout ; car elles ne peuvent être coupées sur aucun point, sans qu'on livre passage aux eaux, qui se précipiteraient par ces coupures, en causant souvent un dommage plus grand que celui qu'on a voulu éviter.

Les raies d'égout se font aussitôt que l'ensemencement est terminé, sans attendre que le grain soit dans un état de germination très-avancé ; car le grain germé dont on mettrait à nu les racines, serait perdu.

Voici comment on procède à ce travail : on prend une charrue solide, dont on enterre le soc, pour ouvrir un sillon profond. On place le coutre, le versoir et l'oreille, de manière à rejeter la terre vers la partie la plus déclive. Un homme se tient derrière la charrue pour la maintenir, pendant qu'un autre se met à la tête des chevaux et les dirige, en décrivant sur le terrain de longues lignes sinueuses, qui partant d'une des limites du champ, vont aboutir à la limite opposée. Ces sillons peuvent être tracés, soit en remontant la pente, soit en descendant. Quelquefois on s'élève en serpentant jusqu'au milieu du champ, puis on redescend de même vers le côté opposé.

Il faut une certaine intelligence et un examen préalable du terrain, pour tracer des raies d'égout qui remplissent parfaitement leur destination. On doit éviter, par-dessus tout, de former des courbes dans lesquelles les deux extrémités de l'arc iraient en montant, car l'eau s'amasserait dans la partie la plus basse, passerait par-dessus le bord de la raie, et dégraderait le terrain inférieur.

On doit rechercher aussi avec attention la direction vers laquelle les eaux doivent être conduites, pour n'occasionner aucun dommage aux terres voisines. C'est surtout sur les chemins qui ont une pente naturelle, dans les fossés, sur le bord des bois, que les eaux peuvent s'écouler sans être nuisibles. Il n'y a pas d'inconvénient à en jeter une partie sur des luzernes déjà bien prises, sur des chaumes dont elles ne dégraderont pas la surface. Elles pourront même y déposer un limon salutaire.

Pendant tout l'hiver, surtout au moment des grandes pluies et des dégels, les raies d'égout doivent être visitées avec soin. Si elles se trouvent remplies en quelques endroits, si l'eau les a forcées sur quelque point, si leur bord est insuffisant, on se hâte de vider et de creuser les parties pleines, de fermer les brèches, de relever les bords, de manière à empêcher l'eau de s'échapper, et à la forcer de suivre le cours des rigoles ménagées pour son écoulement.

Quand il se trouve qu'un amas de terre limoneuse s'est déposé à l'issue de ces rigoles, il faut l'enlever, pour la reporter sur les parties où le sous-sol aurait été mis à nu, ou sur les points les moins pourvus de terre végétale.

On n'a pas l'habitude de faire des raies d'égout sur les cultures de printemps, ni pour les plantes estivales. Les grandes eaux ne sont guère à craindre que pendant l'hiver, à cause des neiges et des dégels ; surtout quand la terre, dégelée à la surface, et encore dure à une certaine profondeur, est entièrement impénétrable. Les pluies d'été s'évaporent promptement, et elles s'infiltrent facilement dans le sol ; d'ailleurs, sur une terre couverte de plantes en pleine végétation, l'herbe épaisse et les tiges nombreuses arrêtent l'eau et l'empêchent de s'écouler trop rapidement.

La pratique de l'assainissement de la surface des champs, au moyen des raies d'égout, est fort ancienne ; on la trouve indiquée dans tous les auteurs. Voici ce que disent Caton, Columelle, Pline et Vanière, qui reproduit en vers élégants les préceptes prosaïques des deux premiers :

Per hiemem, aquam de agro depelli oportet. In monte fossas inciles puras habere oportet. Cum pluere incipiet, familiam cum ferreis sarculis exire oportet, incilia aperire, aquam deducere in vias, et segetem curare oportet, uti fluat. (CAT., § 155.)

« Pendant l'hiver, il faut détourner l'eau des champs. Il faut avoir sur les pentes des rigoles d'écoulement bien nettes. Quand il commencera à pleuvoir, les domestiques sortiront avec des bêches, ouvriront les rigoles, conduiront l'eau sur les chemins, et préserveront la récolte, en la faisant couler. »

Quamvis tempestive sementis confecta erit, cavebitur tamen, ut patentes liras crebrosque sulcos aquarios faciamus, et omnem humorem in colliquias, atque inde extra segetes derivemus.   (Col., l. II, chap. VIII.)

« Quoique les semailles aient été terminées en temps convenable, on aura soin cependant de faire des raies d'é- gout bien ouvertes, et de nombreux sillons d'écoulement, afin de réunir toutes les eaux dans des rigoles principales, et de les conduire hors du champ ensemencé. »

In usu est et collicias interponere, si ita locus poscat, ampliore sulco, quæ in fossas aquam educant.
     (Pl., lib. XVIII, sect. XLIX.)

« Il est d'usage de pratiquer au milieu des champs des rigoles d'écoulement, si la situation du lieu le demande, en ouvrant un large sillon, afin de conduire l'eau dans les fossés. »

Atque ubi perpetuis madet imbribus humida tellus,
Rusticus aurito liras attollat aratro,
Ut pluvios sulcus derivet aquarius imbres,
Nec seges intereat stagnantibus ebria lymphis.
     (*Præd rust.*, lib. VIII.)

« Lorsque la terre est détrempée par des pluies conti- nuelles, le cultivateur doit former des raies d'égout avec la charrue munie de son oreille, afin que le sillon d'écou- lement détourne l'eau des pluies, et empêche la récolte de périr abreuvée d'une humidité stagnante. »

Les raies d'égout ont donc pour objet de dé- tourner l'eau qui se trouve encore à la surface du

champ; c'est par le drainage qu'on fait écouler
celle qui a pénétré dans l'intérieur de la terre, et
qui ne s'infiltre pas assez promptement.

Les mots « drainer, drainage, » sont des expressions nouvelles, empruntées à la langue an-
glaise, pour désigner un travail intérieur d'assainissement, qui a été pratiqué en divers lieux dès
la plus haute antiquité.

Dans tous les temps, on a conseillé d'assainir les
terres humides, par des fossés dont on rend le fond
perméable, en y formant un vide qui facilite l'écoulement des eaux, et qu'on recouvre ensuite, afin
qu'aucune partie du terrain ne soit perdue pour la
culture.

On lit dans Virgile :

Aut lapidem bibulum, aut squalentes infode conchas,
Inter enim labentur aquæ, tenuisque subibit
Halitus.   (Virg., *Georg.*, lib. II.)

« Là, que la pierre ponce aux conduits spongieux,
Que l'écaille poreuse enfouie avec eux,
Laissent pénétrer l'air dans leurs couches profondes,
Et du ciel orageux interceptent les ondes. »
                                        (Delille.)

Outre l'idée première du drainage, on trouve
encore indiquée dans ces vers cette pensée, « que
la terre a besoin de respirer, » opinion très-cha-
leureusement soutenue par beaucoup de partisans

du drainage, qui prétendent que quand même il ne serait pas nécessaire pour assainir le sol, il produirait un excellent effet en y faisant pénétrer l'air.

Columelle a décrit très-exactement deux procédés d'assainissement : l'un par le moyen de fossés ouverts, l'autre par des conduits souterrains garnis de pierres ou de fascines mises bout à bout, laissant entre elles un vide pour l'écoulement des eaux.

Si locus humidus erit, abundantia uliginis ante siccetur fossis. Earum duo genera cognovimus, cæcarum et patentium..... Opertæ rursus obcæcari debebunt, sulcis in altitudinem tripedaneam depressis : qui cum parte dimidia lapides minutos vel nudam glaream receperunt, æquentur superjecta terra, quæ fuerat effossa. Vel si nec lapis erit vel glarea, sarmentis connexus velut funis informabitur in eam crassitudinem, quam solum fossæ possit anguste quasi accomodatam coarctatamque capere.

(Col., lib. II, cap. ii.)

« Si le lieu est humide, l'eau surabondante sera d'abord détournée par des fossés. Nous en connaissons de deux sortes ; il y en a de cachés et d'ouverts..... Les fossés couverts seront fermés quand ils auront été creusés à la profondeur de trois pieds. Lorsqu'on en aura rempli la moitié avec de petites pierres, ou avec du gravier, on les comblera, en y rejetant la terre provenant de la fouille. Ou bien, si on n'a ni pierres ni gravier, on formera comme un gros câble avec des sarments liés en faisceau, assez épais pour garnir juste le fond du fossé, et s'y adapter étroitement. »

C'est donc un procédé fort ancien, que celui qui

consiste à assainir les terres, en donnant à l'eau un écoulement souterrain, car c'est un véritable drainage que l'on pratiquait, par ces fossés garnis de substances perméables, de pierres ou de branchages, recouverts de terre jusqu'au niveau du sol.

Cependant, ce moyen d'assainissement, nécessairement coûteux, était rarement employé, lorsqu'un nouveau système pratiqué d'abord en Angleterre, et introduit en France avec le nom anglais, a été accueilli avec enthousiasme, comme devant produire des résultats merveilleux.

La nouveauté du procédé consiste dans l'application, au fond des fossés d'écoulement, au lieu de pierres ou de fascines, de petits tuyaux en terre cuite, placés bout à bout, sans aucune solidarité entre eux, quelquefois même sans contact immédiat. Le diamètre intérieur de ces tuyaux varie depuis un centimètre jusqu'à quatre, selon la longueur des conduits, appelés *drains*, et en raison du volume d'eau qu'ils doivent recevoir. Cette première série de tuyaux est établie sur une pente bien calculée, au fond de tranchées parallèles, distantes entre elles, selon l'humidité du sol, de dix mètres au moins et de trente mètres au plus.

Ces drains d'égouttement conduisent l'eau qu'ils reçoivent, dans une tranchée transversale, garnie de tuyaux d'un plus grand diamètre, appelés *drains collecteurs*, dans lesquels les eaux ont un écoulement souterrain, jusqu'à ce qu'elles trouvent une issue extérieure, dans des fossés ou dans un cours d'eau naturel. Lorsque le travail est récent, la terre, fraîchement remuée, livre passage à l'eau contenue dans les couches adjacentes ; la multiplicité des fossés, toujours assez rapprochés, facilite l'infiltration, d'une manière sensible et presque immédiate.

Les travaux de drainage ont encore un effet très-favorable à la culture, entièrement indépendant de l'assainissement. Ils produisent, par l'ouverture de nombreuses tranchées, un véritable défoncement partiel, et comme toute la terre extraite des tranchées ne peut y rentrer, le trop plein répandu sur le sol est une cause réelle d'amélioration.

Considéré à ce point de vue, le drainage rappelle cette fable, dans laquelle un vieux laboureur dit à ses enfants, en leur annonçant qu'un trésor est caché dans l'héritage qu'il leur laisse :

> « Remuez votre champ dès qu'on aura fait l'oût ;
> Creusez, fouillez, bêchez.....
> Le père mort, les fils vous retournent le champ
> De çà, de là, partout, si bien qu'au bout de l'an
> Il en rapporta davantage. »

Si on n'a pas trouvé de trésors dans les champs drainés, le travail a été très-souvent avantageux ;

il n'a jamais pu être nuisible. Il n'est donc pas étonnant, qu'on ait peut-être un peu trop vanté le résultat des premiers essais, rehaussés par l'attrait de la nouveauté et par les encouragements du Pouvoir.

Le rapporteur de la loi présentée au Corps législatif, le 1er avril 1854, sur le libre écoulement des eaux provenant du drainage, s'exprimait ainsi :

« Les études géologiques démontrent que les terrains qui retiennent l'eau, soit dans leur couche arable, soit dans leur sous-sol, s'élèvent à la quantité de près de dix millions d'hectares, le quart environ des terres livrées à la culture.

« Supposez un moment que ces dix millions d'hectares aient été, par l'assèchement et la bonne culture, amenés à leur maximum de production, que le quart seulement ait été semé en céréales, et vous aurez une augmentation que, dans les années humides, on ne peut évaluer à moins de vingt-cinq millions d'hectolitres de grains. »

Le Gouvernement, toujours empressé d'encourager tout ce qui peut être utile aux progrès de l'agriculture, ne pouvait rester indifférent, en présence de si magnifiques promesses. Des mesures successives ont été adoptées, pour propager le drainage, et pour en rendre l'exécution possible à tous les possesseurs du sol.

La loi du 15 juin 1854, votée à la suite du rapport cité plus haut, porte : « art. 1er, Tout propriétaire qui veut assainir son fonds par le drainage, ou un autre mode d'asséchement, peut, moyennant une juste et préalable indemnité, en conduire les eaux souterrainement, ou à ciel ouvert, à travers les propriétés qui séparent ce fonds d'un cours d'eau, ou de toute autre voie d'écoulement. »

Par la loi du 17 juillet 1856, le Gouvernement s'était engagé à faire, moyennant certaines conditions, des avances de fonds aux propriétaires qui voudraient drainer leurs terres.

La loi du 28 mai 1858 a substitué, pour ces avances, le Crédit foncier de France à l'État, et a autorisé cette compagnie à faire, pour les travaux de drainage, jusqu'à concurrence de cent millions, des prêts remboursables par annuités.

Enfin, un décret du 23 septembre 1858, a réglé la forme et l'instruction des demandes, les conditions des prêts, et a institué pour leur admission, une commission spéciale, sous le titre de *commission supérieure de drainage*.

Sous cette haute impulsion, des entrepreneurs se sont présentés, des sociétés se sont formées pour l'exécution des travaux ; et cependant, sur les cent millions pour lesquels le Crédit foncier était autorisé à émettre *des obligations de drainage*, des prêts s'élevant à quelques centaines de mille francs seulement, ont été réalisés.

Il est vrai que beaucoup d'entreprises particulières ont été faites, avec les ressources des propriétaires eux-mêmes; que souvent une amélioration très-sensible a pu être constatée; mais quelquefois aussi, cette amélioration ne s'est pas soutenue, des travaux importants n'ont pas été suffisamment compensés par l'augmentation des récoltes, en un mot, les immenses résultats qu'on espérait n'ont pas été obtenus.

Il est utile d'en rechercher la cause : le drainage contribue certainement à assainir les terres humides, dont le sous-sol compacte retient les eaux, et les laisse séjourner trop longtemps dans la couche de terre arable. Mais il est un fait qui domine toute la question, c'est que les neuf dixièmes de notre sol, loin d'avoir besoin d'être drainés ou assainis, manquent d'une humidité suffisante, se dessèchent en peu de jours et demandent des pluies fréquentes, que le climat ordinaire de la France leur refuse le plus souvent.

Hors les cas tout exceptionnels où la terre végétale repose immédiatement sur un fond d'argile, le sous-sol forme presque partout un drainage naturel et le meilleur de tous. La craie, les sables siliceux, les roches calcaires, plus ou moins divisées et fendillées, qui occupent la plus grande partie du territoire, sont d'excellents conducteurs des eaux pluviales, et se laissent pénétrer sans difficulté.

Il doit donc en être du drainage comme de beaucoup d'innovations très-vantées, qu'on veut généraliser avant d'en avoir bien apprécié les effets. Il faut agir avec prudence, et ne pas céder à un entraînement irréfléchi. On doit surtout éviter de faire des frais inutiles, sur des terres naturellement saines, ou même trop promptes à se dessécher. On objecte, il est vrai, que le drainage ne peut jamais nuire ; que s'il n'y a pas d'humidité surabondante, il arrivera tout simplement qu'aucun écoulement n'aura lieu par les tuyaux ; mais une dépense de deux ou trois cents francs par hectare ne doit pas être faite légèrement, sans qu'il soit démontré qu'elle est réellement nécessaire.

Quand la nécessité de drainer a été bien reconnue, une condition indispensable au succès de l'entreprise, c'est que le terrain ait une pente naturelle, ou qu'il soit possible de conduire les eaux sur un point inférieur, où elles pourront s'écouler ; aussi le drainage doit-il être précédé d'une étude particulière, qui ne peut être faite que par un homme en état de faire un bon nivellement, et ayant l'expérience de ces travaux.

Quelque soin qu'on ait pris, on rencontre quelquefois des inconvénients fâcheux, surtout dans les terrains marécageux, et dans ceux où les drains ont peu de pente. Après un temps plus ou moins long, la terre des fossés se tasse, se foule peu à peu ; elle redevient compacte et imperméable selon sa nature. Dès lors l'eau qui tombe à la surface éprouve les mêmes difficultés qu'autrefois à s'infiltrer, et à parvenir jusqu'aux drains ; les tuyaux eux-mêmes s'engorgent et finissent par se fermer entièrement, soit par la terre grasse qui s'introduit dans leur cavité, soit par des racines qui y pénètrent, et les remplissent tellement, qu'on est forcé de les relever et de les faire passer au feu. Il faut alors rouvrir les fossés, retirer les tuyaux, les vider et les nettoyer, les replacer enfin et reprendre à nouveau tout le drainage, avec plus de frais et de difficultés que dans le premier travail.

Il est encore un effet probable que doit produire le drainage, pratiqué d'une manière générale et sur une très-grande étendue : c'est la diminution des sources naturelles ou plutôt leur déplacement. Au point où les eaux quittent les drains collecteurs placés sous terre, pour couler à ciel ouvert, elles forment des sources artificielles, quelquefois continues, le plus souvent intermittentes. Ces eaux enlevées aux réservoirs intérieurs, sont perdues pour les anciennes sources, qu'elles devaient nécessairement entretenir, après s'être infiltrées lentement à travers les terres.

Indépendamment des terrains qui peuvent être assainis par le drainage, on trouve des vallées profondes, des bassins encaissés, couverts d'une eau stagnante, des plaines basses, souvent inondées, toujours marécageuses. Ces lieux malsains et improductifs ont attiré de tout temps l'attention de l'autorité, et des mesures ont été prescrites pour les dessécher et pour les rendre à la culture.

L'article 1er de la loi du 5 janvier 1791 porte : « que les assemblées de département et leurs directoires, s'occuperont des moyens de faire dessécher les marais, les lacs et les terres de leur territoire, habituellement inondés. »

Un décret, en date du 4 décembre 1793, avait ordonné « que tous les étangs et lacs de la république, qu'on est dans l'usage de mettre à sec pour les pêcher, seraient desséchés, et leur sol ensemencé en grain de mars, ou planté en légumes propres à la subsistance de l'homme. »

Ce décret, d'abord suspendu dans son exécution, par un autre décret du 29 mars 1795, a été rapporté par une loi du 1er juillet suivant.

C'est la loi du 16 septembre 1807, qui a statué définitivement sur le desséchement des marais et sur le mode d'exécution des travaux.

Voici les principales dispositions de cette loi :

« L'Etat peut ordonner les desséchements qu'il juge utiles ou nécessaires.

« Les desséchements sont exécutés par l'État ou par des concessionnaires.

« Les propriétaires qui offrent de faire le desséchement, aux conditions prescrites, sont toujours préférés.

« Sur leur refus d'entreprendre les travaux, ou de se soumettre aux conditions voulues, la concession a lieu en faveur des concessionnaires dont la soumission sera jugée la plus avantageuse.

« Les terrains des marais, divisés en plusieurs classes, d'après les divers degrés d'inondation, sont estimés, avant le desséchement, par des experts nommés contradictoirement.

« Lorsque les travaux prescrits sont terminés, il est procédé de nouveau à une classification et à une estimation des fonds desséchés, suivant leur valeur nouvelle.

« Le montant de la plus-value obtenue par le desséchement, est divisé entre les propriétaires et les concessionnaires, dans les proportions fixées par l'acte de concession.

« Les propriétaires ont la faculté de se libérer, soit en payant le montant de l'indemnité par eux due, soit en délaissant une portion relative du fonds, calculée sur le prix de la dernière estimation. »

Telle est, en substance, l'économie de cette loi, sous l'empire de laquelle d'utiles et importants travaux ont été exécutés. On peut citer comme exemple : le desséchement du marais de Maisons-Alfort, près Paris ; celui du marais de Carentan, où se trouvent aujourd'hui les plus riches herbages du Calvados ; le desséchement des marais de Blanquefort et des Flamants, dans la Gironde, etc.

Ces grands travaux, qui nécessitent toujours l'intervention d'habiles ingénieurs, consistent surtout : dans un nivellement général et préalable ; dans l'ouverture d'un grand canal de décharge, pratiqué à la partie la plus basse des terrains, quelquefois avec un endiguement, et avec les coupures nécessaires pour donner au canal une pente qui permette aux eaux de s'écouler. Les eaux sont jetées dans ce canal par d'autres canaux secondaires, et par des fossés creusés à ciel ouvert. Ces travaux constituent un état d'asséchement durable, d'un entretien et d'une conservation faciles. Beaucoup de terrains inondés sont devenus ainsi de riches prairies, et même des terres cultivées, produisant d'abondantes récoltes de toute nature.

Cependant on a vu quelquefois des terrains tourbeux, impropres à la culture des céréales, ne plus produire qu'une herbe rare et maigre, au lieu d'une végétation épaisse et fournie, pour avoir été privés inconsidérément du degré d'humidité qui leur était nécessaire.

Vanière a vanté les avantages des desséchements dans les vers suivants :

O ! tibi torpentes si desiccare paludes
Fata darent, cœloque novas ostendere terras !
Semina restituet quanto proh ! fœnore campus
Et limo satur, et longo requietus ab ævo.

(Præd. rust., l. I.)

« Oh ! si tu étais assez heureux pour dessécher des marais stagnants, et pour exposer une terre vierge à la lumière du ciel ! avec quelle abondance les semences te seraient rendues, par un champ engraissé de limon, et
reposé depuis des siècles ! »

Ces vers se rapportent au desséchement d'un
étang, près de Béziers, où une plaine autrefois
couverte par les eaux, était devenue une campagne
fertile.

Les exemples de ces grandes et utiles transformations ne sont pas rares ; et le desséchement de
la mer de Harlem, au moyen de puissantes machines d'épuisement, serait en ce genre le travail
le plus grandiose qui eût été entrepris, et heureusement exécuté, si la Hollande presque tout entière n'était pas un pays conquis sur les eaux.

On est frappé d'étonnement, en voyant les plus
belles prairies du monde s'étendre, comme d'immenses nappes de verdure, partout inférieures au
niveau général des cours d'eau qui les traversent,
et de la mer qui les menace. Il ne suffit pas d'a-
voir resserré les fleuves dans leur lit, contenu la
mer par des digues puissantes ; il faut encore sur-

veiller et entretenir sans relâche ces ouvrages gigantesques, et repousser les eaux qu'amènent l'irruption des hautes marées et les débordements des fleuves. L'eau des pluies a besoin aussi d'être continuellement rejetée, car, si ces terrains étaient abandonnés à eux-mêmes, ils reviendraient bientôt à l'état de lacs, ou de marais fangeux.

Des fossés d'écoulement et de dérivation reçoivent les eaux, qui sont partout presque à fleur de terre. Le trop-plein est porté successivement à un niveau de plus en plus élevé, par d'innombrables machines d'une simplicité extrême, des roues à palettes mues par le vent, que rien n'arrête, dans un pays nu et découvert. Les eaux ainsi refoulées des canaux inférieurs s'élèvent par degré de canal en canal, jusqu'à être rejetées au-dessus des digues, dans les grands courants qui les portent à la mer. On ne saurait trop admirer ces efforts intelligents de tout un peuple, pour conquérir, pour conserver le sol qui fait sa richesse.

S'il se trouve des terres qui, par leur situation, ou par leur nature même, ont besoin des secours de l'industrie humaine, pour être débarrassées des eaux stagnantes, et de l'excès d'humidité qu'elles contiennent, il y en a beaucoup plus qui, par les effets désastreux de la sécheresse, sont frappées de

stérilité, ou ne donnent que des récoltes insuffisantes.

Les arrosements et l'irrigation peuvent seuls
remplacer les effets bienfaisants de la pluie, et
corriger l'aridité du sol ; moyens malheureusement
trop limités, qui ne peuvent être appliqués qu'à
de petits espaces, ou à quelques localités placées
dans une situation tout exceptionnelle.

L'arrosement à la main est un simple travail
de jardinage, dont je n'ai pas à m'occuper ici. A
l'aide d'un tonneau, il peut être pratiqué d'une manière plus étendue, mais c'est encore une ressource
trop restreinte et trop coûteuse, pour être admise
dans la grande culture.

C'est donc à l'irrigation qu'il faut demander des
secours contre la sécheresse. Elle consiste à faire
passer une eau courante, dans des rigoles creusées
à la surface du sol, selon des pentes calculées et
un système général bien établi, afin que toutes les
parties du terrain soient également imbibées. La
première condition, pour que l'irrigation soit possible, c'est d'avoir à sa disposition un réservoir
supérieur, ou un cours d'eau, qui puisse par des
coupures, ou au moyen d'un barrage, se répandre
sur le terrain adjacent. Ces circonstances se présentent rarement, et elles manquent surtout aux
terres sèches et élevées, qui en auraient le plus
besoin.

C'est dans les pays de montagnes, qu'on trouve presque partout la possibilité de pratiquer l'irrigation; des torrents à pente rapide, des chutes d'eau tombant du haut des rochers, permettent de dériver à chaque pas des filets d'eau vive, qui traversent et humectent les champs et les pâturages. Les eaux passent de l'un à l'autre, et répandent une fraîcheur salutaire, qui produit cette riche verdure, cette abondante végétation, à laquelle les pâturages de la Suisse, et ceux de quelques parties de nos montagnes, doivent leur réputation et leur produit.

Partout ailleurs, dans les pays de plaines, l'irrigation ne s'obtient qu'à grand'peine, et ne peut avoir lieu que dans le voisinage des rivières. C'est surtout dans les contrées où les chaleurs de l'été sont excessives, que ses effets sont les plus salutaires et les plus sensibles. Aussi a-t-on entrepris des travaux considérables dans les climats méridionaux, pour établir un système complet et permanent d'irrigation. C'est par des barrages pratiqués sur les grands cours d'eau, qu'on a formé sur certains points de vastes réservoirs, ou qu'on a forcé l'eau des rivières à se répandre dans les vallées.

La plaine aride et pierreuse de la Crau, en Provence, d'autres terrains arrosés par la Durance, certaines parties du Languedoc et du Roussillon, les vastes plaines traversées par le Pô, en Italie,

où la culture du riz réclame une humidité constante, comme auxiliaire de la chaleur ; dans notre
colonie algérienne, les barrages de la vallée du Sig ;
d'autres ouvrages plus étendus, qui doivent pcr-
mettre d'arroser des milliers d'hectares dans la
plaine de l'Habra, de la province d'Oran, offrent
des exemples frappants et considérables des avantages que procure l'arrosement des terres. On a
calculé que, sur beaucoup de points, un terrain
complétement soumis à l'irrigation, produisait un
revenu annuel, égal à la valeur absolue d'un terrain
de nature équivalente, non arrosé.

Virgile, qui avait vécu près des rives du Pô, dans
les campagnes voisines de Mantoue, indique ainsi
le système d'irrigation déjà pratiqué de son temps
pour les récoltes. Après avoir décrit le travail du
laboureur qui vient d'ensemencer son champ, il
ajoute :

Deinde satis fluvium inducit, rivosque sequentes ;
Et quum exustus ager morientibus æstuat herbis,
Ecce supercilio clivosi tramitis undam
Elicit : illa cadens raucum per levia murmur
Saxa ciet, scatebrisque arentia temperat arva.

(VIRG., Georg., l. I.)

Puis d'un fleuve coupé par de nombreux canaux
Il va dans les sillons distribuer les eaux.
Si le soleil brûlant flétrit l'herbe mourante,
Aussitôt je le vois, par une douce pente

Amener du sommet d'un rocher sourcilleux
Un docile ruisseau, qui sur un lit pierreux
Tombe, écume, et, roulant avec un doux murmure,
Des champs désaltérés ranime la verdure.

(Delille.)

Dans les contrées plus tempérées, à mesure qu'on avance vers le nord, l'irrigation devient d'une importance moins générale, on n'arrose ni les céréales ni les terres cultivées, mais seulement certaines prairies situées dans les vallées. Peut-être aussi n'y donne-t-on pas assez de soins, et néglige-t-on mal à propos de mettre à profit l'eau des rivières et des ruisseaux, dont on pourrait utilement disposer.

Pratum si irriguum habebis, fœnum non deficiet.

(Cat.,§ 8.)

« Si vous avez un pré arrosé, vous ne manquerez pas de foin. »

Ce n'est pas seulement contre la sécheresse, que l'eau courante produit sur les prairies un effet salutaire ; elle y introduit un principe de fertilité très-actif, par le limon, par les sels divers, qu'elle charrie et qu'elle dépose. On doit donc commencer même en hiver, sans attendre l'été et la saison des chaleurs, à faire passer l'eau sur les prés. Si les ruisseaux, gonflés par les pluies, charrient une eau bourbeuse, elle pourra déposer un engrais abondant, dont il faut profiter, pourvu que l'herbe ne se trouve pas recouverte d'une couche de limon qu'elle ne pourrait percer.

Une condition essentielle, pour que l'irrigation produise un effet favorable, c'est que l'eau ne reste jamais stagnante, et qu'elle coule partout sans s'arrêter.

Planities maxime talis probatur, quæ exigue prona non patitur diutius imbres aut influentes rivos immorari. Si palus in aliqua parte subsidens restagnat, sulcis derivanda est. Quippe aquarum abundantia atque penuria graminibus æque est exitio. (Col., l. II, cap. XVI.)

« On aime surtout que la surface d'un pré ait une faible pente, telle qu'elle n'y laisse pas séjourner trop longtemps l'eau des pluies, ou celle des ruisseaux qu'on y amène. S'il se forme, sur quelque point, un amas d'eau stagnante, il faut la détourner par des rigoles ; car l'excès et le manque d'humidité sont également funestes à l'herbe. »

Il faut aussi que l'irrigation ne soit pas trop prolongée ; quand la terre aura été bien humectée sur un point, on doit en détourner l'eau, pour la reporter sur un autre. Un pré ainsi abreuvé d'eau, périodiquement à des intervalles réguliers, acquerra une force de végétation prodigieuse ; l'herbe y sera épaisse, elle couvrira de bonne heure la terre, et donnera une récolte de foin abondante, ou repoussera très-vite sous la dent des bestiaux. Les taupes dont les trous seront souvent remplis d'eau, en seront bannies ; il en sera de même d'une multitude d'insectes, et cette humidité constante est un des meilleurs préservatifs contre les dégâts de la larve du hanneton.

Il va sans dire qu'on doit cesser l'arrosement des prés, quelque temps avant qu'on y conduise le bétail au pâturage ; le piétinement des gros animaux sur une terre humide, causerait des dégâts qui seraient difficilement réparés.

Quelques possesseurs de prés et d'herbages blâment le système des irrigations, et prétendent que l'herbe obtenue par ce moyen est moins bonne et moins nutritive que celle qui est produite par un terrain non arrosé. Cette opinion a été énoncée dans les termes suivants par Columelle :

Læto pinguique campo non desideratur influens rivus, meliusque habetur fœnum, quod suapte natura succoso gignitur solo, quam quod irrigatum aquis elicitur, quæ tamen sunt necessariæ, si macies terræ postulat.

(Col., l. II, cap. xvi.)

« Un terrain gras et fertile n'a pas besoin qu'on y amène l'eau d'un ruisseau, et le foin est réputé meilleur lorsqu'il pousse naturellement dans un bon sol, que s'il a crû artificiellement à force d'eau ; cependant l'irrigation est nécessaire si la maigreur de la terre la demande. »

Il y a quelque chose de fondé dans cette manière de voir, quoiqu'on en tire une conclusion exagérée. Il est certain que l'herbe venue sur un sol sec et dans un milieu privé d'humidité est plus substantielle ; elle contient plus de matière solide, et doit perdre moins de son poids par la dessication, que celle qui est devenue épaisse et molle, par une végétation forcée. Mais la quantité de fourrage, fournie par une prairie bien arrosée, est tellement supérieure à celle que donne un pré sec, qu'une comparaison exacte et raisonnée ferait ressortir d'une manière évidente les bons effets de l'irrigation. Il est vrai qu'on peut y suppléer par l'abondance des engrais et surtout par le parcage ; mais l'irrigation rend disponible, pour les autres cultures, l'engrais qu'on en aurait détourné pour les prairies ; elle contribue ainsi à l'amélioration générale et à la prospérité de l'exploitation.

L'irrigation des prairies a été si bien et si élégamment décrite par Vanière, que je crois devoir rapporter ici le passage entier :

Arenti quos prata bibant æstate, parabis
Ante diem rivos, et decrescentibus alveis
Arboreæ frondis tenues imitabere ductus.
Aspicis ut vena fluat e majore canales
In minimos, frondemque liquor prorepat in omnem;
Editiore loco sic grandior alveus amnem

Accipit, ac rivis hinc inde minoribus undam
Dissipat, et late sitientes irrigat herbas.

(Præd. rust., l. VII.)

« Vous préparerez à l'avance des rigoles pour abreuver
les prés, pendant la sécheresse de l'été ; et par la décroissance graduée de ces petits canaux, vous imiterez les ra-
mifications du branchage des arbres. Voyez comme la séve
coule de la veine principale jusque dans les canaux les plus
petits, pour se porter dans tous les rameaux ; ainsi le ruisseau reçu au lieu le plus élevé, dans un lit plus large, disperse son eau çà et là, dans des rigoles de plus en plus
étroites, et arrose au loin les herbes altérées. »

Il est donc extrêmement important pour l'agriculture qu'on puisse user largement de la possibilité d'arroser les terres, et surtout les prairies.
Aussi la législation a-t-elle invariablement attribué
au propriétaire dont le fonds est bordé ou traversé par une eau courante, le droit de s'en servir
pour l'irrigation, et d'en user même d'une manière
absolue.

L'art. 644 du Code civil ne laisse aucun doute à
cet égard.

Art. 644. « Celui dont la propriété borde une eau courante, autre que celle qui est déclarée dépendance du domaine public, peut s'en servir à son passage pour l'irrigation de ses propriétés.

« Celui dont cette eau traverse l'héritage peut même
en user dans l'intervalle qu'elle y parcourt, mais à la charge
de la rendre, à la sortie de ses fonds, à son cours naturel. »

Ce droit, si clairement établi, n'a pas encore paru assez complet et assez étendu. Comme, dans le cas le plus ordinaire, les eaux courantes coulent dans un lit inférieur à la surface des terres riveraines, il est nécessaire d'en élever le niveau par un barrage, pour les obliger à se répandre sur les prairies. Ce barrage peut être fait à volonté, par celui qui est propriétaire des deux rives; mais celui qui ne possède qu'un seul côté du cours d'eau, n'ayant aucun droit sur la rive opposée, une loi spéciale, du 11 juillet 1847, a décidé :

« Qu'il pourra obtenir la faculté d'appuyer sur la propriété du riverain opposé, les ouvrages d'art nécessaires à la prise d'eau. Le riverain sur le fonds duquel l'appui sera réclamé, pourra toujours réclamer l'usage commun du barrage, en contribuant pour moitié aux frais d'établissement. »

Ces différentes dispositions de loi sont précises et concordantes. « Celui dont la propriété est traversée par une eau courante peut en user dans l'intervalle qu'elle y parcourt. »

Il a donc le droit d'y établir un ou plusieurs barrages, sans lesquels le droit d'irrigation deviendrait illusoire, et ne pourrait être exercé.

Celui qui ne possède qu'une des deux rives peut obliger le propriétaire de la rive opposée à souffrir qu'il y soit appuyé un barrage, en faisant régler

par les tribunaux l'indemnité qui pourrait être due ;
mais, si les deux propriétaires sont d'accord, ils
établissent le barrage à frais communs et n'ont aucune autorisation à demander, puisqu'ils agissent
en vertu de la loi.

Cependant ce droit fondé sur des textes si clairs,
ce droit que les législateurs ont voulu étendre, bien
loin de songer à le restreindre, on l'a méconnu,
on l'a annulé par un simple règlement adminis-
tratif, converti plus tard en un décret, qui porte la
date du 5 août 1861. Ce décret met à néant les
dispositions fondamentales de la loi, en ce qui
concerne l'usage des eaux. Il soumet l'exercice
du droit d'irrigation à des formalités d'enquête, et
à toute une filière d'avis et de rapports, bien inutiles dans une question si claire. Il fait dépendre le
droit, d'une autorisation préalable qui en est la né-
gation, car elle pourrait être refusée, si elle doit
être demandée : d'où il résulte que le droit d'arroser
sa propriété, conformément à la loi, devient une
simple concession de l'autorité administrative.

Il suffira de rappeler le § 2, de l'art. 22 du décret, pour en faire ressortir toute la gravité :

« Nul ne pourra planter des pieux dans le lit des rivières,
établir des bâtardeaux, poser des chaînes ou autres barrages, ni faire aucune entreprise quelconque sur les cours
d'eau, sans une autorisation donnée par l'autorité compé-
tente, *sur l'avis de l'administration locale, du syndicat et*

des ingénieurs, sous peine d'amende et de démolition des ouvrages indûment faits. »

Est-il un jurisconsulte qui ne déclare que ces dispositions sont en opposition formelle avec les termes de l'art. 644 du Code civil?

Sous le régime de la loi, si quelqu'un s'est permis indûment une entreprise quelconque sur un cours d'eau, les personnes intéressées en poursuivront la répression devant les tribunaux, qui feront justice. Mais sous l'empire du décret, qu'un propriétaire, pouvant se servir d'une eau courante, et même *en user,* en vertu de l'art. 644, en fasse un usage légal, modéré, nécessaire, il se trouvera, par le simple exercice de son droit, avoir commis une contravention ; il sera exposé à des poursuites et devra être condamné à l'amende.

Si on allègue l'intérêt des usiniers, il est facile de répondre que, si leur droit est fondé sur des titres, ces titres font loi pour les parties auxquelles ils s'appliquent. Mais, si une usine n'existe qu'en vertu du droit commun, du droit qui résulte de l'art. 644, ce droit est primé par celui des propriétaires des fonds supérieurs. L'usinier ne peut prétendre qu'à ce qui reste du cours d'eau, après qu'il en a été fait usage pour l'irrigation des propriétés situées en amont de l'usine.

Le propriétaire des fonds supérieurs est tenu, il

est vrai, de rendre l'eau à son cours naturel ; mais, en supposant le volume d'eau très-faible et le terrain très-sec, l'eau pourra être entièrement absorbée ; c'est là un cas de force majeure dont les usiniers ne peuvent se plaindre, et dont ils doivent subir les conséquences.

Précisons la question par un exemple. Un propriétaire possède, sur un très-petit cours d'eau, une usine et des prés situés au-dessus. Dans les temps ordinaires, il peut faire marcher l'usine et arroser ses prés par intervalles ; mais, l'eau venant à baisser, il juge à propos de supprimer l'usine, et d'employer pour l'irrigation le peu d'eau qui reste. Les usiniers inférieurs sont-ils fondés à demander que l'irrigation cesse, pour qu'on leur livre tout ce que peuvent fournir les sources ?

Quelles peuvent être, dans ce cas, les conséquences du décret ?

On suppose que l'administration a voulu réglementer l'usage des cours d'eau, qu'elle a limité à un jour par semaine, le droit pour un propriétaire de barrer l'eau pour l'arrosement de ses prés. Les eaux sont si basses, que les vingt-quatre heures pendant lesquelles le barrage peut être établi ne suffisent pas même pour que le chenal soit rempli, et que l'eau monte au niveau des rigoles qui doivent la conduire dans les prés.

Faudra-t-il que le propriétaire renonce à l'irrigation, au moment où il en a le plus besoin, pour conserver aux usiniers un mince filet d'eau, auquel ils n'ont qu'un droit entièrement subordonné au sien ?

Il paraît évident que l'art. 644 du code Napoléon tranche la question en faveur de l'agriculture. Dans ce cas, l'article du décret cité plus haut doit être modifié, et il pourra l'être implicitement par la promulgation du Code rural, depuis si longtemps promis, qui devra protéger l'agriculture, et non lui apporter des entraves.

CHAPITRE X.

La météorologie est l'étude des phénomènes atmosphériques qui se produisent à la surface de
notre globe. Ces divers phénomènes, pluie, neige,
ou grêle ; orages, vents et tempêtes, gelée intense,
ou chaleurs excessives, ont une influence si directe et si décisive sur les productions du sol, ils
favorisent ou contrarient tellement les travaux du
cultivateur, que les observations qui s'y rapportent ont toujours occupé ceux qui prennent intérêt aux biens de la terre. La prédiction du temps a
été partout l'objet de recherches, malheureusement
infructueuses, et de préjugés obstinément retenus,
quoique démentis le plus souvent par la réalité des
faits.

Dans tous les temps, l'opinion populaire a considéré la lune comme la principale cause des changements de l'état du ciel, et des perturbations de
l'atmosphère.

On lit dans Virgile :

Ipse pater statuit quid menstrua luna moneret.

« Jupiter lui-même a réglé les avertissements que nous donnent les phases de la lune. »

Il prétendait aussi tirer du soleil des signes certains pour la connaissance du temps.

Sol quoque, et exoriens, et cum se condet in undas
Signa dabit ; solem certissima signa sequuntur.

« Le soleil aussi, soit lorsqu'il se lève, soit lorsqu'il se cache au sein des eaux, te donnera des signes. Les signes que donne le soleil sont toujours certains. »

Et Vanière a dit :

Agrestes moderatur luna labores,
Illius et vario pendet res rustica vultu.
(*Præd. rust.*, lib. X.)

« La lune gouverne les travaux de la campagne ; c'est des aspects divers de cet astre que dépend la fortune du cultivateur. »

Aux avertissements tirés des astres, on en joignait beaucoup d'autres, puisés dans tous les objets que nous présente la nature : dans l'aspect des plantes, dans les mouvements des animaux, surtout des oiseaux, qui, parcourant les plaines de l'air, sont supposés plus sensibles aux influences d'en haut, et devoir ressentir les premiers les signes avant-coureurs des phénomènes. Il n'est pas jusqu'aux moindres objets de la vie intérieure et domestique, auxquels on n'ait cherché à emprunter des pronostics.

Ne nocturna quidem carpentes pensa puellæ
Nescivere hiemem, testa cum ardente viderent
Scintillare oleum et putres concrescere fungos.
(VIRG., Georg., l. I.)

« Même les jeunes filles poursuivant leur tâche nocturne, ont connu l'approche de la tempête, lorsqu'elles ont vu dans leur lampe allumée, l'huile pétiller et la mèche se charger de champignons épais. »

Pline a consacré les derniers chapitres de son dix-huitième livre, à l'indication d'une foule de signes et de présages empruntés au soleil, à la lune, aux étoiles, au tonnerre, aux orages, au brouillard, aux feux qui brillent sur la terre, aux eaux, aux bruits divers qui s'entendent dans les forêts et dans les montagnes ; enfin aux mouvements de la plupart des animaux, à l'état des plantes, et même aux vases servis sur les tables devant les convives.

De nos jours, on admet encore beaucoup de ces

pronostics, quelque incertains qu'ils soient ; et il n'est pas de villageois tant soit peu raisonneur, qui n'ait les siens, dans lesquels il place une confiance souvent trompée, mais jamais détruite.

Parmi toutes ces croyances, la plus générale et on peut dire aussi, la plus rationnelle, est celle qui admet l'influence de l'attraction de la lune, dans ses différentes phases, sur l'atmosphère terrestre, et sur les changements fréquents qui s'y produisent. L'exemple frappant et incontestable de l'effet de l'attraction lunaire, combinée avec celle du soleil, sur le mouvement de flux et de reflux de la mer, et sur la hauteur des marées, suffit ce semble pour justifier l'opinion que la lune doit agir puissamment sur l'air qui enveloppe notre planète, masse fluide bien plus mobile, bien plus impressionnable que la masse liquide de l'Océan. Aussi, pendant les jours pluvieux, au milieu des intempéries prolongées, dont la fin est attendue avec impatience, on entend répéter souvent par ceux que cet état contrarie : « En voilà pour toute la durée de la lune. » Ou bien : « Nous aurons bientôt la nouvelle lune, elle remettra le temps. »

Il s'en faut de beaucoup, cependant, que les changements de temps coïncident avec les phases de la lune ; mais les pronostiqueurs ont une foi robuste : si le temps vient à changer quelques jours avant, ou quelques jours après la lune, c'en est assez pour qu'ils se vantent d'avoir deviné juste, et pour qu'ils se confirment dans une opinion qui s'est formée sans examen.

Sans doute en envisageant la question théoriquement, et sans tenir compte des circonstances qui la modifient, il serait juste de dire, que les forces qui agissent sur les eaux, doivent agir également sur l'atmosphère; mais la mobilité même de l'air, qui doit le rendre extrêmement sensible à l'attraction sidérale, le fait céder à l'impulsion d'un grand nombre de causes très-variables et très-diverses, dont les effets sont tellement complexes, qu'ils échappent à tous les calculs, parce qu'ils n'ont rien de fixe ni de régulier.

Il y a d'ailleurs une différence essentielle entre l'enveloppe atmosphérique de la terre, et les eaux de l'Océan, enfermées dans des limites qu'elles ne peuvent franchir, contre lesquelles elles s'élèvent alternativement, suivant que l'attraction les porte vers un point, ou vers un autre. Si la masse liquide enveloppait la terre solide, comme l'air environne le globe, le mouvement de flux et de reflux ne se produirait pas autrement que par des courants, qui même ne seraient pas remarqués, car le mouvement des marées, qui produit un courant très-sensible, dans le voisinage des côtes, se fait peu sentir en pleine mer.

Si l'attraction sidérale agissait seule sur l'atmo-

sphère, sans qu'on puisse dire avec certitude quels
en seraient les effets, il est à peu près sûr qu'ils
se produiraient avec une régularité parfaite; mais
l'extrême mobilité de l'air amène une agitation, une
perturbation continuelle de la masse, entretenue
par une foule de causes, qui tantôt concourent ensemble, et tantôt se combattent. Il faut compter
parmi ces causes : son élasticité, son excessive
dilatation par la chaleur, sa condensation et sa diminution de volume, sous l'influence du froid.
L'électricité répandue dans l'atmosphère et accumulée dans les nuages, produit des raréfactions
subites, des vides, des courants violents, des tempêtes. Puis l'air, dans son mouvement rapide, à la
surface de la terre, rencontre des obstacles qui
l'arrêtent, qui le refoulent ; il se heurte contre les
montagnes, il tourbillonne, il s'élance vers les
couches supérieures, ou bien il s'engouffre dans les
vallées et se précipite sur les plaines, en balayant
tout sur son passage.

Ces désastreux phénomènes, et tant d'autres qui
affectent si diversement les intérêts, les travaux et
les occupations de l'homme, peuvent-ils être prévus et annoncés d'avance? On peut en douter, car
malgré toutes les recherches qui ont été faites,
malgré les savants calculs des astronomes, malgré
l'admirable précision avec laquelle le mouvement
et la position relative des astres ont pu être déter-

minés, la science n'a pu prévoir les changements
de l'état atmosphérique, et les prédictions des as-
trologues n'ont abouti qu'à accréditer et à justifier
le proverbe : « menteur comme un almanach. »

Cependant un astronome, devenu tout à coup
populaire, M. Mathieu (de la Drôme), affirme qu'il
a découvert la cause des grandes pluies et des tempêtes qui se déchaînent sur le globe, et qu'il peut
les prédire avec certitude ; il a fait l'exposé de son
système dans un annuaire spécial. Ses prédictions
sont fondées sur l'influence des phases de la lune,
influence qui se modifie selon l'heure à laquelle
ces phases s'accomplissent ; c'est ce qu'il appelle
la consécutivité horaire. Ainsi telle phase qui n'aura
aucun effet fâcheux, si elle s'accomplit pendant le
jour, sera désastreuse si elle arrive quelques mi-
nutes avant ou après minuit. La consécutivité horaire est encore aggravée par une autre circonstance
funeste, quand deux ou plusieurs phases arrivent à
des heures identiques, ce qu'il appelle *la corrélation horaire.* La corrélation horaire est donc la similitude d'heure, pour plusieurs phases successives ou rapprochées. La nouvelle lune et le premier quartier, la nouvelle lune et la pleine lune qui
arrivent l'une et l'autre à midi, sont corrélatives.
Il en est de même, si elles arrivent l'une à midi et
l'autre à minuit ; ou l'une à cinq heures du soir et
l'autre à cinq heures du matin. Enfin il regarde

comme corrélatives, toutes les phases séparées entre elles par un nombre d'heures multiple de trois.

Cette théorie assez compliquée, s'appuie sur un grand nombre de faits, constatés par des registres d'observations météorologiques recueillies sur divers points. Le relevé de ces observations, démontre que les époques de grandes pluies et de tempêtes, se rapportent toujours à un changement de phase, accompli à une certaine heure, et que les sinistres sont encore plus redoutables, si cette consécutivité horaire a été précédée d'une corrélation horaire. Par exemple, M. Mathieu (de la Drôme) défie que l'on trouve dans les registres de l'observatoire de Genève, datant du 1ᵉʳ janvier 1796, ou dans ceux des observatoires d'Italie, qui remontent à un siècle et demi, un seul cas de pluies torrentielles, qui n'aient été amenées par le dernier quartier ou la nouvelle lune arrivant vers midi ; ou par le premier quartier vers minuit.

Telle est en substance la découverte de M. Mathieu (de la Drôme) ; et comme il ne prédit l'avenir que d'après les faits observés dans le passé, les prédictions ne peuvent avoir rien de précis, pour les lieux qui manquent d'observations antérieures. Aussi ses prédictions générales sont-elles le plus souvent assez élastiques, pour que les sceptiques prétendent qu'il s'est trompé, tandis que d'autres assurent que tout s'est passé comme il l'avait prévu.

Du reste, il ne se donne pas encore comme infaillible. « Est-il juste, dit-il, de demander à une science qui naît à peine, qui se trouve encore concentrée dans les mains d'un seul homme, ce que personne n'oserait demander à une science ancienne, successivement revue, corrigée, accrue par dix générations de savants? »

On peut s'étonner toutefois, que les astronomes officiels, qui ont à leur disposition des recueils d'observations exactes et suivies, et qui ont pu faire, d'après ces recueils, l'application de la méthode indiquée, ne l'aient pas victorieusement réfutée, s'ils l'ont reconnue fausse, ou n'aient pas déclaré qu'elle leur paraît au moins plausible, si elle a été confirmée par leurs recherches. Il faut sans doute conclure de leur silence sur ces prédictions, qu'ils n'y croient pas?

On voit que la météorologie, malgré les difficultés qu'elle présente, n'est pas restée stationnaire ; elle aspire à sortir de son état d'obscurité et d'incertitude. C'est par l'observation suivie, des faits et des phénomènes, c'est en les rapprochant des conditions astronomiques, en les groupant, en les réunissant pour en former des statistiques d'une exactitude rigoureuse, qu'on espère parvenir à résoudre, au moins d'une manière approximative, le grand problème de la prescience du temps. L'admirable invention de la télégraphie électrique, qui met en rapport presque instantanément tous les observatoires, donne une importance extrême à ces travaux, par le caractère de généralité et de simultanéité qu'elle leur imprime.

Il y a déjà plus de deux siècles, que la découverte de la pesanteur de l'air, avait fait faire un pas immense à la physique; l'application du baromètre à la météorologie, ouvrit un nouveau champ d'observations. On connaît la belle expérience faite en 1647 sur le Puy-de-Dôme, d'après les instructions de Pascal; on sait que deux baromètres, de construction identique, consultés au même instant, l'un dans la ville de Clermont, l'autre au sommet de la montagne, présentèrent un résultat très-différent. Le mercure du baromètre porté sur le haut du Puy-de-Dôme, s'éleva moins que le mercure du baromètre laissé dans la ville, à un niveau bien inférieur. On en conclut que l'air qui compose l'atmosphère terrestre, exerce sur tous les corps une pression proportionnelle à sa hauteur; que le poids de la colonne d'air est la cause directe de cette pression; ce qui explique parfaitement pourquoi, la hauteur de la colonne d'air diminuant à mesure qu'on s'élève, la pression atmosphérique diminue aussi progressivement. Des expériences réitérées ayant confirmé cette explication, le baromètre, comme instrument de précision, a été appliqué partout à la mesure des hauteurs, rapportée au niveau moyen de l'Océan.

Bientôt, on a remarqué que la pression atmosphérique, prise à une hauteur donnée, n'est pas toujours la même ; qu'au contraire elle varie fréquemment, et d'une manière très-sensible. L'observation a fait connaître encore que les époques de plus grande pression, c'est-à-dire celles où la colonne de mercure s'élève davantage dans le tube vide, correspondent ordinairement à un état de calme dans l'air et de sérénité dans le ciel ; tandis que l'abaissement du mercure accompagne ou précède le déchaînement du vent et des tempêtes. Dès lors, le baromètre a été généralement adopté, comme pouvant indiquer par avance les divers changements de temps. L'usage de cet instrument a fait abandonner la plupart des pronostics les plus accrédités ; et on le consulte encore, comme le guide le plus sûr, quoique les indications qu'il fournit soient, à ce point de vue, bien souvent incertaines et insuffisantes.

D'abord, dans les temps variables, le mercure monte et s'abaisse alternativement plusieurs fois par jour, sans qu'on puisse fonder sur ces fluctuations, aucune prévision tant soit peu probable. Quelquefois, le mouvement du mercure ne se manifeste qu'au moment même où le changement s'accomplit, de sorte qu'alors le baromètre indique tout simplement le temps qu'il fait. Ce n'est guère qu'à l'approche des ouragans et des orages violents, qu'un abaissement rapide et considérable ne trompe pas. Il en est de même lorsque le temps s'est fixé avec une grande persistance, soit à la sécheresse, soit à la pluie; dans ce cas, si le baromètre, après être resté longtemps stationnaire, s'abaisse ou s'élève, c'est un signe presque certain d'un changement de temps prochain.

Il est assez difficile de déterminer les causes qui produisent les variations de la pression barométrique, et d'expliquer comment cette pression, plus ou moins forte, peut influer sur l'état calme ou tourmenté de l'atmosphère. On a pensé que l'élasticité de l'air pouvait, à certains moments, acquérir une plus grande force expansive, et exercer ainsi à la surface de la terre, une pression plus considérable; mais il est plus rationnel d'admettre que cette différence de pression vient de la même cause qui la fait varier selon les hauteurs.

Si l'enveloppe atmosphérique de la terre, quelle que soit sa profondeur, était partout d'une densité égale, et avait la forme d'un sphéroïde invariable, la pression observée à des hauteurs données, serait toujours la même; mais on doit admettre qu'il se produit, dans les hautes régions de l'atmosphère, par l'attraction sidérale, ou par d'autres causes

très-diverses, des accumulations ou des montagnes
d'air, qui forment nécessairement des dépressions
sur d'autres points. Si l'on suppose, au-dessus du
niveau ordinaire des couches supérieures, une élévation de l'air égale à la hauteur du mont Blanc,
le baromètre placé au point correspondant, mon-
tera au-dessus de son niveau normal, d'un nombre
de millimètres égal à celui qui marque la différence entre le niveau de la mer et le sommet de
cette montagne. Toutes les fluctuations de la masse
de l'air seront indiquées de même, et dans les
mêmes proportions. Quant au rapport qu'on observe
entre l'état de l'atmosphère et son élévation révélée
par celle du baromètre, on peut croire qu'au moment où l'attraction s'exerce sur un certain espace,
le calme règne sur la terre, au point au-dessus duquel l'air afflue, parce que les couches inférieures
chargées de couches nouvelles, ne sont nullement
déplacées ; au contraire, là où l'attraction est momentanément suspendue, le déplacement des couches supérieures, indiqué par l'abaissement du
mercure, produit des courants violents et une agitation de la masse entière. Il est d'ailleurs constant
que l'irrégularité extrême des effets observés, démontre une irrégularité correspondante et une excessive mobilité des causes qui les produisent.

Le baromètre a donc aujourd'hui une grande
importance pour les observations météorologiques;

on peut voir d'après les bulletins publiés par l'Observatoire de Paris, que c'est par les changements qui surviennent de proche en proche dans la pression barométrique, qu'on essaye de prévoir la marche des ouragans ou tourbillons, qui sont signalés par la télégraphie. Cette manière d'annoncer l'approche des tempêtes par le télégraphe, rappelle la destination des anciennes tours bâties sur de hauts sommets, d'où on indiquait par des signaux, l'arrivée d'un ennemi parcourant les campagnes. La marche des ouragans, comme celle des bandes dévastatrices, peut être irrégulière et imprévue ; elle peut changer brusquement de direction, épargner ceux qu'elle paraissait menacer, et aller frapper tout à coup ceux qui ne l'attendaient pas.

D'ailleurs, ces prédictions ne peuvent jamais se faire qu'à courte échéance, et elles n'annoncent que des sinistres. Mais on est entré heureusement dans une voie nouvelle, et la télégraphie électrique bien employée, pourra sans doute remplacer par des indications plus précises, des données qui ne sont encore que des tâtonnements. Il serait aussi utile de prévoir le beau temps, que d'annoncer le vent et la pluie ; or le beau et le mauvais temps dépendent partout de la direction du vent. On aurait donc fait un grand pas dans la science météorologique, si on parvenait à découvrir et à déterminer la loi des grands courants qui se forment dans l'air.

On objectera que les courants ne sont pas les mêmes, dans les différentes couches de l'atmosphère ; que souvent la girouette indique une direction pour les courants inférieurs, quand des nuages élevés marchent dans une direction opposée. On peut répondre que cet état de l'atmosphère est ordinairement passager, et que, le plus souvent, la masse entière obéit à une impulsion unique et prolongée. D'ailleurs le courant inférieur est le plus important à connaître ; c'est celui qui nous donne la pluie, et qui nous affecte d'une manière réelle et sensible.

Ce qu'on fait dans les observatoires relativement aux variations de la pression barométrique, on pourrait le faire aussi facilement, pour indiquer la direction générale des courants d'air. Dans les temps variables, lorsque le vent est très-inconstant, les indications obtenues ne donneraient aucun résultat significatif ; mais il est d'autres circonstances, particulièrement dans les années excessives en bien ou en mal, où le vent se fixe, avec une persistance remarquable, dans une certaine direction. Il en résulte une continuité de gelée, de sécheresse ou de pluie, qui produit des effets très-marqués sur l'état des récoltes et sur un grand nombre d'industries. En prenant pour exemple ce qui a lieu pour le climat de Paris, on a vu le vent se fixer au nord, ou au nord-est, et rester dans ce rumb pendant un mois et plus. Si c'est en hiver, il amène de ces gelées intenses, qui produisent une recrudescence de misère, et quelquefois la perte d'une partie des récoltes. Si ce vent du nord souffle au printemps, il retarde et contrarie la végétation. En été, il produit de ces sécheresses pendant lesquelles les récoltes languissent, et donnent ensuite un produit peu abondant. Si, au contraire, le vent reste pendant plusieurs semaines au sud, ou au sud-ouest, il donne, en hiver, une saison douce, avec peu ou point de gelées; en été, dans le temps des chaleurs, des orages fréquents et des pluies abondantes, qui contrarient les travaux de fanage ou de moisson. Le vent d'ouest ou de nord-ouest, amène au printemps les giboulées mêlées de grêle, toujours suivies, pendant une nuit claire, de ces gelées tardives, si fatales à la fleur des arbres fruitiers.

Une chose très-remarquable, c'est que le vent d'est et de sud-est, le plus favorable de tous, celui qui amène une température douce et tiède au printemps, et presque toujours un temps calme et serein, ce fortuné vent d'est souffle rarement, sous le ciel de Paris, et a toujours peu de durée.

Quelle que soit la direction du vent, quand il s'est fixé avec constance, pendant plusieurs jours, et qu'il continue à suivre le même courant, les correspondances télégraphiques doivent indiquer quel est le point de départ de ce courant; quelles sont ses inflexions, ou ses changements de direction ; enfin dans quelle contrée il va se perdre.

Par exemple, quand le vent souffle du nord, on pourrait savoir où commence le courant ; s'il vient de la Baltique ou du golfe de Bothnie ; s'il part des montagnes de la Norvége, ou des banquises des mers polaires. Ne pourrait-on pas en découvrir la cause, dans de grands amas de neige ou de glace, et, cette cause une fois connue, indiquer les circonstances dans lesquelles son action doit cesser, puis prédire le moment où un courant plus doux passera sur nos contrées?

Il en est de même pour toute autre direction dominante. Le vent fixé au sud ou au sud-ouest, traverse-t-il la Méditerranée, et nous arrive-t-il de l'Afrique? Vient-il du fond de l'Espagne, ou seulement des Pyrénées? Jusqu'où s'avance-t-il vers le nord? etc., etc. Des cartes anémoscopiques dressées avec soin, sur lesquelles des flèches placées à tous les points d'observation indiqueraient, jour par jour, la direction des courants, nous conduiraient peut-être, au moins pour les courants continus et d'une grande étendue, à connaître leur marche, la cause qui les produit, et les signes qui peuvent faire prévoir leur changement de direction.

Je livre ces réflexions très-sommaires, aux savants qui peuvent en faire une application utile, et leur donner tous les développements qu'elles comportent; mais j'insiste, et je répète que pour les courants variables et limités, tout doit se réduire, comme on le fait à l'Observatoire, à suivre leur marche, et à indiquer les points présumés sur lesquels ils doivent passer, d'après leur direction déjà connue, et suivie pour ainsi dire pas à pas. Il n'en est pas de même pour les vents dominants, qui règnent avec persistance sur une grande étendue de pays. Ceux-là ont une influence heureuse ou funeste, sur les saisons et sur tous les biens de la terre; ils ont des points de départ et d'arrivée certains, que l'on peut déterminer; on parviendra peut-être à connaître la cause qui leur imprime une direction persévérante, et celle qui doit la faire changer.

Pendant que les astronomes se livrent à de savantes recherches, les personnes qui vivent habituellement à la campagne, qui ont un intérêt journalier à connaître l'état probable et prochain du temps, pour peu qu'elles aient l'esprit observateur, remarquent certains signes qui leur font présager l'état du ciel, au moins pour le jour même et pour le jour suivant.

Il y a bien des probabilités générales, qui résultent de la saison même et de la connaissance du climat. Ainsi les auteurs du calendrier républicain faisaient une espèce de prédiction banale, en indiquant de la chaleur en thermidor, du brouillard en brumaire, de la neige en nivôse, de la pluie en pluviôse et du vent en ventôse. Mais il est certains signes particuliers et locaux, desquels on peut tirer des pronostics, pour prévoir, avec une grande probabilité, l'état atmosphérique qui doit suivre.

La direction du vent, l'aspect de l'horizon, sont les premiers indices sur lesquels on peut, comme on dit, « se connaître au temps. »

Dans les mois d'hiver, c'est-à-dire de décembre à mars, la température est toujours assez rapprochée du point de congélation, et on peut assurer, dès que le vent souffle du nord, qu'il amènera immédiatement de la gelée.

En mars et avril, des giboulées, grains mêlés de grêle et de neige, poussées par un vent d'ouest ou de nord-ouest, après lesquelles l'air redevient calme et le ciel sans nuage, sont un signe infaillible de gelée pour la nuit suivante.

Quand le matin la terre est couverte de brouillard, si le brouillard s'élève et forme des nuages, il retombera bientôt en pluie; si au contraire il descend et se dépose peu à peu sur la terre, un soleil splendide se montrera vers midi.

C'est un signe de beau temps, qui a été bien indiqué par Virgile :

At nebulæ magis ima petunt, campo que recumbunt.

« Quand le brouillard s'abaisse et tombe sur la terre. »

Après plusieurs jours de pluie, si le vent qui soufflait du sud-ouest, passe au nord tout à coup, il ramène les nuages, et il pleut encore pendant plusieurs heures consécutives.

Le vent frais du sud-ouest et qui, dit-on, a l'haleine humide, amène la pluie dans l'après-midi, quand le soleil est arrivé dans le rumb du vent.

S'il pleut par le vent du sud-ouest, et que les nuages aient une teinte uniforme, claire et comme transparente, c'est un signe de pluie, violente et prolongée, d'où le proverbe : « Le temps blanc fait revenir le berger des champs. »

Les gelées blanches d'automne, venues par une nuit claire et un temps calme, sont toujours suivies de pluie, après que cette gelée s'est fondue au soleil. Il y a un mot populaire, qui exprime que la gelée blanche sera *lavée*.

On juge que la pluie est prochaine ou éloignée, selon la hauteur des nuages, qu'un œil exercé sait reconnaître. L'abaissement des nuages est une menace de pluie.

La terre très-sèche semble repousser la pluie ; elle empêche les vapeurs de se condenser et de se résoudre. Au contraire, la terre humide appelle la pluie, surtout lorsque la température est élevée.

La grande loi qui gouverne notre atmosphère,

c'est que les divers accidents météorologiques sont alternatifs. C'est ce qu'expriment le dicton populaire : « Après la pluie, vient le beau temps. » Et un autre proverbe campagnard : « S'il fait beau, berger, prends ton manteau. »

Dans les conditions normales, les phénomènes se succèdent et se balancent, de manière à produire des effets modérés, conformes à ceux qui doivent résulter communément du climat et de la latitude. Mais dans les circonstances exceptionnelles, l'équilibre semble détruit ; pour qu'il se rétablisse, il est nécessaire que ce qu'il y a eu d'excessif, soit compensé par un autre excès en sens contraire. Il y aurait donc de grandes probabilités, de voir se vérifier les prédictions qui annonceraient un été sec après un été humide ; un hiver doux après un hiver rigoureux ; une continuité de pluie, après une longue suite de beau temps. Mais, dans ce sens même, toutes les prévisions peuvent être trompées. La moyenne de température et d'humidité ne s'établit que sur un nombre d'années indéterminé et quelquefois très-considérable, de sorte que les temps extrêmes peuvent se succéder indéfiniment et ne reprendre leur cours régulier qu'après de longs intervalles.

Que l'on fasse tous les efforts possibles pour pénétrer les secrets de l'avenir, pour prévoir les désastres et les temps contraires ; mais que le cul-

tivateur ne se plaigne pas trop de l'incertitude
des épreuves qui le menacent, et des dommages
auxquels l'inclémence du ciel expose ses récoltes.
Ce sont ces dangers mêmes qui le tiennent en éveil,
et qui stimulent son activité. Si l'agriculture est
une profession noble et grande, c'est parce qu'elle
oblige celui qui l'exerce, à se montrer prévoyant,
laborieux, intelligent, et surtout résigné et préparé
à tout événement. La lutte continuelle contre l'intempérie des saisons, les perpétuelles menaces des
éléments, doublent le prix du succès et en rehaus-
sent les mérites.

CHAPITRE XI.

CHOIX ET PRÉPARATION DES SEMENCES.

Après avoir cultivé les terres, il faut les ensemencer. C'est là le complément des travaux de la
culture ; c'est l'acte définitif dont le résultat, heureux ou défavorable, doit récompenser le cultivateur de ses soins ou tromper ses espérances. Dans
l'accomplissement de cet acte, plusieurs circonstances essentielles doivent attirer l'attention : — Le
choix et la préparation de la semence. — La saison
et les conditions atmosphériques. — La manière
de pratiquer l'opération, c'est-à-dire le procédé,
manuel ou mécanique, employé pour répandre la
semence et pour la recouvrir.

Parmi toutes les plantes cultivées, c'est le froment dont la semence doit être choisie et préparée
avec le plus de soin. Pour les plantes économiques
et pour celles dont le grain et le fourrage servent
à la nourriture des animaux, il suffit qu'elles lè-

vent bien et végètent d'une manière satisfaisante. Mais le froment doit joindre à un produit abondant, un rendement avantageux en farine, et il faut de plus que cette farine soit de la meilleure qualité possible.

On choisit d'abord, parmi les variétés, ou races les plus productives, celles qui réussissent le mieux dans le pays : celles qui résistent bien à l'hiver, si on habite un climat froid ; celles qui ont une paille ferme et une bonne tenue, si on cultive des terres où le blé verse facilement.

Je n'entreprendrai pas de décrire, ni même d'énumérer toutes les variétés de froment cultivées. Il suffit de dire qu'on peut en faire deux classes, ou divisions principales : celle des froments sans barbes et celle des froments à épis barbus. Ceux-ci, dont le grain est moins estimé, paraissent convenir aux climats rigoureux et aux terres médiocres.

Les blés dont l'épi est dépourvu d'arètes ou de barbes, présentent aussi deux variétés bien distinctes : les blés blancs et les blés rouges.

Les blés blancs ont, à leur maturité, une couleur jaune pâle, et le grain a également un aspect pâle et blanchâtre. C'est à ces variétés qu'appartiennent les blés tendres, qui fournissent les farines les plus belles et les plus recherchées par la boulangerie. L'écorce du grain étant plus mince, ils donnent, à poids égal, plus de farine et moins de son. Mais ces avantages sont balancés par une constitution plus délicate. Les hivers rigoureux les fatiguent, et quelquefois même en font périr une partie. Ils conviennent donc particulièrement aux contrées méridionales; dans le Nord, quoiqu'on se risque quelquefois à les semer avant l'hiver, c'est surtout comme blés de mars ou de printemps qu'on doit les cultiver.

Les blés rouges se reconnaissent à la couleur générale de l'épi, qui prend en mûrissant une teinte d'un rouge doré. Le grain est aussi reconnaissable à cette couleur plus foncée. Ils sont plus robustes, plus rustiques que les blés blancs : ils résistent mieux à l'hiver et aux alternatives de gelée et de dégel. Quand arrive le printemps, ils tallent de manière à regarnir les vides; ils doivent donc être préférés dans les contrées où le froid est vif et prolongé.

Ces froments à grains rouges donnent également une farine très-blanche, et Columelle, dans la phrase suivante, me paraît émettre une opinion singulièrement erronée :

Granum rutilum si, cum diffissum est, eumdem colorem interiorem habet, integrum esse non dubitamus.

(COL., l. II, cap. IX.)

« Si le grain rouge, lorsqu'on le partage en deux, a la

même couleur en dedans, nous ne doutons pas qu'il ne
soit parfaitement sain. »

Pline a reproduit la même erreur quelques années après Columelle, à qui il l'a sans doute empruntée.

Optimum granum quod rubet, et dentibus fractum,
eumdem habet colorem.   (PL., lib. XVIII, sect. LIV.)

« Le grain rouge est excellent quand, rompu avec les
dents, il conserve la même couleur. »

Que diraient nos fariniers, quand on leur présente un échantillon, si, cassant quelques grains
de blé avec les dents, ils les trouvaient rouges à
l'intérieur ?

Quand on a fait un choix judicieux des variétés
de froment qui conviennent au sol et au climat, la
semence doit être bien apprêtée et bien purgée de
toutes graines de plantes nuisibles. Elle doit pro-
venir d'une récolte en parfaite maturité, et rentrée
dans un bon état de siccité. On recherche aussi,
pour semer, les blés de la plus belle qualité ; cependant la semence provenant de blés couchés,
quoique maigre et terne, peut donner un grain de
belle apparence, si la nouvelle récolte ne se trouve
pas dans les mêmes conditions.

Beaucoup de cultivateurs sont dans l'usage de

changer de temps en temps leur semence, parce que, dit-on, les blés semés pendant un certain nombre d'années sur le même terrain dégénèrent ; c'est là une question très-débattue, et qui paraît être restée au moins douteuse.

La cause la plus ordinaire de cette dégénérescence apparente, c'est le mélange progressif qui s'opère d'année en année, de grains de qualité inférieure, ou au moins d'espèce différente, dans les blés de choix qui avaient d'abord été semés purs.

Quelques précautions que l'on prenne, il s'y mêle des grains étrangers venus des champs voisins, soit à l'époque de la semaille, soit au temps de la moisson. Dans les voitures qui servent au transport des récoltes, dans les granges, dans les greniers, ce mélange d'épis ou de grains différents a lieu d'une manière presque inévitable. Ainsi, pour conserver franche une variété avantageuse, il faut en épurer presque chaque année, une certaine quantité de semence, d'abord en abattant avec une faucille les épis de seigle, qui se montrent dans la récolte avant ceux du blé ; puis, en faisant choisir dans les gerbes des épis possédant toutes les qualités requises ; ou même, en faisant trier grain à grain sur une table la semence la plus belle, reconnue à son volume et à sa couleur. Ceux qui ne veulent pas prendre ces soins minutieux, préfèrent acheter quelques blés de choix bien apprêtés. C'est ainsi que l'usage de changer la semence s'est établi et paraît s'être généralisé.

Au reste, cette croyance à la dégénération des semences est fort ancienne, car nous la trouvons clairement indiquée dans les *Géorgiques*, ainsi que l'œuvre de patience, qui consiste à faire à la main un triage des grains les plus beaux.

> Vidi lecta diù et multo spectata labore
> Degenerare tamen, ni vis humana quotannis
> Maxima quæque manu legeret.
> (VIRG., Georg., l. I.)

> Les grains les plus heureux, malgré tous ces apprêts,
> Dégénèrent enfin, si l'homme, avec prudence,
> Tous les ans ne choisit la plus belle semence.
> (DELILLE.)

On a vu, dans l'Introduction, qu'Olivier de Serres croyait à la transformation du froment en ivraie, et à celle de l'épeautre en avoine.

Après lui Vanière a dit :

> Semina degenerant humentibus optima terris.
> (*Præd. rust.*, l. VIII.)

« Les meilleurs grains dégénèrent en terre humide. »

A une époque voisine de la nôtre, J.-J. Rousseau n'a-t-il pas placé en tête de son *Émile*, ce hardi

paradoxe, qu'il jette à la face de la société civilisée ?
« Tout est bien sortant des mains de l'auteur des
choses, tout dégénère entre les mains de l'homme. »

Et un naturaliste de génie, qui était aussi un
grand philosophe, Buffon lui-même a émis sur la
dégénération du blé, une opinion qui, certes, serait
aujourd'hui repoussée par tous les botanistes, par
tous ceux qui se livrent à l'étude des sciences naturelles.

« La nature ne manque jamais de reprendre ses droits
dès qu'on la laisse agir en liberté. Le froment jeté sur une
terre inculte dégénère à la première année : si l'on recueillait ce grain dégénéré pour le jeter de même, le produit
de cette seconde génération serait encore plus altéré ; et
au bout d'un certain nombre d'années et de reproductions,
l'homme verrait reparaître la plante originaire du froment,
et saurait combien il faut de temps à la nature pour détruire le produit d'un art qui la contraint, et pour se réha-
biliter. »   (BUFFON, *Hist. nat. du chien.*)

Une parabole célèbre nous dit ce que peut devenir du froment jeté sur une terre inculte :

« Un homme sortit pour semer son grain ; et,
comme il semait, une partie du grain tomba le long
du chemin, où il fut foulé aux pieds, et les oiseaux
du ciel le mangèrent. Une autre partie tomba sur
un endroit pierreux, et le grain, après avoir levé,
sécha faute d'humidité. Une autre partie tomba

dans des épines, et les épines, venant à croître en même temps, l'étouffèrent. »

Il faut que le grain de blé trouve dans le sol, où il est jeté, certaines conditions d'humidité et de perméabilité, pour qu'il puisse germer, développer sa tige, monter en épi et former son grain. Dans des conditions très-défavorables, le blé dégénère en ce sens, qu'il donne des tiges moins hautes, des épis peu fournis, des grains rares et maigres. Si l'on essaye d'obtenir une reproduction successive, avec cette semence imparfaite, et dans les mêmes circonstances, il arrivera que les grains ne germeront plus, ou qu'ils produiront une plante avortée, qui ne pourra fructifier; mais, tant que la végétation pourra se soutenir, jusqu'au développement de l'épi et à la formation du grain, la plante conservera ses caractères, et les botanistes y reconnaîtront toujours le froment d'où elle est sortie.

On peut juger de la qualité du grain, non-seulement sur l'apparence extérieure, mais surtout par son poids. Le blé de qualité ordinaire contient à peu près les trois quarts de son poids de farine, et un quart de son. Cette proportion de la farine au son augmente avec le poids et diminue avec lui. Ainsi, le blé pesant plus que la moyenne ordinaire, donnera plus de trois quarts de farine; il en rendra beaucoup moins, si son poids s'abaisse sensiblement au-dessous du niveau commun. On peut

donner comme points de comparaison les poids suivants : un litre de blé lourd, ou de première qualité, pesant 781 grammes, le poids d'un litre de blé
médiocre peut s'abaisser jusqu'à 718 grammes.

Quoique les grains des céréales conservent pendant un temps assez long la faculté de germer, on
a généralement adopté l'usage de prendre pour semence des grains de la dernière récolte. Ils sont exposés, soit en gerbes, soit dans les greniers, à
divers accidents. Souvent par des causes que l'on
n'a pas prévues, leur germination manque, en
totalité ou en partie. Cela arrive notamment, quand
on sème des grains *étouffés* ; ce sont ceux qui,
engrangés avec un excès d'humidité, ont été longtemps échauffés par une fermentation trop vive.

Semen optimum anniculum, bimum deterius, trimum
pessimum, ultra sterile.　　　(PLIN., l. XVIII, cap. LIV.)

« La meilleure semence est celle de l'année. Celle de
deux ans est mauvaise ; de trois ans, très-mauvaise ; plus
ancienne, elle est stérile. »

Semina plusquam annicula esse non debent, ne vetustate
corrupta non prodeant.　　　(PAL., l. I, cap. VI.)

« Les semences ne doivent pas avoir plus d'un an, de
peur qu'altérées par le temps, elles ne lèvent pas. »

« Ne faut faire nul estat, pour semence, du blé de deux
ans, peu de celui d'un ; ains convient préférer à tout autre,
le cueilli la mesme année qu'on le sème.

(Ol. DE Serres, 2e l., ch. iv.)

Dans les greniers, le blé est sujet à être attaqué
par un petit insecte coléoptère, appelé charanson
ou calandre, *calandra granaria*. Les grains piqués
par cet insecte ont leur embryon détruit et seraient
semés en pure perte.

On doit éviter aussi de semer du blé noir, ou
infecté par le contact de grains cariés. La carie du
blé est attribuée à un champignon microscopique,
nommé par de Candolle *uredo caries*, par le botaniste hollandais Ditmar, *uredo sitophila* et par l'allemand Nees, *cœoma segetum*. Le cryptogame parasite détruit toute la partie farineuse du grain et la
change en une poussière noire d'une odeur fétide,
qui approche de celle de la chair corrompue. L'é-
corce des grains est amincie et réduite en un glo-
bule capsulaire, qui s'écrase au premier choc. Par
suite du battage et de tous les différents apprêts
qu'on donne au blé, la plupart des grains cariés
disparaissent ; mais la poussière qu'ils contenaient
s'attache aux autres grains et les noircit, surtout à
l'extrémité qui est un peu pubescente, de sorte que
la farine qui en provient est affectée dans sa saveur
et dans sa couleur.

On conçoit qu'un végétal, dont la reproduction

mystérieuse échappe à tous nos moyens d'observation, se multiplie souvent malgré les précautions prises pour en détruire le germe. La semence invisible du champignon destructeur peut se trouver dans la terre même, où l'ont laissée tomber les épis attaqués des récoltes précédentes. Elle est apportée aux champs avec les fumiers, dans lesquels l'ont introduite les pailles provenant des épis malades. Cependant, si les moyens préservatifs auxquels on a recours, ne sont pas toujours suivis de la destruction complète du parasite, leur omission rendrait le mal bien plus grave et bien plus étendu.

L'expérience a démontré que la manière la plus efficace de combattre la carie, est d'en détruire le germe sur la semence même. Pour atteindre ce but, on a recours à divers procédés que l'on désigne sous le nom de *chaulage*, parce que l'emploi de la chaux est le plus généralement adopté, et qu'il est même ordinairement combiné avec celui des autres substances préservatrices.

L'opération du chaulage peut être faite par l'une des méthodes suivantes :

Par le mélange à sec du grain avec de la chaux en poudre;

Par l'immersion dans une eau ammoniacale ou saline, ou dans l'eau de chaux au moment de l'effervescence;

Par l'aspersion de la semence avec de l'eau dans

laquelle on a fait dissoudre du sulfate de soude, ou du sulfate de cuivre;

Par le *pralinage,* qui s'obtient en couvrant de chaux en poudre le grain préalablement humecté de cette eau sulfatée.

Le chaulage à sec, par le moyen de la chaux en poudre, est peu pratiqué. C'est celui qui paraît avoir le moins d'efficacité.

Le chaulage par immersion agit d'une manière favorable, surtout lorsqu'il est complété par l'addition de la chaux en poudre sur le grain mouillé.

L'emploi du sulfate de soude a été particulièrement recommandé par M. Mathieu de Dombasle, dans les conditions suivantes : Il faut, pour mouiller un hectolitre de grain, environ huit litres d'eau, dans laquelle on fait dissoudre 6 ou 700 grammes de sulfate de soude. On verse l'eau peu à peu sur le blé, que l'on remue à la pelle, afin de le mouiller entièrement : on y répand 4 kilogrammes de chaux fusée, ou réduite en poudre, en continuant de remuer le blé, jusqu'à ce que tous les grains se trouvent recouverts de la poussière de chaux qui s'y attache. On le rassemble ensuite, en un monceau conique : dans cet état, il sèche promptement et peut être semé le lendemain.

Le sulfate de cuivre, communément appelé *vitriol bleu* ou *couperose,* paraît avoir une efficacité encore plus grande. Beaucoup de cultivateurs l'emploient seul, dans la proportion de 150 grammes pour huit litres d'eau, quantité nécessaire pour imbiber un hectolitre de grain. On peut y ajouter le pralinage à la chaux, comme il vient d'être dit pour le sulfate de soude.

Cette préparation des semences n'est pas nouvelle. De même que d'autres pratiques, qui ont été conservées, elle est indiquée par Virgile, de la manière la plus claire, dans les termes suivants :

Semina vidi equidem multos medicare serentes
Et nitro priùs et nigrâ perfundere amurcâ.
(VIRG., *Georg.*, l. I.)

J'ai vu dans le marc d'huile et dans une eau nitrée
Détremper la semence avec soin préparée.
(DELILLE.)

L'immersion dans le marc d'huile paraît avoir été abandonnée ; mais l'emploi de l'eau nitrée se rapproche beaucoup des procédés actuels.

Olivier de Serres plaçait ce mode de préparation des semences au nombre des pratiques ridicules ; mais il conseille de laisser tremper pendant vingt-quatre heures la semence de froment, dans de l'eau saturée de fumier.

Vanière a reproduit le procédé décrit par Virgile :

Non puduit crassoque humore resolvere nitrum
Turgidaque infuso medicari semina potu.
(*Præd. rust.*, l. VIII.)

« On n'a pas craint de faire dissoudre du nitre dans de l'eau bourbeuse, et de faire renfler les semences en les arrosant de ce liquide. »

Le froment me paraît être la seule de toutes les plantes céréales, pour laquelle on prenne les précautions de chaulage qui viennent d'être décrites. Ce n'est pas que les autres espèces, le seigle, l'orge et l'avoine, ne soient aussi exposées aux atteintes de la carie et du charbon. Mais le seigle a moins d'importance comme denrée alimentaire ; il entre en mélange dans les farines les plus communes. L'orge et l'avoine ne servent guère qu'à la nourriture des animaux. D'ailleurs la constitution de ces grains est telle qu'ils sont affectés autrement que le blé, et que si la carie cause la perte des épis malades, du moins elle n'a aucune influence fâcheuse sur les épis sains, ni sur les grains qui en proviennent.

On ne rencontre pas dans le seigle, comme dans le froment, des grains dont la substance farineuse se décompose en poudre fétide. Dans certains épis de seigle, un ou plusieurs grains prennent un développement anormal, et peuvent atteindre une longueur de deux ou trois centimètres. Leur consistance devient dure et cornée, leur couleur grise, ou noirâtre. C'est la maladie qu'on nomme l'*ergot*.

Les botanistes ont vu là encore la présence d'un

végétal cryptogame, nommé par de Candolle, *sclerotium clavus*, et par Fries, un savant cryptogamiste suédois, *spermoëdia segetum*. Dans certaines maladies des plantes, la cryptogamie joue à peu près le même rôle que les nerfs, dans quelques maladies de l'homme, dont la cause est inconnue.

Quand les grains attaqués par l'ergot sont en grand nombre, et entrent en quantité notable dans la composition du pain, il en résulte des accidents quelquefois très-graves, qui, par la généralité de leur cause, prennent un caractère endémique. La médecine tire parti, dans certains cas, des propriétés excitantes de l'ergot du seigle, qui exercent sur l'économie animale une action très-énergique.

Il n'y a peut-être pas de plante cultivée dont l'espèce soit plus fixe, plus constante et présente moins de variété que le seigle. On distingue cependant un seigle d'hiver et un seigle de printemps; mais cette distinction n'est peut-être fondée que sur l'époque où l'on juge à propos de semer le grain. Au reste l'usage de le semer au printemps est très-restreint. C'est une culture essentiellement hivernale.

Le poids d'un litre de seigle peut varier, selon la qualité, depuis 688 jusqu'à 724 grammes.

On cultive sous le nom de *méteil*, un mélange de froment et de seigle, réservé ordinairement pour les terres médiocres, et pour celles qui n'ont pas reçu des engrais en quantité suffisante. On l'obtient, en mêlant exactement, avec cinq sixièmes, ou trois quarts de froment, un sixième ou un quart de seigle. Cette semence doit être préparée par le chaulage, comme celle du blé.

Le seigle ayant des tiges grêles, élancées, hâtives, ses épis s'élèvent au-dessus du blé, sans lui nuire sensiblement. Cette réunion de deux céréales de hauteur différente, forme des gerbes garnies d'épis à leur sommet dans une plus grande longueur. Leur produit en grain est supérieur à celui du froment pur. Les cultivateurs nomment ce mélange « du blé à deux houppes. » Les blatiers et les fariniers reconnaissent parfaitement le grain de méteil provenant d'une végétation simultanée. Il est bien supérieur, pour la qualité, à celui qu'on a formé après coup, en mélangeant dans le grenier les deux espèces de grains. C'est ce grain de méteil qui donne le pain bis, ou le pain de ménage des campagnes.

La carie de l'orge ne convertit pas les grains attaqués en cloques ou capsules remplies de poussière noire. L'écorce du grain est détruite, et la substance noire, restant à découvert, est chassée par le vent, ou lavée par la pluie ; de sorte qu'après la récolte, les grains intacts ne se trouvent ni altérés ni noircis.

Les grains d'avoine, ayant une écorce mince et

déhiscente, laissent aussi échapper facilement la carie dont ils sont fréquemment attaqués. On voit souvent dans les champs d'avoine, approchant de leur maturité, un grand nombre de grappes chargées de poussière noire, qui s'attache aux vêtements du cultivateur, ou du chasseur qui les traverse. Cette poussière diffère essentiellement de celle de la carie du blé, en ce qu'elle est sans odeur. On a donné à cette maladie le nom de *charbon*. C'est l'*uredo carbo* de de Candolle, l'*ustilago segetum* de Ditmar, le *reticularia segetum* de Bulliard.

Il est probable que le chaulage préserverait l'orge et l'avoine du charbon, comme il préserve le blé de la carie ; mais, je le répète, la semence du froment est la seule pour laquelle on prenne des soins particuliers de préparation. Pour toutes les autres, on se contente d'avoir égard à la netteté du grain.

Cependant le choix de la semence d'orge et d'avoine est loin d'être sans importance. Il y a entre les nombreuses variétés de ces grains des différences essentielles qu'il faut savoir apprécier.

Les diverses variétés d'orge se distinguent par un caractère particulier facile à saisir. L'épi de l'orge est simple et porte, de chaque côté de son axe, des épillets disposés trois par trois. Quand ils sont tous fertiles, l'épi est composé de six rangs de grains ; c'est la variété dite hexastique, *hordeum hexastichum*. Cette variété se subdivise encore de la manière suivante : Les six rangs sont irréguliers, les deux rangs du milieu de chaque groupe étant plus saillants que les quatre autres : c'est l'orge commune, *hordeum vulgare*. — Les six rangs sont tous égaux : c'est l'orge escourgeon, *hordeum hexastichum*, qui a une sous-variété d'hiver, dite escourgeon d'hiver, *hordeum densum*.

Dans ces trois variétés, la balle est adhérente au grain et tombe avec lui sans se détacher. Dans une autre variété à six rangs, dite : orge nue, orge céleste, *hordeum cœleste*, la balle est fixée à l'axe et se sépare du grain qui reste nu. L'avantage que présentent sous ce rapport les orges à grain nu, est balancé par une plus grande difficulté dans l'opération du battage. On a beaucoup plus de peine à détacher le grain de la balle, qu'à séparer la balle de son axe, dans les variétés à balle adhérente.

Lorsque les deux épillets latéraux restent stériles, celui du milieu de chaque groupe de trois étant seul fructifère, on a la variété appelée pamelle, orge à deux rangs, orge distique, *hordeum distichum*.

On pourrait croire que les variétés dont l'épi porte six rangs de grains sont beaucoup plus productives que celle qui n'en a que deux ; mais l'avortement des épillets latéraux favorise le développement de l'épi en longueur. Il y a communément de cinq à huit grains sur chaque rang, dans l'orge hexastique ; on compte ordinairement au moins quatorze grains sur chaque rang, dans l'orge distique ; et ces grains n'étant pas gênés ni comprimés latéralement, par les rangs voisins, sont moins aplatis, et compensent le nombre par le volume.

Une variété de l'orge distique, appelée *orge Chevalier*, passe pour être remarquable par sa vigueur et par la qualité de son grain.

Au reste, les cultivateurs ne se donnent pas beaucoup de soins, pour rechercher la variété d'orge la plus productive ; et chacun se contente, le plus souvent, de semer celle qu'il a sous la main.

L'escourgeon d'hiver, dont le grain acquiert la qualité propre à toutes les récoltes hivernales, est cependant bien moins répandu que les variétés de printemps. C'est surtout pour les brasseries qu'il est recherché ; pour les usages ordinaires, on préfère le méteil, ou même le seigle, comme semences d'automne.

La qualité la plus précieuse de l'orge réside dans sa précocité, dans le peu de temps qu'elle met à parvenir à sa maturité. Son grain lève en peu de jours, et peut être récolté mûr au bout de soixante-dix ou de quatre-vingt-dix jours. Cette promptitude de végétation permet de la semer jusqu'à la fin de mai, et de préparer la terre par des labours et des hersages qui la disposent parfaitement à recevoir les semences de prairies artificielles.

On peut se rendre compte de la qualité de l'orge par le poids du grain, qui varie de 593 à 656 gr. par litre.

L'avoine le plus généralement cultivée est l'avoine noire commune, *avena sativa*. Elle a une variété très-estimée, appelée avoine de Brie, dont le grain est plus gros, plus pesant, et de qualité vraiment supérieure. L'avoine d'hiver, autre variété de l'avoine commune, ne réussit que dans les contrées où l'hiver est peu rigoureux. Dans le Nord, sa culture, essayée quelquefois, a dû être abandonnée.

On cultive encore une autre avoine à grain noir, dont le caractère est assez tranché pour constituer une espèce. C'est l'avoine de Hongrie ou avoine à grappe unilatérale : *avena orientalis, avena racemosa*. Les épillets, au lieu d'être disposés en panicule lâche, étalée et presque verticillée, sont bien portés, comme dans l'avoine ordinaire, sur des rameaux fixés à l'axe, à des hauteurs différentes, plusieurs ensemble sur un point d'insertion commun; mais ces rameaux sont dressés, presque fastigiés, appliqués contre l'axe, et leurs épillets sont tournés tous du même côté. Ils forment une grappe longue et serrée, inclinée et courbée à la maturité. Cette espèce passe pour être assez productive;

mais son grain est plus maigre et plus léger. Elle a une variété blanche, entièrement semblable au type, pour les qualités générales et pour la forme de la grappe.

Jusqu'à ces derniers temps, les avoines blanches étaient peu recherchées sur les marchés. L'avoine de Géorgie, autre espèce à grains blancs, d'une origine incertaine, paraît destinée à détruire ce préjugé sur la couleur du grain. Celle-ci a le grain gros et pesant, la paille haute et ferme ; elle a surtout une précocité de végétation très-remarquable, qui permet de la récolter plus tôt ou de la semer plus tard. On peut donc la substituer à l'orge, sur les terres qu'on veut préparer par plusieurs façons à être converties en prairies artificielles.

Quelle que soit l'espèce ou la variété préférée, on doit prendre les précautions nécessaires pour la conserver sans mélange. On choisira pour semence du grain bien mûr et bien nettoyé. Il faut aussi qu'il ait été rentré assez sec, au moment de la récolte, pour n'avoir pas fermenté, en meule ou dans la grange ; et surtout, il faut qu'il n'ait pas été trop *javelé*, ou laissé sur terre assez longtemps pour avoir germé avant d'être lié en gerbes.

Un litre d'avoine de bonne qualité doit peser 500 grammes. L'avoine médiocre ou mal préparée, ne pèse quelquefois que 430 grammes le litre. On reconnaît encore la qualité de l'avoine, surtout de celle à grain noir, à la couleur et à l'odeur. Elle doit être d'un noir brillant, à écorce lisse, et glissant bien dans la main. L'avoine échauffée est terne et rougeâtre ; elle a une odeur de poussière ou de moisi. Dans l'avoine germée, on peut voir encore les rudiments desséchés des radicelles qui avaient percé l'écorce.

On compte encore, parmi les céréales, d'autres plantes dont le grain, qui peut être réduit en farine comme celui du froment, sert d'aliment pour l'homme en beaucoup de lieux, soit dans le pain, soit sous forme de bouillie ou de gâteau. Ce sont le maïs, le millet et le sarrasin.

On ne donne à leur semence aucune préparation particulière, quoique le maïs soit quelquefois attaqué par une végétation parasite, *uredo maydis*, dont il serait probablement préservé par le chaulage. Il est vrai que, dans le maïs, cet accident est plus rare et moins étendu que dans le froment.

C'est aussi pour le maïs seulement que le choix de la semence a une importance réelle. Les variétés de cette plante sont très-nombreuses, et il importe de choisir celles qui conviennent au climat et à l'usage pour lequel on les cultive.

Le maïs était connu d'Olivier de Serres, qui le nomme « gros grain de Turquie. » Il nous apprend qu'on le cultivait déjà en Italie sous le nom de *melega, melyca, saggyna* ; aujourd'hui *meliga, saggina*. Il commet sans doute une erreur en lui donnant aussi le nom de *sorgo*, et en le confondant avec la plante indiquée par Pline sous le nom de millet d'Inde. Il paraît démontré qu'il était inconnu des anciens.

Originaire des contrées tempérées et chaudes de l'Amérique, le maïs a besoin d'une certaine chaleur pour parvenir à sa maturité. Si donc on peut se borner, dans les départements du Midi, à choisir les variétés les plus productives, il faut, vers le Nord, donner la préférence à celles qui peuvent parcourir toutes les phases de leur végétation, et mûrir leur grain, pendant les quelques mois dont la température convient à cette plante.

Quoique le nom d'une variété des plus hâtives, le maïs quarantain, semble indiquer qu'il ne s'écoule pas plus de quarante jours entre l'époque de la germination et celle de la récolte, la vérité est que, sous le climat de Paris, les variétés les plus précoces ne peuvent donner leur grain mûr, que trois mois au moins après qu'on les a semées. Encore faut-il que l'été ne soit ni trop froid, ni trop humide.

Les différentes variétés de maïs se distinguent naturellement par la couleur de leur grain jaune, blanc, ou rouge plus ou moins foncé.

Parmi les maïs à grain jaune, le quarantain, le maïs à poulet et le maïs à bec, sont les plus précoces, et peuvent être cultivés pour le grain, sous le climat de Paris. Le maïs de Pensylvanie, remarquable par la hauteur de sa tige et par son produit, demande plus de chaleur.

On remarque, parmi les variétés à grain blanc, le maïs de Virginie et le maïs blanc d'automne. Tous sont assez tardifs, et ne peuvent être cultivés dans le Nord que comme fourrage.

Les maïs à grain rouge n'ont rien de particulier que cette couleur. Ils appartiennent en général aux variétés tardives.

Le maïs peut se semer à la volée, à la manière ordinaire ; mais ce mode de semis rend difficile le travail des sarclages, dont il a plus besoin que toute autre plante. Il est donc préférable de le semer en lignes, ce qui peut se faire à l'aide d'un semoir, si on a un instrument convenable pour cet usage, ou le plus souvent à la main ; on se sert, pour la direction des lignes, des sillons formés par un labour récent, au fond desquels on dépose les grains à la distance convenable, en laissant ordinairement deux sillons vides entre chaque ligne. On peut aussi marcher devant la charrue, et placer les grains, en les enfonçant un peu sur la pente du dernier sillon qui vient d'être ouvert ; la charrue les recouvre en continuant de labourer.

Il y a aussi une autre méthode, qui consiste à tracer des lignes parallèles, convenablement espacées, sur un champ bien préparé et préalablement aplani avec le rouleau. On enterre ensuite les grains sur les lignes avec un plantoir ; on trace les lignes d'une manière expéditive, avec une longue barre de bois, garnie de dents écartées l'une de l'autre à la distance voulue. On traîne cette barre posée sur les dents, comme une herse. On se sert aussi d'un instrument appelé *rayonneur,* muni de plusieurs petits socs qui ouvrent des sillons peu profonds, dans lesquels on dépose les graines.

La distance à observer entre les lignes, et entre chaque pied sur la même ligne, dépend du développement propre aux différentes variétés, et de la destination du semis.

L'écartement des lignes, dans les semis faits en vue du grain , doit être au moins de $0^m,50$ pour les variétés naines, et peut aller jusqu'à 1 mètre pour les plus grandes. Les plantes doivent être espacées entre elles, les premières de 35 à 40 centimètres, et les autres de 50 à 60 centimètres.

Si le maïs doit être coupé comme fourrage avant sa maturité, il peut être semé beaucoup plus serré.

Ou cultive, sous le nom de millet, deux plantes d'espèce bien distincte, dont le grain forme une denrée alimentaire, et sert surtout à la nourriture des jeunes volailles et des oiseaux de volière.

Le millet commun, millet à grappes, *Panicum miliaceum,* Lin., se reconnaît à ses grappes en panicule rameuse, diffuse, inclinée.

Le millet d'Italie, *Panicum italicum*, Lin , *Setaria italica* (Kunth), a sa panicule oblongue, inégalement lobée à sa base, dense et serrée en forme d'épi.

Ces deux plantes se cultivent comme le maïs, pour la graine ou pour le fourrage. On les sème à la volée ou en lignes, de la manière qui vient d'être indiquée. Les lignes doivent être espacées environ de 15 centimètres, et les plantes de 8 à 10.

Le moha ou le millet de Hongrie, *Setaria germanica*, est une variété du précédent, à tiges plus menues, à épi plus grêle, qui convient surtout pour être semée comme plante fourragère.

Le maïs et les millets demandent une bonne terre douce, riche en humus et en engrais.

Ces plantes réclament, pour végéter d'une manière satisfaisante, une température qui ne se rencontre guère sous le ciel de Paris, avant les premiers jours ou le milieu du mois de mai. Dans le Midi, elles peuvent être semées dès la fin d'avril.

> Antè ver seri non possunt, quoniam teporibus maxime lætantur.   (Col., lib. II, cap. ix.)

> « Ces plantes ne doivent pas être semées avant le printemps, parce qu'elles aiment surtout une température douce. »

Le sarrasin (*Polygonum fagopyrum*) est de toutes

les plantes considérées comme céréales, la seule qui n'appartienne pas à la famille des graminées. C'est aussi une plante estivale, qui végète rapidement, et qui doit être semée tard, c'est-à-dire du 10 mai au 15 juin. Le sarrasin est une ressource pour les terres sèches et maigres. Il vient bien dans les sols sablonneux ou calcaires.

Le semis à la volée est le seul en usage. On doit semer plus clair pour récolter les graines, que pour enterrer la récolte en guise de fumier. Il faut aussi semer plus clair dans les bons sols, où la plante doit prendre un développement plus considérable; car une particularité propre au sarrasin, c'est qu'il prolonge sa végétation, et continue à donner des fleurs bien après la maturité des premières graines.

Son grain, qui sert d'aliment dans les pays pauvres, est très-recherché par tous les animaux.

La seule condition à observer pour le choix de la semence, c'est que le grain ait été récolté bien mûr. Par une exception toute particulière au sarrasin, son grain ayant besoin, pour germer, d'un certain degré de chaleur, peut être exposé à l'humidité en automne, et laissé aux champs en meules grossières jusqu'à l'hiver, sans s'altérer et sans germer.

J'émets, en passant, un doute sur l'étymologie du nom botanique de cette plante. On fait venir généralement le nom générique *polygonum*, du grec πολύς, beaucoup, et γόνυ, genou, beaucoup de nœuds. Je pense que le mot *polygonum* a tout simplement la même étymologie que notre mot français polygone, de πολύς, beaucoup, et γωνία, angle ; parce que les grains des polygonées sont presque tous à facettes ou à plusieurs angles. Quant au nom spécifique du sarrasin, *fagopyrum*, que l'on dérive du grec φάγω, je mange, et πυρός, froment, je le tire plus naturellement du latin *fagus*, hêtre, et *pyrum*, fruit ; parce que la graine du sarrasin a exactement, dans de petites proportions, la forme de la faîne ou fruit du hêtre.

La première des conditions pour le choix de toute espèce de semence, c'est qu'elle soit parfaitement nette et épurée, sans aucun mélange d'autres grains, et surtout de graines de plantes nuisibles. Chez les Romains, comme aujourd'hui dans les départements du Midi, le climat permettait de battre et de vanner en plein air. On employait un moyen très-expéditif, décrit par Varron et par Columelle. On se servait pour ce travail de deux outils, dont l'un devait être une pelle creuse, *vallus ;* et l'autre une sorte de pelle très-grande, *ventilabrum*, pouvant au besoin produire l'effet d'un large éventail.

Iis tritis, oportet è terra subjactari vallis aut ventilabris, dum ventus spirat lenis : ita fit ut quod levissimum est in

eo, evannatur foras extra aream, ac frumentum quod est
ponderosum, purum veniat ad corbem.

(VARR., l. I, cap. LII.)

« Quand le grain est battu, il faut le jeter en l'air, avec
la pelle ou le ventilabre, pendant que souffle un vent modéré, de sorte que les parties les plus légères sont chassées hors de l'aire, et que le froment, qui est pesant, arrive
pur dans la corbeille. »

Cùm acervus, paleis granisque mistus, in unum fuerit
congestus, paulatim ex eo ventilabris per longius spatium
jactetur. Quo facto, palea quæ levior est, citrà decidet :
faba, quæ longius emittitur, pura eò perveniet, quò venti-
lator eam jaculabitur. (COL., l. II, cap. X.)

« Quand le tas de grain mêlé de paille aura été rassemblé, on le jettera au loin peu à peu, avec des ventilabres ;
par ce moyen, la paille, qui est légère, tombera plus près.
Les fèves qui seront lancées plus loin arriveront nettoyées
à l'endroit où le vanneur les aura jetées. »

On voit que ces deux systèmes, malgré leur analogie évidente, diffèrent cependant par leurs effets.

Dans le premier, la paille emportée par le vent
est chassée au loin ; dans le second, où l'on agit
sans le secours du vent, c'est le grain qui est porté
plus loin que la paille, par l'impulsion qu'on lui
donne en le jetant.

Quand les circonstances ne permettaient pas
cette sorte de vannage expéditif, on se servait,

comme aujourd'hui, du van, *vannus*, et du crible, *capisterium*.

Ces deux instruments ont été longtemps employés seuls au nettoiement et à l'apprêt des grains, et il faut dire qu'avec certaines précautions et beaucoup de temps, ils remplissaient très-bien leur destination.

Le van a la forme d'un ovale élargi ; il est composé de lames de bois léger, très-minces, ordinairement de coudrier, assemblées avec de l'osier, de manière à former un tissu très-serré. Sur un des côtés, dans le sens du plus grand axe, il est muni d'un rebord haut de vingt centimètres, qui se prolonge en diminuant progressivement de hauteur aux deux extrémités ; de sorte que le côté opposé est plat et sans aucun rebord. Il y a une anse ou une poignée en bois, à chacun des sommets du grand axe.

Pour en faire usage, le vanneur le pose à terre, sur l'aire de la grange ; il y verse une mesure, environ vingt litres, de grain nouvellement battu ; puis, saisissant les deux anses, il enlève le van, en appuyant sur son ventre le côté garni d'un rebord. Alors il imprime, de bas en haut, des secousses régulières et réitérées, de manière à faire sauter le grain à trente centimètres de hauteur, à peu près. Le grain, s'élevant en l'air plus vite que la poussière, la balle et les brins de paille, s'en sépare, et, en retombant, produit un déplacement d'air qui chasse en avant tous ces corps légers, surtout si le travail est favorisé par un courant du dehors, qu'il faut avoir soin de ménager. Le grain ainsi nettoyé, peut être porté au grenier, et n'a plus besoin pour servir de semence, que d'un dernier apprêt qu'on peut lui donner avec le crible.

Le crible est un plateau circulaire, d'un diamètre de 0^m80 à 1 mètre, formé d'une peau de porc, tendue sur un cercle en bois, haut de 8 à 10 centimètres. Cette peau est partout percée à jour, de trous disposés en lignes concentriques, les uns ronds, les autres ovales, d'autres formant des lignes allongées. La grandeur de ces trous est calculée de telle sorte qu'ils donnent passage à la poussière et aux petites graines, et aux grains de blé très-maigres. A un point quelconque du rebord, est passé un bout de lanière, noué en forme de boucle ou d'œillet.

Le cribleur, après avoir versé dans le crible une mesure de grain, écarte les bras et le saisit à deux mains par dessous, en se plaçant du côté opposé à la boucle de cuir. Il passe cette boucle dans un crochet suspendu au bout d'une corde, fixée contre le mur de la grange ou du grenier, à une place convenable. Le crible se trouvant ainsi en balance, on lui donne une impulsion circulaire, accompagnée d'un mouvement d'oscillation, qui agite et fait tournoyer tout ce qui est dessus. Bientôt on voit les grains les plus lourds, obéissant à la force centrifuge, venir se placer autour du petit monceau, tandis que toutes les parcelles légères remontent à la surface, et se réunissent au centre. Le cribleur, arrêtant le mouvement, les enlève avec la main, et les jette. Il recommence ensuite la même manœuvre, jusqu'à ce qu'il ne se présente plus aucun corps étranger à éliminer. En même temps, tout ce qui a pu passer à travers les trous est tombé sur le sol; et le plus souvent, en trois tours de crible, le grain est parfaitement nettoyé et apprêté.

Tels sont les moyens élémentaires mis en usage, depuis l'antiquité jusque dans ces derniers temps, pour l'apprêt des semences, et, en général, pour le nettoiement des grains.

Un premier perfectionnement a été introduit, par la construction des moulins cribleurs appelés *tarares*, qui font simultanément l'office du van et du crible, et agissent d'une manière expéditive et continue.

Le tarare se compose d'un coffre en bois blanc, porté sur quatre pieds, et surmonté d'une trémie, qui laisse échapper le grain peu à peu; on le retient au moyen d'une coulisse, qu'on règle à volonté. Une manivelle à engrenage, tournée à la main, fait mouvoir à l'intérieur, des ailes ou volants en planches minces, qui produisent un courant d'air très-violent, par lequel la poussière et tous les corps légers sont chassés au dehors.

Le grain passe d'abord à travers une grille, qui retient les épis, les brins de paille et tout ce qui est d'un certain volume. Il tombe de là sur une autre grille, qu'on peut changer, et dont les mailles sont calculées selon la nature du grain à nettoyer. Cette grille, sur laquelle le bon grain est arrêté, laisse passer le grain maigre et les petites graines. Les grilles sont agitées latéralement, par le jeu même de la manivelle, au moyen d'une tringle de fer, alternativement poussée par les extrémités d'un taquet tournant, qui leur communique un mouvement de tic-tac. Le grain arrive enfin sur un plan incliné garni d'un grillage serré, sur lequel il glisse, et va se déposer sur l'aire, du côté opposé à celui par lequel la poussière est expulsée.

Toutes les machines à battre, fixes ou mobiles, employées aujourd'hui dans presque toutes les exploitations de quelque importance, sont munies d'un tarare cribleur, mis en mouvement par la force appliquée à la machine. Elles rendent ainsi le grain prêt à être mis au grenier.

Enfin de nouveaux appareils dont l'emploi ne laisse rien à désirer pour la netteté du grain, et pour la bonne préparation des semences, ont été mis à la disposition des cultivateurs, sous le nom de *cylindres-trieurs*.

L'instrument est en effet tout simplement un cylindre long d'un mètre et demi, sur cinquante centimètres de diamètre, formé d'une feuille de zinc
montée sur de légers cercles de fer. Ce cylindre,
ordinairement divisé en quatre parties dans sa longueur, est percé de trous comme un crible. Ces
trous sont différents de forme et de grandeur, sur
chaque division du cylindre. Leur ouverture va en
augmentant graduellement d'une extrémité à l'autre.
Les premiers ne laissent passer que les plus petites
graines, et les grains de blé les plus maigres. Les
seconds donnent passage aux autres graines et à
une plus grande quantité de grains de blé. Toutes
les graines étrangères sont passées, avant d'arriver
à la troisième division, qui laisse déjà échapper du
blé très-pur. Enfin, la quatrième fournit les grains
les plus beaux, qui n'ont pu passer dans les trois
premières.

Le cylindre est monté sur quatre pieds, et légèrement incliné dans le sens de sa longueur; les
trous les plus grands se trouvent à la partie la
plus basse. Une trémie laisse tomber le grain peu
à peu dans l'intérieur du cylindre, du côté le plus
élevé. Il reçoit un mouvement lent de rotation, au
moyen d'une manivelle, de sorte que le grain et
tout ce qui peut s'y trouver mêlé, roule incessamment, par l'effet de la pesanteur, vers le fond du
cylindre en mouvement, passant sans cesse au-des-

sus des ouvertures, avant de parvenir à l'extrémité. Les trous sont calculés de telle sorte, que tous les grains ont passé, là ou là, selon leur grosseur, avant d'avoir parcouru toute la longueur du cylindre. Il n'y a que les corps étrangers, petites pierres, morceaux de terre, brins de paille, qui, n'ayant pu trouver de passage, vont définitivement tomber au bout de l'instrument.

Une demi-enveloppe de zinc, placée au-dessous, est divisée en quatre cases correspondant aux quatre séries de trous. Ces cases, en forme d'entonnoir, laissent tomber les grains dans quatre boîtes posées sous l'appareil, dans lesquelles les quatre qualités séparées occupent leur place distincte.

Avec un instrument de ce genre, bien choisi, chez un bon constructeur, on est sûr d'obtenir des semences parfaitement nettes, et de premier choix.

On prend moins de soins pour les semences des légumineuses et des plantes qui forment les prairies artificielles, que pour les céréales. Les cultivateurs, et surtout les marchands grainiers, en font provision dans les années d'abondance, et les conservent pour les années où ces semences sont rares et d'un prix élevé. Il sera donc prudent, pour celles dont on ne connaît pas l'origine, d'en faire germer une petite quantité, à titre d'essai, avant de les semer.

Les pois (*pisum arvense*), les vesces (*vicia sativa*), le lentillon (*ervum lens minor*), sont fréquemment attaqués par plusieurs espèces de petits coléoptères, du genre *bruche*, dont on reconnaît la présence et les ravages à un petit trou rond, qui pénètre dans l'intérieur du grain. Ces grains piqués doivent être rebutés comme semence : il faut les employer uniquement à la nourriture des animaux.

La vesce et le lentillon ont des variétés d'hiver, qui fournissent un excellent fourrage pour les chevaux et surtout pour les moutons. Il est avantageux d'y mêler un peu de seigle qui soutient leurs tiges et sert à les ramer.

Les graines de luzerne, de trèfle, de lupuline, sont l'objet d'un commerce très-étendu. Les gousses qui les renferment les laissent échapper difficilement, il faut en quelque sorte les pulvériser sous le fléau pour en extraire les graines. Aussi leur préparation en grand demande-t-elle l'emploi d'instruments particuliers, tant pour les battre que pour les trier et les rendre bien nettes. On en sème souvent qui ont plusieurs années. Un œil exercé reconnaît leur ancienneté à leur couleur grise, ou rouge terne. Quand elles paraissent trop vieilles, on doit par précaution, les éprouver, ou les mêler par moitié avec des graines nouvelles.

C'est la seconde coupe de luzerne, moins haute,

moins herbeuse que la première, et plus garnie de fleurs, qu'on laisse mûrir et sécher sur pied pour en tirer la graine. On distingue dans ces graines celles qui proviennent de la luzerne de Provence ou de la luzerne dite *de pays*. Celle-ci passe pour être plus robuste et plus rustique, l'autre fournit des semences de premier choix. On en reconnaît l'origine à certaines plantes méridionales, qui croissent parmi la luzerne, pendant la première année : par exemple, la centaurée du solstice, plante épineuse à fleurs jaunes.

Le trèfle incarnat, ayant des gousses monospermes, enfermées dans un calice velu, dont on les sépare avec peine, mais qui se détache aisément de l'axe de l'épi, on le sème ordinairement en bourre ; c'est-à-dire qu'on laisse la graine enfermée dans sa gousse et dans son calice. Le cultivateur s'en procure donc aisément la semence, en réservant une petite portion de la récolte, qu'on ne coupe qu'après la parfaite maturité.

Il en est de même du sainfoin ou Bourgogne (*hedysarum onobrychis, onobrychis sativa*). Ses gousses épineuses, monospermes, assez grosses, se sèment en nature, sans qu'on prenne la peine d'en extraire la graine. Il suffit de les laisser parvenir à un état suffisant de maturité, avant de faucher le fourrage. Après la fenaison, on le bat sur des toiles, dans le champ même, en frappant légèrement avec des gaules. De cette manière, on a sa provision de graines, avec une légère perte de fourrage, en quantité et en qualité.

On préfère avec raison la variété de sainfoin à deux coupes, plus haute, plus vigoureuse, et qui repousse assez abondamment après la première coupe, pour donner une seconde récolte de quelque valeur.

Un cultivateur soigneux doit emprunter à ses propres récoltes toutes les semences dont il a besoin. Les petites graines de fourrages légumineux, luzerne, trèfle et lupuline, sont peut-être les seules qu'il soit plus avantageux de demander au commerce que de les préparer chez soi, à cause de la difficulté qu'on éprouve à les battre et à les rendre bien nettes. Les autres semences s'obtiennent facilement, et ne demandent que les soins nécessaires, pour que les plantes qui les fournissent soient garanties de tout mélange. On doit les semer dans un champ bien séparé ; si quelques graines des champs voisins s'y étaient introduites, on mettrait à part une partie de la récolte, prise au milieu du champ, au point où aucun grain étranger n'a pu parvenir. Le transport à la ferme, l'engrangement, le battage et la conservation dans les greniers, se feront de manière à éviter tout contact, qui pourrait donner lieu à un mélange de grains, d'espèce ou de qualité différente.

Ces précautions nécessaires demandent des soins intelligents et une attention soutenue ; surtout une distribution convenable et suffisamment espacée, des bâtiments d'exploitation ; mais il en résulte une économie considérable, parce que l'achat des semences est toujours coûteux, les grains bien nets et bien choisis se vendant toujours au-dessus du cours.

Le cultivateur connu comme possédant les meilleures variétés de céréales, comme donnant à la récolte et à l'apprêt des semences tous les soins convenables, peut donc faire d'assez beaux bénéfices, en vendant à ses voisins, ou sur les marchés, des grains de choix possédant toutes les qualités requises. D'ailleurs celui qui sème les grains provenant de ses cultures, n'est pas exposé à être trompé. Il sait l'âge des semences, le degré de maturité, et, en général, les conditions dans lesquelles il les a récoltées. Il connaît les variétés qu'il cultive, leur constitution robuste ou délicate ; l'ensemble de ces connaissances lui permet de choisir le terrain et l'exposition, de régler la quantité de semence à employer, enfin de ne rien laisser au hasard, et de réunir toutes les chances favorables qui peuvent dépendre de la prévoyance humaine.

CHAPITRE XII.

Il est fort important de semer chaque espèce de plantes dans la saison la plus favorable, et de saisir, autant que possible, les conditions atmosphériques qui lui conviennent.

Le temps des semailles se partage en deux périodes distinctes : celle d'automne et celle de printemps. Mais cette division n'est pas d'une exactitude rigoureuse, car on commence ordinairement les semences d'automne avant la fin de l'été ; et les premières semences de printemps se font avant que la saison d'hiver soit entièrement écoulée.

Il semble que pour passer en revue la série des plantes de grande culture, suivant l'ordre dans lequel on les sème, on devrait commencer par les semis des premiers mois de l'année, et parcourir successivement pour chaque mois, les divers ensemencements, qui se font jusqu'à l'hiver. Cette manière de procéder ne serait pas rationnelle.

L'année de jouissance du cultivateur se compte par récolte. Or la récolte d'une année comprend, non-seulement ce qui a été semé dans les premiers mois de cette année; mais, pour la plus grande partie, ce qui a été produit par les semailles d'automne de l'année précédente. Il convient donc de commencer cet examen dans le même ordre que doit suivre le cultivateur qui a pris possession d'une exploitation. Après qu'il a préparé les terres, c'est par les semailles d'automne qu'il commence. S'il a pu récolter en été, sur les labours, quelques fourrages légumineux, cultiver quelques racines, jeter des graines de prairies artificielles dans les céréales de printemps qui ne lui appartiennent pas, c'est qu'il y est autorisé par la clause particulière d'un bail, ou qu'il a obtenu le consentement de celui qui l'a précédé dans la culture, à qui appartient encore toute la récolte de cette année.

Les ensemencements d'automne comprennent des plantes d'une rusticité éprouvée, qui seront exposées, pendant l'hiver suivant, à toutes les intempéries, à toutes les rigueurs possibles de la saison. Ces récoltes hivernées, restant attachées au sol pendant neuf à dix mois, sont mieux élaborées, plus substantielles; elles donnent des produits bien supérieurs en qualité à ceux des plantes printanières, dont toute la végétation doit s'accomplir, depuis la germination jusqu'à la maturité, en quatre ou cinq mois tout au plus.

On sème d'abord, dans les mois de juillet et d'août, les plantes dont le premier développement se fait lentement, et qui ont besoin de prendre du pied avant l'hiver, parce qu'elles doivent monter en fleur et en graine dès le printemps de l'année suivante. C'est la navette (*Brassica rapa oleifera*), cultivée comme nourriture printanière ou comme graine oléagineuse ; le trèfle incarnat (*Trifolium incarnatum*), qui donne un fourrage précoce et abondant. On le sème sur les chaumes, aussitôt après l'enlèvement de la récolte. Un léger labour suffit, ou même un ou deux tours d'extirpateur. A la même époque se sème aussi le colza (*Brassica napus, var oleifera*), plante épuisante, ne rendant pas d'engrais, et bannie des cultures où les terres n'ont qu'une fertilité moyenne. Il demande une terre riche et bien préparée. On en forme ordinairement des pépinières, semées dru sur un petit espace, pour y lever du plant, que l'on repique à la charrue en septembre et octobre, à la distance convenable.

A la fin de septembre, on sème le seigle, suivi immédiatement du méteil. On commence aussi, dès cette époque, à semer du blé par petits espaces, pour y faire parquer les moutons sur la semence.

Vers le 10 octobre, on entre dans les grandes se-

mailles de froment, qui se continuent sans interruption, même en novembre, jusqu'à ce que toute
la sole destinée aux céréales d'hiver soit occupée.
Toute cette sole a dû être cultivée, fumée et fa-
çonnée pendant l'été, de manière à se trouver dans
le meilleur état possible.

Enfin, en même temps que les blés, on sème
encore, si la tenue de l'exploitation le comporte,
une étendue limitée de vesce ou de lentillon d'hiver, quelquefois de gesse chiche ou jarosse (*lathyrus cicera*). Ces récoltes prennent place ordinairement sur un chaume d'avoine en bon état, en
seconde ou troisième année, après un défrichement
de luzerne.

Le blé est peut-être, de toutes les plantes cultivées, celle qui peut rester le plus longtemps sous
terre en germination, et qui, dans cet état, supporte le mieux la gelée. On a vu, quelques jours
après l'ensemencement du blé, le temps se mettre
à la gelée pendant plusieurs mois, et le grain lever parfaitement après le dégel. Cependant, si le
germe n'était pas suffisamment développé, le grain
gelé serait perdu.

Les semailles d'automne diffèrent essentiellement de celles de printemps sous le rapport des
circonstances atmosphériques qui leur conviennent.
Les anciens agriculteurs, qui mettaient volontiers
en proverbes les préceptes qu'ils voulaient popu-

lariser, établissaient ainsi la distinction à faire entre ces deux époques : « Il faut semer le blé à la marette et l'avoine à la poudrette. »

Cette prescription est conforme à l'observation qui a été faite à propos des labours et des hersages : qu'il faut bien se garder de travailler la terre, au printemps et dans l'été, lorsqu'elle est détrempée par la pluie. Elle se scelle et s'encroûte, s'il survient de la sécheresse ; les jeunes plantes lèvent mal dans ces conditions, ou si elles parviennent à percer la terre, elles restent languissantes et se trouvent toujours gênées dans leur développement.

Il n'en est pas de même pour les semis d'automne. Ils peuvent être faits sans inconvénient par un temps humide. On n'a pas à craindre, dans cette saison, que le hâle et la sécheresse durcissent la surface du sol ; il se trouvera d'ailleurs mûri, pendant l'hiver, par la gelée.

Le seigle, cependant, se plaît dans un sol léger, et ne veut pas être semé dans une terre trop lourde. C'est surtout le blé qui aime à percer une terre ferme et rassise. C'est là, outre l'influence de l'engrais, un des bons effets du parcage. Quelquefois, après le séjour des moutons sur la terre semée, la surface en est tellement battue, qu'on se demande comment le blé pourra s'y faire jour. On est bientôt surpris de voir, par un temps doux et brumeux, les petites gaînes qui enveloppent la première feuille, montrer leur pointe sur cette aire plombée. C'est une des meilleures conditions de succès.

Ces principes ont été exposés par Olivier de Serres dans ce distique :

> « Les froments sèmeras en la terre boueuse,
> Les seigles logeras en la terre poudreuse; »

et Columelle a bien indiqué la propriété qu'ont les diverses variétés de froment, de lever et de soutenir leur première végétation d'une manière satisfaisante dans une terre détrempée par la pluie :

> Illa (frumenta) post continuos imbres, si necessitas exigat, quamvis adhùc limoso et madenti solo sparseris, injuriam sustinent.   (Col., lib. II, cap. ix.)

> « Les froments, si la nécessité vous a forcé, après des pluies continues, de les semer dans une terre encore humide et boueuse, supportent bien ce contre-temps. »

Vanière généralise le précepte en ces termes :

> Omnia post imbres, gravidis feliciùs arvis
> Semina nascuntur.
>   (*Præd. rust.*, l. VIII.)

> « Toutes les semences lèvent plus heureusement après les pluies, quand la terre est alourdie. »

Dans une terre légère, au contraire, le blé se soulève sur ses racines, qui lui servent de point d'appui. Quand la terre vient à se tasser par l'effet des pluies, son niveau descend un peu au-dessous du collet des plantes, qui se trouvent déchaussées. Il faut s'empresser d'appuyer cette terre trop tendre, par l'emploi du piétineur, ou du rouleau simple, si on n'en a pas d'autre à sa disposition. Cependant il faut éviter autant que possible d'aplanir, avant l'hiver, le terrain ensemencé, avec le rouleau cylindrique, surtout si le blé est déjà levé ; la terre deviendrait trop plate et trop facilement battue. Les mottes de terre abritent et conservent les jeunes plantes ; lorsqu'on les rabat au printemps, avec le rouleau ou avec le dos de la herse, elles rechargent le blé en le recouvrant d'une légère couche de terre bien mûrie par l'hiver.

Ici nous paraissons ne plus nous trouver d'accord avec les préceptes des *Géorgiques*. Virgile regarde, au contraire, comme une condition très-favorable, que la terre soit sèche et pulvérulente en hiver, humide en été :

Humida solstitia atque hiemes orate serenas,
Agricolæ ; hiberno lætissima pulvere farra,
Lætus ager.

(VIRG., *Georg.*, l. I.)

On regarde le pluriel *solstitia* comme s'appliquant au seul solstice d'été, par opposition au mot *hiemes*, et Delille traduit ainsi :

> « J'aime des hivers secs et des étés humides ;
> L'été, des sillons frais, l'hiver, des champs arides,
> Sont un garant certain de la fécondité. »

On cite de plus un vieux dicton latin, bien antérieur à Virgile, dont le sens est le même :

> Hiberno pulvere, verno luto, grandia farra.

> « Hiver poudreux, printemps boueux, blés plantureux.»

Il faut tenir compte nécessairement de la différence des climats ; quand nous semons, en automne, des blés « à la marette, » ou dans la terre humide, nous avons devant nous l'hiver, qui doit l'assainir par les gelées ou, comme on dit, « la mûrir. »

Dans la plus grande partie de l'Italie, on n'a pas à attendre les bons effets de la gelée, pour mûrir la terre.

> Hìc ver assiduum, atque alienis mensibus æstas.

> «Ici nous avons un printemps prolongé et dans les autres mois l'été. »

On ne peut trouver dans ces conditions rien d'analogue à nos semailles d'automne.

D'ailleurs, le partage des saisons se faisait chez les Romains tout autrement que chez nous.

Varron dit :

Dies primus est veris in aquario, æstatis in tauro, autumni in leone, hiemis in scorpione.

(VARR., l. I, cap. XXVIII.)

« Le printemps commence en janvier, l'été en avril, l'automne en juillet, l'hiver en octobre. »

L'époque indiquée pour les semences est aussi entièrement différente. Elle arrivait deux mois plus tard pour les grains d'hiver, et deux mois plus tôt pour ceux de printemps.

Decembri mense seruntur frumenta, triticum, far, hordeum.

(PALL., l. XIII, § 1.)

« On sème en décembre les céréales, le froment, l'épeautre, l'orge. »

Februario mense serendum omne trimestrium genus.

(PALL., l. III, § 3.)

« Il faut semer en février toutes les espèces de grains de printemps. »

Concluons de ces divergences qu'une sentence

agricole n'est parfaitement exacte que dans la contrée, sous le climat, pour lesquels elle a été formulée.

L'époque de l'ouverture des semailles de printemps est entièrement subordonnée à la durée de l'hiver et au retour de la belle saison. On commence par semer de l'avoine, ou par exception, des blés de printemps. On doit attendre, pour ces premiers semis, que le dégel soit définitivement accompli, et que la terre soit bien séchée par les premiers hâles, et par le soleil, déjà élevé sur l'horizon. Les défrichements de luzerne, faits pendant l'hiver, sont plus tôt que les autres terres en état de recevoir la semence. Ils peuvent être semés souvent dès le mois de février. Le proverbe, « l'avoine de février emplit le grenier, » indique que ces premiers semis sont les plus productifs. Ces défrichements à surface inégale et gazonneuse ne sont pas exposés, comme les autres labours, à se battre et à se plomber par l'effet des pluies de printemps.

A part cette circonstance exceptionnelle des semis sur défrichement, il convient de ne pas se presser, et d'attendre que la surface des labours soit assainie, que la terre se divise bien, et puisse être ameublie par le travail de la herse.

Les semailles de printemps se font donc successivement à partir du mois de mars. Il faut même attendre la fin de ce mois, quand l'hiver s'est prolongé plus que de coutume. On commence par les plus vieux labours, et il est toujours avantageux de semer sur des labours faits quelque temps à l'avance, dont la surface forme une croûte légère que la herse divise. S'il survenait une forte pluie, et que la terre vînt à se battre après que la semence est recouverte, il ne faudrait pas craindre, par un jour de beau temps, de lui donner de nouveau un hersage énergique. L'avoine n'aime pas à avoir le pied serré. Cependant ce travail très-salutaire pour l'avoine, même germée, serait nuisible aux pois et aux autres graines légumineuses, dont le germe se rompt très-aisément.

En même temps que l'avoine et les blés de printemps, on sème, en mars et avril, les pois gris ou bisaille, puis quelques pièces de vesce d'été pour fourrage vert ou pour graine. L'orge se sème vers la fin d'avril et jusqu'au milieu de mai. Il en est de même des graines de prairies artificielles, trèfle, luzerne, lupuline et sainfoin. Elles se sèment dans les terres bien purgées d'herbe, soit avec l'orge, soit dans l'avoine déjà verte, que l'on herse pour recouvrir les petites graines. On continue à semer, à des intervalles égaux, des mélanges de vesce commune et d'autres graines pour le pâturage des moutons. Puis le maïs et le millet, dans les départements méridionaux ; enfin, le lentillon d'été et le sarrasin, qui peut se semer jusqu'au 15 juin, viennent clore la longue série des semis de printemps.

Il ne faut pas perdre de vue que toutes ces indications sont données pour la latitude de Paris et pour les départements situés plus au Nord. Plus les terres d'une exploitation sont froides, à cause du climat, de la nature du sol ou de l'exposition, plus il faut retarder les semailles de printemps et avancer celles d'automne. Le contraire a lieu dans le Midi, où l'on sème les blés en novembre et dé·cembre, et les céréales de printemps, quelquefois dès le mois de janvier.

Frigidis locis autumnalis satio celerior fiat, verna vero tardior ; calidis autem regionibus et autumnalis serior fieri potest et verna maturior.

(PALL., l. I, § 34.)

« Dans les pays froids, on doit avancer les semences d'automne et retarder celles de printemps ; dans les contrées chaudes on peut au contraire semer plus tard en automne et plus tôt au printemps. »

Du reste, on ne doit jamais se laisser attarder dans le travail des semences ; et Vanière a dit avec beaucoup de raison :

Festinata nimis sementis sæpe colonum
Decipit ; at votis nunquam respondet avaris
Serior.

(*Præd. rust.*, l. VIII.)

« Une semence trop hâtive trompe souvent le cultivateur;
mais une semence tardive ne répondra jamais à son espoir
avide. »

C'est le développement d'une sentence indiquée
par Pline :

Festinatam sementem sæpe decipere, serotinam semper.
(PL., l. XVIII, § 56.)

« On est quelquefois trompé en semant de bonne heure,
on l'est toujours en semant tard. »

Tel est le nombre des espèces de plantes alimentaires, économiques ou fourragères; telle est la
diversité de leur nature et de leur mode de végétation, qu'il se trouve à peine dans toute l'année
trois ou quatre mois où le cultivateur n'ait pas à
s'occuper de quelque semis nouveau, sur une partie
de ses terres.

L'époque de cette interruption varie essentiellement selon le climat. Dans le Nord, c'est pendant
les mois d'hiver que tout travail d'ensemencement
se trouve nécessairement suspendu. Daus le Midi,
au contraire, les semis de printemps succèdent à
ceux d'automne, presque sans aucun intervalle.
C'est seulement pendant les mois les plus chauds,
sous l'influence de l'ardeur du soleil et de la sécheresse de l'été, qu'aucune semence ne pourrait
être mise en terre avec succès.

Il est donc bien difficile de tracer à cet égard des règles précises. Elles varient selon le climat, selon l'exposition. L'usage du pays, l'expérience des hommes de la localité, doivent en tous lieux être pris pour guide. Le cultivateur prudent, quel que soit son goût pour les innovations, ne devra modifier l'usage général qu'après des essais raisonnés.

L'opération, toute matérielle, qui consiste à épandre la semence à la surface du sol, et à l'enterrer à la profondeur convenable, n'est pas aussi simple qu'on pourrait le croire. Plusieurs conditions doivent se trouver réunies pour que le travail soit bien fait; il faut que les grains soient également répartis et régulièrement espacés sur toute l'étendue du champ. Il faut encore qu'ils le soient en quantité convenable; qu'ils ne soient pas trop drus, ce qui empêcherait les plantes de taller, et de parvenir au degré de force et de développement qu'elles sont susceptibles d'acquérir; enfin, qu'ils ne soient pas trop clairs, c'est-à-dire éloignés entre eux de manière à laisser des vides, en sorte que toute la surface du champ ne serait pas complétement mise à profit, et ne produirait pas la somme de récolte qu'elle peut donner.

Le moyen le plus anciennement, le plus généralement employé, consiste à jeter la semence à la main, en la lançant et la dispersant au loin, par un mouvement régulier du bras. Pour bien semer, il faut de la pratique, de l'habitude, et on ne peut être un semeur accompli, sans y joindre un degré suffisant d'intelligence.

Avant toute chose, le semeur doit considérer toutes les circonstances qui se présentent. Il doit connaître la quantité moyenne de semence à employer sur un espace donné. Il jugera s'il doit rester au-dessous de cette moyenne, ou s'il doit la dépasser.

Si la terre est saine, ni trop sèche ni trop humide ; si elle est exempte de mottes volumineuses, il se perdra peu de grain ; et si, de plus, la semence est fine ou peu renflée, elle garnira bien, il faut semer à petite dose.

Si, au contraire, le labour présente des sillons profonds et inégaux, s'il y a des tranches de gazon, comme il arrive souvent, dans un défrichement de prairie artificielle, une partie du grain trop enterrée ne lèvera pas. Ajoutons à cette circonstance des grains relativement volumineux, ou très-renflés par le chaulage, il faudra forcer de semence et aller jusqu'au maximum.

Il est presque impossible de fixer avec certitude la quantité précise de semence qu'il faut donner à la terre, selon sa nature et l'état de culture où elle se trouve.

En général, on est porté à semer trop dru. Lorsque des grains nouvellement levés donnent à la terre cette couleur verdoyante qui réjouit la vue, l'apparence sera d'autant plus belle, que la terre sera mieux couverte et le semis plus épais. On s'applaudit tout d'abord, de ne voir dans le champ ni clairières ni espaces vides. Cet aspect flatteur se soutiendra longtemps, et entretiendra la satisfaction du maître, et la bonne réputation du semeur, jusqu'au moment où les plantes devront commencer à former leurs tiges, pour monter en graines ou en épis. Alors, si la terre est pauvre ou de fertilité médiocre, la récolte prendra une teinte jaune, qui se prononcera de plus en plus, jusqu'à ce qu'on voie apparaître des tiges grêles, peu développées, terminées par des épis avortés, contenant quelques grains légers et maigres.

Serendum pingui solo plus, gracili minus, macies enim soli, nisi rarum culmen habeat, spicam minutam facit et inanem.   (PL., l. XVIII, § 55.)

« Il faut plus de semence dans un sol gras, il en faut moins dans un sol maigre, car la maigreur de la terre, si les tiges ne sont pas clair-semées, produit des épis grêles et vides. »

Si la terre, au contraire, est riche par sa nature et par les engrais, la couleur verte persistera, mais les tiges herbacées, pressées, étouffées l'une par l'autre, resteront faibles et sans consistance.

Leur pied, privé d'air et de lumière, s'étiolera, et ne pourra les soutenir; elles se coucheront au premier coup de vent, à la première pluie; et on n'aura, au lieu de bonne paille et de grain de bonne qualité, qu'une récolte herbacée, propre à être fauchée en vert comme fourrage, ou une paille molle et noirâtre, en un mot, de la litière au lieu de grain.

> Luxuriansque seges fallacibus enitet herbis ;
> Nec genibus se deindè suis sustentat ; humique
> Prona jacens, cassis mendax spem fallit aristis.
>
> *(Præd. rust.*, l. VIII.)

«Cette récolte luxuriante s'emporte en herbe trompeuse; elle plie sur ses nœuds et ne peut se soutenir; enfin, couchée sur la terre, elle trompe l'espoir du cultivateur par l'aspect menteur de ses épis vides. »

Un semis décidément trop clair amène des pertes d'un autre genre. Le mal qui se produit le plus communément, c'est l'envahissement de la récolte par les plantes parasites, qui s'emparent des vides. Dans les sols riches et frais, elles pourront même dominer le blé, avant qu'il ait développé ses tiges, au point de l'accabler et de l'étouffer entièrement.

Il y a donc une juste mesure à saisir, et c'est en cela que consiste le vrai talent du semeur. On peut dire en général, qu'il vaut mieux pécher par défaut que par excès de semence. Cependant, cette proposition n'est pas toujours vraie; après un hiver rigoureux, des alternatives fréquentes de gelée et de dégel peuvent avoir tellement fatigué et éclairci les cultures hivernales, que l'avantage resterait à celui qui aurait semé son champ avec excès.

Malgré la possibilité de circonstances exceptionnelles qu'il est impossible de prévoir, il faut se garder de prodiguer la semence. On n'obtiendra de la paille droite, de beaux et riches épis, une abondance de grain de belle qualité, qu'avec une distribution modérée de semence, qui permette aux plantes de taller, de grandir dans toute leur force, dans tout le luxe d'une végétation vigoureuse, dont rien n'arrête et ne gêne le développement.

Vanière rapporte, dans son poëme, que les cultivateurs de son voisinage, auxquels il conseillait de semer clair, lui répondaient par un proverbe : « Petite semence, petite moisson. » Proverbe qu'il reproduit ainsi :

Parcè qui seminat, idem
Parciùs et metet.

Que cependant, sur ses avis persistants, ayant ensemencé quatre arpents, avec la semence qu'ils employaient ordinairement pour un seul, la récolte magnifique qui en provint, dépassa leurs espérances et les frappa d'étonnement et d'admiration.

Une récolte qui doit être fauchée en vert, ou consommée sur place, comme fourrage, demande plus de semence que si elle est destinée à porter graines : on rencontre aussi moins d'imprévu, pour les semis de printemps, qui ne sont pas exposés à toutes les chances si diverses de la saison d'hiver. L'avoine, qui veut particulièrement être semée clair, peut être traitée selon l'état où elle se montrera après être levée. Comme il est d'usage de la herser quand elle a deux ou trois feuilles, on hersera légèrement, si elle est claire; si elle est très-épaisse, on entamera la terre au besoin, jusqu'à arracher les plantes surabondantes.

On a agité souvent la question de savoir si une bonne terre demande plus de semence qu'une mauvaise. Certains cultivateurs sont d'avis qu'il faut mettre beaucoup de semence dans une terre trèsriche, parce que, disent-ils, « elle est en état de « la porter. » Cette opinion peut s'interpréter en ce sens, qu'il est plus fâcheux de laisser des vides dans une bonne terre que dans une terre médiocre; mais, pourvu que la semence ait été également répartie, la récolte, quoique d'abord un peu claire, se garnira mieux dans cette terre riche, qui doit produire des tiges plus fortes et plus nombreuses.

Il est évident que chaque plante produite, par un seul grain, devant occuper plus de place dans un bon sol, il faudra moins de grains, pour l'ensemencer convenablement.

Pinguia arva ex uno semine fruticem numerosum fundunt, densamque segetem è raro semine emittunt.

(PL., l. XVIII, § 55.)

« Dans les sols gras, un seul grain donne naissance à des tiges nombreuses, et une semence claire produit une récolte épaisse. »

C'est aussi l'avis de Columelle ; il dit : « Qu'un « arpent de bonne terre demande ordinairement « quatre mesures de froment ; et que, pour une « terre médiocre, il en faut cinq. »

Jugerum agri pinguis plerum que modios tritici quatuor, mediocris quinque postulat.   (COL., l. II, cap. IX.)

Mais il ajoute : « Que la mesure qu'il indique « n'a rien de fixe, parce qu'elle varie selon les con- « ditions de lieu, de temps ou de climat. »

Nobis ne istam quidem, quam prædiximus, mensuram semper placet servari, quod eam variat aut loci, aut temporis, aut cœli conditio.   (*Id., ibid.*)

Le semeur, avant de commencer son travail,

tiendra compte de la direction du vent. A moins qu'il ne s'agisse de graines pesantes, comme les pois ou la vesce, il doit éviter de jeter la semence contre le vent, qui la repousserait vers lui, surtout s'il sème du blé chaulé : la poussière de chaux lui viendrait au visage, et l'incommoderait sensiblement.

Lorsqu'on a à semer un champ d'une certaine étendue, on y porte des sacs contenant à peu près la quantité de grain que le semeur peut répandre dans sa journée ; on les dispose sur le sol, à des distances calculées pour qu'il puisse remplir son semoir avec le moins de déplacement possible.

Ce semoir est un long tablier de toile, suspendu autour de son cou. Il le laisse pendre jusqu'à terre, et l'étend en se baissant, et même en se mettant à genoux, près de la gueule du sac. Il y verse la quantité de grain qu'il peut raisonnablement porter ; puis il forme, pour retenir le grain, une espèce de poche, en relevant l'extrémité inférieure du semoir. Il la tord et la roule alternativement sur son bras droit ou sur son bras gauche, pour semer tantôt avec une main, tantôt avec l'autre.

Après s'être orienté et avoir *bordé* un côté du champ, c'est-à-dire jeté de la semence le long de la ligne séparative, il marche à pas égaux suivant cette limite, en jetant le grain de droite à gauche, avec la main droite, ou de gauche à droite avec la main gauche. A chaque mouvement d'aller et de retour, d'une extrémité du champ à l'autre, il doit ainsi changer de main, pour continuer à jeter le grain dans la même direction. Il faut donc que les deux bras prennent alternativement une force d'impulsion parfaitement égale ; sous peine de jeter la semence plus loin dans un sens que dans l'autre, ce qui s'appelle barrer, parce que les clairières qui en résultent après que le grain est levé, forment de longues barres dans le sens de la marche du semeur.

Si l'on sème sur le labour, et que le vent permette de suivre la direction des sillons, ils servent de guide au semeur, qui y voit l'empreinte de ses pas. Chaque fois qu'il change de main, il compte un certain nombre de raies pour espacer les tours, et revenir sur ses pas à des intervalles égaux et parallèles.

Si on doit enfouir la semence à la charrue, et que la terre ait été préalablement hersée; ou si le vent oblige à semer en travers des raies, le semeur marque sa direction par des jalons, qu'il change à chaque tour, en les plaçant à la distance voulue, quand il arrive au milieu et aux extrémités du champ.

De nombreux essais ont été faits pour remplacer le travail du semeur par des instruments agissant avec une précision mécanique, et offrant des combinaisons, souvent fort ingénieuses. Il y a des semoirs qui laissent tomber simplement, à la surface du champ, le grain qu'il faut ensuite recouvrir par les moyens ordinaires. D'autres, plus compliqués, ouvrent des sillons parallèles, y déposent la semence et la recouvrent d'un seul trait.

L'usage des semoirs convient particulièrement pour les semis en lignes. La betterave, le maïs, et en général les plantes qui demandent à être largement espacées, peuvent bien être semées à la main, à l'aide d'un cordeau ou du rayonneur, mais le travail se fera toujours mieux et plus vite avec un semoir. Un instrument de ce genre est indispensable pour la culture en lignes des céréales.

Il est vrai que ce système de culture est peu répandu. On n'en trouve guère d'exemple que dans certaines fermes expérimentales, dans des exploitations modèles, où l'on recherche plus la perfection apparente que le profit réel. Le semis des céréales en lignes, qui a pour motif principal la facilité des sarclages, est plus coûteux, et cependant moins productif, parce que les intervalles qui séparent les lignes, rendent la récolte moins serrée, et, par conséquent, moins abondante que celle d'un champ semé à plein.

Aussi, malgré les nombreux essais et les sacrifices faits par des inventeurs, aussi zélés qu'industrieux, pour perfectionner la construction des semoirs mécaniques, l'usage de ces instruments n'a pas pu s'établir, ni se généraliser.

On trouve, dans les ouvrages spéciaux, la description d'un grand nombre de semoirs, la plupart fort ingénieux, parmi lesquels il faut placer au premier rang le semoir Hugues, qui porte le nom de son inventeur.

Ce semoir, traîné par un cheval, est monté sur trois roues. Une grande roue placée en avant, au milieu de l'instrument, sert à le conduire au lieu du travail, et à le diriger quand il est en action. Deux petites roues se trouvent en arrière et servent de point d'appui. Deux trémies, ainsi partagées en deux corps, pour laisser la place nécessaire au mouvement de la grande roue, sont appliquées sur deux cylindres en métal, dont l'un porte trois et l'autre quatre séries d'alvéoles creusées sur la circonférence. Chaque série présente cinq cavités, de grandeur ou de numéros différents, proportionnées à la grosseur des graines qu'elles doivent recevoir, depuis celles de luzerne ou de navette, jusqu'au maïs et aux féverolles. Des coulisses en cuivre, ajustées au fond des trémies, laissent tomber les graines sur les cylindres, qui sont assez mobiles, pour qu'on puisse facilement mettre les alvéoles du numéro convenable en rapport avec les coulisses. Les cylindres, au moment où l'on veut semer, sont mis en mouvement par la roue principale, au moyen d'une excentrique. Un mécanisme très-simple, un bouton à pousser, dégage les cylindres de l'excentrique et les rend immobiles, de sorte qu'ils ne tournent que quand on est disposé à semer.

Les graines, reçues par les alvéoles, s'échappent au-dessous du cylindre, et s'engagent dans des tubes de tôle, qui les conduisent au fond des sillons, ouverts par une rangée des petits socs placés derrière le semoir. Chaque soc est suivi par un râteau, ou griffe, qui rabat les bords du sillon et recouvre les graines ; de sorte que le travail est complet et achevé d'un seul coup.

On peut varier la distance entre les rayons, de la manière suivante : on peut semer les sept rayons, ce qui a lieu pour les céréales. On sème quatre rayons, en fermant les 2ᵉ, 4ᵉ et 6ᵉ tubes, ou bien, on sème trois rayons seulement, en ne laissant tomber les graines que par le tube du milieu et ceux des extrémités.

M. Hugues, avocat du barreau de Bordeaux, a parcouru en poste toute la France, portant son semoir sur sa voiture, et multipliant ses expériences sur tous les points. De nombreux rapports ont fait ressortir les avantages du semoir. On a constaté une économie de semence d'un tiers ou de moitié, et presque toujours, un produit plus considérable en gerbes et en grain.

Cependant le semoir Hugues n'a pas été admis

dans la pratique générale. Ni la perfection de l'instrument, ni les sacrifices faits par l'inventeur pour le faire connaître et pour le populariser, n'ont pu changer les habitudes, ni vaincre l'indifférence des cultivateurs. Cela tient à plusieurs causes, qu'il est peut-être utile d'examiner rapidement.

Ceux qui ont besoin d'un semoir dans leur exploitation, par exemple, pour la culture très-étendue des betteraves, préfèrent un semoir spécial, approprié à la semence de cette plante, à un instrument plus compliqué, semant toute espèce de grains. Puis, la culture en lignes et le sarclage obligé des céréales n'ayant pas prévalu, l'utilité du semoir s'est trouvée fort contestable; au moins a-t-il cessé d'être considéré comme un instrument nécessaire.

Reste la supériorité des produits constatée dans les expériences. On doit certes rendre toute justice à la sincérité, aux lumières de ceux qui les ont dirigées ou qui en ont été les témoins; mais il faut bien le dire, il n'y a guère d'expériences concluantes que celles dont les résultats sont confirmés par une pratique suivie, et par un usage devenu général, ou au moins, très-étendu.

Quand on met en présence dans des essais comparatifs, des systèmes différents, des procédés nouveaux et des usages anciens, c'est une sorte de champ clos qu'on ouvre pour les concurrents.

Ceux qui présentent, qui protégent l'invention nouvelle, se font, même sans le vouloir, ses parrains et presque ses champions.. Avec la meilleure intention du monde, on la traite avec faveur, et, comme on le disait autrefois, on lui laisse l'avantage du vent et du soleil. Il faut donc accueillir avec réserve les résultats de toutes ces épreuves. Elles ont toujours quelque chose d'inconnu, qui échappe à l'examen le plus consciencieux. Elles rendent, il est vrai, témoignage de l'activité des esprits, du besoin d'amélioration et de progrès qui se fait sentir dans toutes les branches des arts et de l'industrie ; mais il faut attendre pour que le jugement soit devenu définitif et sans appel, qu'il ait reçu la sanction du temps, et qu'il ait été ratifié par l'opinion et par l'approbation des hommes de pratique.

On comprendra d'ailleurs que l'usage des semoirs mécaniques ne se soit pas généralisé, en considérant qu'ils ne peuvent pas être confiés au premier venu ; que leur emploi demande une certaine habitude et certaines précautions ; qu'ils ne fonctionnent pas également bien dans toutes les circonstances, dans les terrains montueux ou couverts de pierres, dans les gazons, dans le fumier ; qu'ils sont sujets à se déranger et à des accidents fréquents, sans qu'il soit possible de trouver partout des ouvriers capables de les réparer ; tandis qu'il n'y a pas d'exploitation agricole, petite ou grande, où l'on ne trouve un homme initié à l'art de semer.

Et, d'ailleurs, avec quel semoir obtiendrait-on la variété infinie des combinaisons que peut offrir la main du semeur, le plus parfait des instruments, quand elle appartient à un homme intelligent?

Faut-il semer dru ou des graines volumineuses, du blé, des pois, le semeur ouvre la main toute grande, et prend à pleines poignées. Il peut semer plus clair, en serrant un peu la main; ou bien, il prend les graines avec les cinq doigts rapprochés. Il diminue progressivement, en les saisissant avec quatre doigts ou avec trois; ou, enfin, pour les graines très-fines, avec l'index et le pouce seulement.

> Vasto semen qui dissipat agro
> Pro variâ tellure, manus nunc laxat, et idem
> Parcius effundit presso nunc semina pugno.
> (*Præd. rust.*, l. VIII.)

« Celui qui épand la semence dans l'étendue d'un champ, selon la nature différente de la terre, tantôt ouvre la main et tantôt retient le grain pour semer plus clair, en serrant le poing. »

Ces divers moyens si simples, quoique si variés, se combinent encore avec la marche du semeur, qui peut laisser entre chaque tour, c'est-à-dire entre l'aller et le venir, un intervalle plus ou moins grand, d'un, de deux ou de trois pas. Enfin, il peut, dans sa marche, faire de grandes ou de petites enjambées ; et, comme le mouvement du bras correspond à celui des jambes, les jets de semence se trouveront d'autant plus nombreux, qu'il aura fait plus de pas pour aller d'une extrémité à l'autre.

Avec de la réflexion et de l'intelligence on obtient ainsi une variété d'effets qui ne laisse rien à désirer. Mais un semeur ne devient sûr de lui que par l'expérience, et après avoir rectifié successivement ce que ses premiers essais pouvaient avoir de défectueux.

Artis cujusdam est æqualiter spargere. Manus utique congruere debet cum gradu.

(PLIN., l. XVIII, cap. LIV.)

« Il faut une certaine adresse pour semer également. Le mouvement de la main doit toujours s'accorder avec le pas. »

La semence une fois jetée sur la terre, on doit la recouvrir le plus promptement possible, car elle est exposée à être enlevée par tous les oiseaux granivores ; et, s'il survenait tout à coup des pluies excessives, il serait difficile de terminer le travail d'une manière satisfaisante. S'il s'agit d'un champ un peu étendu, on n'attend pas même qu'il soit ensemencé tout entier ; mais dès qu'une partie a reçu le grain nécessaire, on commence à le couvrir, à la suite du semeur.

On se sert, pour enterrer la semence, de la charrue ou de la herse. La saison étant arrivée, si une terre, d'ailleurs en bon état de culture, est plate ; si le dernier labour est trop effacé pour qu'on puisse semer sur raies ; si, la terre ayant été parquée depuis peu, l'engrais est resté à la surface ; si elle est couverte de fumier non encore enfoui ; alors, après qu'on a semé, on l'ameublit par un léger labour et on enterre tout à la fois l'engrais et la semence.

Dans des terrains très-légers, comme on en rencontre dans certains cantons voisins des Ardennes, où les semailles s'appellent « les couvraines, » on recouvre toujours les semences avec la charrue. On se sert, pour ce travail spécial, de petites charrues légères tirées par un seul cheval.

Lorsque la terre est, au contraire, très-alourdie par les pluies, si on peut craindre qu'elle ne puisse se ressuyer convenablement, il vaut mieux encore enfouir le grain par un labour, sur lequel on n'aura pas à revenir, que de fouler et piétiner un sol gras et boueux, par des hersages réitérés.

Pour hâter le travail, dès qu'un côté du champ a été garni de semence, on y met la charrue, et souvent même une seconde charrue à la suite de la première, de manière à ouvrir deux sillons à la fois ; jusqu'à ce que le semeur ayant pris l'avance, le second attelage puisse *enrayer* à quelque distance du premier.

Ce labour sur semence se fait vite, parce qu'il n'offre pas de résistance. Quand il est terminé, et quelquefois même, avant qu'il le soit entièrement, on le rabat par un ou deux tours d'une herse légère à dents de bois.

Ces sortes de labour se font souvent sans oreille, parce que la charrue privée de son oreille, fouille la terre, sans la retourner ; de sorte que le grain se mêle à la terre meuble et s'y répand également, au lieu de tomber au fond des sillons et de s'y amasser en lignes serrées.

Ce genre de travail a été bien décrit par Vanière :

Leviore bubulcus
Vomere scindat humum ; neque sulcis obruat altis
Semina, vix almas dein eruptura per auras.
(*Præd. rust.*, l. VIII.)

« Le laboureur entamera légèrement la terre avec le soc ; et il ne doit pas enterrer profondément les semences, de peur qu'elles n'aient de la peine à percer et à venir un jour. »

Puis il ajoute :

Cratibus æquet agros glebasque infringat inertes.

« Ensuite il doit niveler le champ avec la herse et briser
les mottes inutiles. »

Sauf les cas particuliers qui viennent d'être indiqués, on prépare les terres dans le mois qui précède la saison des semailles, par un labour fait
avec soin, dit : « labour à semer. » C'est sur ce labour fait à l'avance qu'on sème le grain, pour le
recouvrir de suite avec la herse. On se sert de
herses de bois, si la surface du labour est tendre
et se laisse entamer facilement ; si elle était un peu
durcie, il faudrait employer la herse à dents de
fer. Quelquefois même, quand le labour est déjà
ancien, et qu'il a été battu par les pluies, on a recours à l'extirpateur dont l'effet est plus énergique.
Le travail de l'extirpateur doit toujours être achevé
par un ou deux tours de herse.

La herse doit passer au moins quatre fois sur
le champ ensemencé, pour le mettre dans l'état
convenable : deux fois dans un sens, et deux fois
dans une direction transversale. On commence le
plus souvent par herser dans la longueur des sillons,
pour ne pas *délabourer* la terre, en la hersant en
travers ; ce qui a lieu, quand la herse relève la
terre et les gazons, et les replace dans la position
où ils étaient, avant d'avoir été retournés par la
charrue. Cependant, quand on herse derrière le
semeur il faut nécessairement se conformer à sa

marche, soit qu'il suive les sillons, soit qu'il sème en travers du labour.

Si le terrain a une pente prononcée, on doit, autant que possible, donner le dernier coup de herse en travers de la pente ou, du moins, obliquement, pour éviter le dommage que pourraient causer les eaux, en coulant trop rapidement dans les petites rigoles, formées par les dents de la herse, à la surface du champ.

Après le dernier hersage, si la terre se trouve sèche et trop légère, il sera bien de l'appuyer avec le rouleau piétineur. Le passage des moutons produira aussi un excellent effet, toutes les fois qu'on pourra leur faire traverser le champ nouvellement semé, sans difficulté et sans fatigue pour le troupeau.

Avant de quitter son champ ensemencé, le cultivateur prévoyant pense déjà à l'époque où il devra être moissonné. Si ce champ est peu étendu, il n'y a lieu de prendre aucune précaution particulière, en vue de la moisson future ; mais s'il est assez vaste pour réclamer le travail distinct de plusieurs hommes, ou de plusieurs sociétés de moissonneurs, on procède immédiatement, avant même que le grain ait germé, à le diviser d'une manière apparente, en plusieurs espaces réguliers, où les moissonneurs pourront faire leur tâche séparément, et chacun pour soi.

Nous appelons cela, dans nos cantons de l'Oise, « tirer des enraiements, » ce qui se pratique de la manière suivante :

A partir d'une des limites du champ, et vers le milieu de sa longueur, on mesure une distance de vingt-cinq à trente pas, plus ou moins, selon le nombre des divisions qu'on veut établir. On marque cette distance par un jalon ; puis on mesure la même distance plus loin, vers l'extrémité, où l'on place un autre jalon très-apparent. Une charrue attelée ayant été amenée au bord du champ, dans la direction indiquée par les jalons, on place le soc sur terre, bien droit dans l'alignement. On serre la charrue, pour qu'elle ne se débraque pas en marchant, c'est-à-dire pour que le soc ne tourne ni à droite ni à gauche. Si quelqu'un la suit pour la tenir droite, l'opération en sera plus régulière. Alors, le semeur ou le maître lui-même, ou un homme ayant le coup d'œil juste, se met à la tête des chevaux, qu'il prend par la bride, un de chaque main, et marche en les conduisant droit sur la ligne des jalons. Arrivé à celui du milieu, il le jette de côté et continue à faire avancer la charrue vers le dernier jalon qu'il ne doit jamais perdre de vue.

Parvenu à l'extrémité opposée à son point de départ, il se trouve avoir tracé à la surface du champ un sillon peu profond, mais assez marqué pour qu'on le voie encore au temps de la moisson.

On mesure alors une nouvelle distance, égale à la première, et on marque encore par des jalons une ligne parallèle à celle qui vient d'être tracée ; on y conduit la charrue, en soulevant le soc, de manière à la faire porter sur les roues seules, et on ouvre, en revenant en sens contraire, un sillon semblable au premier.

On trace ainsi, selon l'étendue du terrain, un certain nombre de raies parallèles, que les moissonneurs reconnaîtront, avant de commencer leur travail, et qui formeront une série de pièces séparées, qu'ils ont l'habitude de se partager, en les tirant au sort.

Ces divisions doivent aboutir à un chemin, ou à la partie du champ la plus accessible. Si la terre était de qualité très-inégale, on s'arrangerait, autant que possible, pour répartir le bon et le mauvais dans toutes les divisions, afin de rendre le travail égal entre les moissonneurs.

La terre ainsi conduite depuis les premiers travaux de culture, jusqu'à ce qu'elle ait reçu la semence, n'attend plus, pour produire d'abondantes récoltes, qu'une égale et bienfaisante distribution d'humidité et de chaleur. L'homme a accompli son œuvre ; le reste dépend de la Providence.

CHAPITRE XIII.

CULTURE DES RACINES.

Les racines occupent une place trop importante dans l'agriculture moderne, pour qu'il soit possible de ne pas dire quelques mots de leur multiplication, par les semis, ou par la plantation des tubercules.

On admet dans la grande culture, pour la production des racines ou des tubercules : les betteraves, les panais, les carottes, les navets, les pommes de terre, et dans des proportions très-restreintes, le soleil tubéreux, ou topinambour.

Les betteraves, autrefois destinées uniquement à la nourriture du bétail, tiennent sans contredit le premier rang, depuis qu'elles ont pris place dans l'économie industrielle, pour la fabrication du sucre et de l'alcool.

C'est un fait acquis aujourd'hui, et hors de doute, qu'on peut extraire de la betterave du sucre cristallisable, dans des proportions telles, que la production du sucre indigène pourrait faire une concurrence redoutable au sucre de canne. Il en est de même de la fabrication de l'alcool, qui prend de jour en jour plus d'extension et plus d'importance. Ces deux grandes industries sont un bienfait pour l'agriculture ; elles ouvrent aux cultivateurs une source de profits toute nouvelle, et d'autant plus féconde, que les résidus, c'est-à-dire la pulpe, ou la partie solide des racines, procurent une nourriture abondante, avidement recherchée par le bétail.

Lors des premiers essais qui ont été entrepris, des agronomes et des chimistes éminents en ont fait l'objet de leurs critiques ; ils ont condamné cette découverte, et ont prétendu que jamais l'industrie n'en pourrait faire une application utile et étendue.

J'extrais ce qui suit d'une note du célèbre Parmentier, sur le passage dans lequel Olivier de Serres parle de l'introduction de la betterave :

« Il n'y a pas lieu de présumer que nos plantes
« d'Europe, particulièrement les racines potagères,
« puissent jamais valoir la peine et les frais de
« l'extraction en grand du sucre, en supposant
« même que la betterave soit celle qui en donne le
« plus, et que, par des procédés particuliers, on
« vienne à bout de doubler sa quantité, parce qu'il

« faudra toujours, pour le débarrasser de ses en-
« traves muqueuses et extractives, déchirer les
« réseaux fibreux où il est renfermé, employer
« les dépurations, les clarifications, les filtrations,
« les évaporations; toutes opérations qui ne man-
« queront pas de détruire une partie notable du
« principe sucré, et réduiront toujours les tenta-
« tives de ce genre à un travail de pure curiosité.
« Mais, dira-t-on, si l'on est forcé de renoncer à
« l'extraction en grand du sucre de la betterave,
« il sera toujours possible de retirer de cette ra-
« cine, de l'eau-de-vie. Mais des expériences au-
« thentiques viennent de répondre encore à cette
« objection; elles prouvent sans réplique que cette
« eau-de-vie reviendrait constamment à des prix
« trop élevés..... Laissons à nos colonies le soin
« d'extraire de la canne le sucre, ce sel que la
« nature y a déposé avec une si grande abondance;
« propageons les pommes de terre, les betteraves,
« la carotte, et ne les cultivons surtout que pour
« la nourriture de l'homme et des animaux. »

(*Extrait de la note* 34 *du* Théâtre d'Agriculture, *p*. 450
   du tome II, édition de 1805.)

On voit que l'heureux apôtre de la pomme de
terre a été pour la betterave un mauvais prophète.
Ces jugements anticipés, démentis par les perfectionnements apportés aux procédés et aux appa-

reils de fabrication, prouvent combien il est difficile de prévoir les résultats possibles du progrès des sciences, et de leur application à l'industrie.

Lorsque l'on entreprend en grand la culture de la betterave, si l'on n'a en vue que d'obtenir un supplément de fourrage, on cultive de préférence la betterave champêtre, et en général, les variétés dont le volume est le plus considérable. Pour les fabriques de sucre et pour les distilleries, on choisit celles dont la pulpe est moins aqueuse, et qui rendent davantage à poids égal. On rencontre surtout ces conditions dans les variétés d'une grosseur médiocre, comme la betterave blanche, la blanche à collet rose, la jaune, et la variété dite betterave de Silésie.

On se procure ordinairement la graine chez les marchands. Si l'on veut la récolter chez soi, il faut, au moment où on arrache les racines, prendre celles qui appartiennent à la variété préférée, dont la forme est parfaite et le volume convenable. On les place debout, dans une cave bien saine, en les couvrant de sable jusqu'au collet. Au printemps suivant, lorsque les gelées ne sont plus à craindre, on les plante dans une bonne terre de jardin. La tige se développe et monte pendant l'été ; on récolte les graines successivement, à mesure qu'elles mûrissent. Une seule plante peut fournir de 200 à 250 grammes de graine.

Le semis pourrait être fait à la volée, mais les deux ou trois sarclages que demande la plante seraient alors difficiles à exécuter ; et surtout, ce mode de semis exclurait entièrement l'emploi des sarcloirs expéditifs. On sème donc généralement en rayons, en employant un des moyens déjà indiqués pour le maïs. On peut se servir avec avantage d'un semoir, si l'on en possède un qui fonctionne convenablement.

Les graines étant couvertes de saillies ou d'aspérités, qui les disposent à s'accrocher l'une à l'autre, elles ne glissent pas facilement dans le semoir et sont sujettes à tomber plusieurs ensemble. Pour éviter cet inconvénient, on a proposé de les soumettre à un frottement énergique, destiné à mettre la graine à nu, en la dépouillant de son péricarpe. C'est un moyen peu employé, à cause des soins et des frais qu'il demande.

Il en est de même de la préparation qui consiste à plonger les graines pendant un ou plusieurs jours, dans un liquide alcalin, afin de hâter leur germination. Ce procédé doit être employé avec précaution. L'immersion ne doit pas être trop prolongée, et la graine doit ensuite être semée sans retard, de peur qu'elle ne s'échauffe et qu'au lieu de lever plus vite, elle ait perdu la faculté de germer.

La fin d'avril, ou la première quinzaine du mois de mai, est l'époque la plus favorable pour le semis. On peut semer en pépinière et lever le plant, quand il est assez fort pour être repiqué. Cette méthode n'est guère usitée dans la grande culture. Comme il est rare que dans les semis en lignes, le plant ne se trouve pas trop serré et qu'il ne faille pas l'éclaircir, au moment des sarclages, on a toujours du plant surabondant, qui peut servir pour former des lignes nouvelles, ou pour regarnir les vides. Ces betteraves repiquées reprennent très-bien, et si l'opération est faite convenablement et par un temps favorable, elles diffèrent peu par leur volume de celles qui sont restées en place.

La distance à laisser entre les lignes doit varier, selon la fertilité du sol et le volume de la variété cultivée. Cette distance est communément de 50 à 60 centimètres, et les plantes sont espacées entre elles, sur chaque ligne, de 20 à 30 centimètres.

La betterave demande un sol profond et riche en engrais consommés. Dans quelques variétés, le collet de la plante se soulève, et la racine acquiert un volume bien plus considérable hors de terre, que dans la partie qui y reste cachée. Ces variétés doivent être surtout recherchées pour les terrains qui ont peu de profondeur.

On a vu dans le chapitre des assolements que la culture de la betterave, comme celle des racines en général, est une excellente préparation pour les céréales qui lui succèdent. Cependant, dans certaines exploitations plus industrielles qu'agricoles, où cette plante est l'objet essentiel et principal de la culture, on sème des betteraves sur le même terrain pendant plusieurs années consécutives, sans qu'on remarque aucune diminution dans le produit. Cette dérogation aux principes a besoin d'être justifiée par le succès, et surtout par le but spécial qu'on se propose.

La racine du panais est une excellente nourriture pour le bétail; mais la culture de cette plante paraît être limitée à quelques parties de la Bretagne; et elle s'est fixée surtout dans les îles anglo-normandes de Jersey et de Guernesey. Le panais demande une terre profonde, fraîche, et cependant saine. Il se cultive comme la carotte, on le sème à la volée, ou en lignes. Les graines sont fortement aplaties et entourées d'une aile, ou bord membraneux très-développé. Il est essentiel de n'employer que de la semence de l'année précédente.

On ne cultive en grand que le panais long, variété perfectionnée de l'espèce sauvage, plante vorace, qui infeste souvent les récoltes, surtout l'avoine, dans les terres sablonneuses ou calcaires.

Les carottes, autres que celles cultivées comme plantes potagères, sont destinées uniquement à la nourriture des animaux. On les donne quelquefois aux chevaux, qui en sont avides. Les principales variétés cultivées en grand sont : la jaune longue, la rouge longue et la carotte blanche à collet vert. Celle-ci est plus productive que les autres, mais elle est plus aqueuse et moins parfumée.

Les graines étant toutes hérissées de soies ou d'aiguillons, sont assez sujettes à se pelotonner plusieurs ensemble. Il est nécessaire pour les semer à la main, et même à l'aide du semoir, de les faire bien sécher et de les frotter dans les mains, ou entre deux toiles, pour les débarrasser de ces aspérités. C'est pour cette plante que l'emploi d'un semoir mécanique est le plus utile, parce que son premier développement se fait très-lentement, et qu'elle serait bientôt étouffée par les mauvaises herbes, sans les sarclages réitérés, pour lesquels le semis en lignes est presque nécessaire. Les lignes doivent être écartées de 35 à 50 centimètres, selon le volume probable que doivent acquérir les racines.

On peut cependant aussi, avec une grande économie de main-d'œuvre, semer les carottes à la volée, dans une récolte d'orge, d'avoine, ou d'autres plantes de printemps ; mais il est indispensable que la terre ait été bien préparée, bien fumée, et surtout bien purgée d'herbes nuisibles. Encore ne doit-on compter que sur un produit relativement peu considérable, qui paraît satisfaisant, parce

qu'il est en quelque sorte dérobé et obtenu à peu
de frais.

La carotte se sème plus tôt que la betterave ; à
partir du 15 mars, quand la terre est assez ressuyée. On obtient la graine par le moyen indiqué
pour les betteraves, c'est-à-dire qu'on replante
au jardin des racines de choix conservées pendant
l'hiver, qui monteront en graines cette seconde
année.

Les navets comprennent un grand nombre de
variétés, dont les principales sont le navet de
Suède ou *rutabaga*, et le navet à racine ronde ou
turbinée, appelé *turneps*. Ces plantes sont peu cultivées en France, parce qu'elles demandent un sol
frais et un climat humide, et que la sécheresse ordinaire de nos étés leur est contraire. C'est en
Suisse, en Belgique, dans le nord de l'Allemagne,
et surtout en Angleterre, que la culture des navets
est le plus répandue.

En Angleterre principalement, elle est l'objet de
soins minutieux et de procédés dispendieux, dont
l'imitation me paraît offrir peu d'avantages. La
manière la plus simple et la plus économique de
cultiver le navet, c'est de le semer à la volée sur
la jachère en mai et juin, ou après une récolte hâtive, enlevée de bonne heure, à la fin de juin ou en
juillet. On entame le chaume par un ou deux tours

d'extirpateur, et on recouvre la semence par un léger hersage.

Les graines, comme toutes celles des crucifères, étant très-fines, l'ensemencement coûte peu. La culture indiquée est d'ailleurs si peu dispendieuse qu'on peut, sans inconvénient, essayer d'obtenir ainsi une récolte, dite dérobée, qui pourra être à l'automne une utile ressource pour les troupeaux. En cas de non-réussite, la perte sera peu sensible : la terre n'a pas souffert et l'assolement n'a pas été dérangé.

Les pommes de terre sont, comme le maïs, une production que les anciens ne connaissaient pas, et que nous devons à la découverte du nouveau monde. Leur culture a aussi une importance de premier ordre. Si elle occupe moins d'espace que celle de la betterave dans certaines exploitations, qui font de cette plante une spéculation particulière, elle est bien plus généralement répandue, et on peut dire qu'elle est devenue à peu près universelle.

Il n'est pas d'exploitation, grande ou petite, qui n'ait son champ de pommes de terre. On les cultive comme légume et comme denrée alimentaire ; comme plante industrielle, pour la fabrication de la fécule ; ou enfin pour la nourriture du bétail ou de la volaille.

Olivier de Serres a décrit, sous le nom de *car-*

toufle, la pomme de terre, qui, dit-il, « est venue de Suisse en Dauphiné depuis peu de temps en çà. » Le célèbre Parmentier contestait à la plante qu'il avait prise sous son patronage, une date d'introduction si ancienne. Il a prétendu que le cartoufle d'Olivier de Serres était le topinambour.

Voir la note 76 *du sixième lieu, signée P., page 466 de l'édition du* Théâtre d'agriculture, *de* 1804-1805.

La seule raison plausible qu'on puisse donner de cette opinion est fondée sur ce passage de la description : « De chacun cartoufle sort une tige, fai- « sant plusieurs branches s'eslevans jusqu'à cinq « ou six pieds, si elles n'en sont retenues par pro- « vigner. »

Encore peut-on supposer qu'il s'agissait alors d'une variété de pommes de terre vigoureuse et à très-longues tiges. Tout le reste s'applique à la pomme de terre, et pas du tout au topinambour.

« La plante ne dure qu'une année, dont en faut « venir au refaire, chacune saison.»

On sait que le topinambour a les racines vivaces, et qu'elles repoussent chaque année, au point qu'on a de la peine à en débarrasser la terre où on l'a une fois planté.

« On provigne la tige avec toutes les branches « dès qu'elles ont atteint la hauteur d'un couple de « pieds; d'icelles en laissant ressortir à l'aër quel- « ques doigts, pour de là continuer leur ject, et

« icelui reprovigner à toutes les fois qu'il s'en
« rend capable. Continuant cela jusques au mois
« d'août, au quel temps les jettons cesseront de
« croistre en florissant, faisant des fleurs blan-
« ches. Le fruict naist quand et les jettons, à la
« fourcheure des nœuds, ainsi que glands de
« chesne; il s'engrossit et mûrit dans la terre, d'où
« on le retire en ressortant les branches provignées
« sur la fin du mois de septembre, lors estant par-
« venu en parfaicte maturité. »

Les tiges droites et robustes du topinambour se
prêteraient bien difficilement à être provignées de
la manière indiquée. Ses fleurs sont jaunes; il ne
donnerait pas de fruits à la fourchure de nœuds.

« Aucuns ne prennent la peine de provigner cette
« plante; ainsi la laissent croistre et fructifier à vo-
« lonté, cueillant le fruict en sa saison. Mais le
« fruict ne se prépare si bien à l'aër que dans
« terre. »

La pomme de terre donne à l'air des fruits globuleux qui ont l'apparence d'un tubercule « mal
préparé. » Le topinambour ne donne, à l'air, aucun fruit semblable, et y mûrit rarement ses
graines.

Enfin, dernière et décisive considération, le car-
touffle, selon Olivier de Serres, est venu de Suisse
en Dauphiné, et la pomme de terre porte encore

en Suisse le nom allemand de kartoffel, qui se prononce comme cartoufle.

Il faut donc reconnaître, quoi qu'en ait dit Parmentier, que la pomme de terre a été introduite et cultivée, en France, à la fin du seizième siècle ou dans les premières années du dix-septième.

On doit être dirigé, dans le choix des variétés de pommes de terre, par le but qu'on se propose en les cultivant. Ces variétés sont extrêmement nombreuses.

Pour la consommation domestique et pour la vente sur les marchés, on plante d'abord quelques variétés précoces : la pomme de terre Marjolin, la truffe d'août, la rouge et la jaune de Hollande. Un peu plus tard, celles qui réunissent dans le produit la quantité à la qualité. On peut citer, dans cette catégorie, la pomme de terre Ségonsac et la Schawe, variété ronde, à pulpe jaune, riche en fécule et d'une précocité moyenne. On recherche surtout, pour la nourriture du bétail, celles qui donnent les plus gros tubercules, ce qui a lieu souvent aux dépens de la qualité; car leur valeur ne doit pas être calculée sur le poids brut, mais sur la quantité relative de matière sèche et de fécule qu'ils peuvent rendre. On distingue, parmi les variétés les plus remarquables par leur produit, la patraque jaune et la blanche, et la pomme de terre de Rohan, importée de Suisse il y a environ trente ans.

La pomme de terre se reproduit de graines et par la plantation des tubercules.

Le semis des graines n'est guère employé que pour avoir des variétés nouvelles, préférables à celles que l'on possède. On a aussi essayé ce mode de reproduction, dans l'espoir de régénérer la plante, et d'obtenir des tubercules exempts de la maladie qui l'a attaquée presque partout, depuis un certain nombre d'années.

Malgré les savantes recherches qui ont été faites, cette maladie est encore inconnue, dans ses causes et dans son essence. Les plantes obtenues de semis n'en ont été guère plus exemptes que les autres.

Plusieurs moyens ont été indiqués pour en prévenir le retour. Ils consistent surtout à préparer les tubercules, au moment de la plantation, à peu près comme la semence du froment, par le chaulage.

Ainsi, on a proposé de les plonger dans de l'eau de chaux, de les saupoudrer de chaux fusée, ou de fleur de soufre, de les enduire d'une substance ammoniacale ou azotée. Tous ces procédés ont été l'objet d'expériences peu concluantes; on a généralement abandonné la maladie à elle-même. Elle paraît être, fort heureusement, dans une période de décroissance assez sensible.

Quand on se décide à semer, on doit récolter les graines, autant que possible, sur des variétés réunissant les qualités qu'on recherche le plus, sous le rapport de la précocité, de la qualité ou de la quantité du produit. Ces graines sont contenues en grand nombre dans des baies globuleuses de couleur verte, devenant jaune, à la maturité. Il en est qui montrent rarement leurs fruits, d'autres même qui n'en donnent jamais. On fait sécher les graines après les avoir débarrassées de la pulpe qui les environne.

Leur semis est moins une entreprise de grande culture qu'un simple travail de jardinage. On choisit une planche de terre meuble et riche. On y trace au cordeau, des rayons dans lesquels on disperse les graines. On rabat un peu la terre des rayons, et on couvre toute la planche d'une légère couche de terreau. Le plant doit être sarclé soigneusement et convenablement éclairci. On récolte les jeunes tubercules à la fin de l'été, pour les replanter l'année suivante. On met à part ceux qui paraissent avoir des qualités particulières.

La plantation en grand, ou faite en vue de la récolte, se fait toujours au moyen des tubercules. On doit préférer ceux de grosseur moyenne et laissés entiers. Les plus gros peuvent être coupés en deux ou en quatre morceaux ; mais il est plus avantageux de les réserver pour la consommation. Les très-petits donnant des plantes plus faibles et d'un produit plus restreint, quand on n'en a pas d'autres à sa disposition , il est bon d'en mettre deux ou trois ensemble pour chaque touffe.

L'époque la plus favorable pour planter est du 15 avril au 15 mai. Si les yeux ont déjà développé des bourgeons, il faut faire en sorte de les conserver sans les rompre ; la végétation n'en sera que plus hâtive. Si les pousses naissantes sont déjà trop avancées pour n'être pas cassées pendant le transport et pendant la plantation, il vaut mieux les détacher avec précaution ou les couper près d'un œil.

On peut, en plantant les pommes de terre, les enterrer à la main ou avec la charrue. Dans tous les cas, le terrain doit être bien préparé, c'est-à-dire suffisamment ameubli par les labours, et purgé d'herbes ; il peut avoir été fumé d'avance, ou le fumier peut être enfoui au moment même de la plantation.

La plantation à la main se fait à l'aide d'une bêche ou d'une fourche. Elle occupe deux personnes : celle qui tient l'outil, et celle qui dépose les tubercules en terre. Cette partie de la besogne peut être faite par une femme ou par un enfant.

On commence par marquer la direction de la première ligne avec un cordeau tendu, près duquel on ouvre, en un ou deux coups de bêche, de fourche ou de houe, un premier trou, profond de 10 à 15 centimètres. L'enfant portant au bras un panier plein de pommes de terre, en jette une au fond du trou. Au même moment, l'ouvrier principal perce un second trou, à la distance de 40 ou 50 centimètres. Il en rejette la terre dans le premier trou, et recouvre ainsi le tubercule qui s'y trouve. Le travail se continue ainsi très-rapidement : l'enfant plaçant un tubercule dans chaque trou aussitôt qu'il est percé, et l'ouvrier le recouvrant de suite, avec la terre du trou suivant.

Quand une ligne est terminée, il faut changer le cordeau à chaque extrémité, pour former une seconde ligne, qui doit être distante de la première de 60 à 70 centimètres. Cette ligne et les suivantes peuvent être faites à l'œil; mais il en résulte une plantation moins régulière. On forme les trous en quinconce, en les plaçant vis-à-vis des intervalles de ceux de la ligne voisine.

Si le terrain n'a pas été fumé préalablement, l'ouvrier planteur se munit d'une brouette, qu'il emplit de fumier à des tas déposés çà et là sur le terrain. Il en place une petite quantité au fond de chaque trou; la pomme de terre est posée sur ce fumier, et le tout est recouvert comme il a été dit. La quantité de fumier ainsi employée est peu considérable; mais elle est à peu près entièrement absorbée par la végétation des pommes de terre, et il reste bien peu d'engrais pour les récoltes suivantes.

La plantation à la charrue est plus expéditive. Elle occupe une charrue attelée, son conducteur, et deux ou trois femmes, selon la longueur du sillon à planter. Les femmes sont munies d'un panier qu'elles emplissent de pommes de terre, prises dans un tombereau amené de la ferme ou déposées en tas, à quelque distance du labour. Quand la charrue a enrayé, comme pour un labour ordinaire, et qu'elle a fait deux ou trois raies, une des femmes suit la charrue dès qu'elle commence à ouvrir le sillon en retour, et marchant derrière le laboureur, elle place au fond du sillon, des tubercules qu'elle pose, de pas en pas, devant elle. Ils se trouvent espacés environ de 40 à 50 centimètres; comme elle ne marche pas aussi vite que la charrue, l'attelage serait obligé d'attendre au bout de chaque raie, jusqu'à ce que la plantation soit faite dans toute la longueur; c'est pourquoi une seconde femme et quelquefois une troisième, attend la charrue au passage, à la moitié ou aux deux tiers de son trajet, et place des tubercules en marchant à sa suite comme la première.

Les pommes de terre sont recouvertes par la terre que la charrue renverse sur elles, en ouvrant le sillon de retour. Ce second sillon est laissé vide, ainsi que le suivant, de sorte qu'il y a ordinairement deux sillons vides entre chaque sillon planté. Leur largeur moyenne, étant de 23 centimètres, les lignes de pommes de terre se trouvent espacées de trois en trois, ou de 70 centimètres. Pendant que la charrue recouvre les tubercules et laboure les deux sillons vides, les femmes vont remplir leur panier et reviennent se placer à leur poste, de manière à être prêtes dès qu'il sera temps d'agir.

Le mode de plantation qui vient d'être décrit, s'applique à la charrue tourne-oreille. Si on labourait en planches avec une charrue à versoir fixe, le travail serait le même; mais on planterait alternativement de chaque côté de l'ados, qui forme le sommet des planches, en laissant toujours un intervalle de deux sillons vides entre chaque ligne plantée.

Le terrain peut avoir été préalablement couvert de fumier, que le labour enterre en même temps que les tubercules, à la manière ordinaire.

La plantation terminée, il ne reste plus qu'à rabattre le labour par quelques tours de herse; mais il ne faut pas se presser de faire ce travail. On doit attendre deux ou trois semaines, et herser quand les jeunes pousses commencent à sortir de terre. Ce retard permet aux graines des plantes nuisibles de germer et d'entrer en végétation. Le hersage les déracine et les détruit entièrement, surtout s'il est fait par un jour de beau temps et de soleil ; il produit l'effet d'un premier sarclage très-économique, qui facilite singulièrement les sarclages suivants.

Pour achever la revue sommaire des plantes à racines alimentaires dont l'agriculture peut faire son profit, il faut mentionner encore le topinambour. C'est une grande plante du genre appelé soleil (*helianthus*). Les tiges, hautes de 2 mèt. à $2^m,50$, peuvent servir de combustible lorsqu'elles sont sèches ; ses larges feuilles fournissent un fourrage que les vaches acceptent volontiers ; enfin, ses racines produisent une grande quantité de tubercules ovales ou pyriformes, qui ont reçu, à cause de leur forme, le nom vulgaire de poire de terre.

La plante est originaire du Brésil, et son nom, topinambour, est celui d'une contrée ou d'une peuplade voisine du fleuve des Amazones. Les tubercules crus sont de consistance aqueuse et contiennent plus de matière fibreuse que de fécule. Ils sont une assez bonne nourriture pour les vaches et pour les moutons, surtout si on les mêle à d'autres racines, ou plutôt, avec du son ou avec une certaine quantité de fourrage sec.

Ces tubercules cuits sont admis sur les tables comme légumes. On leur trouve de la ressemblance avec la partie de l'inflorescence de l'artichaut qui forme le réceptacle des fleurs, et qu'on nomme fond ou cul d'artichaut. C'est sans doute par suite de cette analogie que les Anglais ont donné au topinambour le nom bizarre d'artichaut de Jérusalem (*Jerusalem artichoke*).

La plante ne mûrit pas ses graines sous la latitude de Paris. Il faudrait les tirer des contrées méridionales, pour faire des semis qui d'ailleurs n'offrent pas d'autre intérêt que la chance incertaine d'obtenir des variétés préférables à l'espèce primitive.

La multiplication se fait donc par les tubercules qui se plantent et se cultivent exactement comme les pommes de terre.

Il y a cependant une différence essentielle dans la constitution de ces deux plantes. La pomme de terre redoute pour ses tiges et pour ses racines la gelée la plus légère; le topinambour, malgré son origine tropicale, est assez rustique par ses tiges, qui sont annuelles, et ses racines ne craignent pas les froids les plus vifs de nos climats. On peut donc le planter de bonne heure, dès le commencement de mars, et n'arracher les tubercules qu'à la fin de l'automne ou successivement pendant tout l'hiver, sans être obligé d'en faire la récolte à un moment donné, et de les emmagasiner à l'abri des gelées.

Cependant, cette rusticité même, à côté des avantages qu'elle paraît offrir, a aussi ses inconvénients, qui sont peut-être la cause principale du

peu d'extension donnée à la culture de cette
plante.

Supposons, par exemple, qu'on en ait fait une
plantation nouvelle, dans un terrain convenablement préparé. Les plantes disposées en lignes, sarclées et buttées avec soin, auront pris tout leur développement à la fin de l'été. On aura coupé les
tiges, soulevé les racines, extrait les tubercules,
et le terrain sera disposé à recevoir, l'année suivante, la semence d'une autre récolte. Mais il sera
nécessairement resté en terre quelques racines et
quantité de petits tubercules, qui se retrouveront
sains et entiers après l'hiver. Ils repousseront au
printemps suivant, et infesteront la nouvelle récolte, comme une mauvaise herbe, dont la destruction totale deviendra extrêmement difficile à obtenir.

On a voulu profiter quelquefois de cette sponta-
néité de reproduction, pour conserver indéfiniment
un plant de topinambour, dans lequel on se contente de rechercher et d'extraire çà et là les plus
gros tubercules, pour la consommation journalière.
Mais alors, ces plantes repoussent au hasard ; les
lignes de la plantation primitive ne subsistent plus ;
tout devient confus ; le terrain ne peut plus être
labouré, ni même sarclé. En peu d'années, ce plant
livré à lui-même offre l'aspect d'une sorte de
fourré inculte, où le sol épuisé, envahi par l'herbe,

ne donne plus qu'un produit insignifiant, et ne peut être remis en bon état de culture, qu'avec beaucoup de soins et de temps.

Ces difficultés et surtout peut-être, la qualité inférieure des tubercules du topinambour, comparés aux autres racines, ont frappé cette plante d'une exclusion presque générale. Cependant, comme elle vient à peu près dans tous les terrains, même dans les sols secs et maigres, sablonneux ou calcaires, qu'elle ne redoute pas l'ombre, ni le voisinage des arbres ou des murs, on fera bien de lui consacrer, dans chaque exploitation, quelque portion d'un terrain peu propre à d'autres cultures. Ce plant vivace, renouvelé de temps en temps, comme la luzerne, par une espèce d'assolement, offrira, pour le bétail et pour le ménage, une ressource d'autant plus précieuse, qu'elle sera obtenue sur un terrain perdu.

J'ai indiqué sommairement les plantes céréales ou fourragères, qui sont le plus généralement admises dans la grande culture. Il en est beaucoup d'autres, surtout parmi les plantes économiques, que j'ai passées sous silence, parce que leur culture est très-restreinte, ou est limitée d'une manière spéciale à un petit nombre d'exploitations, à certaines localités, à certains climats. On peut citer comme exemple : le riz, le tabac, le chanvre, le lin, le pavot œillette, la gaude, la garance, etc., etc.

Le nombre des plantes cultivées est si considérable, qu'il est impossible de les admettre toutes dans une ferme, quelle que soit son étendue. Le cultivateur devra donc faire un choix judicieux, d'après la nature de son terrain, les besoins de son exploitation, et l'importance relative que l'industrie et les habitudes locales donnent à chaque plante.

L'absence complète, dans ce chapitre, de toute citation empruntée aux anciens, indique le peu d'importance qu'avait chez eux la culture des racines. On ne doit pas s'en étonner, en considérant qu'ils ne connaissaient ni la pomme de terre, ni le topinambour, et que la carotte et le panais n'étaient cultivés que dans les jardins, comme légumes. Il est même douteux que la variété de la bette appelée betterave, ait été obtenue avant le xve siècle de notre ère.

On ne trouve pas, dans tout Virgile, l'indication d'une seule plante à racine alimentaire, ou fourragère. Les seules racines mentionnées par Caton, sont :

Rapa, raphanos; rapina, coles rapicii unde fiant.
(CAT., cap. XXXV.)

« La rave, le raifort; et des champs de raves dont on laisse monter les tiges. »

Varron nomme simplement les mêmes plantes, et il dit « que les raves coupées en morceaux, se conservent dans la moutarde. »

Servare rapa consecta in sinape. (VARR., l. I, cap. LIX.)

Columelle ajoute aux raves, *rapa*, les navets, *napi*. Il entre sur ces deux plantes dans quelques détails, qu'il termine par une assertion bizarre :

Rapa campis et locis humidis lætantur; napus devexam amat et siccam terram, locique proprietas utriusque semen commutat. Namque in alio solo rapa biennio sata convertuntur in napum; in alio, napus raporum convertitur in speciem. (COL., l. II, cap. X.)

« Les raves se plaisent dans les champs et dans les lieux humides ; le navet aime une terre en pente et sèche. La nature du sol change la semence de ces deux plantes; car, dans certains lieux, les raves semées avec de la graine de deux ans se changent en navets ; dans d'autres, le navet se transforme en raves. »

Le navet, *napus*, qui se change en rave, rappelle le chou, *brassica*, dont la graine produit aussi des raves, selon un passage de Varron reproduit par Olivier de Serres (*V.* à la page 20 de ce volume). Les deux auteurs ont sans doute voulu désigner la même plante.

Cette transformation du chou en rave est également indiquée par Pline, en des termes très-brefs et très-précis :

Ex semine brassicæ veteris rapa fiunt, atque invicem.
(PL., l. XIX, sect. LVII.)

« De la semence ancienne du chou il naît des raves, et réciproquement. »

Il a aussi consacré aux raves et aux navets les sections XXXIV et XXXV de son XVIIIe livre. Il vante beaucoup ces racines, surtout les raves, qui préparées de diverses manières, étaient un aliment très-recherché, même les feuilles et les jeunes pousses. Il dit en avoir vu dont le poids dépassait XL livres.

Pline parle encore de la bette, de la carotte et du panais, mais seulement comme de plantes cultivées dans les jardins, dans son XIXe livre, *de cultu hortensiorum.*

Une phrase qui s'applique à la bette, m'avait fait penser d'abord, que Pline avait indiqué la betterave, comme racine comestible ; mais un examen plus attentif m'a convaincu qu'il ne s'agit dans ce passage, que des grosses côtes des feuilles et du cœur de la plante, qu'on faisait blanchir, en les couvrant d'une tuile pour les priver de lumière.

Gemina iis natura, et oleris, et capite ipso exsilientis
bulbi. Species summa in latitudine. Ea contingit ut in
lactucis, imposito levi pondere.   (PL., l. XIX, s. XL.)

« Elles ont une double nature : celle d'un légume, et,
par leur tête même, celle d'une plante bulbeuse saillante
hors de terre. Leur qualité principale consiste dans leur
largeur ; on l'obtient, comme pour les laitues, en les chargeant d'un poids léger. »

D'ailleurs, Olivier de Serres nous a donné de
curieux renseignements sur l'introduction de la
betterave, comme racine alimentaire.

« Une espèce de pastenades est la betterave, laquelle
nous est venue d'Italie n'a pas longtemps. C'est une racine
fort rouge, assez grosse, dont les feuilles sont des bettes, et
tout cela bon à manger, appareillé en cuisine. Voire la racine est rangée entre les viandes délicates, dont le jus qu'elle
rend en cuisant, semblable à syrop au sucre, est très beau
à voir pour sa vermeille couleur. » (OL. DE S., l. VI; c. VII.)

Après avoir donné des détails étendus sur les
navets et les raves, Pline dit aussi quelques mots
du panais et de la carotte :

Lignosiora sunt reliqua, in cartilaginum genera a nobis
posita. Mirumque, omnibus vehementiam saporis inesse.
Ex iis pastinacæ unum genus agreste sponte provenit, staphylinos græce dicitur... Et est quartum genus in eadem
similitudine pastinacæ, quam nostri Gallicam vocant, Græci
vero daucon.   (PL., l. XIX, sect. XXVI.)

Dauci genera quatuor, caule pedali recto, radice suavis-
simi gustus et odoris.   (L. XXV, sect. LIV.)

« Les autres racines sont plus dures, et nous les avons
placées parmi les légumes cartilagineux. Et ce qui est remarquable, elles ont toutes une saveur très-forte. Il y a
parmi elles une espèce sauvage de panais, qui vient spontanément. On l'appelle en grec *staphylinos*... Il y a encore
une quatrième espèce, semblable au panais, qu'on nomme
chez nous gallique, et chez les Grecs, *daucos*. »

« Il y a quatre espèces de *daucus* (carotte), la tige a un
pied de haut, la racine a un goût exquis et une odeur déli-
cieuse. »

C'est à peu près tout ce qui a été dit par les
agronomes anciens sur les racines ; ce qui prouve
qu'elles tenaient, surtout par le nombre des espèces, une place très-restreinte dans l'économie rurale de leur temps.

On peut donc affirmer que la culture des racines, si essentielle aujourd'hui et si étendue, est
une conquête de notre siècle. Cette culture, amélio-
rante par les soins qu'elle exige, sera une source
inépuisable de prospérité, par l'alimentation du
bétail et par la production des engrais. Enfin, elle
fournit à la consommation individuelle et à l'industrie, des substances de première nécessité : l'alcool,
la fécule et le sucre.

CHAPITRE XIV.

On donne aujourd'hui, selon l'usage habituel, le nom de prairies artificielles, *arva pabularia*, aux terres appartenant à un système de culture périodique, qui se trouvent occupées momentanément par une plante fourragère, destinée à être consommée sur place ou à l'étable, par le bétail.

Les prairies naturelles, au contraire, sont permanentes et ne sont pas comprises dans l'assolement. Elles sont formées principalement, de plantes appartenant à la famille des graminées. Elles occupent, presque partout, le fond des vallées, les terrains qui bordent les rivières, et en général, ceux qui conservent en tout temps une fraîcheur favorable à l'herbe. Cependant l'utilité des prairies est si bien reconnue, qu'on en établit même dans des lieux élevés et secs. Il n'y a guère de ferme qui n'ait aujourd'hui, dans ses dépendances immédiates, un enclos semé en herbe, où les animaux vont paître.

De ces situations différentes, naissent des dénominations diverses.

Les prés, ou prairies, *prata*, se trouvent partout, sur des sols profonds et frais. Leur établissement, presque toujours ancien, dérive naturellement de la situation des lieux ; car la terre des prairies est ordinairement trop riche pour la culture des céréales. Elle développe un luxe de végétation très-favorable aux productions herbacées, mais absolument contraire à la formation du grain. On fauche le plus souvent la première herbe des prairies, qui donne un fourrage sec appelé foin.

Les herbages, *pascua sativa*, ne sont pas autre chose que des prairies plus sèches, que l'on établit à demeure, sur des terrains ordinairement très-propres à la culture. On les entoure de clôtures pour y laisser paître le bétail, soit pour l'engraisser, soit pour la production du lait, soit enfin pour y faire des élèves.

Les pâtis, ou pâturages, *pascua silvestria*, existent souvent sans culture, sur de mauvais sols, sur des terrains en pente, peu propres à être utilement convertis en terres labourables. On y laisse errer les bestiaux en liberté : ils conviennent particulièrement aux moutons.

Les plantes cultivées pour la formation des prairies artificielles, appartiennent toutes à la famille des légumineuses, ou papilionacées. La plus importante est, sans contredit, la luzerne, *medicago sativa*, que les Romains connaissaient sous le nom de *herba medica*, et dont l'origine est ainsi indiquée par Pline :

Medica, externa Græciæ, a Medis advecta, per bella quæ Darius intulit.

(PLIN., l. XVIII, cap. XLIII.)

« L'herbe de Médie, étrangère à la Grèce, a été introduite par les Mèdes, pendant les guerres d'invasion de Dàrius. »

La luzerne demande une terre substantielle, profonde, bien préparée par plusieurs labours, et bien nettoyée. Après un bon labour d'hiver, on doit donner à la terre au moins deux autres labours de printemps; puis en mai, la terre étant bien ameublie, on y sème de l'orge un peu claire, et après qu'elle a été recouverte par un premier hersage, on sème la luzerne, qui demande à être peu enterrée. Un ou deux tours de herse suffisent pour achever le travail; mais le terrain doit être ensuite appuyé et nivelé avec le rouleau. Le succès sera d'autant plus certain que le travail aura été fait par un temps beau et sec. On sème quelquefois la luzerne dans l'avoine, lorsqu'on la herse en avril ou mai, si le bon état de la terre le permet.

28

Le marnage préalable convient particulièrement à la luzerne. Ainsi préparée et ensemencée, une luzernière peut durer depuis six ans jusqu'à dix. Si elle a été semée un peu claire, elle produira moins pendant les premières années, mais sa durée n'en sera que plus assurée.

Pour augmenter le produit des premières coupes, on y mêle souvent du trèfle commun ou de la lupuline ; il faut user de ce moyen très-modérément pour ne pas nuire à la luzerne pendant son développement. Un léger mélange de sainfoin donne un très-bon fourrage : il convient surtout dans les terrains calcaires où le succès de la luzerne n'est pas certain.

Un champ bien planté en luzerne ne demande pas d'autres soins et pas d'autres frais, pendant tout le temps de sa durée, que ceux qui consistent à faucher et à faner la récolte ; à y semer au printemps une quantité modérée de plâtre ou de cendres, si on le juge à propos ; à ramasser les pierres qui gêneraient la faux ; à épandre les taupinières, et à donner, au besoin, un tour de rouleau pour niveler le sol et appuyer les plantes que la gelée aurait soulevées.

Un des principaux avantages de la luzerne, c'est que ses longues et fortes racines plongent dans le sol, et vont y puiser leur nourriture à une profondeur que n'atteignent jamais les racines des autres plantes. Aussi faut-il laisser passer un temps assez long, avant d'en introduire de nouveau dans une terre qui en a déjà produit. Cet intervalle n'a rien de fixe ; il devra être d'autant plus reculé que la luzerne précédente aura été conservée plus long-temps.

Caton ne parle pas de la luzerne. Varron en dit peu de chose. Columelle en fait un éloge raisonné, qui a été rapporté au chapitre des assolements ; il dit qu'elle peut durer de six à dix ans.

Pline donne d'excellents détails sur les qualités de cette plante et sur sa culture ; mais il exagère beaucoup sa durée.

Ex uno satu, amplius quam tricenis annis durat. Opus est densitate seminis omnia occupari, internascentesque her-bas excludi. Si sit humidum solum herbosumve, vincitur et desciscit in pratum. Secatur incipiens florere et quoties refloruit, id sexies evenit per annos, cum minimum, qua-ter. Ita reliquæ herbæ intereunt sine ipsius damno, propter altitudinem radicum.

(PLIN., lib. XVIII, sect. XLIII.)

« Une fois semée, elle peut durer plus de trente ans. Il faut la semer assez dru pour qu'elle couvre tout le terrain, sans laisser de place aux autres plantes. Si le sol est hu-mide ou herbeux, elle périt et dégénère en herbage. On la coupe quand elle commence à fleurir, et toutes les fois qu'elle fleurit de nouveau, ce qui arrive six fois, et pour le moins quatre fois par an. Par là, les autres plantes sont détruites, sans qu'elle en souffre, à cause de la profondeur de ses racines. »

La luzerne était donc parfaitement connue des anciens ; et elle est depuis longtemps cultivée en France, selon le témoignage d'Olivier de Serres, qui a traité de sa culture et signalé ses avantages, en lui donnant le nom de « sainfoin. » Mais il faut reconnaître que, depuis le commencement de ce siècle, cette culture a pris partout une extension considérable, dont l'effet a été des plus heureux pour la suppression ou la réduction de la jachère.

Le seul défaut de la luzerne, c'est de causer, chez les animaux ruminants, un accident mortel, appelé « météorisation. »

On sait que, dans cette classe d'animaux, les aliments, après une mastication imparfaite, sont reçus dans un sac intérieur, appelé la panse, d'où ils sont peu à peu ramenés pour être broyés de nouveau sous la dent, avant d'arriver définitivement dans l'estomac. C'est ce que Vanière indique dans ce vers :

Et lento sub dente cibos revocare terendos.
(Præd. rust., l. III.)

« Ramener les aliments sous la dent, pour qu'ils soient broyés lentement. »

Quand la luzerne, encore tendre et dans la force de sa végétation, a été prise avidement, soit à l'é-table, soit dans le champ même, son accumulation dans la panse développe promptement une fermentation violente, de laquelle se dégagent des gaz qui produisent un gonflement, un ballonnement considérable; à tel point qu'en peu d'instants la compression des organes amène une congestion, et l'animal, comme foudroyé, tombe pour ne plus se relever.

Le trèfle vert produit le même accident, même avec plus d'énergie.

Le remède, qui doit être appliqué promptement, consiste à faire avaler de l'ammoniaque, qui, en se combinant avec le gaz, reduit son volume; ou, à la dernière extrémité, à percer avec un trocart, même avec un couteau, le cuir et la panse, pour que le gaz puisse se dégager au dehors. Il est plus sage encore de prévenir le mal, en menant paître les animaux lorsque le fourrage, déjà un peu dur, a perdu la vigueur de sa séve, ou en le laissant un peu faner, avant de le distribuer à l'étable.

Cet inconvénient de la luzerne était anciennement connu; Columelle le signale en ces termes :

Medicam præbeas inter initia parcius, dum consuescant, ne novitas pabuli noceat; inflat enim et multum creat sanguinem.

(Col., l. II, cap. x.)

« Donnez d'abord la luzerne avec ménagement, afin que les animaux s'y accoutument, de peur que, dans sa nouveauté, elle ne leur nuise; car elle les fait enfler et produit beaucoup de sang. »

Palladius a répété ce passage presque dans les mêmes termes :

Sed primo parcius præbenda est novitas pabuli ; inflat enim, et multum sanguinem creat.

(PALL., l. V, § I.)

Après la luzerne, vient le sainfoin, appelé aussi vulgairement « bourgogne, » *Onobrychis sativa, hedysarum onobrychis.*

Le sainfoin peut prospérer dans une terre où la luzerne refuserait de croître ; sur des sols arides et pauvres, des terrains sablonneux ou calcaires, des coteaux de craie. Il se sème comme la luzerne, en mai, avec l'orge. La semence, étant très-grosse, peut être enterrée et hersée avec celle de l'orge ; la terre sera ensuite aplanie de même avec le rouleau.

Le sainfoin demande les mêmes soins d'entretien que la luzerne ; sa durée moyenne est de trois ou quatre ans ; elle peut se prolonger jusqu'à six ; mais il est essentiel de ne pas le laisser brouter de trop près par les moutons, qui rongeraient, en hiver, le cœur de la plante et la feraient périr en peu de temps.

La culture de la luzerne et du sainfoin doit tenir une place importante dans toutes les exploitations. Elle repose la terre fatiguée par les céréales ; elle permet, par l'abondance des fourrages, de nourrir plus de bétail, et d'obtenir des engrais pour les autres terres restées en labour. Ces deux plantes formant les meilleures, les véritables prairies artificielles, toutes les terres doivent successivement, à leur tour, être ensemencées en luzerne ou en sainfoin, selon leur nature.

Le sainfoin, qui pivote moins que la luzerne, et dure moins longtemps, peut revenir dans le même terrain après quatre ou cinq ans.

Le trèfle commun, *trifolium pratense,* donne un fourrage bisannuel fort utile si on le fait consommer vert ; assez médiocre comme fourrage sec.

Dans l'assolement triennal, on sème le trèfle en hersant l'avoine au printemps, et dans l'assolement alterne, on le sème dans le blé en mars ou avril. On recouvre alors la graine par un léger hersage, ou en passant sur la terre le dos de la herse pour rabattre les mottes. Le trèfle, semé dans le blé, est exposé à se perdre et à être étouffé si la récolte devient trop forte, et si le blé verse. Il aime surtout une bonne terre, un peu fraîche et bien nettoyée d'herbe ; dans ces conditions, il devient épais et fourrageux, couvre bien le sol pendant l'été, y laisse tomber ses feuilles inférieures, et prépare la terre à donner une belle récolte de froment sur un seul labour. Un des grands avantages de la culture du trèfle, dans l'assolement triennal, c'est que, sur les quatre labours qu'on doit donner à la sole de jachères, avant d'y semer du blé, il en épargne trois. Encore le blé semé sur ce labour unique sera-t-il plus assuré que, dans le terrain le mieux cultivé, surtout s'il est soutenu par un engrais jeté sur le trèfle, et principalement par le parcage des moutons sur la terre ensemencée.

La lupuline ou minette, *medicago lupulina*, se sème dans les céréales de printemps, comme le trèfle. Elle fournit, dès la fin d'avril, un excellent pâturage pour les vaches ou pour les moutons. On peut même la faucher en mai, si une saison favorable et fraîche a favorisé sa végétation; mais après cette coupe unique, le champ doit être retourné et façonné comme à l'ordinaire.

Le trèfle blanc, *trifolium repens*, peut former une excellente prairie artificielle, surtout si on y mêle l'ivraie vivace ou gazon anglais, *lolium perenne*. Dans une terre un peu humide, il durerait plusieurs années, car il trace et se ressème de lui-même. Comme il est très-rustique, il peut être semé de bonne heure, en automne, sur les chaumes préalablement hersés. Il fournit un bon pâturage, dans lequel la météorisation n'est pas à craindre; mais il ne s'élève pas assez pour être fauché. On obtient sur son défrichement, selon les circonstances et selon l'assolement, une bonne récolte d'avoine ou de froment.

Le trèfle incarnat, *trifolium incarnatum*, clôt la série des légumineuses propres à fournir des prairies artificielles ; et c'est, de toutes ces plantes, celle qui s'écarte le plus de cette destination ; car sa végétation est très-rapide et cesse complétement après qu'il est monté en fleurs. C'est donc tout simplement un fourrage annuel, qu'on ne coupe qu'une fois. On le sème sur les chaumes après la récolte ; on recouvre la graine par un ou deux tours de herse ou d'extirpateur. En mai, il peut être fauché ou consommé sur place, ce qui se fait plus rarement à cause de la perte causée par le piétinement qui abat et foule les tiges. La consommation faite, on donne sans retard un labour, et la culture suit son cours comme si la terre n'avait rien produit.

Les pois, les vesces, les fèves, les lentilles, les lupins et les gesses, ne constituent pas réellement des prairies artificielles, à cause de leur peu de durée ; mais ce sont des plantes auxiliaires, destinées à augmenter l'abondance des fourrages et la production des engrais. Dans l'assolement triennal, les légumineuses d'hiver, qui ne doivent être récoltées qu'après la maturité du grain, se sèment souvent sur un chaume de blé, pour tenir lieu de la récolte d'avoine, ou bien on les sème sur la jachère, à des époques successives, pour les couper en vert pendant l'été. Dans l'assolement alterne, leur place se trouve naturellement entre deux céréales.

Pabulum cum seres, multas sationes facito. (CAT., c. LX.)

« Quand vous sèmerez de la dragée pour fourrage, se-
mez-en fréquemment et successivement. »

Les anciens faisaient grand cas de tous ces fourrages obtenus par la culture : ils les préféraient
même à l'herbe des prairies, comme le témoigne
ce passage de Columelle.

Meminerimus, jucundissimas herbas esse, quæ aratro
proscissis arvis nascantur; deinde quæ pratis uligine ca-
rentibus; palustres silvestresque minime idoneæ haberi.

(Col., l. VII, cap. III.)

« Nous rappellerons que les plantes qui donnent le
meilleur fourrage sont celles qui croissent dans les champs
cultivés par la charrue; ensuite celles des prés exempts
d'humidité; celles qui viennent des lieux marécageux et
incultes sont les moins bonnes de toutes. »

Les prairies naturelles ou simplement les prés,
subsistent ordinairement depuis un grand nombre
d'années, et bien conduites, elles peuvent être conservées pendant un temps indéfini. Les plantes qui
les composent, quoique très-variées, appartiennent
presque toutes à la famille des graminées. A l'exception des trèfles, de deux espèces du genre lotus, du
sainfoin et de la pimprenelle, dans les pâturages
montueux et secs, la plupart des autres plantes sont
plutôt nuisibles qu'utiles et devraient être bannies
des prairies ; mais beaucoup de ces plantes s'y éta-

blissent avec une telle persistance qu'il est presque impossible de les détruire.

Pour former une prairie, il faut d'abord considérer la nature du sol et sa position. S'il est naturellement humide, ou si l'irrigation peut y être pratiquée facilement, on devra choisir les espèces de graminées les plus herbeuses, celles qui donnent le fourrage le plus épais et le plus abondant. Si le sol est plus élevé, on prendra des plantes capables de résister à l'ardeur de l'été et à la sécheresse.

On trouve chez les marchands grainiers des graines des meilleures espèces de graminées, récoltées séparément avec le plus grand soin. Ces graines, quand on en a fait un choix judicieux, peuvent former des prairies de premier ordre. On doit semer de préférence, dans les terrains un peu humides, la fétuque des prés, *festuca pratensis;* la fléole des prés, *phleum pratense;* la houque laineuse, *holcus lanatus;* le paturin des prés, *poa pratensis,* et le vulpin des prés, *alopecurus pratensis.* On sèmera dans les terrains plus secs, l'avoine élevée ou fromental, *avena elatior;* le brôme des prés, *bromus pratensis;* le dactyle pelotonné, *dactylis glomeratus;* la flauve odorante, *anthoxanthum odoratum;* le paturin des bois, *poa nemoralis,* et l'ivraie vivace, *lolium perenne.*

Au lieu de prendre des graines par espèces distinctes et séparées, ce qui constitue toujours un ensemencement assez coûteux, on peut s'en procurer d'une manière économique. Si l'on a de bons prés dans son exploitation, on laissera sur pied une récolte de foin un peu plus longtemps que d'habitude, pour que la plus grande partie des graines se trouve mûre. Le foin, bien récolté et rentré sec, sera mis à part dans un grenier sain, garni d'un plancher continu. On déliera et on secouera les bottes avant de les emporter pour les donner au bétail; et après que tout le foin aura été enlevé, on trouvera sur l'aire du grenier, un lit de graines mêlées de brins d'herbes, qu'on séparera facilement avec un râteau.

On aura pu déjà recueillir une certaine quantité de graines, en faisant étendre dans le pré, au pied des meules, de grandes toiles sur lesquelles le foin sera bottelé.

Les cultivateurs qui n'ont pas de foin à récolter, peuvent se procurer des graines, dites « fonds de grenier, » aux magasins à fourrages des quartiers de cavalerie les plus voisins.

La terre doit être préparée, pour être mise en prairie, aussi bien et mieux, s'il est possible, que pour recevoir du froment. On peut semer les graines en septembre, ou en mars et avril. Le semis fait en automne avance d'une année la formation de la prairie. L'hiver raffermit la terre; elle se trouve plus tôt en état d'être fauchée et de recevoir le bétail. Après que la graine est semée et légèrement couverte, il faut rouler le terrain avec soin, plutôt deux fois qu'une.

On doit s'attendre à voir apparaître, dans l'été qui suivra le semis, un nombre infini de plantes diverses qui croîtront avec la bonne herbe, et plus vite qu'elle. Celles qui sont annuelles n'offrent aucun danger; le premier coup de faux les fera disparaître. Les espèces vivaces sont plus à craindre : s'il s'en trouvait de décidément pernicieuses, soit par la mauvaise qualité de leur fourrage, soit par leur facilité à se propager, il ne faudrait pas tarder à les extraire, à la main, ou à l'aide de petits sarcloirs.

Pendant cette première année, il faut éviter de laisser pénétrer le gros bétail dans la prairie. On attendra que le sol soit bien affermi, bien gazonné. On y introduira d'abord des moutons, si la nature du lieu le comporte, puis de jeunes élèves; enfin, la seconde année, les vaches ou les bœufs pourront prendre possession du terrain qui leur est destiné.

Nec primo anno rigari, nec pasci ante secunda fenisecia, ne herbæ vellantur, obtritaque hebetentur.
(PLIN., l. XVIII, sec. LXVII.)

« Il ne faut pas arroser la première année, ni faire paître le bétail avant qu'on ait fauché deux fois, de peur que l'herbe ne soit arrachée ou écrasée par le piétinement. »

Dans une prairie, arrosée ou non, comme celle qui vient d'être décrite, on destine ordinairement la première herbe à être convertie en foin. Le regain fournit, d'août en novembre, un pâturage excellent à tous les animaux de la ferme.

Un pré bien situé, bien garni d'herbe de bonne qualité, bien entretenu, régulièrement engraissé, et, par dessus tout cela, convenablement clos, forme la propriété rurale la plus riche et la plus productive.

Olivier de Serres appelle un pré clos « la pièce glorieuse du domaine. »

L'utilité des prairies, et en général de tous les terrains destinés à faire paître le bétail, a été de tout temps bien appréciée.

Olivier de Serres rapporte, à ce sujet, un mot attribué à Caton, quoique la réponse qu'on lui prête ne se trouve pas dans son traité *de Re rusticâ*, et qu'elle paraisse même s'écarter sensiblement des opinions qu'il exprime dans cet ouvrage.

« Caton, dit-il, oracle de son temps, donna cette tant notable réponse : que, pour devenir bien riche, fallait bien paistre ; pour estre moyennement riche, moyennement paistre ; et, interrogé plus outre, pour être riche, mal paistre. »

(OL. de S., l. IV, chap. Iᵉʳ.)

C'est Columelle qui nous a fait connaître, d'après

certains auteurs, cette singulière réponse de Caton,
et il est juste de dire qu'il ne l'approuve pas.

Cæterum de tam sapienti viro piget dicere, quod cum
quidam auctores memorant eidem quærenti, quodnam
tertium in agricolatione quæstuosum esset? asseverasse, si
quis vel male pasceret.

(Col., l. VI, præfatio.)

« Nous sommes fâché d'avoir à dire d'un homme de
tant de sagesse ce qu'il répondit encore, d'après certains
auteurs, à celui qui lui demandait quelle était la troisième
chose la plus profitable en agriculture : il assura que c'était
de faire même mal paître le bétail. »

On a vu, au commencement du chapitre des
labours, que Caton regardait comme la chose la
plus importante en agriculture, « de bien labourer ; »
et dans la classification qu'il indique des différentes
parties d'un domaine rural, il ne place les prairies
qu'au cinquième rang.

De omnibus agris, vinea est prima ; secundo loco, hortus
irriguus, tertio salictum, quarto oletum, quinto pratum,
sexto campus frumentarius, septimo silva cædua, octavo
arbustum, nono glandaria silva.

(Cat., cap. I.)

« De tous les biens de campagne, je mets la vigne au
premier rang ; en second lieu un jardin qu'on peut arro=
ser, en troisième une saussaie, en quatrième un plant
d'oliviers, en cinquième un pré, en sixième les terres à

grains, en septième un bois taillis, en huitième un verger, enfin en neuvième lieu une futaie de chênes pour la production des glands. »

Varron, en rapportant ce jugement de Caton, déclare qu'on ne peut l'approuver, et il place les prairies en première ligne.

Scio scribere illum, sed de hoc non consentiunt omnes, quod alii dant primatum bonis pratis, et ego quoque; a quo antiqui prata *parata* appellaverunt.

(Varr., l. I, cap. vii.)

« Je sais que Caton a écrit cela, mais tout le monde ne pense pas comme lui; il en est qui mettent au premier rang les bons prés, et je suis de cet avis. En effet, les anciens les ont nommés « prés, » parce qu'ils sont toujours prêts. »

Vanière a décrit, en vers élégants, les avantages des prairies :

Pratensis minimum desiderat herba laborem,
Et semel orta, suos nullis obnoxia curis
Fundit opes; reditu nec simplice ditat avaros
Agricolas : hiemi nam fœnum, atque annua fessis
Pascua dat tauris, armentaque læta tuetur.

(*Præd. rust.*, l. I.)

« L'herbe des prés est ce qui coûte le moins de peine, et une fois venue, elle donne son riche produit, sans être exposée à aucune chance contraire. Et ce n'est pas par une seule récolte qu'elle enrichit le cultivateur intéressé; elle

fournit du foin pour l'hiver et offre chaque année un pâturage aux bœufs fatigués et une retraite agréable aux
troupeaux. »

Ce n'est qu'après plusieurs années qu'une prairie
parvient à son maximum de produit. Il faut que sa
surface soit devenue ferme, que l'herbe ait fait son
pied, qu'elle couvre bien la terre, et qu'elle soit
assez saturée d'engrais pour fournir pendant toute
la belle saison une végétation abondante et non
interrompue. Arrivée à ce point, une prairie bien
entretenue se soutiendra, sans que son produit se
ralentisse ; il ira même en augmentant, si elle continue à recevoir les soins et les engrais nécessaires.
Ces soins d'entretien consistent surtout dans
l'extraction des plantes nuisibles ou inutiles, qui
fatiguent la terre et prennent la place de la bonne
herbe. L'épierrement doit avoir été fait rigoureusement dans les premières années ; l'irrigation, si
elle est possible, sera pratiquée régulièrement dans
la saison convenable.
Si on peut détourner une partie des engrais nécessaires aux terres en labour, on fumera les prés
pendant l'hiver. Le parcage des bêtes bovines est
pour eux l'engrais le meilleur et le plus naturel.
Dans tous les cas, les bouses déposées par le bétail
doivent être divisées et répandues soigneusement
sur les places les plus maigres. On se sert, pour

cet usage, dans le Cotentin, de petites pelles de bois très-légères. Si la prairie est fréquentée par des juments poulinières, ou par des chevaux au vert, ces animaux ont l'habitude de fienter toujours à une place qu'ils ont choisie; il faut enlever cet engrais accumulé et le porter sur les parties qui en sont dépourvues. La surface du pré sera tenue bien unie et nivelée; on n'y laissera subsister ni trous, ni ornières, ni éminences d'aucune sorte. Ainsi on rabattra celles qui seraient formées par les fourmis, ainsi que les taupinières, dont la terre ameublie sera utilement répandue sur l'herbe environnante.

Vanière traite encore ce sujet avec sa précision et son élégance accoutumées, en répétant toutefois les expressions de Columelle :

Prata colonus

Ambulet, ut juncos ima de stirpe revellat
Ac lapides, et si qua jacent obnoxia falci
Amoveat; nudæque ruens telluris acervos
Æquet humum dorso quam deformavit iniquo
Effodiens hinc inde cavos sibi talpa penates.

(Præd. rust., l. VII.)

« Le fermier doit parcourir ses prés, afin d'arracher à fond les touffes de jonc, d'enlever les pierres et tout ce qui pourrait arrêter la faux, et, dispersant les petits amas de terre fraîchement remuée, il égalisera le sol qu'a soulevé la taupe, avec son dos malfaisant, en creusant çà et là ses galeries souterraines. »

Omnes lapides et si qua objacent falcibus noxia colligi
debent.   (COL., lib. II, cap. XVII.)

« On doit ramasser toutes les pierres et ce qui pourrait
nuire au travail de la faux. »

Quand des prés paraissent fatigués, qu'ils ne
donnent plus qu'une herbe rare et maigre, que la
mousse s'en empare, on juge qu'ils ont besoin
d'être renouvelés; souvent alors on les défriche,
on met le terrain en culture, on y sème des racines,
du colza ou des céréales, qui donneront une grande
quantité de gerbes avec peu de grain; puis on
reforme la prairie sur nouveaux frais. Ce défrichement procure quelques récoltes abondantes; mais
il fait perdre du temps, car il faut attendre que la
prairie soit de nouveau bien prise en herbe et re-
mise en état.

Hâtons-nous de dire qu'une prairie ne s'épuise
que si elle a été longtemps négligée. Les mauvaises
herbes n'y prennent le dessus que si on a omis de les
détruire. La mousse ne recouvre l'herbe, que parce
que l'herbe a manqué d'engrais. Une prairie bien
sarclée et régulièrement parquée ou fumée, ou même
continuellement occupée par un nombre de têtes de
bétail proportionné à son étendue, ne s'épuisera jamais, bien plus elle s'améliorera progressivement.

Horrida si musco vel inerti obducta senectæ
Prata situ, fœnum pariunt ignobile, stercus
Ingere vel cineres.
                              (*Præd. rust.*, l. I.)

« Si les prés se hérissent de mousse ; si, appauvris, usés par le temps, ils ne produisent plus qu'une herbe grossière, couvrez-les de fumier ou de cendres. »

Sunt etiam quædam prata situ vetustatis obducta, quibus mederi debent agricolæ, veteri eraso musco, vel ingesto stercore, quorum neutrum tantum prodest, quantum si cinerem sæpius ingeras.

(Col., lib. II, cap. xvii.)

« Il y a quelquefois des prés, couverts des tristes signes de la vieillesse, auxquels les cultivateurs doivent donner leurs soins, soit en arrachant l'ancienne mousse, soit en y apportant du fumier. De ces deux moyens aucun n'est aussi salutaire que d'y semer souvent de la cendre. »

Certains effets se produiront, à la longue, dans l'état d'une prairie, si on la fauche invariablement chaque année, ou si on ne la fauche jamais. D'abord, une prairie habituellement fauchée a besoin qu'on lui rende ce qu'on lui enlève, par les engrais ou par l'irrigation. Ce qui lui est favorable, c'est qu'au temps de la fenaison, une partie des graminées qui composent le foin répandront leurs graines sur la terre, et fourniront une nouvelle semence ; mais comme les espèces à floraison précoce en donneront davantage, elles remplaceront bientôt les espèces tardives, dont la graine ne sera pas mûre avant de tomber sous la faux.

Si, au contraire, on ne fauche jamais, les bestiaux laisseront peu de bonne herbe monter en

graines ; les plantes dures et mauvaises resteront
seules et répandront leurs graines qui infesteront le
pré, si on n'a pas soin de les extirper de bonne
heure.

Dans les lieux marécageux où l'eau s'élève à
fleur de terre, il est très-difficile de former de
bonnes prairies, surtout si la surface est tourbeuse
et sans consistance. Les plantes qui y croissent sont
rebutées par les animaux, soit à l'état de foin sec,
soit même encore vertes et dans la primeur de leur
végétation. Le gros bétail s'y enfonce et y laisse
des trous profondément marqués, qui se remplissent
d'une eau stagnante. Pour les moutons, de tels lieux
sont mortels.

Le moyen le plus rationnel de les améliorer consiste à élever le niveau du sol en le chargeant de
terres, si on peut en prendre à proximité une quantité suffisante ; à dessécher le terrain par des fossés
d'écoulement, ou par le drainage. Jusque-là ce
sera un marais où pousseront les joncs, les carex
et une multitude de plantes impropres à donner un
bon fourrage, mais cependant très-utiles pour fournir de la litière, et, par suite, une abondance
d'excellent fumier.

Les herbages diffèrent des prés par la nature
du sol où on les établit, et par la destination qu'on
leur donne.

La terre des prairies est impropre à la végétation des céréales ; elle pousse trop en herbe.

> Humida, majores herbas alit, ipsaque justo
> Lætior.　　　　　　　　　　(VIRG., *Georg.*, l. II.)

« Cette terre humide produit de grandes herbes, et sa fertilité dépasse la mesure. »

On choisit le plus souvent pour les herbages les meilleures terres à blé ; celles qui touchent aux habitations et aux bâtiments de ferme, pour que les bestiaux puissent y être conduits sans fatigue et facilement surveillés. On ne fauche pas les herbages pour y faire du foin ; les bestiaux y paissent toute l'année ; ils y restent quelquefois le jour et la nuit, même en hiver, hors le temps de neige et de dégel.

Du reste, on les sème, comme les prés, avec des graines choisies ou avec un mélange fait au hasard. Les soins à donner, pour leur établissement et pour leur entretien, sont les mêmes que pour les prairies.

On calcule qu'un demi-hectare d'herbage bien pris suffit largement à la nourriture d'une vache laitière ou à l'engraissement d'un bœuf. Comme un bœuf déjà en chair, s'engraisse en trois ou quatre mois, on peut renouveler deux ou trois fois par an le bétail mis à l'engrais dans ces terrains si riches. Ils doivent être clos nécessairement, pour que les animaux qu'on y laisse jour et nuit ne puissent s'échapper.

Texendæ sepes etiam et pecus omne tenendum.
(VIRG., *Georg.*, l. II.)

« On doit entrelacer des haies de clôture, et tout le bétail doit être retenu dans des enclos. »

Dans cet état, la fertilité de pareils terrains devient excessive. On ne leur enlève rien de ce qu'ils produisent ; leur herbe, consommée sur place, leur est aussitôt rendue en engrais. Continuellement parcourus par des animaux abondamment nourris, ils développent un tel luxe de végétation, que l'herbe y pousse pour ainsi dire à vue d'œil.

Tels sont les magnifiques herbages du pays de Bray, de la vallée d'Auge et du Cotentin, auxquels on peut appliquer ce que Virgile a dit de ceux des environs de Mantoue :

Et quantum longis carpent armenta diebus,
Exigua tantum gelidus ros nocte reponet.
(VIRG., *Georg.*, l. II.)

« Autant en auront brouté les troupeaux dans les plus longs jours, autant la fraîche rosée d'une courte nuit en reproduira. »

On comprend que de pareils herbages ne se fatiguent pas, et n'ont pas besoin qu'on les défriche pour les rétablir. Ils produisent une herbe si épaisse et si touffue, qu'elle abrite la surface du sol contre les sécheresses, même excessives. Quelquefois cette herbe, d'un vert intense, est si imprégnée d'engrais que les animaux la rebutent, mais à l'arrière-saison, quand les premières gelées blanches ont ralenti la végétation, ils la recherchent avec une avidité nouvelle.

Que l'on compare à ces fonds si riches certaines prairies communales, couvertes pendant quelques heures du jour, de nombreux troupeaux, aussi maigres que le terrain qui les porte sans les nourrir. Chaque habitant envoie ses bêtes au pâturage commun, qui en reçoit bien plus que ne le comportent son étendue et la quantité d'herbe qu'il peut fournir. On les y laisse un temps limité, après lequel toutes sont ramenées à leur étable ; n'ayant rien pris sur une terre nue et dépouillée, elles n'y ont rien laissé ; quelquefois même, on enlève le peu d'engrais qui peut s'y trouver. Ces tristes prairies, inutilement foulées, sont condamnées à une stérilité, qui doit durer autant que le régime désastreux auquel elles sont soumises.

Les pâtis ou pâturages sont ceux qu'Olivier de Serres appelle « les prés naturels et sauvages. » Ils subsistent le plus souvent sans culture et sans ensemencement préalable. Ils occupent le dessous des hautes futaies, des pelouses plantées d'arbres épars, des espaces incultes, des pentes escarpées ou des terrains en friche qu'on a négligé de planter. Ces pâturages quelquefois très-vastes, offrent une grande ressource pour le bétail, surtout pour les bêtes à laine. Ils deviennent de plus en plus productifs par le séjour prolongé des troupeaux, et peuvent recevoir des améliorations qui augmentent leur produit et leur valeur.

D'abord, l'enlèvement successif des pierres et des roches qui couvrent le terrain, l'arrachement des arbrisseaux ligneux ou épineux qui l'encombrent, la destruction des herbes dures que les bestiaux repoussent et qui tiennent la place des plantes fourragères, sont des moyens d'une exécution facile, dont les bons effets se feront promptement sentir.

Palladius indique un moyen plus expéditif, c'est de déblayer le sol par le feu.

Urenda sunt pascua ut et altorum fruticum festinatio reprimatur ab stirpe, et incensis aridis, nova lætius herba succedat. (PALL., l. IX, § 18.)

« Il faut mettre le feu aux pâturages, afin que la végétation trop vigoureuse des grands arbrisseaux soit arrêtée jusqu'à la souche, et qu'après la combustion des hautes herbes une herbe nouvelle pousse plus facilement. »

Les pâtres des pays de montagnes, pour donner

plus d'espace à leurs troupeaux, ne craignent pas de brûler ainsi, non-seulement les maquis et les broussailles, mais quelquefois aussi des bois et des parties de forêts. C'est un acte de vandalisme qu'on ne peut approuver, et qui doit être sévèrement réprimé.

Un pâturage négligé, qui faisait vivre à peine un maigre troupeau, suffira bientôt à nourrir copieusement un troupeau plus considérable, si on lui fait produire une herbe plus abondante et de meilleure qualité. L'accroissement de l'herbe et l'augmentation du nombre des animaux qui s'en nourrissent, sont une cause indéfiniment progressive de l'amélioration du sol. D'ailleurs, toutes les parties ne sont pas également ingrates ; des espaces plus favorablement situés, plus couverts de terre végétale, se révèlent à un œil exercé. Ou pourra y établir de bons et véritables herbages, ou les mettre en culture suivie, si leur défrichement paraît offrir des avantages réels.

> Quæque suo viridi semper se gramine vestit,
> . . . . . . illam experiere colendo,
> Et facilem pecori et patientem vomeris unci.
>
> (Virg., *Georg.*, l. II.)

« La terre qui se revêt toujours du gazon verdoyant qu'elle produit, essayez de la mettre en culture, elle convient aux troupeaux et se laisse bien pénétrer par le soc. »

Tels sont les différents degrés d'importance et
de fertilité des terrains dont on obtient les produits
sans culture, depuis les meilleurs prés, jusqu'aux
plus maigres pâturages. Ces terrains formaient autrefois toute la richesse des peuples pasteurs. Ils
suffisent encore aujourd'hui à faire vivre dans l'aisance des populations entières, qui trouvent d'a-
bondantes ressources dans la nourriture du bétail
et dans l'entretien des troupeaux.

> Greges servare paternos
> Nobilius visum est olim, quam vomere terras
> Exercere graves, sulcisque reposcere fruges.
> (Præd. rust., 1. II.)

« Garder les troupeaux de ses pères paraissait autrefois plus noble que de labourer péniblement la terre, et
d'obtenir ses fruits par la culture. »

La société moderne a des besoins plus variés et
plus étendus. Les céréales et les plantes économiques sont devenues des productions de première
nécessité auxquelles le cultivateur doit donner
tous ses soins. Leur culture n'exclut pas cependant
la multiplication du bétail, même dans de grandes
proportions; au contraire, elle la favorise et y
trouve elle-même une cause de progrès et de prospérité. Le pays dont l'état général répond le mieux
aux exigences de notre époque, est donc celui qui

réunit à des cultures florissantes de vastes prairies et de riches herbages, où de nombreux troupeaux trouvent une abondante pâture, et contribuent par les engrais qu'ils procurent, à la fertilité progressive des terres cultivées.

Lanigeras bene pascat oves, subigatque perita
Rusticus arva manu ; terræ cultura feracis
Vertitur hoc duplici quasi cardine.

(Præd. rust., l. II.)

« Que le cultivateur ait des troupeaux bien nourris et qu'il laboure ses champs d'une main habile : la bonne culture et la fertilité de la terre roulent sur ces deux points, comme sur un double pivot. »

CHAPITRE XV.

Quand le soleil, après l'hiver, s'est élevé sur l'horizon, quand la température, devenue plus chaude, a ranimé la végétation, le cultivateur suit avec intérêt le progrès de ses récoltes ; toutefois, il ne les abandonne pas encore à elles-mêmes et à la seule influence de la saison ; il leur doit, jusqu'au dernier moment, sa surveillance et ses soins.

C'est surtout par les sarclages qu'on donne de la vigueur aux plantes, et qu'on favorise leur accroissement. Ils ont pour effet d'ameublir la terre par une culture superficielle, qui aide au développement des racines ; ils détruisent aussi les herbes nuisibles, qui disputent aux plantes utiles l'air et l'espace, et leur dérobent une partie de l'engrais et des sucs nourriciers.

Au point de vue de leur exécution pratique, les sarclages se font avec la main nue ou munie d'un gant; avec des outils de formes diverses, ratissoires, houes, binettes, sarcloirs; dans la grande culture, on emploie aussi des instruments spéciaux, comme la houe-à-cheval, dont on complète l'effet par le travail de la charrue à butter; enfin, dans certaines circonstances, on fait agir les herses ou les extirpateurs.

Si l'on considère la nature des récoltes, on distingue : le sarclage des céréales, celui des plantes fourragères, celui des racines et des plantes économiques.

Le sarclage effectif et complet des céréales n'est praticable qu'avec la culture en lignes. Nous avons vu que cette culture, vantée par quelques-uns, n'est pas entrée dans la pratique et dans les habitudes générales, surtout parce qu'elle laisse, entre les lignes, des vides qui rendent la récolte moins abondante que celle qui provient d'un semis plein et serré. Il faut excepter le millet, et surtout le maïs, pour lesquels la culture en lignes est à peu près obligatoire; dans ce cas, les sarclages le sont également.

Dans la petite culture, et pour des pièces de peu d'étendue, on sarcle à la main, avec la houe ou tout autre instrument analogue, selon l'usage local. Il est essentiel, pour que ce travail produise le meilleur effet possible, de ne pas se borner à gratter la surface de la terre, en la laissant, un peu au-dessous, dure et battue comme une allée de jardin. Il faut que l'outil pénètre, sans cependant blesser les racines, qu'il entame un peu la terre, et « qu'il fasse de la mie. » Dans ces conditions, non-seulement les mauvaises herbes seront déracinées et détruites, mais l'humidité des pluies, celle même de la rosée, pénétrera plus facilement et arrivera jusqu'aux racines.

Pour certaines plantes, par exemple, pour le maïs, en même temps que l'on sarcle on butte les tiges, c'est-à-dire qu'on les rechausse, en ramenant de la terre meuble autour de leur pied. Ces tiges chargées de feuilles et d'épis assez pesants, sont exposées à être renversées par les vents ; on leur donne, en les buttant, plus de fixité. La plante restant droite, forme mieux son grain, et sa maturité en est plus hâtive et plus complète.

Le sarclage des blés, celui des céréales en général, était très-pratiqué chez les Romains, car Columelle en parle longuement, et on peut extraire du chapitre qu'il y a consacré, les préceptes suivants :

Peracta sementi, sequens cura est sarritionis, de qua non convenit inter auctores. Quidam negant eam quidquam proficere, quod frumenti radices sarculo detegantur, aliquæ etiam succidantur.....

In agris siccis et apricis, simul ac primum sarritionem pati queant segetes, debere eas permota terra adobrui, ut fruticari possint. In locis autem frigidis et palustribus, ple-

rumque transacta hieme sarriri nec adobrui, sed plana
sarritione terram permoveri.

(Col., l. II, cap. XI.)

« Après la semence, le premier soin à prendre est celui
du sarclage. Cependant les auteurs ne s'accordent pas sur
ce point. Quelques-uns nient que ce travail soit utile, parce
que les racines des céréales sont mises à nu par le sarcloir,
et que quelques-unes même sont coupées.....

Dans les lieux secs et bien exposés, dès que les récoltes
peuvent supporter le sarclage, il faut les rechausser avec
la terre nouvellement remuée, afin qu'elles puissent taller.
Au contraire, dans les lieux froids et humides, presque
toujours après l'hiver, il faut sarcler sans butter les plantes,
mais entamer la terre par un sarclage à plat. »

Palladius, selon son habitude, reproduit les préceptes de Columelle légèrement modifiés. Ses indications font ressortir toute la différence qui existe
entre notre climat et celui pour lequel il écrit ;
car il prescrit de faire en janvier un travail qui,
le plus souvent, ne serait possible chez nous qu'en
mars ou avril.

Hoc mense (januario), serenis et siccis diebus, dum ge-
licidium non est, sunt sarculanda frumenta. Quod opus
plerique negant fieri debere, quia radices eorum detegantur aut incidantur, et necentur frigore subsecuto.

(Pall., l. II, § 9.)

« Dans ce mois (janvier), pendant les jours secs et se-
reins, quand le temps n'est pas à la gelée, il faut sarcler
les céréales d'hiver. Cependant la plupart des agriculteurs

pensent qu'on ne doit pas faire ce travail, parce que les racines sont découvertes et coupées, et que le froid qui survient les fait périr. »

Pline dit aussi son mot sur le sarclage. Il en fait ressortir les bons effets et indique les précautions à prendre :

Sarculatio induratam hiberno rigore soli tristitiam laxat temporibus vernis, novosque soles admittit. Qui sarriet, caveat ne frumenti radices suffodiat.

(PL., l. XVIII, s. L.)

« Le sarclage, quand le printemps est venu, corrige l'état fâcheux du sol durci par la rigueur de l'hiver; il y fait pénétrer la chaleur renaissante du soleil. Celui qui sarclera doit éviter de soulever les racines du blé. »

Palladius regarde même le sarclage des céréales comme un préservatif contre la rouille :

Si siccas segetes sarculaveris, aliquid contra rubiginem præstitisti. (PALL., l. II, § IX.)

« Si vous avez sarclé les céréales par un temps sec, vous avez fait une chose utile contre la rouille. »

Quand il existe, entre les lignes des plantes qu'on veut sarcler, un intervalle assez grand pour qu'on puisse faire passer entre elles un cheval, on peut se servir d'un instrument appelé *houe-à-cheval*.

Il est garni de plusieurs lames tranchantes, oblongues ou triangulaires, qui donnent une sorte de labour superficiel, en ameublissant la terre, et déracinant les mauvaises herbes qui ont germé entre les rayons. L'emploi de cet instrument demande quelque adresse et une certaine habitude de son maniement. C'est surtout avec lui, bien plus qu'avec le sarcloir à bras, qu'on est exposé à atteindre les plantes qu'on veut protéger, et à endommager leurs racines.

On donne souvent aux blés et presque toujours aux avoines, un sarclage très-expéditif, qui produit le meilleur effet, s'il est exécuté à propos et par un temps favorable. Dès que le temps des gelées est passé, que le soleil de mars a séché la terre, que les mottes de terre qui la couvrent s'émiettent et se dissolvent facilement : *Cum zephyro putris se gleba resolvit*, selon l'expression de Virgile, on fait passer une ou deux fois sur les blés une herse légère à dents de fer un peu serrées.

On rompt, par ce travail, la croûte que l'hiver a formée à la surface du champ ; les racines du blé se trouvent plus à l'aise ; les mottes de terre sont divisées, elles se répandent à la surface du sol, et rechargent le collet des plantes d'une légère couche de terre meuble et bien mûrie. Ce hersage, très-salutaire pour les blés faibles, convient aussi aux blés trop avancés, parce qu'il les retarde.

Sunt genera terræ quarum ubertas pectinari segetem in herbâ cogat ; cratis et hoc genus, dentatæ stilis ferreis.

(PL., l. XVIII, s. L.)

« Il y a des terres d'une nature si riche, qu'elle oblige, pour ainsi dire, à peigner la récolte quand elle est en herbe. On le fait avec une espèce de herse garnie de dents ou de petites broches de fer. »

Le hersage des avoines est encore plus utile, on peut même dire qu'il est nécessaire. Il permet d'éclaircir celles qui ont été semées dru, et qui se trouvent trop épaisses ; il déracine et détruit presque toutes les plantes nuisibles, qui ont levé avec l'avoine et menacent de l'envahir. Pour obtenir ce résultat, il ne faut pas craindre de herser de bonne heure, quand l'avoine a deux ou trois feuilles, et par une journée de hâle et de soleil.

On voit des avoines fortement hersées, dans une terre tendre, se trouver tellement fatiguées, tantôt déracinées, tantôt recouvertes de terre, qu'il semble impossible qu'elles reprennent quelque vigueur et qu'elles produisent jamais une bonne récolte. Mais l'expérience a démontré que des avoines épaisses et d'une belle végétation en apparence, ne tardent pas à se ralentir, et à se trouver dépassées par les avoines hersées qui, dans une terre ameublie où elles se trouvent à l'aise, émettent bientôt des tiges fortes et nombreuses, chargées de grappes bien fournies.

Après avoir hersé les blés et les avoines, on doit, par une belle journée, quand la terre est bien ressuyée, y faire passer le rouleau ; opération qui a un double but : elle écrase les petites mottes de terre et les étend sur le collet des plantes, et sur les racines que la herse aurait mises à nu : elle rend la surface du champ plus unie, facilite le travail de la faux au moment de la moisson, et permet de couper plus près de terre et de laisser moins de chaume.

D'autres sarclages à la main s'exécutent à différentes époques, et jusqu'aux approches de la moisson. Les chardons sont enlevés avec de petits sarcloirs à lame tranchante, ou, ce qui vaut mieux encore, quand leur tige commence à durcir, surtout après une pluie, qui permet de tirer les racines plus facilement, on les arrache en les saisissant près de terre avec la main munie d'un gant. La nielle des blés, *lychnis githago*, l'ivraie et quelques autres plantes, sont aussi l'objet d'une recherche spéciale, faite ordinairement par des femmes qui parcourent les champs de blé. Cette recherche ne se fait pas au hasard, mais en allant d'espace en espace, suivant une direction que l'on marque par des jalons. Ce sarclage des récoltes en

herbe a été bien décrit par Vanière ; mais il est à
remarquer qu'il s'est borné à nommer les plantes
signalées par Virgile, plantes qui ne sont pas les
plus communes et les plus nuisibles dans les moissons. C'est à la fermière qu'il confie la direction
de ce travail :

Te quoque vere manent tua cura, tuique labores,
Villica ; jam levibus seges edita fluctuat euris ;
Sed steriles una lappæ crevere ; tenellam
Jam Cererem lolium infelix et avena fatigant.
Fœmineam tecum rape matutina cohortem
Herbosam ferro segetem rimare.
(Præd. rust., l. VII.)

« Le retour du printemps, vigilante fermière, te réserve
des soins et des travaux particuliers. Déjà les blés s'élèvent
et ondoient au souffle léger des vents, mais les lampourdes
stériles ont grandi avec eux ; déjà les tendres dons de Cérès
sont menacés par la triste ivraie et par la folle avoine ;
prends avec toi, dès l'aube, tout une cohorte féminine et
recherche avec le fer des sarcloirs les herbes qui envahissent tes récoltes. »

Avant le temps de la moisson, si on veut avoir
du froment très-pur, pour en faire de la semence,
on parcourt le champ de blé, et l'on abat avec une
faucille les épis de seigle qui se montrent au-dessus
des autres, et qui ont paru les premiers. C'est ordinairement le maître qui se charge de ce soin. Il
faut marcher avec précaution, en écartant les tiges,

pour n'en pas abattre et fouler aux pieds un grand nombre. On prétend que le cultivateur lui-même est le seul qui puisse traverser une pièce de blé en épis, sans y laisser de traces.

Il y a une sorte de sarclage banal, qui consiste dans la faculté, laissée aux femmes et aux enfants des campagnes, de venir dans les récoltes arracher des herbes pour la nourriture de leurs vaches ou de leurs lapins. Dans les blés, quelques espèces de véronique, *veronica arvensis, v. agrestis, v. hederæfolia*, qui tapissent la terre, sont les plantes les plus précoces; puis viennent les coquelicots, la sanve, ou moutarde des champs, le raifort champêtre, qui couvrent quelquefois les avoines au point de les étouffer. Toutes ces herbes arrachées brin à brin, sont enlevées à dos, soit dans de grands tabliers de toile, soit en bottes liées avec des cordes, avec des harts, ou avec des liens de paille. C'est une ressource pour les petits ménages; c'est aussi une chose utile aux récoltes, qui se trouvent débarrassées, en grande partie, des plantes dont elles étaient infestées. Quand les grains commencent à monter et sont trop avancés pour qu'on puisse les parcourir sans dommage, un arrêté du maire, à l'exécution duquel le garde champêtre est chargé de veiller, défend d'y faire de l'herbe, et le possesseur seul a le droit d'y pénétrer.

Chez les Latins, le mot *runcare* exprimait cette

manière d'arracher les herbes avec la main, et cette sorte de sarclage était appelée *runcatio* :

Runcatio, cum seges in articulo est, evulsis inutilibus herbis, frugum radicem vindicat, segetemque discernit a cespite.   (PL., l. XVIII, s. iv.)

« Le sarclage à la main, quand les céréales ont développé leurs tiges noueuses, débarrasse les racines des récoltes, des plantes inutiles que l'on arrache, et délivre les céréales des touffes d'herbe. »

Il arrive quelquefois que des blés paraissent très-forts au printemps, et qu'on craint de les voir verser de bonne heure, avant même qu'ils soient en épis, ce qui est indiqué par leur couleur d'un vert intense, par la largeur des fanes, qui s'inclinent et se mêlent sous le poids de la rosée ou de la pluie. On les fait *effaner*, en coupant avec des faucilles les sommités des feuilles, que les femmes occupées à ce travail recueillent dans de grands tabliers relevés autour d'elles, pour les donner au bétail. Cette précaution, utile pour retarder la végétation, a cependant l'inconvénient de renverser et de fouler aux pieds beaucoup de tiges, qui se relèvent ensuite difficilement.

On fait même quelquefois brouter du blé en herbe par les moutons, surtout par les agneaux.

Quid qui ne gravidis procumbat culmus aristis,

Luxuriem segetum tenera depascit in herba,
Cum primum sulcos æquant sata ?

(Virg., Georg., l. I.)

Tantôt, pour empêcher qu'un frêle chalumeau
Ne succombe, accablé sous son riche fardeau,
Dès qu'il voit du sillon sortir les blés superbes,
Il livre à ses troupeaux le vain luxe des herbes.

(Delille.)

Atque tener puero grex compellente nocentem
Luxuriam segetis prima depascat in herba.

(Præd. rust., l. IV.)

« Que les jeunes agneaux conduits par un enfant, broutent la première herbe d'une récolte, qui s'emporte en un luxe de végétation nuisible. »

Pline signale aussi le danger d'une végétation trop vigoureuse, qui expose les récoltes à se coucher, et il indique le même remède :

Inter vitia segetum et luxuria est, cum oneratæ fertilitate procumbunt.   (Pl., l. XVIII, s. xliv.)

« Ce qui nuit encore aux récoltes, c'est la trop grande vigueur de leur végétation, lorsqu'elles s'affaissent sous le poids de leurs tiges. »

Luxuria segetum castigatur dente pecoris, in herba dumtaxat : et depastæ quidem vel sæpius, nullam in spica injuriam sentiunt.

(Pl., l. XVIII, s. xlv.)

« La végétation trop abondante des récoltes est réprimée par la dent des troupeaux, mais seulement lorsqu'elles sont en herbe. Quand elles ont été broutées, même plusieurs fois, elles n'en souffrent nullement pour monter en épis. »

On a essayé quelquefois d'empêcher les blés de verser, en y plaçant, de distance en distance, des cordes tendues, ou de petites gaules fixées sur des pieux. Cette précaution, dont l'application n'est pas sans difficulté, ne donne pas des résultats satisfaisants ; elle augmente le désordre et la confusion dans le champ, au lieu de les prévenir. On pourrait tout au plus garnir d'une rangée de pieux supportant une traverse, une bordure de blé qui serait exposée à se coucher sur un chemin, ou en travers d'un sentier.

C'est la perfection même de la culture, d'obtenir le maximum de récoltes en céréales, avec le moins possible de blés versés. On y parvient en distribuant les engrais avec discernement, selon l'état de la terre. La suppression des jachères, par la culture des racines et des autres plantes, qui n'ont rien à craindre d'une végétation excessive, est le moyen le plus rationnel de mettre à profit l'exubérance du sol ; mais on peut dire que cet excès de richesse se présente trop rarement. Du reste, quelque soin que l'on prenne, l'incertitude des saisons, tantôt favorables, tantôt contraires, viendra souvent mettre en défaut les meilleures dispositions. Cependant, s'il est fâcheux, pour un cultivateur, d'avoir des blés versés sur une grande étendue, cet accident est toujours l'indice de la fertilité du sol, et d'un état d'engrais satisfaisant. La perte de grain qui en résulte sera compensée par la quantité des gerbes et par l'abondance des fumiers qu'elles produiront.

Comme on doit employer tous les moyens propres à favoriser le développement des récoltes de céréales, on doit aussi prendre les précautions nécessaires pour les préserver de toute atteinte ; ou aura soin, par exemple, d'empêcher qu'elles ne soient dévastées ou broutées par le bétail, soit lorsqu'on le conduit au pâturage, soit lorsqu'en labourant une terre contiguë, les animaux attelés à la charrue peuvent, à chaque tour, enlever quelques tiges ou quelques épis. Un usage fort ancien, celui d'attacher à leur tête un léger panier d'osier, ou un filet, est encore admis dans les campagnes, surtout dans les pays de petite culture, où la propriété est très-divisée.

On lit dans Caton et dans Pline :

Fiscellas habere oportet, ne herbas sectentur cum arabunt.   (CAT., § LIV.)

« Il faut avoir des filets, pour les empêcher de brouter les récoltes en herbe, en labourant. »

Araturos boves fiscellis capistrari oportet, ne germinum tenera præcerpant. (Pl., l. XVIII, cap. xlix.)

« Il faut museler avec des filets les bœufs de labour, de peur qu'ils ne broutent les sommités tendres des jeunes pousses. »

Dans les grandes exploitations, on se contente de ne pas s'avancer trop près des récoltes voisines, en labourant, et de tourner promptement la charrue, avant de changer l'oreille, et de permettre aux animaux de trait le petit temps d'arrêt, qu'on leur laisse souvent au bout du sillon.

A tout cet ensemble de soins, destinés à conduire les récoltes des céréales jusqu'à leur maturité, en assurant leur complet développement, et en les préservant, autant que possible, de tout dommage, il faudra peut-être ajouter encore un nouveau procédé de fécondation artificielle, dont l'effet serait d'opérer la répartition égale et régulière du pollen au moment de l'apparition des étamines.

Des expériences intéressantes ont été faites près d'Épernay, avant la récolte de 1863, sur l'application de cette méthode. Il faudra certainement attendre des expériences nouvelles et réitérées pour en apprécier le mérite ; mais il est permis, dès à présent, de faire un rapprochement très-curieux, et de rappeler un procédé presque semblable, indiqué par le père Vanière dans le *Prædium rus-*

ticum, ce qui en ferait remonter l'idée première à deux siècles.

Il est juste de dire que le procédé décrit par Vanière n'a pas pour objet la fécondation des épis ; il a pour but de secouer et de chasser la rouille, cette cryptogame qui couvre souvent d'une poussière jaune les tiges et les épis des céréales. Mais l'exécution matérielle reste à peu près la même ; on pourra s'en convaincre à la lecture des vers qui seront cités plus loin.

Voici d'abord la description sommaire de la méthode nouvelle, telle qu'elle est donnée dans les journaux du mois d'août 1863 :

« Ce procédé fort simple consiste dans l'emploi
« d'une corde de 25 à 30 mètres de longueur, à
« laquelle est fixée une frange de laine de 25 à 30
« centimètres de hauteur. L'appareil ainsi formé
« ressemble à un long peigne en laine que l'on fait
« passer deux ou trois fois sur les champs, au mo-
« ment de la floraison des céréales. Le pollen s'at-
« tache aux fils de laine, et se dépose ensuite sur
« les organes femelles de l'épi. La fécondation a
« ainsi lieu avec une régularité et un ensemble que
« les meilleures années ne peuvent donner. »

Voyons maintenant le système décrit par Vanière :

Agricolæ longum bini protendite funem ;

Frugiferumque cito campum decurrite passu,
Atque flagellantes spicas, austrumque silentem
Verbere supplentes, inimicam avertite pestem.

(*Præd. rust.*, l. VII.)

« Que deux villageois, tendant une longue corde, parcourent d'un pas rapide un champ de blé, en fouettant les
épis, afin de remplacer par cette violente secousse, le vent
qui ne souffle pas et de chasser un fléau pernicieux. »

On trouve dans ces vers de Vanière, à l'exception des franges de laine, l'indication exacte du
nouveau procédé de fécondation. Du reste, je n'ai
nullement l'intention de rabaisser le mérite de
cette découverte, si ses bons effets se trouvent
constatés dans la suite; mais j'ai voulu montrer
que l'idée première en avait été émise depuis longtemps.

Sans préjuger la question, encore indécise, il est
permis de la discuter, et d'examiner les objections
que peut soulever l'application de la méthode indiquée.

La cause la plus ordinaire de la coulure, ou de la
fécondation incomplète de l'épi des céréales, c'est
la fréquence ou la continuité des pluies au moment
de la floraison. Ces pluies, selon l'expression employée par les cultivateurs, lavent la fleur, empor-
tent le pollen et l'empêchent de se répandre. Les
mêmes circonstances s'opposeraient à l'emploi du
procédé de fécondation artificielle ou le rendraient

insuffisant. Il serait difficile de parcourir un champ
de blé chargé de pluie, et en l'absence de la poussière pollinique sur les épis mouillés, le passage
de la corde resterait sans effet.

Imber in herba utilis tantum : florentibus autem frumento et hordeo nocet.

(PL., l. XVIII, s. XLIV.)

« La pluie n'est utile aux récoltes que lorsqu'elles sont
en herbe ; quand le froment et l'orge sont en fleur, elle
leur nuit. »

On sait que les étamines du froment se montrent presque aussitôt que l'épi s'est dégagé de
sa gaîne ; il y a donc un moment précis que les circonstances extérieures ne permettront pas toujours
de saisir. De plus, les épis ne montent pas tous à
la fois ; leur sortie successive se prolonge quelquefois pendant dix ou quinze jours, selon que la
température est plus ou moins élevée. Il faudra
reprendre l'opération, chaque fois qu'un certain
nombre d'épis sera parvenu à l'état convenable.
Enfin, la longueur des tiges est loin d'être égale, et,
comme beaucoup d'épis restent bien au-dessous
des autres, ceux-là ne seront pas atteints par la
corde, qui passera au-dessus d'eux. D'ailleurs, il
ne suffit pas que la poussière pollinique soit arrivée au point convenable pour sa dispersion, il faut

encore que les stigmates soient disposés à la recevoir. La nature sait saisir ce moment quand on l'abandonne à elle-même; n'est-il pas à craindre que par une agitation intempestive, on secoue cette poussière avant qu'elle puisse être utilement répandue?

Comme il s'agit d'expériences à faire, les résultats définitifs, bien constatés, parleront plus haut que toutes les réflexions préalables; les faits seuls confirmeront les critiques fondées sur le simple raisonnement, ou les réfuteront victorieusement.

La plupart des plantes fourragères ne sont jamais sarclées; car on ne peut assimiler à un sarclage, l'occupation des femmes et des enfants qui, dès les premiers jours du printemps, recherchent et arrachent dans les prairies artificielles, surtout lorsqu'elles sont déjà anciennes, quelques plantes précoces qui y croissent spontanément. Par exemple, on enlève avec un couteau, en les coupant au-dessous du collet, le pissenlit (*taraxacum dens leonis*) et d'autres plantes chicoracées. C'est un acte de tolérance de la part des cultivateurs, qui n'en éprouvent aucun préjudice; mais quand les plantes à fourrage commencent à couvrir la terre, on en interdit l'accès, comme on défend de pénétrer dans les blés.

Les fèves, à cause de leurs tiges hautes et fortes,

sont les seules que l'on prenne la peine de sarcler, surtout si elles ont été semées en lignes. Columelle exprime en ces termes son opinion sur l'utilité du sarclage des fèves :

Adeo fabam sarriendam censeo, ut existimem debere etiam ter sarriri.

(Col., l. II, cap. xi.)

« Je suis tellement d'avis que la fève doit être sarclée, que je pense qu'il faut même la sarcler trois fois. »

On pourrait sarcler aussi le maïs, même lorsqu'il est destiné à être coupé comme fourrage ; mais on ne sarcle jamais les autres plantes fourragères cultivées en plein champ pour le bétail.

Le motif en est facile à saisir. Le semis de ces récoltes est ordinairement fort épais, il serait donc impossible de les sarcler ; d'ailleurs, comme elles doivent être nécessairement fauchées de bonne heure pour la nourriture des animaux, ou par eux consommées sur place, les herbes qui ont pu croître accidentellement augmentent le volume du fourrage, le plus souvent sans nuire à sa qualité. La destruction des plantes à racines vivaces, qui pourraient persister, est l'objet de la culture qui doit toujours suivre l'enlèvement de la récolte.

On peut regarder comme une sorte de sarclage les soins qu'on prend pour détruire les mauvaises herbes dans les prairies et dans les herbages. On doit se borner à déraciner ces plantes, soit avec la main, soit avec un outil à lame étroite; car on ne peut fouiller ni soulever la terre, sans arracher une partie de l'herbe et sans y former des vides.

On doit éviter surtout que, dans quelque partie que ce soit des champs ou des prairies, même sur le bord des chemins et dans les lieux incultes, les chardons et toutes les autres plantes évidemment dangereuses ou nuisibles, parviennent jusqu'à la maturité de leurs graines, et les répandent sur le sol environnant. La faux offre un moyen facile et prompt de les arrêter au milieu de leur végétation.

Ce sont les fourrages-racines et la plupart des plantes économiques, qui constituent ce qu'on appelle spécialement : « les plantes sarclées. » Toutes les racines doivent recevoir une, ou plutôt deux façons de sarclage ; on en donne souvent trois aux betteraves. La première façon demande quelques précautions quand elles sont encore faibles ; mais ce travail leur est si salutaire, que les parties qui ont été sarclées les premières se font remarquer jusqu'à la fin, par la vigueur des plantes et par leur accroissement plus considérable. Toutes ces plantes à racines fortes, et ordinairement pivotantes, demandent un sarclage énergique ; on ne doit pas craindre d'entamer la terre et d'y faire pénétrer l'outil.

Il en est qui veulent être buttées au deuxième ou troisième sarclage. La pomme de terre est particulièrement dans ce cas; cependant la nécessité du buttage de la pomme de terre a été souvent contestée. Peut-être est-il inutile pour les variétés dont les tubercules se forment assez profondément pour rester toujours bien cachés en terre; mais il y en a d'autres dont les tubercules se montrent à fleur de terre, au point qu'étant quelquefois en partie exposés à l'air, ils prennent une couleur verte, qui altère leur qualité. Le buttage est alors de rigueur, il recouvre ces tubercules, et favorise leur accroissement en nombre et en volume.

Virgile a décrit le buttage des plantes dans ces deux vers :

> Seminibus positis, superest deducere terram
> Sæpius ad capita, et duros jactare bidentes.
> (Virg., *Georg.*, l. II.)

« Quand on a déposé les semences, il reste à ramener souvent la terre vers le sommet des plantes, en maniant la lourde houe à deux dents. »

La végétation des carottes et des betteraves se prolonge quelquefois jusqu'en octobre, surtout quand des pluies, survenues après une longue sécheresse, ont attendri la terre, et ont permis aux racines de reprendre une vigueur nouvelle. Le développement des feuilles accompagne toujours celui des racines ; et comme c'est au centre que se forment les dernières feuilles, celles qui sont extérieures étant plus anciennes, se flétrissent les premières et successivement. On peut donc, sans nuire à la plante, les enlever avant qu'elles commencent à jaunir; c'est un supplément de fourrage que les vaches recherchent ; quoique ces feuilles, par elles-mêmes, soient peu nutritives, leur côte épaisse et charnue leur donne une certaine valeur.

Les carottes semées à la volée dans l'avoine, et les navets semés sur les chaumes, en récolte dérobée, ne sont jamais sarclés ; aussi y a-t-il une différence très-sensible entre leur produit et celui qu'on obtient par une culture plus sérieuse et plus soignée ; mais l'extrême économie de cette méthode fait oublier l'infériorité relative de la récolte.

Toutes les plantes économiques, le tabac, les pavots, la gaude, la garance, etc., doivent être sarclées avec le plus grand soin. Dans les plantes textiles, le chanvre et le lin ne reçoivent aucune façon de sarclage; leur semis est toujours trop serré pour qu'on puisse faire agir un outil quelconque entre les plantes. Il est bon seulement, quand elles sont encore peu développées, d'enlever à la main les herbes qui pourraient s'y trouver mêlées.

Il est facile de se rendre compte de l'importance extrême des sarclages, pour les racines et pour les plantes économiques. Que l'assolement soit alterne ou triennal, elles doivent toujours être suivies d'une récolte de céréales ; c'est donc une préparation nécessaire que de tenir la terre dans un état de netteté et de bonne culture. D'ailleurs, comme nous l'avons vu, ces plantes ne fournissant par elles-mêmes aucune litière pour le bétail, ne contribuent pas à la formation des fumiers ; il est prudent de suppléer, par des soins d'entretien très-suivis, à ce qu'elles laissent à désirer sous ce rapport. Une récolte épuisante fatiguera doublement le sol, et le laissera dans le plus fâcheux état, si, au défaut de la production des engrais, vient se joindre l'insuffisance des travaux destinés à ameublir la terre et à la préparer.

Nous avons vu comment on cultive la terre, comment on y applique les engrais, comment on y dépose les semences ; enfin nous avons suivi les plantes cultivées depuis leur germination, dans leur développement progressif, et pendant toute la durée de leur végétation. Nous sommes arrivés au moment où, parvenues au dernier terme de leur accroissement, elles vont être séparées du sol, pour recevoir, dans les différentes parties de l'exploitation, la destination spéciale qui leur convient. Ainsi se trouve close la série des travaux qui préparent et précèdent la récolte. Ce cercle laborieux que nous avons suivi avec une attention soutenue, doit être parcouru par le cultivateur sans cesse et sans repos.

> Et jam olim seras posuit cum vinea frondes,
> Frigidus et silvis aquilo decussit honorem,
> Jam tum acer curas venientem extendit in annum
> Rusticus.   (VIRG., *Georg.*, l. II.)

> Même lorsque le cep privé de sa parure
> Cède aux froids aquilons un reste de verdure,
> Déjà le laboureur, reprenant ses travaux,
> Bien loin vers l'autre année étend ses soins nouveaux.
>   (DELILLE.)

CHAPITRE XVI.

PLANTES DE GRANDE CULTURE DES TEMPS ANCIENS ET MODERNES.

Il n'est pas sans intérêt de passer en revue les plantes indiquées dans les ouvrages des agronomes latins, comme ayant été cultivées de leur temps ; d'essayer de rapporter aux espèces actuellement admises dans nos cultures, celles qui se sont conservées jusqu'à nous à travers les siècles ; de signaler aussi celles qui sont aujourd'hui inconnues, ou qui ont été abandonnées.

Cependant, un travail de ce genre présente d'assez grandes difficultés. Si beaucoup d'espèces nous ont été transmises sans altération, et même avec le nom qui leur avait été donné dans l'antiquité, il en est d'autres qui se sont modifiées avec le temps, ou qui ont été remplacées par des variétés meilleures ou plus utiles. Il en est enfin dont le nom et le peu qu'en ont dit les auteurs, ne peuvent les faire reconnaître avec certitude parmi les plantes que nous cultivons.

Les auteurs anciens qui ont écrit sur l'agriculture n'avaient aucune idée des principes sur lesquels reposent aujourd'hui la nomenclature et la classification des plantes. Ils se sont bornés, la plupart du temps, à de simples indications de noms, ou à des descriptions tellement vagues et incomplètes, qu'elles ne nous apprennent rien sur certaines espèces ou variétés restées douteuses.

Columelle a donné le premier quelques renseignements utiles ; mais Pline, en sa qualité de naturaliste, est plus méthodique. Il entre dans quelques détails assez précis, qui répandent un peu de lumière sur des questions restées encore obscures et incertaines.

Pline désigne d'abord les plantes de grande culture sous un seul nom, qui les embrasse toutes : *Fruges*, « les récoltes. » Puis il divise les biens de la terre, ou les récoltes, en deux classes : *frumenta et legumina*.

Ainsi le mot *frumentum*, qu'on rencontre souvent dans les auteurs, et qu'on traduit ordinairement par « froment, » est un terme général, auquel répond parfaitement l'expression moderne « céréales. »

Le mot σῖτος, employé dans le même sens par Théophraste à qui Pline a emprunté cette classification, a aussi une signification plus générale que le mot πυρὸς qu'on traduit par *triticum*, blé ou froment. Σῖτος, *frumentum*, indique tous les grains servant à la nourriture de l'homme, et peut d'autant mieux être rendu par « céréales, » qu'on avait donné à Cérès le surnom de Σιτὼ.

Legumen, legumina, désigne non-seulement les fourrages légumineux destinés au bétail, dont les graines servent aussi à la nourriture de l'homme, mais encore de vrais légumes, comme les navets et les raves. Ce qui établit une certaine confusion dans ces termes, c'est que le mot *legumen*, « légume, » signifie en même temps toutes les plantes potagères destinées à être servies sur la table comme aliment, et la gousse ou cosse de certaines plantes, pois, haricots, fèves, etc., qui avaient été, à cause de cela, classées dans la famille des légumineuses, nommée plus correctement aujourd'hui la famille des papilionacées.

Voici du reste le passage de Pline où la classification précédente est clairement énoncée :

Et quoniam præparatus est ager, natura nunc indicabitur frugum. Sunt autem duo prima earum genera : frumenta, ut triticum, hordeum; et legumina, ut faba, cicer. Differentia vero notior quam ut indicari deceat.

(PL., liv. XVIII, s. IX.)

« Et maintenant que le champ est préparé, il faut indiquer la nature des récoltes. On les divise d'abord en deux genres : les céréales, comme le froment, l'orge; et les légumes, comme la fève, le pois chiche ; leur différence est trop connue pour qu'il convienne de l'indiquer. »

Ce passage est la reproduction de celui qui suit de Columelle, quoique la classification des récoltes soit différente. Columelle met au rang des légumes, le millet, le panis et l'orge, le sésame, et même le chanvre et le lin. Pline, avec plus de raison, désigne comme céréales ces trois premières plantes, ainsi que le sésame, ce qui est moins rationnel ; il traite dans un chapitre séparé du lin, du chanvre et de quelques autres plantes textiles.

Quoniam sementi terram docuimus præparare, nunc seminum genera persequemur. Prima et utilissima sunt hominibus frumenta, triticum et semen adoreum..... Leguminum genera cum sint complura, maxime grata et in usu hominum videntur faba, lenticula, pisum.

(Col., liv. II, cap. vi et vii.)

« Maintenant que nous avons enseigné à préparer la terre pour la semence, nous passons en revue les diverses espèces de semences. Les premières et les plus utiles à l'homme, sont les céréales, comme le froment et l'épeautre..... Il y a aussi un grand nombre d'espèces de légumes ; ceux dont l'usage est le plus agréable à l'homme paraissent être la fève, la lentille, le pois. »

Pline classe parmi les céréales : le froment proprement dit, *triticum ;* l'épeautre appelée *far,* ou *semen adoreum;* l'orge, *hordeum;* le riz, *oriza;* le *siligo,* plante douteuse; le sésame, *sesama;* l'*erysimum,* ou *irio,* et l'*horminum,* deux plantes plutôt médicinales qu'alimentaires, dont les quatre agronomes latins ne font aucune mention; le millet, *milium,* et le panis, *panicum;* une autre plante qu'il appelle *milium indicum;* enfin l'avoine, *avena.*

Il désigne comme plantes légumineuses : la fève, *faba;* la lentille, *lens;* le pois, *pisum,* le pois chiche et les gesses, *cicer, cicera* et *cicercula;* les haricots, *faseoli;* les raves, *rapa;* les navets, *napi;* le lupin, *lupinus;* la vesce, *vicia;* l'ers, *ervum;* la luzerne, *medica;* une autre plante, *secale,* qui me paraît être le sarrasin; enfin, le fenu grec, *fœnum græcum,* appelé aussi *silicia.*

Le froment, *triticum,* avait comme chez nous un grand nombre de variétés : *tritici genera complura cognovimus,* dit Columelle. « Nous connaissons beaucoup d'espèces de froment. » Il met au premier rang la variété appelée *robus,* puis le *siligo,* dont les analogues nous sont inconnus; et, en troisième lieu, le *triticum trimestre,* sorte de blé de mars ou de printemps.

Selon Pline, les noms *far* et *adoreum* désignaient une même espèce. *Vulgatissima far, quod adoreum veteres appellavere.* « Rien n'est plus commun que le *far,* appelé par les anciens *adoreum.* » On reconnaît aujourd'hui dans cette céréale, l'épeautre, *tri-*

ticum spelta, des botanistes modernes. Columelle en distingue quatre variétés, dont une de printemps. On sait que l'épeautre est relégué dans les terrains pauvres et montagneux. Son caractère constant est d'avoir la balle adhérente au grain, ce qui s'accorde avec ce que les anciens ont dit du *far*, ou *adoreum.*

On lit dans Virgile, *robustaque farra;* et dans Pline :

Ex omni genere durissimum far et contra hiemes firmissimum. Patitur frigidissimos locos, et minus subactos, vel æstuosos sitientesque.

(Pl., liv. XVIII, s. xix.)

« De toutes les espèces, le far est la plus robuste, et celle qui résiste le mieux à l'hiver. Il s'accommode des terres les plus froides et les moins abritées, comme de celles qui sont brûlantes et arides. »

Enfin, son caractère distinctif est indiqué par Columelle :

Folliculum quo continetur adoreum, firmum et durabilem adversus longioris temporis humorem valet.

(Col., l. II, cap. viii.)

« Le grain de l'épeautre est renfermé dans une membrane (la balle) dure et capable de résister à une humidité prolongée. »

L'orge, *ordeum*, *hordeum*, ne présente aucun doute. Columelle distingue parfaitement les deux espèces : *O. hexastichum*, ou *cantherinum ;* et *O. distichum*, ou *galaticum*.

Son grain servait également à la nourriture des animaux et à celle de l'homme.

Ordeum omnia animalia quæ ruri sunt, melius quam triticum, et hominem salubrius quam malum triticum pascit. Nec aliud in egenis rebus magis inopiam defendit.

(COL., liv. II, cap. IX.)

« L'orge nourrit tous les animaux de la ferme mieux que le blé ; et est plus saine pour l'homme que le froment de mauvaise qualité. Rien n'offre une ressource plus précieuse dans les temps de disette.

Elle entrait avec le froment dans la composition du pain. La qualité de ce mélange était diversement appréciée.

Ordeum distichum, ponderis et candoris eximii, adeo ut tritico mistum egregia cibaria familiæ præbeat.

(COL., *id.*, *ibid.*)

« L'orge distique est pesante et donne une farine très-blanche, tellement que, mêlée au froment, elle fournit un excellent pain de ménage. »

Panem ex hordeo antiquis usitatum vita damnavit ; quadrupedumque fere cibus est.

(PL., liv. XVIII, s. XIV.)

« L'expérience a condamné l'usage du pain d'orge, si commun chez les anciens; c'est un aliment presque réservé pour le bétail. »

L'eau d'orge, employée en tisane, avait déjà un grand succès, qu'il faut faire remonter jusqu'à Hippocrate.

Ptisanæ inde usus validissimus saluberrimusque tantopere probatur. Unum laudibus ejus volumen dicavit Hippocrates e clarissimis medicinæ scientia.

(PL., liv. XVIII, s. xv.)

« L'usage de la tisane d'orge, très-établi et très-salutaire, est extrêmement approuvé. Hippocrate, un savant médecin des plus illustres, a consacré un volume entier à sa louange. »

Le riz, *oriza*, n'est pas indiqué, que je sache, par les quatre agronomes latins; il n'était probablement pas cultivé de leur temps en Italie. Pline en parle comme d'une céréale de l'Inde :

Indi maxime quidem oryza gaudent, ex qua ptisanam conficiunt, quam reliqui mortales ex hordeo.

(PL., liv. XVIII, s. xiii.)

« Les Indiens aiment beaucoup le riz. Ils en font de la tisane, comme on en fait partout ailleurs avec l'orge. »

Le millet et le panis, *milium et panicum*, étaient

généralement cultivés. D'après la description que
Pline a donnée de ces deux plantes, le *milium* des
anciens devait être notre *panicum miliaceum*, le
millet commun; et le *panicum*, notre *setaria italica*,
millet d'Italie.

Panicum a paniculis dictum, cacumine languide nutante,
prædensis acervatur granis, cum longissima pedali phoba.
Milii comæ granum complexæ, fimbriato capillo cur-
vantur.

(PL., liv. XVIII, s. x.)

«Le panis tire son nom de ses panicules, dont le sommet se penche languissamment. Ses grains sont rassemblés en grappes très-serrées, avec une tête très-longue,
d'environ un pied. Les glumes du millet embrassent le
grain et se recourbent sur des pédicelles capillaires très-
divisés.»

Olivier de Serres dit: «que l'espi du mil res·
semble à un pennache branchu, celui du pnis à la
queue de renard.»

Pline indique encore, sous le nom de *milium
indicum*, une plante qu'Olivier de Serres a confon-
due avec le maïs, qu'il appelle « gros grain de Turquie. » Il est démontré que le maïs est originaire
de l'Amérique. La plante décrite par Pline me paraît être le sorgho, *andropogon sorghum; Holcus
sorghum*, L., dont l'introduction en Europe serait

alors fort ancienne. Voici la description de Pline :

Milium intra hos decem annos ex India in Italiam invectum est; nigrum colore, amplum grano, arundineum culmo. Adolescit ad pedes altitudine septem.

(Pl., liv. XVIII, s. x.)

« Dans ces dix dernières années, un millet a été introduit de l'Inde en Italie, son grain est noir, gros ; il a la tige d'un roseau, il s'élève en hauteur jusqu'à sept pieds. »

Tout cela convient bien au sorgho, qui a la panicule d'un millet, le grain noir ou brunâtre, la tige haute et forte ; d'ailleurs, parmi les différents noms qu'Olivier de Serres donne à son « gros grain de Turquie, » il indique aussi celui de *sorgo*.

On cultivait encore, comme plante alimentaire, le sésame, *sesama,* aujourd'hui *sesamum indicum*, que Pline classe, avec le millet, dans les céréales de printemps.

Æstiva frumenta diximus, sesamam, milium, panicum; sesama ab Indis venit, et ex ea oleum faciunt.

(Pl., liv. XVIII, s. xxii.)

« Nous avons nommé céréales d'été le sésame, le millet, le panis. Le sésame vient de l'Inde, où on en fait de l'huile. »

Varron et Columelle font mention de cette plante, Caton et Virgile n'en ont rien dit.

Les graines du sésame, outre leurs propriétés oléagineuses, peuvent être mangées grillées, ou réduites en bouillie. Cette plante est encore cultivée en Orient, peu en Italie, pas du tout en France.

Avec le sésame, Pline a nommé deux plantes, dont il dit lui-même « qu'on doit plutôt les compter parmi les médicaments que parmi les récoltes. » Ce sont l'*erysimum* ou *irio*, et l'*horminum*. En effet, le *Salvia horminum*, qu'on trouve en Grèce et en Italie, est une plante vulnéraire et stomachique. L'*erysimum,* ou *irio,* qui est peut-être le *sisymbrium irio,* ou une espèce d'erysimum, appartient à un genre de crucifères auxquelles on attribue des propriétés antiscorbutiques. Je les ai citées, pour ne rien omettre, mais l'agriculture n'a pas à s'en occuper.

Parmi les céréales, l'avoine était fort peu estimée des anciens; Virgile n'en parle que pour dire « qu'elle brûle la terre. »

Urit enim lini campum seges, urit avenæ.

Columelle la considère plutôt cómme devant être fauchée verte, en guise de fourrage, que cultivée pour le grain. Il la compare au fourrage vert appelé dragée.

Similis ratio avenæ est. Cæditur in fœnum vel pabulum, dum adhuc viret, quæ autumno sata; partim semini custoditur.   (COL., liv. II, cap. x.)

« Il en est de même de l'avoine ; on la coupe pour en
faire du foin ou du fourrage, étant encore verte, lorsqu'elle
a été semée en automne. On en garde une partie pour
faire de la semence. »

L'avoine ne tenait pas alors la place considérable qu'elle occupe aujourd'hui dans .tous les
assolements. Elle n'a acquis, dans la grande culture et dans le commerce, une importance qui se
rapproche de celle du froment, que depuis qu'on la
regarde comme devant entrer nécessairement dans
le régime alimentaire du cheval.

Il me reste à examiner, pour clore la série des
frumenta, ou céréales, une plante que j'ai déjà nommée douteuse ; c'est le *siligo.* J'établirai en même
temps que le seigle, s'il était connu des anciens, a
été confondu par eux, soit avec les épeautres, soit
avec les orges, sans qu'aucune description, aucune
dénomination particulière, puisse aujourd'hui le
faire reconnaître.

Il est vrai que, dans l'excellente édition des
agronomes latins, publiée par MM. Firmin Didot,
on a traduit, dans les traités de Caton et de Varron, le mot *siligo* par « seigle (1). » On a été
trompé, sans doute, par une espèce de similitude
de nom, car rien de ce qui est dit du *siligo* ne peut
s'appliquer au seigle.

(1) V. CAT., cap. XXXV, p. 16. — VARR., cap. XXIII, p. 82.

Columelle désigne le siligo comme une variété de froment.

Tritici genera complura cognovimus..... Secunda conditio est habenda siliginis, cujus species in pane præcipua.

(Col., lib. II, cap. vi.)

«Nous connaissons beaucoup d'espèces de froment.... Il faut mettre le siligo en seconde ligne. Il donne un pain excellent. »

Pline en parle en des termes qui excluent toute possibilité de l'assimiler au seigle.

Siliginem proprie dixerim tritici delicias..... E siligine lautissimus panis, pistrinarumque opera laudatissima.

Siligo nunquam maturescit pariter, nec ulla segetum minus dilationem patitur, iis quæ maturuere, protinus granum dimittentibus. Sed minus quam cætera frumenta, in stipula periclitatur, quoniam semper rectam habet spicam..... Far sine arista est, item siligo.

(Pl., lib. XVIII, s. xx.)

« Il serait vrai de dire que le *siligo* est la fleur du froment..... On en fait un pain très-délicat, et le produit le plus recherché des boulangeries.

Le *siligo* ne mûrit jamais également, et il n'est pas de récolte qui souffre moins qu'on tarde à la moissonner, les épis qui ont mûri laissant de suite échapper le grain. Mais il est moins exposé sur sa tige que les autres froments, parce que son épi se tient toujours droit..... L'épeautre n'a pas de barbes; il en est de même du siligo. »

Or le seigle donne une farine bise, un pain noir et médiocre. Il murit également, et tout à la fois, il n'est pas sujet à s'égrainer. Il a ses épis penchés et fortement barbus. Les caractères indiqués par Pline conviennent au contraire à certains froments à grain tendre et blanc, comme le blanc-zée et la touzelle blanche.

Le *siligo* des anciens n'est donc pas le seigle; et, comme je l'ai dit, il est difficile de trouver, dans les écrits des agronomes de l'antiquité, un passage quelconque dans lequel le seigle ait été désigné d'une manière distincte.

On trouve bien dans Pline la description d'une plante appelée *secale,* nom que nous donnons aujourd'hui au seigle; mais je pense, malgré l'opinion générale, que cette plante, décrite parmi les fourrages, ne peut être que le sarrasin.

Secale Taurini sub Alpibus asiam vocant; deterrimum et tantum ad arcendam famem; fecunda sed gracili stipula, nigritia triste, sed pondere præcipuum. Admiscetur huic far ut mitiget amaritudinem ejus; et tamen sic quoque ingratissimum ventri est. Nascitur qualicumque solo, cum centesimo grano; ipsumque pro lætamine est.

(PL., lib. XVIII, s. XL.)

« Ceux du pays de Turin, au pied des Alpes, appellent le *secale* « asia. » Il est détestable, et bon tout au plus à apaiser la faim. Ses tiges sont bien fournies, mais grêles; son grain déplaît par sa couleur noire, mais il est remarquable par sa pesanteur. On y mêle de l'épeautre pour en corriger l'amertume, cependant ce mélange même est très-mauvais pour l'estomac. Il croît dans toute sorte de terrain, rapporte cent pour un, et peut lui-même servir d'engrais pour la terre. »

On sait que le sarrasin est originaire d'Asie ; il n'est donc pas étonnant qu'on lui ait donné d'abord le nom du lieu de son origine : Asia. N'est-ce pas le même motif qui l'a fait nommer chez nous « sarrasin? » Ce que Pline dit de la couleur du grain, de son poids, de sa mauvaise qualité, de la propriété qu'a la plante de servir d'engrais, tout cela convient exclusivement au sarrasin et ne peut laisser aucun doute.

Comme il est difficile d'admettre que le seigle, cette plante si bien caractérisée, si robuste, si peu difficile sur la culture et sur la qualité de la terre, ait été entièrement passée sous silence chez les anciens, j'ai recherché avec le plus grand soin, parmi tous les noms de céréales cités par eux, celui qui pourrait être attribué au seigle. J'ai été forcé de les éliminer tous l'un après l'autre. Il ne m'est resté de doutes que sur la plante appelée *arinca*, qui paraît être la même, qu'on nommait en grec *olyra*, et qui est citée dans Homère.

Voici tout ce que dit Pline de cette plante : je laisse aux botanistes érudits à décider si l'*arinca* était le seigle.

Hordeum maxime nudum et arinca, sed præcipue avena.

(PL., lib. XVIII, s. x.)

Arinca Galliarum propria, copiosa et Italiæ est.

(*Id.*, s. xix.)

Ex arinca dulcissimus panis; ipsa spissior quam far, et major spica, eadem est ponderosior. Exteritur in Græcia difficulter, ob id jumentis dari ab Homero dicta, hæc enim quam olyram vocat. (*Id.*, s. xx.)

« L'orge est entièrement nue, ainsi que l'*arinca* et surtout l'avoine.

« L'*arinca* est propre à la Gaule, il est aussi abondant en Italie.

« On fait avec l'*arinca* un pain très-mollet. Il est plus épais que l'épeautre; son épi est plus grand; son grain a plus de poids. En Grèce, on le trouvait difficile à réduire en farine, c'est pourquoi Homère dit qu'on le donne aux chevaux, car c'est la plante qu'il appelle *olyra*. »

On voit que Pline fait de l'*arinca* une plante distincte de l'orge, ainsi que du *far* ou épeautre. On sait d'ailleurs que le grain du seigle est nu; il ajoute encore un autre détail qui prouve que le grain de l'*arinca* était d'une nature particulière, puisqu'on en faisait un médicament.

Cependant toutes ces indications sont assez vagues pour qu'on ne puisse rien affirmer. Ce qui est remarquable, c'est que Columelle ne dit rien de cette céréale. Il avoue du reste qu'il en omet un grand nombre. Après avoir cité quelques espèces, il ajoute :

Reliquæ tritici species, nisi si quos multiplex varietas frugum, et inanis delectat gloria, supervacuæ sunt.

(COL., lib. II, c. VI.)

« Quant aux autres espèces de blé, à moins qu'on ne cherche à se donner la vaine satisfaction de parler d'innombrables variétés de céréales, il est superflu de s'en occuper. »

Terminons cette discussion en disant qu'Olivier de Serres n'a pas reconnu le seigle dans les plantes décrites par les agronomes latins. Il a commis une erreur évidente, en disant que le seigle était appelé en latin *farrago*. (Ol. de S., 2ᵉ lieu, chap. IV.)

L'examen des fourrages légumineux présente moins de difficultés ; il n'y a de doute que sur un très-petit nombre de plantes. Presque toutes nous ont été conservées, même avec leurs anciens noms ; le nombre des variétés nouvelles est d'ailleurs très-restreint, comparé à celles qu'ont données les céréales.

Au premier rang, se trouve la fève, *faba*.

Sequitur natura leguminum, inter quæ maximus honor fabæ.   (Pl., lib. XVIII, s. XXX.)

« Vient ensuite la classe des légumes, parmi lesquels on doit estimer particulièrement la fève. »

La lentille, *lens*, et le lentillon, *lenticula, ervum lens* et *ervum lens minor* des modernes, sont sans doute les mêmes que l'on cultive aujourd'hui. Pline connaissait bien leur nature :

Lens amat solum tenue magis quam pingue, cœlum utique siccum.   (PL., lib. XVIII, s. xxx.)

« La lentille aime une terre plutôt légère que grasse, et aussi un climat sec. »

Il dit du pois, *pisum*, aujourd'hui *pisum arvense :*

Pisum in apricis seri debet, frigorum impatientissimum.   (*Id., ibid.*)

« Le pois doit être semé à une exposition abritée, car il supporte très-mal les froids excessifs. »

Cette observation semble peu exacte, car le pois est chez nous assez rustique ; il se sème plus tôt et supporte mieux que les autres légumineuses les froids qui se font sentir au commencement du printemps.

Viennent ensuite le pois chiche et les gesses, *cicer*, *cicera* et *cicercula*.

Le pois chiche, *cicer*, *cicer arietinum*, doit son nom à sa ressemblance avec la tête du bélier.

Est enim arietino capiti simile, unde ita appellant.
(PL., lib. XVIII, s. XXXII,)

Il est très-cultivé dans l'Orient et dans les provinces méridionales. On fait une grande consommation de sa graine écrasée et réduite en purée.

La plante appelée *cicera* est aujourd'hui le *lathyrus cicera*, gesse chiche, ou jarosse; et la *cicercula* est le *lathyrus sativus*, *cicercula atrata* (Moench); c'est la gesse cultivée.

Est et cicercula minuti ciceris, inæqualis, angulosi, veluti pisum.   (*Id.*, *ibid.*)

« La cicerole est comme un petit pois chiche, inégale, anguleuse et semblable à un pois. »

On les cultive encore comme d'excellents fourrages pour les moutons. Leur graine même sert quelquefois d'aliment, en purée, ou mêlée au pain. L'usage de la jarosse passe pour n'être pas sans danger.

Les haricots, *fascoli*, *phaseolus vulgaris*, sont plutôt de vrais légumes ou des plantes potagères que des plantes de grande culture. Du temps de Pline, on connaissait la variété du haricot, dit « mange-tout. »

Siliquæ faseolorum cum ipsis manduntur granis.

(PL., lib. XVIII, s. XXXIII.)

« On mange les cosses des haricots avec le grain. »

Les raves, *rapa*, et les navets, *napi*, classés par les anciens parmi les fourrages légumineux, ont été l'objet d'observations détaillées dans le chapitre XIII de ce volume.

Le lupin, *lupinum*, *lupinus albus*, est encore cultivé en Italie et dans le midi de la France. Mais la culture de cette plante, si elle n'est pas entièrement délaissée, a perdu beaucoup de l'importance qu'elle avait autrefois.

Lupino est usus proximus, cum sit homini et quadrupedum generi ungulas habenti, communis..... Maceratum calida aqua homini in cibo est..... Cum sole quotidie circumagitur, horasque agricolis, etiam nubilo demonstrat..... Adeo non eget fimo, ut optimi vicem repræsentet.

(PL., lib. XVIII, s. XXXVI.)

« L'usage du lupin s'en rapproche (de celui des raves); car il est commun à l'homme et à toutes les espèces de quadrupèdes ayant de la corne aux pieds..... Macéré dans l'eau chaude, il sert d'aliment à l'homme..... Il se tourne pendant tout le jour vers le soleil, et indique l'heure aux gens de la campagne, même par un temps nébuleux..... Il a si peu besoin d'engrais qu'il tient lieu lui-même du meilleur fumier. »

La vesce, *vicia*, *vicia sativa*, est encore cultivée

généralement, surtout comme fourrage d'été. Elle n'offre rien de particulier.

L'ers, *ervum*. On cultive aujourd'hui comme fourrage deux espèces de ce genre : l'*ervum ervilia* et l'*ervum monanthos*. Comme elles appartiennent toutes deux à l'Europe australe, il est assez difficile de distinguer celle qui a été cultivée la première. Pline attribue à l'ers des propriétés médicinales très-prononcées.

Et ipsum medicaminis vim obtinens, quippe per ervum divum Augustum curatum, epistolis ipsius memoria exstat.

(PL., lib. XVIII, s. XXXVIII.)

« L'ers a même la vertu d'un médicament, car le divin Auguste a été guéri par cette plante, ainsi que le souvenir en est conservé par ses propres lettres. »

Le fenu grec, *fœnum græcum*, que Columelle appelle aussi *siliqua*, et Pline, *silicia*, est le *trigonella fœnum-græcum*. Cette plante, autrefois cultivée comme fourrage, est aujourd'hui à peu près abandonnée. On la cultive, dit-on, encore en Egypte, où ses jeunes tiges sont mangées comme légume. On extrait de sa graine une huile qui entre dans la composition de l'onguent diachylon.

La luzerne, *herba medica* des anciens, *medicago*

sativa des botanistes modernes, a été très-vantée par Columelle et par Pline. J'ai déjà rapporté ce que ces auteurs en ont dit, avec des détails sur sa culture, dans le chapitre de ce volume qui traite des prairies artificielles.

J'arrive à la plante la plus incertaine dont le nom nous ait été transmis : celle qu'on appelait *cytisus,* vantée autrefois comme un fourrage merveilleux.

Virgile en fait l'éloge dans plusieurs de ses *Eglogues* et dans les *Géorgiques :*

Nec cytiso saturantur apes, nec fronde capellæ.
(VIRG., ecl. X.)

« Les abeilles ne peuvent se rassasier des fleurs du cytise, ni les chèvres de ses feuilles. »

At cui lactis amor, cytisum lotosque frequentes
Ipse manu, salsasque ferat præsepibus herbas.
(VIRG. *Georg.*, lib. III.)

Le laitage à tes yeux est-il d'un si grand prix?
Engraisse tes troupeaux de cytises fleuris.
Sème d'un sel piquant l'herbage qu'on leur donne.
(DELILLE.)

Delille, dans sa traduction, n'a pas nommé la plante appelée *lotus,* qu'on croit être notre *melilotus officinalis.* Quant au *cytisus,* des opinions très-diverses ont été émises.

Quelques botanistes se sont partagés entre le *cytisus Marantæ* et le *medicago arborea*. — D'autres ont pensé que le *cytisus* de Virgile devait être le trifolium des jardiniers, *cytisus sessilifolius*, ou le faux ébénier, *cytisus laburnum*.

Pour éclaicir autant que possible une question si controversée, il faut d'abord avoir recours aux auteurs qui devaient bien connaître le *cytisus*, parce qu'on le cultivait de leur temps. Columelle décrit en ces termes sa culture et ses qualités :

Cytisus in agro esse quam plurimum maxime refert. Quod gallinis, apibus, ovibus, capris, bubus quoque et omni generi pecudum utilissimus est..... etiam quod octo mensibus viridi eo pabulo uti et postea arido possis. Præterea in quolibet agro quamvis macerrimo celeriter comprehendit : omnem injuriam sine noxa patitur..... Si semen non habueris, cacumina cytisorum vere disponito : simul atque novam frondem agere cœperunt, sarrito, et post triennium deinde cædito, et pecori præbeto.

(COL. lib. V, cap. XII.)

« Il est très-important d'avoir dans ses champs du cytise le plus possible, parce qu'il est très-utile aux volailles, aux abeilles, aux brebis, aux chèvres et même aux bœufs et aux bestiaux de toute espèce,.... de plus, parce qu'il peut fournir du fourrage vert pendant huit mois, et ensuite du fourrage sec. En outre, il prend bien dans toute espèce de terre, même la plus maigre. Il supporte toutes les intempéries sans en souffrir..... Si vous n'en avez pas de semence, plantez des sommités de tiges de cytise, et quand elles commenceront à pousser de nouvelles

feuilles, sarclez, et au bout de trois ans coupez-le et don-
nez-le au bétail. »

Pline ajoute une description aux renseignements
qu'il donne.

Frutex est cytisus ab Aristomacho Atheniensi miris laudibus prædicatus pabulo ovium, aridus etiam suum.....
Seritur cum hordeo, vel caule, autumno ante brumam.
Perficitur triennio..... Canus aspectu, breviterque si quis
exprimere similitudinem velit, angustioris trifolii frutex.
Inventus hic frutex in Cythno insula, inde translatum est
in omnes Cycladas, mox in urbes græcas, magno casei pro-
ventu; propter quod maxime miror rarum esse in Italia.
                            (PL., lib. XIII, s. XLVII.)

«Le cytise est un arbrisseau extrêmement vanté par
l'Athénien Aristomaque, pour nourrir les brebis et même,
à l'état sec, les bœufs (je pense qu'une faute de copiste
aura fait mettre *suum* pour *boum*)..... On le sème avec
l'orge, ou on le plante de boutures de tiges, en automne
avant les froids. Il atteint sa croissance en trois ans.....
Son aspect est blanchâtre ; et si on voulait exprimer en peu
de mots sa ressemblance, c'est celle d'un trèfle à petites
feuilles à l'état d'arbrisseau. Il a été trouvé dans l'île de Cyth-
nos et de là répandu dans toutes les Cyclades, bientôt
dans les villes de la Grèce, où la production des fromages
s'en trouva considérablement augmentée ; aussi je m'étonne
beaucoup qu'il soit si rare en Italie. »

N'est-il pas étonnant que des indications si précises n'aient pu être rapportées avec certitude à aucune des plantes actuellement connues? Il me

paraît impossible qu'on obtienne un fourrage quelconque des végétaux qui composent aujourd'hui le genre *cytisus*. Ils ont les feuilles petites ou rares ; le bois dur et d'une saveur amère ; leur multiplication par boutures en plein champ aurait sans doute peu de succès.

En parcourant la nombreuse famille des papilionacées, on trouve dans le genre *Anthyllis* les plantes qui se rapprochent le plus de la description donnée par Pline. Une espèce de ce genre, l'*Anthyllis Hermanniæ*, est un arbrisseau touffu croissant en Corse et dans les îles de l'Archipel grec. D'après Smith et le *Prodromus* de de Candolle, c'est la plante nommée par Linné Cytisus græcus ; on pourrait donc s'appuyer sur l'autorité de ces botanistes, et sur celle du grand naturaliste suédois, pour prétendre que le *cytisus* des anciens est l'*Anthyllis Hermanniæ*.

Un fait récent viendrait encore à l'appui de cette supposition. D'après des essais faits depuis peu en Allemagne, une autre espèce du genre *anthyllis*, l'anthyllide vulnéraire, expérimentée comme fourrage, a été reconnue très-propre à être cultivée avec avantage. C'est une plante robuste et vivace, qui vient dans tous les terrains ; son feuillage est bien fourni, ses têtes de fleurs sont volumineuses ; sa récolte succède à celle du trèfle incarnat.

Quant à l'anthyllide d'Hermann, il resterait à

vérifier si elle possède en effet les qualités qu'on avait attribuées au *cytisus*. Quoi qu'il en soit, le cytise si vanté, déjà rare en Italie du temps de Pline, ne s'y trouve plus à l'état de plante cultivée comme fourrage.

Nous avons encore deux noms à discuter, pour achever de parcourir la série des fourrages indiqués par les agronomes latins. Ces noms sont : *farrago* et *ocimum*.

Le mot *farrago* ne désigne pas une plante spéciale, mais un mélange de plusieurs plantes à couper comme fourrage vert, ce qui répond à notre mot dragée. Varron et Pline le disent expressément.

Ex segete, ubi sata admixta ordeum et vicia et legumina pabuli causa, viridia quod ferro cæsa, ferrago dicta.

(VARR., lib. I, cap. XXXI.)

« Une récolte où l'on a semé un mélange d'orge, de vesce et d'autres légumes, pour former un fourrage, s'appelle *ferrago*, parce qu'on le coupe vert avec un instrument de fer. »

Farrago ex recrementis farris prædensa seritur, admixta aliquando et vicia. Eadem in Africa fit ex hordeo. Omnia hæc pabularia.

(PL., lib. XVIII, s. XLI.)

« Le *farrago* se sème très-épais avec des criblures de blé, auxquelles on mêle quelquefois de la vesce. En Afri-

que, on le fait avec de l'orge; toutes ces semences forment des fourrages. »

Reste l'*ocimum*. La traduction du traité de Varron, déjà citée, rend ce mot par celui de « basilic,
basilic des champs. » (Trad. des Agronomes latins,
Varr. chap. XXIII, pag. 82, et chap. XXXI, pag. 86.)
Il y a là une erreur évidente. Le basilic, plante
très-aromatique, serait un fourrage que tous les
animaux repousseraient.

Vanière a indiqué l'usage qu'on fait communément du basilic.

Ocima sublimes decorant palpanda fenestras.
                    (*Præd. rust.*, lib. IX.)

« Le basilic, qu'on aime à toucher à la main, orne les
fenêtres les plus élevées. »

Varron et Pline vont nous dire ce qu'était l'*ocimum*, ou plutôt *ocinum*.

Ocinum dictum a græco verbo ὠκύς, quod venit cito. Id
ex fabuli segete viridi sectum, antequam genat siliquas.
                    (VARR., lib. I, cap. XXXI.)

« L'*ocinum* est ainsi nommé du mot grec ὠκύς, qui vient
promptement. Il est formé d'une récolte de fèves coupée
en vert, avant qu'elle produise des cosses. »

Apud antiquos erat pabuli genus, quod Cato ocinum

vocat : Sura Mamilius tradit fabæ modios decem, viciæ
duos, tantumdem erviliæ in jugero autumno misceri et
seri solitos.

(PL., lib. XVIII, s. XLII.)

« Les anciens avaient une espèce de fourrage que Caton
appelle *ocinum*. Sura Mamilius nous apprend qu'on mêlait
ensemble dix mesures de fèves, deux de vesce et autant
d'ers, pour un arpent, et qu'on les semait en automne. »

Comme supplément de fourrages, on re ueillait
encore des feuilles de différentes espèces d'arbres;
ou bien, on les émondait en été, pour faire brouter
aux animaux les branches chargées de leurs feuilles.

Bubus frondem ulmeam, populueam, querneam, ficul-
neam, usquedum habebis, dato. Ovibus frondem viridem,
usquedum habebis, præbeto.

(CAT., cap. XXX.)

« Donnez aux bœufs des feuilles d'orme, de peuplier,
de chêne, de figuier, tant que vous en aurez, et présentez
aux brebis des feuillages verts, tant que vous en aurez. »

Aluntur oves commodissime repositis ulmeis vel ex
fraxino frondibus.

(COL., lib. VII, cap. III.)

« On nourrit avantageusement les brebis, en plaçant de·
vant elles des feuillages d'orme ou de frêne. »

On a recours encore aujourd'hui à cet expédient

dans quelques départements du centre et du midi ; mais il faut dire qu'il n'indique pas un état de culture bien avancé.

Enfin, on nourrissait encore les bestiaux avec des glands ; et ce qui peut sembler étonnant, les porcs n'en faisaient pas seuls leur nourriture, on en donnait aussi aux bœufs.

Caton conseille de leur en donner chaque jour. On a vu qu'il mettait au neuvième rang, dans les différentes natures de biens ruraux, une futaie pour la production des glands, *glandaria silva*.

Ubi sementim patraveris, glandem parari legique oportet, et in aquam conjici ; inde semodios singulis bubus in dies dari oportet.

(CAT., cap. LIV.)

« Quand vous avez fait les semailles, il faut chercher et ramasser du gland, le faire tremper dans l'eau, et en donner un demi-boisseau par jour à chaque bœuf. »

Virgile en traçant, au deuxième livre des *Géorgiques*, un tableau animé de la vie champêtre, y ajoute ce détail :

Glande sues læti redeunt.

« Les porcs reviennent tout joyeux d'être rassasiés de glands. »

Il est vrai qu'on donnait aussi le nom de gland

à des fruits autres que ceux du chêne. On lit dans Pline :

Glans fagea suem hilarem facit.

« Le gland du hêtre (la faîne) met le porc en belle humeur. »

C'est la reproduction du mot de Virgile.

Parmi les plantes économiques, les anciens connaissaient le lin, le chanvre et même la garance. Virgile a placé le lin à coté de l'avoine, comme culture épuisante. Pline entre, au sujet de cette plante, dans des développements très-étendus. Il décrit sa culture, sa préparation par le rouissage et le teillage, et indique ses divers usages. En parlant de son emploi pour la confection des voiles de navires, il se sert d'expressions qui, pour l'élévation du style et de la pensée, sont dignes d'être reproduites.

Quod miraculum majus, herbam esse quæ admoveat Ægyptum Italiæ; herbam esse quæ Gades ad Herculis columnas septimo die Ostiam adferat!..... Audax vita scelerum plena; aliquid seri, ut ventos procellasque recipiat ; et parum esse fluctibus solis vehi. Jam vero nec vela satis esse majora navigiis ; addi tamen alia vela, præterque alia in proris et alia in puppibus pandi. Ac tot modis provocari mortem..... Nulla exsecratio sufficit contra inventorem, cui satis non fuit hominem in terra mori, nisi periret et insepultus.

(PL., lib. XIX, s. I.)

« Quel prodige étonnant, qu'il y ait une herbe qui rapproche l'Égypte de l'Italie ; qu'il y ait une herbe qui du détroit de Gades, près des colonnes d'Hercule, amène en sept jours au port d'Ostie !..... Quelle entreprise audacieuse et grosse de crimes, de semer une plante pour qu'elle reçoive les vents et les tempêtes, et qu'on ne se contente plus d'être porté par le seul mouvement des flots ! Déjà même les plus grandes voiles ne suffisent plus aux navires ; on y ajoute d'autres voiles, on en place à la proue, on en déploie à la poupe ; autant de manières d'appeler la mort !..... Il n'y a pas assez d'exécrations contre l'inventeur de cet art, à qui il n'a pas suffi que l'homme mourût sur la terre, s'il n'allait aussi sur les mers, chercher une mort sans sépulture ! »

Le lin, dont on faisait les voiles, servait aussi à la fabrication des câbles les plus durables dans l'eau, et à la mer, pour le service des vaisseaux. Le chanvre était préféré pour les cordages employés à sec.

Hoc autem (linum) præcipue in aquis marique invictum. In sicco præferunt e cannabi funes.

(PL., lib. XIX, s. VIII.)

Utilissima funibus cannabis ; quo densior est, eo tenuior.

(*Id.*, s. LVI.)

« Le chanvre est très-utile pour la fabrication des cordages ; il est d'autant plus fin qu'il est semé plus épais. »

On se servait aussi d'une autre plante, pour faire des tissus grossiers, ce que nous appelons aujourd'hui des ouvrages de sparterie.

Sparti quidem usus multa post sæcula cœptus est. Nec ante Pœnorum arma quæ primum Hispaniæ intulerunt. Herba et hæc sponte nascens, et quæ non queat seri ; juncus proprie aridi soli . . . . . Hinc strata rusticis eorum (Carthaginiensium), hinc ignes faces que, hinc calceamina et pastorum vestis.   (PL., l. XIX, s. VII.)

« Il s'est écoulé bien des siècles avant qu'on ait commencé à faire usage du sparte. Ce n'est que depuis les guerres des Carthaginois qu'il a été introduit en Espagne. C'est une herbe qui croît spontanément et qu'on ne peut semer. C'est comme le jonc des terrains arides. Les Carthaginois en font des nattes pour les gens de la campagne; on la brûle, on en fait des torches; elle sert aussi à faire des chaussures et des habits grossiers, pour ceux qui gardent les troupeaux. »

Nous connaissons aujourd'hui deux plantes qui répondent parfaitement aux indications de Pline : le ligée sparte, *lygeum spartum*, LOEFLING, et le macrochloa tenace, *macrochloa tenacissima*, KUNTH, *stipa tenacissima*, LIN. Ce sont deux graminées du midi de l'Espagne et du nord de l'Afrique. La première est diffuse et rampante, la seconde forme de fortes touffes d'un mètre de hauteur. C'est celle-ci qu'on emploie le plus communément.

Pline parle encore du cotonnier, cet arbuste dont les produits, aujourd'hui si nécessaires, sont principalement fournis à l'Europe par l'Amérique. L'ancienne Rome les tirait de l'Égypte, comme une denrée de luxe :

Superior pars Ægypti in Arabiam vergens, gignit fruticem

quem aliqui gossipion vocant. Parvus est, similemque bar-
batæ nucis defert fructum, cujus in interiore bombyce la-
nugo netur. Nec ullæ sunt iis candore mollitiave præfe-
rendæ.   (PL., liv. XIX, s. II.)

« La haute Égypte, dans la partie qui se rapproche de
l'Arabie, produit un arbuste que quelques-uns nomment
« cotonnier. » Il est peu élevé et porte un fruit semblable
à une noix velue, dans l'intérieur duquel se trouve un du-
vet cotonneux que l'on file. Aucune substance n'est plus
blanche et plus moelleuse. »

On connaissait aussi les pavots, la qualité oléagineuse de leurs graines et leurs propriétés somni-
fères :

E nigro papavere sopor gignitur scapo inciso. Succus pa-
paveris largus densatur, et in pastillis tritus in umbra sic-
catur, non vi soporifera modo, verum si copiosior hauria-
tur, etiam mortifera per sommos. Opium vocant.
                            (PL., lib. XX, s. LXXVI.)

« La substance somnifère du pavot noir s'obtient par
des incisions faites sur sa tige. Ce suc abondant épaissi à
l'ombre, n'a pas seulement une vertu soporifique, mais si
on le prend à trop forte dose, il cause la mort par le sommeil. On lui donne le nom d'*opium*. »

Enfin la garance était déjà cultivée comme plante
tinctoriale :

In primis rubia tinguendis lanis et coriis necessaria.

Laudatissima Italica. Sponte provenit seriturque similitudine erviliæ.

(Pl., lib. XIX, s. xvii.)

« La garance est surtout nécessaire pour teindre les laines et les cuirs. Celle d'Italie est la plus estimée. Elle croît
spontanément. On la sème de la même manière que
l'ers. »

J'ai terminé la revue rapide que j'avais entreprise ; j'ai dressé en quelque sorte l'inventaire
descriptif des richesses végétales mises à la disposition de ceux qui devaient pourvoir, par la culture
des terres, à la nourriture de tous, et aux premières
nécessités de la vie chez le peuple-roi. L'étude des
agronomes de ce temps nous permet d'établir une
comparaison entre leur époque et la nôtre, et de
mesurer le chemin qui a été parcouru.

Quelles réflexions ne doit-on pas faire sur les progrès possibles de l'industrie et sur l'avenir de l'humanité, en voyant le génie de Pline s'étonner,
s'effrayer même, qu'on soit parvenu de son temps
à traverser en quelques jours cette Méditerranée,
qui n'est plus pour nous qu'un grand lac, comparée à l'immensité de l'Océan! Ce qui était comme
les bornes du monde connu, le détroit de Gibraltar,
ces antiques colonnes d'Hercule, semble à nos
portes ; on peut de là correspondre, en quelques
heures, avec toutes les parties de l'Europe. De
l'Orient au couchant, d'un pôle à l'autre, les vais-

seaux de toutes les nations du globe sillonnent les vastes mers. C'était un prodige, du temps de Pline, que la voile eût remplacé la rame, et qu'on osât s'abandonner à la force capricieuse et indomptée des vents. Que sont ces premiers essais de navigation près des vaisseaux de haut bord, qui portent une armée avec un formidable appareil de canons ! Enfin, la voile elle-même a cédé la place à la vapeur. Les vents et les courants contraires n'arrêtent plus la marche des navires : ils partent à heure fixe, suivent une route tracée d'avance, et arrivent au jour marqué, avec une rapidité qui annule les distances. Puis bientôt les vaisseaux armés en guerre et déjà si redoutables, bardés de fer comme les hommes d'armes du moyen âge, deviendront invulnérables sous leur cuirasse à toute épreuve. Ils n'auront plus à craindre que les chocs titanesques qu'ils pourront se donner entre eux.

Nul ne peut prévoir où s'arrêteront les efforts du génie bienfaisant ou destructeur de l'homme. Mais nous devons être rassurés, en considérant que ces puissants engins de destruction sont aussi des moyens de défense ; qu'à côté des navires de guerre, et bien plus nombreux, d'autres bâtiments très-pacifiques vont faire, sur tous les points, l'échange des produits de l'agriculture et de l'industrie, et répandent partout les bienfaits de la civilisation. Déjà ont disparu la plupart des fléaux qui ont désolé les siècles passés. Notre époque ne connaît plus les famines. Grâce au commerce et à la facilité des transactions, une contrée favorisée dans ses récoltes, vient combler le déficit là où les saisons ont été contraires. Ce qui se fait pour combattre la disette, se fait bien plus encore pour augmenter le bien-être et l'aisance générale. La rapidité, la multiplicité des communications de peuple à peuple, amène aussi l'échange des idées. Les nations se mêlent, les inimitiés s'effacent, la fraternité chrétienne se propage et s'empare peu à peu des esprits; et le temps n'est pas éloigné, s'il plaît à Dieu, où la grande famille humaine ne sera plus qu'une immense société de secours mutuels.

Il me reste à faire une énumération brève et succincte des plantes de grande culture que nous possédons aujourd'hui. On verra que, si nos besoins se sont accrus, nos ressources ont augmenté dans une proportion encore plus grande.

Aucune des plantes anciennement cultivées ne nous fait défaut, et nous y avons ajouté des variétés meilleures et plus productives, des espèces entièrement nouvelles, entre lesquelles il n'y a qu'à faire le choix qui convient le mieux au sol et au climat, et à toutes les circonstances particulières à chaque exploitation.

Le froment, la plante fondamentale de l'agriculture, a été tellement perfectionné et amélioré, que dans un excellent travail sur cette céréale, le *Catalogue méthodique et synoptique des froments,* M. Louis Vilmorin, de regrettable mémoire, a divisé le froment cultivé en 48 sections.

L'ensemble des froments cultivés comprend sept races ou espèces caractérisées, savoir : 1° le froment ordinaire, *triticum vulgare;* 2° le poulard, *t. turgidum;* 3° le f. dur, *t. durum;* 4° le f. de Pologne, *t. polonicum;* 5° le f. épeautre, *t. spelta;* 6° le f. amidonnier, *l. amyleum;* 7° le f. engrain, *t. monococcum.* Toutes ces espèces se subdivisent en un grand nombre de variétés distinctes que l'on pourrait sans doute augmenter à l'infini, si on tenait compte des nuances diverses que produit sans cesse la culture, par l'influence du climat, par un choix judicieux de semence, et par mille accidents mystérieux que l'intelligence de l'homme sait mettre à profit.

Le seigle, l'orge et l'avoine n'ont pas reçu des soins moins persévérants ni moins heureux. Des variétés donnant un grain plus lourd et plus abondant, surtout pour l'avoine, ont remplacé partout les races primitives.

Une circonstance assez remarquable, qui prouvera avec quelle attention on s'est appliqué, dès la plus haute antiquité, à rechercher et à introduire dans les cultures les plantes alimentaires les plus utiles, c'est que si le nombre des céréales cultivées s'est accru par la formation des nouvelles variétés, obtenues par des perfectionnements successifs, aucune espèce nouvelle, à l'exception du maïs, ne peut être signalée comme étant venue s'ajouter aux céréales anciennement connues.

Il n'en est pas de même pour les plantes fourragères ou économiques. On a appris à tirer un parti avantageux de beaucoup d'espèces que les anciens avaient négligées; on en a introduit d'autres, dont ils n'avaient pu avoir connaissance.

Parmi les plantes fourragères, la minette ou lupuline (*medicago lupulina*), si répandue et si utile pour la suppression de la jachère; le sainfoin (*onobrychis sativa*), dont le nom vulgaire indique l'excellence, le trèfle commun (*trifolium pratense*) et le trèfle blanc (*trifolium repens*), qui ne paraissent pas avoir été anciennement l'objet d'une culture distincte et séparée; le trèfle incarnat (*trifolium incarnatum*), qui donne un si bon fourrage printanier, quelques variétés de crucifères, comme la navette (*brassica napus silvestris*), le rutabaga ou navet de Suède, quelques choux, dont le feuillage rustique procure au bétail une nourriture abondante; les cultivateurs des anciens temps avaient toutes ces plantes sous la main, ils n'ont pas connu leur valeur.

Parmi les racines, la carotte, le panais et la betterave, plantes indigènes, sans aucun mérite à l'état sauvage, ont été améliorées et transformées par une culture intelligente. La pomme de terre et le topinambour sont une des richesses que nous devons au nouveau monde, et qui est préférable à ses mines les plus précieuses.

On a introduit, depuis peu d'années, une plante graminée originaire de la Caroline du Nord, qui ne paraît pas pouvoir être classée parmi les céréales, quoique son grain, dit-on, soit recherché par les volailles et puisse être donné aux chevaux comme l'avoine. Cette plante est le brôme de Schrader, *bromus Schraderi* (Kunth), *ceratochloa pendula* (Schrader); indiquée d'abord comme plante annuelle, elle paraît pouvoir durer trois ou quatre ans. Ses fleurs sont disposées en panicules pendantes; ses tiges et ses feuilles fournissent un fourrage très-abondant et donnent plusieurs coupes. Elle serait aussi très-productive en grain; mais ce grain est très-peu développé, est léger et a l'apparence d'une avoine blanche très-maigre, dont la maturité serait imparfaite. C'est donc probablement pour former des prairies annuelles ou bisannuelles que ce brôme prendra place dans les cultures, si les nombreux essais qu'on en fait sont jugés satisfaisants.

La cameline, *camelina sativa*, le colza, *brassica napus oleifera*, la pistache de terre, *arachis hypogæa*, toutes plantes oléagineuses appartenant à l'ancien continent, sont pour l'agriculture moderne, surtout le colza, une source de bénéfices assez considérables.

Les plantes tinctoriales nous présentent le pastel, *isatis tinctoria*, le carthame, *carthamus tinctorius*, la gaude, *reseda luteola*. Elles pouvaient être connues des anciens, qui les voyaient croître sous leurs yeux ; mais les sciences physiques étaient encore dans l'enfance ; la chimie n'existait pas. Il a fallu des siècles de recherches et un esprit d'observation de plus en plus éclairé, pour faire découvrir des propriétés dont l'industrie moderne sait faire une application si profitable à la société.

Le nouveau continent ne nous a guère donné que deux plantes économiques dont la culture puisse être entreprise avec succès sous le ciel de l'Europe : le *madia sativa,* originaire du Chili, qui fournit une huile comestible, et le tabac, *nicotiana tabacum,* dont on ne connaît que trop l'usage. La culture du tabac, à cause de la consommation qu'on en fait sous tant de formes différentes, aurait une importance de premier ordre si des mesures fiscales, faciles à justifier par les sommes considérables qu'elles rapportent au trésor, ne l'avaient constituée à l'état de monopole.

Olivier de Serres a fait connaître les circonstances qui se rapportent à l'introduction de cette plante, et les propriétés diverses qu'on lui attribuait. Il montre aussi comment et par quels motifs l'habitude de fumer, si générale aujourd'hui, s'est établie d'abord comme une mesure d'hygiène et comme un procédé curatif.

« Nicotiane, ceste herbe a tiré son nom de
« maistre Jan Nicot, natif de Nismes en Langue-
« doc, jadis ambassadeur en Portugal pour le roi
« Henri second, ayant fait venir ceste rare plante
« des Indes en Portugal, l'envoya après en France,
« où elle s'est naturalisée, et pour ses excellentes
« vertus, est soigneusement conservée par les jar-
« dins.

« Les vertus de cette plante sont si grandes et
« en si grand nombre, qu'à bon droict l'a-on appel-
« lée, l'herbe de tous maux. Est souveraine pour
« guérir toutes sortes de plaies, vieilles et nou-
« velles ; bruslures, cheutes, rompures, mal de
« teste, de dents, etc., etc.

« La fumée du petum mâle, dit aussi tabac,
« prinse par la bouche, avec un cornet à ce appro-
« prié, est bonne pour le cerveau, la veue, l'ouie,
« les dents, pour l'estomach, le deschargeant de
« flegmes, s'en servant le matin à jeun. »

(Ol. de S., 6ᵉ liv., chap. xv.)

Il ne faut pas s'étonner du petit nombre des plantes qui ont pu passer du nouveau continent dans l'ancien et s'y naturaliser. Le climat y est, en général, si différent du nôtre, que la plupart de ses productions ne pouvaient être cultivées que dans les contrées intertropicales. Le sucre de canne, le coton, le café, l'indigo, et tant d'autres denrées coloniales, sont pour nous un objet de commerce et d'échange, et ne prendront jamais place dans nos cultures. Quant aux pays situés au-delà des tropiques, dont le climat se rapprocherait assez de celui de la France, pour que les plantes qu'on y a trouvées aient pu prospérer sous notre ciel, leur civilisation était si peu avancée, qu'elle n'a rien eu à donner à la nôtre, en échange de ce qu'elle en a reçu.

Je me trompe, car j'ai déjà nommé la pomme de terre, qui vaut à elle seule tout ce que l'Amérique a pu emprunter à l'Europe.

Je pourrais citer une multitude de plantes, plus ou moins vantées par des agronomes, qui en ont essayé la culture d'une manière restreinte et toute locale. Cette culture est encore à l'état d'expérience; mais, d'après ce qu'on en sait, il est douteux qu'elles prennent jamais une importance égale à celle des plantes que nous possédons.

C'est ainsi qu'on a annoncé comme plantes textiles : plusieurs orties, dont la meilleure est l'*urtica nivea*, très-renommée en Chine; l'*alcea cannabina*; le *sida abutilon*; l'*agave americana*, qui donne un fil très solide, appelé communément fil d'aloès; le *phormium tenax*, vulgairement nommé lin de la Nouvelle-Zélande.

Comme plantes oléagineuses, on cite encore le ricin commun, l'*euphorbia lathyris*, et le *bunias orientalis;* et comme fourrages, la spergule des champs, l'*achillea millefolium*, herbe dure, regardée comme mauvaise dans les prairies ; la consoude rude, *symphytum asperrimum*, dont le nom dit assez la qualité ; les trèfles hybride, élégant, et de Molineri ; deux espèces de *lotus;* la serradelle, ou *ornithopus perpusillus*, plante naine, comme l'indique son nom, très-insignifiante dans nos contrées, mais que l'on juge très-utile dans les landes sablonneuses du midi ; enfin, le *galega*, ou rue de chèvre, grande plante d'ornement, à tiges presque ligneuses, qui ébrécheraient la faux et fatigueraient la dent des animaux.

On voit que le cultivateur n'a que l'embarras du choix pour introduire dans sa culture les plantes qu'il juge devoir être les plus profitables à ses intérêts. Toutefois, on ne saurait trop le redire, la prospérité d'une exploitation, l'amélioration progressive des terres, la conservation même de leur état de fertilité, reposent principalement sur les céréales et sur les plantes fourragères. Les plantes économiques peuvent bien offrir des bénéfices qui séduisent, si l'industrie les réclame et se montre disposée à les payer à haut prix ; mais il faut que cette culture ne soit qu'accidentelle ou accessoire. Il faut qu'on puisse réparer, par des engrais fournis par l'exploitation ou achetés au dehors, l'épuisement momentané que les terres auront souffert, par la production de récoltes qui ne doivent rien leur rendre. Les plantes oléagineuses, textiles ou tinctoriales, ne procurent ni litière, ni nourriture pour le bétail; leurs tiges, dures ou ligneuses, peuvent être réduites en cendres : c'est à peu près le seul parti qu'on en peut tirer. La paille des céréales, au contraire, après la séparation du grain, est elle-même un bon fourrage; employée en litière, elle est convertie en excellent fumier. Aussi les plantes céréales, et toutes celles qui nourrissent le bétail, sont-elles les seules qui fournissent des engrais réparateurs. C'est donc une circonstance doublement fâcheuse pour l'agriculture, quand l'abaissement excessif du prix des grains oblige les cultivateurs à donner une extension exagérée à la culture des plantes épuisantes, dans l'espoir d'obtenir par elles une rémunération plus convenable de leurs travaux.

CHAPITRE XVII.

REVUE DES PLANTES NUISIBLES A L'AGRICULTURE.

Après avoir passé en revue les plantes utiles, il convient de faire aussi l'énumération des plantes nuisibles à l'agriculture. La connaissance de leur constitution, de leurs caractères, de leur mode de végétation, peut faire apprécier l'importance du dommage causé par leur présence sur les terres ou dans les récoltes ; elle indiquera aussi les moyens de les détruire, ou d'arrêter leur propagation.

Si l'on recherche d'abord celles qui ont été signalées par les agronomes latins, on est frappé de leur petit nombre, et surtout de ce qu'il y a de vague et d'obscur dans les indications qu'ils ont données.

Virgile a consacré les vers suivants à la désignation des plantes nuisibles aux récoltes.

> Mox et frumentis labor additus, ut mala culmos
> Esset rubigo, segnisque horreret in arvis
> Carduus. Intereunt segetes ; subit aspera silva

Lappæque, tribulique, interque nitentia culta
Infelix lolium et steriles dominantur avenæ.

(Virg., Georg., l. I.)

« Bientôt les céréales réclamèrent les soins et le travail de l'homme, lorsque la rouille vint ronger leurs tiges, et que le chardon stérile hérissa les champs. Les récoltes périssent : on voit surgir une forêt de plantes épineuses, les lampourdes et les chausse-trapes ; et dans les plus belles cultures s'élèvent la triste ivraie et les avoines stériles. »

Rubigo, la rouille, est ce champignon microscopique de couleur jaune, qui s'attache aux tiges et aux feuilles des céréales. On a vu déjà un passage du poëme de Vanière, sur un procédé employé pour chasser ce parasite. Pline indique aussi un moyen préservatif qu'il est bon de faire connaître, non à cause du degré de confiance qu'il mérite, mais parce que c'est un trait caractéristique des erreurs admises par les hommes les plus savants de l'antiquité.

Rubigo quidem maxima segetum pestis, lauri ramis in arvo defixis, transit in ea folia ex arvis.

(Pl., l. XVIII, s. xlv.)

« La rouille, fléau le plus nuisible aux récoltes, si l'on fiche dans les champs des branches de laurier, passe des plantes cultivées sur les feuilles de cet arbre. »

Carduus, le chardon, a eu le triste privilége de

se propager jusqu'à nous, avec ses propriétés malfaisantes et trop bien connues. Cependant il est
probable que Virgile a compris sous ce nom plusieurs plantes épineuses, dont on a fait des genres
distincts, *carduus, cirsium,* d'après les aigrettes de
leurs graines filiformes ou plumeuses. Le mot
lolium infelix, la malheureuse ivraie, comprend sans
doute les deux espèces communes dans les moissons, l'ivraie multiflore, *lolium multiflorum,* et l'i-
vraie enivrante, *lolium temulentum.* Celle-ci est
bien indiquée par Pline, sous le nom d'*aira,* qui
est le nom grec de l'ivraie.

Airæ granum minimum est in cortice aculeato. Cum est
in pane, celerrime vertigines facit.

                     (PL., l. XVIII, s. XLIV.)

« Le grain de l'ivraie est très-petit, et renfermé dans une
balle munie d'arêtes. Quand il se trouve mêlé au pain, il
donne très-promptement des vertiges. »

Quant aux avoines stériles, *steriles avenæ,* ce
sont les diverses espèces annuelles qui infestent
encore nos récoltes : l'avoine stérile, *avena sterilis;*
la folle avoine, *avena fatua;* et l'avoine élancée,
avena strigosa.

Pline ne regardait pas ces plantes comme cons-
tituant des espèces distinctes, se reproduisant par
leurs propres semences; il voyait en elles une maladie, une dégénérescence de l'avoine cultivée.

Est et aliud avenæ vitium, cum amplitudine inchoata granum, sed nondum matura, priusquam roboretur corpus, adflatu noxio cassum et inane in spica evanescit, quodam abortivo.

(PL., l. XVIII, s. XLIV.)

« Il y a encore une autre maladie de l'avoine, lorsque le grain commence à grossir sans être mûr, et avant qu'il ait pris du corps, si un certain vent malfaisant vient à souffler, il reste creux et vide dans l'épi, par une sorte d'avortement. »

Les deux plantes *lappæ et tribuli*, qui, selon Virgile, donnaient aux champs l'aspect d'une forêt épineuse, *aspera silva*, ont exercé l'érudition des commentateurs et la sagacité des botanistes, sans qu'on ait pu déterminer, d'une manière précise et hors de doute, les espèces qui les représentent aujourd'hui.

On a vu dans les *lappæ* de Virgile : la bardane, *arctium lappa;* le gaillet grateron, *galium aparine;* la lampourde, *xanthium strumarium;* enfin une ombellifère, la caucalide à grandes fleurs, *caucalis,* ou *orlaya grandiflora.*

La description donnée par Pline, de la plante appelée *lappa,* ne peut s'appliquer qu'au genre *xanthium,* dont elle reproduit bien les caractères.

Notabile est in lappa, quæ adhærescit, quoniam in ipsa

flos nascitur, non evidens, sed intus occultus et intra seminat. (PL., l. XXI, s. LXIV.)

« Ce qui est remarquable dans la plante appelée *lappa*,
qui s'accroche à ce qu'elle touche, c'est que sa fleur naît
en elle-même, non apparente, mais cachée en dedans, et
qu'elle produit ses graines intérieurement. »

Ce sont là les caractères du genre *xanthium*,
qui comprend des plantes à capitules monoïques,
dont les fleurs femelles sont enfermées dans un in-
volucre à folioles imbriquées, soudées entre elles,
formant une enveloppe ou capsule ovoïde, hérissée
d'épines assez fortes, courbées en hameçon. La
plante appelée par Pline *lappa* n'est donc ni la
bardane commune, ni le grateron, ni une ombellifère, mais bien la lampourde, *xanthium*, dont l'espèce
épineuse, *x. spinosum*, répond mieux que sa congé-
nère, le *x. strumarium*, à la description de Virgile.
Il est à remarquer que Lamarck, dans la *Flore
française*, assigne à cette plante le nom vulgaire de
« petite bardane. »

Quant au *tribulus terrestris*, adopté par quelques
botanistes, il faut reconnaître la valeur de l'objection fondée sur ce que les tiges couchées et rampantes de cette plante répondent mal à l'image que
présentent les mots *aspera silva*. D'ailleurs Virgile répète encore les mêmes expressions, pour indiquer que les plantes qu'il désigne peuvent déchirer la laine des brebis.

Si tibi lanitium curæ, primum aspera silva
Lappæque, tribulique absint.

« Si les laines sont l'objet de tes soins, éloigne d'abord
la forêt épineuse des lampourdes et des chausse-trapes. »

Assurément, une plante couchée sur la terre,
comme le *tribulus terrestris*, que les troupeaux
foulent aux pieds, et dont les fruits seuls sont épineux, ne peut ni déchirer la toison des bêtes à
laine, ni s'y embarrasser.

Il faut donc chercher une autre plante très-épi-
neuse, dont la hauteur égale à peu près celle des
xanthium. Ces conditions se rencontrent dans la
centaurée chausse-trape, *centaurea calcitrapa* (Lin.),
calcitrapa stellata (Lam.). Ajoutons que le nom
calcitrapa répond exactement au mot *tribulus*, qui
signifie aussi chausse-trape.

Cependant, on fait pour la lampourde et pour la
centaurée chausse-trape la même objection que pour
la bardane : que ces plantes ne se trouvent guère
dans les moissons, mais seulement dans les lieux
incultes. C'est ce qui les a fait écarter par les botanistes, qui ont pensé que le gaillet grateron et la
caucalide à grandes fleurs étaient plus dans les conditions de plantes nuisibles aux récoltes. Mais il
faut remarquer que Virgile fait précéder les mots
subit aspera silva, « une forêt épineuse s'élève, »
de ceux-ci : *intereunt segetes*, « les récoltes péris-

sent. » De sorte que le tableau qu'il trace est celui d'un champ désolé, envahi par une forêt de mauvaises herbes, et revenu presque à l'état inculte et sauvage.

Du reste, on peut croire que Virgile n'a pas voulu désigner exclusivement deux plantes, et que par ces mots : *lappæque tribulique*, il a entendu d'une manière générale les plantes épineuses les plus communes dans les champs incultes de l'Italie. Cette opinion est confirmée par un passage de Pline, qui démontre que le mot *lappa* ne s'applique pas uniquement à une espèce déterminée, mais qu'il signifie aussi généralement des fruits hispides, pouvant s'accrocher à ce qui les touche.

Quidam echion personatam vocant, cujus folio nullum est latius, grandes lappas ferentem.

(PL., l. XXV, s. LVIII.)

« Quelques-uns nomment *echion*, la bardane ; aucune autre plante n'a les feuilles plus larges, elle porte de gros fruits hérissés. »

Après les plantes dont nous venons de nous occuper, Virgile n'en nomme que deux, comme ennemies de la culture. C'est d'abord la fougère, qui nuit au travail de la charrue : *filicem invisam aratris ;* et le jonc, qui envahit les pâturages marécageux.

Il est très-remarquable que dans les ouvrages des quatre agronomes latins, on ne rencontre aucun passage concernant spécialement les plantes nuisibles à la culture. On trouve seulement dans Columelle l'indication générale de quelques plantes, qu'il recommande d'extirper avec soin dans les prairies.

Cultus autem pratorum magis curæ quam laboris est, primum ne stirpes, aut spinas, validiorisque incrementi herbas inesse patiamur; atque alias ante hiemem extirpemus, ut rubos, virgulta, juncos; alias per ver evellamus, ut intuba ac solstitiales spinas.

(Col., lib. II, cap. XVII.)

« L'entretien des prés demande plus de soin que de travail. D'abord nous ne devons pas y laisser des souches, des épines, ni aucune plante d'un accroissement trop considérable. Les unes seront extirpées avant l'hiver, comme les ronces, les arbustes, les joncs ; les autres seront arrachées au printemps, comme la chicorée sauvage, et les plantes épineuses qui fleurissent au solstice. »

Le P. Vanière, n'ayant rien trouvé dans les auteurs latins qui traite des plantes nuisibles aux moissons, se borne à dire, d'après Columelle, que les prés doivent être débarrassés de la fougère et du jonc : *et filice et junco.*

Pline seul nous fournit des détails assez précis sur quelques plantes dont la destruction importe au cultivateur. Selon une opinion reçue de son temps, il suppose que chaque espèce, céréale ou fourragère, est attaquée par une autre plante, qui est son ennemie particulière, et qui la fait périr.

Est herba quæ cicer enecat et ervum, circumligando se : vocatur orobanche. Triticum simili modo aira; hordeum festuca quæ vocatur ægilops. Lentem herba securidaca, quam Græci a similitudine pelecinon vocant, et hæ complexu necant.   (PL., l. XVIII, s. XLIV.)

« Il y a une herbe qui tue le pois chiche et l'ers en s'y attachant ; on l'appelle orobanche; le froment est de même étouffé par l'ivraie ; l'orge par la fétuque qu'on nomme égilope ; la lentille par l'herbe *securidaca*, que les Grecs, à cause de la forme du fruit, nomment *pelecinon* (petite hache). Toutes ces mauvaises herbes font périr les autres en les embrassant. »

Un commentateur a cru que l'*orobanche* de Pline était la renouée liseron, *polygonum convolvulus*, à cause de l'expression *circumligando se*, qui semble indiquer une plante volubile ; mais il résulte clairement d'un autre passage, que l'*orobanche* de Pline est bien une orobanche des botanistes modernes ; sans-doute l'*o. rapumgenistæ*.

Il parle en ces termes de la bugrane ou arrête-bœuf :

Ononis in ramis etiam spinas habet, aratro inimica vivaxque præcipue.   (PL., l. XXI, s. LVIII.)

« La bugrane a des épines même sur ses branches; elle résiste à la charrue et est extrêmement vivace. »

Toutes les autres plantes, même les plus nuisibles, ne sont mentionnées par Pline que pour leurs propriétés médicinales. Il en est de même d'Olivier de Serres; quoiqu'il ait parlé, dans son *Théâtre d'agriculture*, d'un certain nombre de plantes nuisibles, il les a placées dans le chapitre intitulé « la fourniture du jardin médicinal. » Il fait connaître particulièrement les vertus curatives qu'il leur attribue, et loin de s'occuper des moyens de les détruire, il dit comment on doit les cultiver et les multiplier.

Les anciens auteurs ont donc considéré les plantes qui croissent spontanément dans les lieux cultivés, surtout au point de vue des propriétés médicinales qu'on leur attribuait; ils se sont peu occupés du dommage qu'elles causent aux cultivateurs. On sait que la connaissance des vertus des simples était autrefois la base principale de la médecine. Sur les trente-sept livres dont se compose l'Histoire naturelle de Pline, il en a consacré douze à l'art de guérir, et sept à l'énumération des remèdes fournis par les végétaux. La nomenclature des plantes médicinales, non compris les arbres, embrasse près de cinq cents espèces, parmi lesquelles il en est beaucoup que nous pouvons reconnaître ; mais souvent aussi, on se perd dans la confusion des noms et dans l'incertitude des caractères.

Ce qui rendra toujours difficile la détermination des plantes anciennes, c'est l'absence de toute méthode dans les descriptions ; ce sont les erreurs probables, et souvent manifestes, dans lesquelles sont tombés les auteurs qui en ont parlé les premiers ; puis enfin, c'est la confusion qui s'est introduite plus tard dans la synonymie. Presque tous les noms indiqués par Pline et par les naturalistes grecs, comme Théophraste et Dioscoride, ont été admis dans la nomenclature moderne, sans qu'on se soit bien assuré que l'identité des noms correspond à l'identité des espèces.

Il reste à examiner les plantes regardées actuellement comme nuisibles à l'agriculture, soit parce qu'elles épuisent la terre et absorbent en pure perte une partie des engrais, soit parce que, par la place qu'elles occupent au milieu des récoltes, elles étouffent les plantes utiles, ou contrarient leur développement.

Il y a bien encore certaines végétations cryptogamiques, comme la carie, le charbon et la rouille, dont il a été parlé précédemment. Les naturalistes modernes, qui ne pensent pas qu'un être organisé puisse exister sans qu'il doive sa naissance à un germe reproducteur , ont classé ces productions parmi les végétaux cryptogames ; et on admet que des semences d'une ténuité extrême, appelées spores ou séminules, disséminées au loin dans l'air et répandues sur le sol, germent et se développent partout où elles rencontrent des conditions favorables. Les anciens regardaient ces productions mystérieuses comme autant de maladies, qu'ils attribuaient à l'état du ciel et aux influences atmosphériques.

Venti autem tribus temporibus nocent frumento et hordeo : in flore, aut protinus cum defloruere, vel maturescere incipientibus..... Nocet et sol creber e nube..... Cœleste malum nullo minus noxium est rubigo.

(PL., l. XVIII, s. XLIV.)

« Les vents nuisent au blé et à l'orge à trois époques particulières : quand ils sont en fleur, ou aussitôt que la floraison est passée, enfin quand ils commencent à mûrir..... Le soleil nuit aussi, quand il paraît fréquemment entre les nuages..... La rouille est un mal venu du ciel, non moins funeste que tout autre. »

Alia sunt illa, quæ silente cœlo serenisque noctibus fiunt, nullo sentiente, nisi cum facta sunt. Aliis rubiginem, aliis uredinem, aliis carbunculum appellantibus, omnibus vero sterilitatem.

(PL., l. XVIII, s. LXIX.)

« Il y a d'autres fléaux qui se déclarent par un ciel calme et pendant les nuits sereines, dont nul ne s'aperçoit qu'après qu'ils se sont produits. Les uns les nomment la rouille,

les autres la carie, d'autres enfin le charbon; mais tous
leur donnent le nom de stérilité. »

> Lactenti cum fruge tumet, rubigine messis
> Læsa perit, tenui si forte supervenit imbri
> Flammigero sol axe furens, seges uda priusquam
> Excutiat rorem, vento perflata salubri.
>
> (*Præd. rust.*, l. VII.)

« Lorsque le grain lactescent des blés commence à se
gonfler, la récolte périt attaquée par la rouille, si après
une pluie fine elle est frappée par les rayons d'un soleil
brûlant, avant que ses tiges humides aient secoué la rosée qui les couvre, au souffle d'un vent salutaire. »

Aujourd'hui même, une croyance populaire attribue à certains vents, à certains phénomènes de
l'atmosphère, la propriété d'engendrer des insectes
et de développer des maladies. Il est un état particulier du ciel, qui passe pour être surtout funeste :
c'est celui où, par une température sèche et froide,
un brouillard d'une teinte et d'une odeur particulières se répand sur les campagnes. Dans nos contrées, ces brouillards fétides portent le nom de
« roux-vents. » Le soleil paraît entouré de vapeurs
roussâtres qui amortissent ses rayons. On sent
partout une odeur de fumée, qui rappelle celle qui
se dégage au loin des fourneaux des charbonniers
dans les forêts. Un vent frais du nord ou du nord-
est a refroidi l'air; la sécheresse de l'atmosphère,

l'absence de toute rosée pendant la nuit, arrêtent la végétation. Alors tout souffre, tout languit dans les champs et dans les jardins : les céréales d'hiver ont peine à monter en épis ; les avoines et les légumineuses de printemps prennent une teinte rouge et cessent de croître ; les fleurs des arbres se flétrissent et tombent, ou leurs pétales se replient sur eux-mêmes, roussis et comme brûlés, enfermant dans leurs plis des larves d'insectes qui rongent le fruit avant qu'il soit noué.

La cause de ce phénomène est indiquée dans un curieux article déjà cité (page 98 de ce volume) de M. E. de Laveleye, sur l'économie rurale en Néerlande ; il l'attribue aux vastes travaux d'écobuage pratiqués chaque année sur une très-grande étendue, dans les provinces du nord de la Hollande, situées entre l'Ems et l'Yssel.

« Entre le 1er mai et la fin de juin, on choisit un jour serein, quand le vent soufflant de l'est ou du nord promet un temps sec. Alors on met le feu aux mottes de terre séchées qui couvrent le sol. — Ces vastes superficies de tourbières qui brûlent répandent d'épaisses colonnes de fumée que le vent du nord pousse sur la moitié de l'Europe, jusqu'à Paris, jusqu'en Suisse et même jusqu'à Vienne. Tout à coup, l'atmosphère perd sa pureté, tous les objets prennent une teinte bleuâtre ; le soleil, dépouillé de ses rayons, ressemble à un disque de fer rouge, dont l'œil supporte facilement l'éclat adouci. Une odeur toute spéciale accompagne l'apparition de ce singulier phénomène, que les populations désignent sous le nom de brouillards secs, ou de brouillards du nord, sans se douter d'où ils proviennent. »

(*Revue des Deux-Mondes*, 15 janvier 1864.)

Les plantes phanérogames peuvent être divisées d'une manière rationnelle, en plusieurs catégories, de la manière suivante.

§ 1ᵉʳ. PLANTES A RACINES VIVACES CROISSANT AVEC PERSISTANCE DANS LES TERRES ET DANS LES RÉCOLTES.

Les plantes les plus nuisibles de cette catégorie à cause de la facilité avec laquelle elles se propagent, et de la vitalité qui rend leur destruction lente et difficile, sont principalement : la renoncule rampante, ou bassinet, *ranunculus repens*, le chardon des champs, *cirsium arvense*, plusieurs espèces d'agrostis stolonifères, *agrostis alba, a. vulgaris, a. canina*, le froment rampant, ou chiendent, *triticum repens*, dont les rhizômes articulés, robustes, rampent dans la terre, émettant de nouvelles tiges à tous leurs nœuds. Une autre plante à laquelle on donne le nom de chiendent, *cynodon dactylon,* Pers., *paspalum dactylon*, D. C., est remarquable par ses épis rameux ou digités.

La renoncule rampante émet, comme le fraisier, des coulants qui prennent racine à chaque nœud. Son réceptacle porte des graines très-nombreuses, qui, répandues sur le sol, y germent facilement. Du collet de la plante, épais et presque bulbeux, partent des racines blanches, un peu charnues, qui peuvent rester longtemps exposées à l'air, sans se dessécher et sans périr. Enterrée par les labours, elle ne tarde pas à développer des stolons, qui arrivent bientôt à la surface et poussent avec vigueur. J'ai vu un champ infesté de cette renoncule, sur lequel on avait transporté des terres, déposées par tas d'une hauteur de 30 à 40 centimètres; en deux ou trois semaines, les plantes qui se trouvaient recouvertes de toute cette épaisseur l'avaient traversée, et les petits tas de terre, pénétrés de toutes parts par les tiges rampantes, se couronnaient de jeunes renoncules de la plus belle venue. Cette plante, très-vivace, nuit surtout par ses racines qui épuisent la terre, car elle s'élève peu, et ne domine jamais les récoltes auxquelles elle se trouve mêlée. Le seul moyen de destruction possible consiste dans des labours réitérés, faits par un temps sec, avec des hersages fréquents, qui ramènent à la surface toutes les plantes, en les laissant exposées aux vents desséchants et aux rayons du soleil d'été.

Le chardon des champs se multiplie aussi de la manière la plus fâcheuse. Ses graines munies d'aigrettes sont chassées par le vent, et se répandent au loin; ses racines, qui s'enfoncent profondément, se rompent plutôt qu'elles ne s'arrachent; leur extrémité et tous les fragments restés en terre, repoussent promptement. Elles sont garnies, dans toute leur longueur, d'yeux qui émettent en peu de temps de nouvelles racines, et reproduisent la plante abondamment. Le chardon nuit autant par ses tiges épineuses que par ses racines. S'il reste inférieur en hauteur aux blés et aux seigles, il domine les orges, les avoines et les autres récoltes fourragères. Ses épines fortes et dures blessent les moissonneurs et, mêlées aux fourrages, en rendent le maniement et la distribution très-incommodes.

Les autorités locales publient ordinairement des arrêtés pour prescrire des mesures générales d'échardonnage. Sur les terres en labour, la destruction des chardons s'opère par les travaux ordinaires de la culture. Il faut plusieurs labours successifs faits avec soin, surtout vers la fin de l'été, pour que les chardons dont un champ était infesté ne reparaissent plus. Le laboureur doit se baisser fréquemment pour arracher tous ceux qui auraient échappé au soc. Dans les céréales de printemps, on les extirpe avec la main, ou on les coupe entre deux terres, avec un petit sarcloir à lame tranchante. Ils se trouvent toujours fauchés avec les fourrages ; la luzerne les détruit, parce que la faux les arrête au milieu de leur végétation, avant qu'ils aient donné leurs graines, et que leurs rhizômes ne peuvent plus tracer et s'étendre dans une terre qu'on ne laboure plus, et qui devient difficile à pénétrer.

La présence, dans un champ, des graminées vivaces est un indice de mauvaise culture. Cependant la terre s'en trouve quelquefois infestée, après une prairie artificielle conservée trop longtemps, ou semée sans préparation convenable. Les espèces stolonifères et celles à rhizômes traçants se propagent rapidement, de manière à former un gazon épais qui couvre le sol. La terre, retenue par de nombreuses racines entrelacées, y reste adhérente et conserve longtemps la vitalité de ces mauvaises herbes, même après qu'elles ont été soulevées par le labour. Labourer, herser et rouler à plusieurs reprises, par un temps sec, tant qu'on aperçoit des portions de tiges ou de racines ayant encore un reste de séve, c'est le seul moyen de purger le sol de cette végétation qui l'épuise.

Lorsque les divers travaux destinés à préparer la terre n'ont pas détruit complétement les racines vivaces des graminées, elles restent mêlées dans le sol à la semence des céréales, elles profitent des engrais et de la culture, et se développent l'année suivante, avec une grande vigueur de végétation. Leur effet nuisible n'est pas le même que celui des chardons; elles ne s'élèvent pas au-dessus des récoltes; leurs tiges, fauchées au temps de la moisson, s'ajoutent même à la paille et la rendent plus agréable au bétail; mais elles rampent sur la terre, la couvrent entièrement et nuisent beaucoup au développement des plantes, pendant que leurs racines entrelacées leur disputent les sucs nourriciers. Une luzerne semée dans une terre où elles n'auraient pas été préalablement et complétement détruites, serait bientôt arrêtée dans sa végétation, et n'aurait qu'une durée très-limitée.

Il est encore une autre graminée vivace, qui persiste par les bulbes qui naissent sur ses racines. C'est l'avoine bulbeuse, ou avoine à chapelets, *avena bulbosa*, regardée aujourd'hui comme une simple variété de l'avoine élevée, *avena elatior*, à laquelle on a donné le nom bizarre d'*arrhenatherum precatorium*. Ses racines émettent de nombreuses bulbilles presque globuleuses, qui sont réunies, comme les grains d'un chapelet, par des rhizômes filiformes.

Elle se reproduit par ces bulbilles, qui conservent longtemps leur vitalité même sur la terre. Fort heureusement, cette plante n'est pas très-répandue; elle paraît particulière à certains terrains légers des départements de l'Ouest.

D'autres plantes vraiment bulbeuses se trouvent encore dans les terres cultivées; et leurs bulbes, ou ognons, ont aussi la propriété de se conserver longtemps hors de terre, et d'y reprendre racine, quand la culture les recouvre. Cependant ces plantes sont moins nuisibles que celles qui viennent d'être mentionnées. Comme elles sont au moins inutiles, on ne doit rien négliger pour les détruire. Il faut les déraciner par les labours et par les hersages, les laisser exposées au hâle et au soleil, et enlever les bulbes à la main ou avec des sarcloirs.

On peut citer parmi ces plantes celles qu'on nomme lilas de terre : *muscari comosum* et *m. racemosum;* parmi les aulx, *allium oleraceum, a. carinatum, a. roseum,* dans les provinces méridionales ; et le glaïeul commun, *gladiolus communis,* qui se multiplie abondamment dans les récoltes du Midi, par ses graines et par les caïeux de ses bulbes.

On trouve encore dans les champs et dans les récoltes quelques plantes vivaces qui résistent plus ou moins à la culture.

Le liseron des champs, *convolvulus arvensis,* dont les rhizômes épais s'enfoncent profondément, se rompent facilement et ne s'arrachent jamais. Chacun de leurs tronçons reproduit la plante, dont les tiges volubiles, étalées sur la terre quand elles ne sont pas soutenues, s'enroulent autour des chaumes.

Les bugranes, vulgairement arrête-bœuf, *ononis spinosa* et *o. repens,* ont des racines coriaces, à écorce noire, que le soc froisse sans les rompre. Les tiges munies d'épines stipulaires sont redoutées des moissonneurs.

La menthe des champs, *mentha arvensis*, croît dans les terres humides; elle s'étend en grosses touffes par ses rhizômes traçants. Ses tiges et ses feuilles, fortement aromatiques, donnent au fourrage une saveur désagréable.

Quelques chicoracées, *taraxacum dens leonis, leontodon autumnale, sonchus arvensis, barkhausia fœtida, lactuca perennis, hieracium pilosella*, etc., se multiplient facilement par leurs graines munies d'aigrettes.

Plusieurs espèces d'oseille, *rumex obtusifolius, crispus, patientia, acetosella*, se répandent dans les champs, surtout dans les avoines; leurs racines profondes s'arrachent avec peine. Leurs graines sont souvent introduites dans les fumiers, avec les litières fauchées dans les marais.

Radix amplissima lapatho, ut quæ descendat ad tria cubita ; effossaque diu vivit.

(PL., lib. XIX, sec. XXXI.)

« L'oseille a une racine très-longue, qui descend jusqu'à trois pieds de profondeur; elle vit longtemps après avoir été arrachée. »

Les prêles, *equisetum arvense, e. palustre*, sont aussi des plantes des sols humides; leur souche, articulée comme la tige, pénètre à une profondeur inaccessible à la charrue et aux autres instruments.

Enfin la fougère aigle impérial, *pteris aquilina*, se trouve encore dans les champs cultivés de quelques départements du centre. Sa présence est l'indice d'une culture négligée, car ses rhizômes périssent quand on les fatigue par des labours réitérés. C'est ce qui a été bien indiqué par Pline :

Filix biennio moritur, si frondem agere non patiaris.

« La fougère est détruite en deux ans, si on ne lui laisse pas pousser de feuilles. »

Après toutes ces plantes vivaces, il en est d'autres qui causeraient de grands dommages aux récoltes où on les laisserait croître ; mais elles ne résistent pas aux moyens les plus simples de destruction ; à la faux qui les empêche de fructifier, à la charrue qui soulève leurs racines. Il suffit de nommer l'ortie, le panicaut, *eryngium campestre*, plusieurs espèces de chardons, quelques centaurées, *centaurea solstitialis*, *calcitrapa*, etc., les *scolymus*, les *xanthium*, etc. Ces plantes ne doivent pas se trouver dans une terre tant soit peu cultivée ; ce n'est que dans les friches ou dans les pâturages abandonnés qu'elles peuvent se montrer, et partout elles accusent la négligence de celui qui possède un terrain si mal tenu.

§ 11. PLANTES ANNUELLES QUI ENVAHISSENT LES TERRES LABOURÉES.

On voit souvent les champs cultivés, quelques semaines après le dernier labour ou le dernier hersage, se couvrir d'une abondance de plantes dont les graines se trouvaient depuis longtemps dans la terre, ou y ont été apportées avec les fumiers. Ces plantes annuelles, à tiges tendres et herbacées, sont en général un mauvais pâturage pour les troupeaux; mais elles ne nuisent pas à la terre, à la condition cependant qu'on aura soin de les enfouir avant leur entier développement, et avant qu'elles aient mûri leurs graines.

On peut citer, comme exemple de cette végétation subite, la moutarde sauvage, *sinapis arvensis*, et le raifort des champs, *raphanus raphanistrum*. Si la température et l'humidité favorisent leur germination, elles poussent avec une vigueur telle qu'elles couvrent la terre en peu de temps. Il faut couper avec la faux les plantes les plus fortes avant de les enterrer avec la charrue. Un simple labour suffit ordinairement pour en débarrasser la terre, où elles formeront un engrais herbacé.

Quelquefois c'est le séneçon commun, *senecio vulgaris*, qui couvre les champs et les fait paraître tout blancs sous les innombrables aigrettes de ses graines ; il n'offre aucun danger pour les terres ni pour les récoltes.

Il n'est pas de même du pavot coquelicot, *papaver rhœas* ; ses graines très-nombreuses, semblables à des grains de sable, lèvent facilement dans les terres légères et bien cultivées. Les jeunes plantes, enterrées par un labour, ne nuisent pas, mais celles qui n'ont pas été arrachées, ou qui ont repris racine, sur une terre semée en céréales d'hiver, peuvent causer, dans la récolte, un dommage considérable.

Les gnaphales, *gnaphalium* ou *filago*, viennent sur les guérets comme le séneçon. La mercuriale, *mercurialis annua*, se montre sur les terres fortement fumées. Ces plantes sont refusées par les troupeaux ; il n'y a que la charrue qui en débarrasse la terre.

Les *galeopsis ladanum*, *stachys annua* et *arvensis*, sont de petites labiées à fleurs roses ou blanchâtres, qui couvrent surtout les terres sèches.

Quant aux graminées annuelles, leur premier développement est trop lent pour qu'elles puissent s'établir sur les terres d'une manière très-apparente ; d'ailleurs, comme elles sont recherchées par les moutons, elles se trouvent toujours broutées de bonne heure et arrêtées dans leur végétation.

§ III. PLANTES ANNUELLES QUI INFESTENT LES RÉCOLTES.

Les plantes de cette catégorie sont bien plus nombreuses, parce que, ayant germé avec les céréales d'hiver, ou dans les cultures de printemps, elles ont tout le temps qui doit s'écouler jusqu'à la moisson, pour se développer et mûrir leurs graines.

Les premières plantes qui se montrent dans les céréales d'hiver sont des herbes précoces, à tiges rampantes, le mouron des oiseaux, *alsine* ou *stellaria media*, des véroniques, *veronica arvensis, agrestis, hederæfolia*. Ces plantes, qui tapissent la terre, nuiraient beaucoup au blé si leur végétation se prolongeait; mais, comme elles se dessèchent dès les premiers mois du printemps, le blé ne souffre pas longtemps de ce voisinage incommode.

Nous avons vu que le pavot coquelicot peut être pernicieux dans les moissons; il est rustique et résiste à l'hiver. Dans les blés clairs, il s'étend et s'empare de tout l'espace vide; dans les blés très-forts, il se maintient petit et grêle, jusqu'à ce que, le blé venant à se coucher, il s'élance au-dessus et achève de l'accabler. Comme il prolonge sa végétation après la maturité des céréales, il contrarie les travaux de la moisson, surtout si la saison est pluvieuse. Ses tiges rameuses, tendres et pleines d'un suc laiteux, sèchent difficilement et retardent le moment où le blé peut être lié en gerbes.

La renoncule des champs, *ranunculus arvensis*, remarquable par ses fruits hérissés d'aspérités épineuses, est aussi très-nuisible dans les champs où elle se trouve en abondance. Ses racines fortes et voraces fatiguent la terre et arrêtent la végétation du froment. Aussi les cultivateurs lui ont-ils donné le nom de « vide-grange. » Ses graines, mûres avant le temps de la moisson, tombent sur la terre, s'y conservent et germent dans les conditions qui leur conviennent, quand la terre a reçu de nouveau la semence des céréales d'hiver.

Parmi les plantes papilionacées, l'ers velu, *ervum hirsutum*, la gesse aphaca, *lathyrus aphaca*, quelques vesces, *vicia cracca, villosa, tetrasperma, Gerardi, Narbonensis, Bithynica*, ces dernières, des provinces méridionales, sont funestes aux céréales d'hiver, auxquelles elles s'accrochent par leurs vrilles. Elles augmentent leur propension à se coucher, et s'étendent ensuite au-dessus d'elles en les couvrant d'un réseau, qui a fait donner à quelques-unes de ces plantes le nom vulgaire de « gaze. »

Le *galium aparine* ou grateron, mis au rang des plantes « lappifères, » présente le mêmes caractères, à un degré plus nuisible encore, parce que ses semences hérissées se conservent longtemps, et sont difficilement séparées du bon grain.

Dans la famille des composées, le bluet, *centaurea cyanus*, les camomilles, matricaires et pyrèthres, *anthemis arvensis*, *a. cotula*, *pyrethrum chamomilla*, *p. inodorum*, la chrysanthème des blés, *chrysanthemum segetum*, le souci des champs, *calendula arvensis*, etc., sont des plantes communes dans les moissons.

Les ombellifères nous présentent la caucalide fausse carotte, *caucalis daucoïdes*, la caucalide à grandes fleurs, *orlaya grandiflora*, la caucalide des champs, *torilis infesta*, le cerfeuil des champs, *anthriscus vulgaris*, le peigne de Vénus, *scandix pecten*. Mentionnons encore la nielle des blés, *lychnis githago*, la fumeterre, *fumaria officinalis*, le lithosperme des champs, *lithospermum arvense*, l'euphorbe des moissons, *euphorbia segetum*, enfin une plante qui mérite une mention particulière, la rougeole, *melampyrum arvense*, dont les graines, mélangées au blé, donnent au grain une couleur rougeâtre désagréable.

La cuscute, *cuscuta epithymum*, est une plante singulière, parasite, qui s'attache particulièrement à la luzerne. Elle s'enroule autour d'elle et l'étreint sous ses nombreuses tiges filiformes, munies de suçoirs qui pompent la séve ; elle s'étend de proche en proche, d'une plante à une autre, en couvrant la terre d'un épais réseau. On a proposé de la détruire, en brûlant de la paille ou des broussailles sur les places qu'elle occupe. Le plus sûr est de défricher la luzerne, au mileu de laquelle la cuscute occuperait des espaces trop étendus.

Restent les graminées annuelles, dont les espèces sont très-nombreuses dans les céréales. Elles sont nuisibles par l'espace qu'elles occupent; mais leurs tiges et leurs feuilles, fauchées avec les récoltes, se trouvent mêlées à la paille et contribuent à la rendre plus appétissante pour les moutons et pour les chevaux. On peut citer particulièrement le vulpin des champs, *alopecurus agrestis;* le panis sanguin, *panicum* ou *paspalum sanguinale*; le panis glabre, *panicum glabrum*, ou *paspalum ambiguum;* l'oplismène pied de coq, *oplismenus crus galli*, ou *panicum crus galli;* les sétaires glauque et verte, *setaria glauca*, *s. viridis;* la bardanette à grappes, *tragus racemosus;* le gastridier ventru, *gastridium lendigerum;* deux plantes des moissons du Midi; les avoines annuelles, *avena sterilis, fatua* et *strigosa;* le brome seigle et le brome des champs, *bromus secalinus*, *b. arvensis*. Enfin, les ivraies, *lolium multiflorum* et *l. temulentum*, plantes déjà citées.

Le choix et l'épuration complète dès semences; la culture soignée des terres par des labours et

des hersages suivis de sarclages faits à propos ;
l'établissement périodique des prairies artificielles
sur tous les champs cultivés, principalement de
la luzerne et du sainfoin ; tels sont les meilleurs
moyens de prévenir la multiplication des plantes
nuisibles ou inutiles, et de les éloigner des récoltes.

§ IV. PLANTES NUISIBLES DANS LES PRAIRIES ET DANS LES HERBAGES.

Pour beaucoup de cultivateurs peu soigneux, une
prairie, surtout un pré humide et marécageux, ou
un pâturage sec, ne sont pas autre chose que des
terrains incultes où le béail va choisir et brouter
l'herbe qui lui convient, et rebute celle qui lui répugne. Dans cet état d'abandon, les mauvaises
herbes sont très-nombreuses, et elles se multiplient
avec une vigueur et une facilité désespérantes. Les
prés humides produisent ainsi une telle profusion
de plantes impropres à la nourriture du bétail,
qu'on est forcé d'y faucher les grandes herbes pour
en faire de la litière, et c'est même encore un
bon produit. Faisons rapidement l'énumération botanique des principales plantes qui dominent dans
les terrains marécageux : *thalictrum flavum, ly-
thrum salicaria, spiræa ulmaria, epilobium molle,*

œnanthe fistulosa, œ. peucedanifolia, œ. phellandrium, silaüs pratensis, selinum carvifolia, heracleum sphondylium, scrophularia nodosa, s. aquatica, mentha aquatica, lycopus europæus, galium mollugo, dipsacus silvestris, cirsium palustre, c. anglicum, c. oleraceum, serratula tinctoria, eupatorium cannabinum, bidens tripartita, pulicaria vulgaris, p. dysenterica, inula britannica, rumex crispus, r. hydrolapathum, juncus communis, j. glaucus, carex paniculata, c. cespitosa, c. acuta, c. glauca, c. vesicaria, c. paludosa, c. riparia, phalaris arundinacea, phragmites communis.

Dans les prairies plus sèches, où la terre est affermie par la fréquentation du bétail, les plantes nuisibles sont moins nombreuses et ont des proportions plus restreintes. Une des plus communes est la renoncule âcre, dont les racines sont voraces, dont la tige et les feuilles sont un mauvais fourrage. Une plante bulbeuse très-répandue dans les prairies un peu fraîches, est le colchique d'automne, vulgairement appelé « tue-chien. » Ses bulbes émettent, en septembre et octobre, des fleurs liliacées, dénuées de feuilles; au printemps suivant une touffe de feuilles paraît, et, avec elles, une capsule ovoïde, contenant un très-grand nombre de graines, qui se répandent sur le pré et donnent naissance à de nouvelles plantes. Le colchique renferme un principe vénéneux très-prononcé, nommé vératrine, substance très-employée en médecine. Pour le détruire, il faut enlever les bulbes, ou couper entre deux terres les touffes de feuilles, avec le fruit qui s'y trouve, avant qu'il ait laissé échapper les graines.

Les chardons, ou plutôt les cirses, s'établissent facilement dans les prairies, si leur reproduction n'est pas contrariée. Le cirse des champs y foisonne, à moins qu'on ne l'arrache avec soin avant qu'il ait donné ses graines. Le cirse lancéolé est une grande et forte plante, qui présente au printemps une large rosette de feuilles épineuses appliquées sur la terre. Il faut en soulever la souche avec une petite houlette bien tranchante.

La lychnide fleur de coucou, la cardamine des prés, les primevères, le rhinanthe crête de coq, la centaurée jacée, l'achillée millefeuille, la grande-marguerite, la pâquerette commune, le séneçon jacobée, les plantains, la sauge des prés, l'origan commun, l'alchemille commune, dans le Midi, sont les plantes les plus répandues dans les prairies.

Dans la famille des chicoracées, on trouve les *lapsana communis, hypochæris radicata, picris hieracioïdes, tragopogon pratense, chondrilla juncea, crepis virens, scorzonera humilis*, etc., qui occupent la place de l'herbe et fatiguent la terre par leurs nombreuses racines.

La présence des mousses est aussi une preuve

du mauvais état des prés et du défaut d'engrais. C'est dans les genres *bryum, hypnum* et *leskea*, que se trouvent celles qui envahissent le plus souvent la surface des prairies.

La trop grande abondance de toutes ces plantes indique que les graminées, qui doivent presque seules occuper le terrain, tendent à disparaître, et qu'il est temps d'en renouveler la semence. C'est par des sarclages faits avec soin qu'on doit, dès le début, s'opposer à la multiplication des plantes nuisibles; et c'est par des engrais qu'on soutiendra la végétation des graminées.

Les herbages et pâturages secs, sont encore plus exposés à être envahis par les mauvaises herbes, et par des plantes nuisibles, quand ils sont négligés; c'est ainsi qu'on les voit se transformer en de véritables *maquis*.

Les ronces, les ajoncs, les genêts, les plantes épineuses de toute espèce, peuvent se multiplier à l'infini dans un pâturage inculte, et en feront bientôt un lieu stérile et inabordable; en un mot, l'*aspera silva* de Virgile.

La faux et la pioche doivent être employées sans relâche, pour abattre, pour extirper tout ce qui est impropre à la nourriture du bétail, et ce qui s'oppose au développement des herbes utiles.

Ainsi l'homme est réduit à combattre sans cesse la nature. Une vitalité persistante, une puissance

de reproduction sans limites, a été donnée à tous
les végétaux disséminés à la surface de la terre.
L'existence de ces végétaux, comme celle de la
plupart des êtres, a un but qui nous échappe;
leur présence contrarie nos calculs et dérange nos
combinaisons. Nous cherchons à les détruire et à
les forcer à céder la place aux plantes que nous
préférons. Le botaniste seul aime ces lieux sauvages, que le soc et la faux n'ont jamais visités.
C'est là qu'il fait ses plus riches découvertes; mais
le cultivateur est impitoyable pour cette végétation inutile, il lui fait une guerre continuelle, par
les défrichements et par la culture.

Les grandes espèces qui sont plus facilement re-
marquées et plus souvent atteintes, disparaissent
peu à peu, et se retirent dans les lieux inaccessi-
bles des landes et des montagnes. Mais, malgré
tous les efforts de l'homme, malgré ses soins et ses
recherches, beaucoup de plantes lui échappent, et
se glissent dans ses cultures, jusqu'au milieu des
récoltes où elles se sont naturalisées.

Il suffit de citer cette jolie campanule, nommée
poétiquement le miroir de Vénus; les adonides,
dont les pétales ressemblent à une goutte de sang
vermeil; le bluet, dont les enfants se font de si
belles couronnes; le pied d'alouette des blés, la
nigelle, dont la fleur d'un bleu tendre présente des
divisions capillaires que l'on compare aux blonds

cheveux de Vénus; enfin, la violette tricolore, à laquelle on a donné un nom si profond et si mystérieux, « la pensée. » Toutes ces jolies plantes et beaucoup d'autres plus modestes, heureusement inoffensives, ont pris définitivement possession des lieux cultivés. Elles attestent, dans leur grâce charmante, cette puissance créatrice qui a semé partout ses merveilles, et qui a su embellir de ses dons, même les terrains sans cesse remués par le travail du laboureur. C'est en vain qu'il s'efforce à bannir de son champ toute plante autre que celles qui sont l'objet de ses soins; il en est qui lui échappent, et qui renaissent chaque année, plus belles et plus dignes d'être admirées. L'enfant les cueille dans ses ébats joyeux; la jeune fille s'en fait une parure; l'indifférent les foule aux pieds; le botaniste les salue en passant, et s'incline devant Celui dont il étudie les œuvres; œuvres sublimes, jusque dans leurs détails les plus humbles et les plus obscurs.

CHAPITRE XVIII.

ANIMAUX NUISIBLES AUX RÉCOLTES.

Le cultivateur n'a pas seulement à craindre les saisons contraires et les fléaux du ciel ; les plantes nuisibles, auxquelles la nature a donné une désolante faculté de reproduction ; il trouve encore, dans le règne animal, de nombreux ennemis, qui exercent de continuels ravages sur ses récoltes.

Les auteurs anciens se sont occupés fort peu de ces animaux dangereux pour l'agriculture. On trouve à peine dans leurs écrits quelques lignes concernant certaines espèces malfaisantes. Virgile nomme quelques insectes, qui attaquent les bestiaux et les abeilles : l'œstre, ou *asilus*, mouche qui tourmente les bœufs ; le frelon, la blatte et la teigne, qui envahissent les ruches. Il parle aussi de quelques reptiles, réels ou chimériques ; mais il cite à peine comme ennemis des récoltes, le calandre, les oiseaux en général, le mulot, la taupe et la fourmi.

On trouve ces quatre vers, dans le dixième livre de Columelle, sur la culture des jardins :

> Neu formica rapax populari semina possit,
> Parvulus aut pulex irrepens dente lacessat;
> Nec solum teneras audent erodere frondes
> Implicitus conchæ limax, hirsutaque campe.

« Craignez que la fourmi rapace ne dévaste vos semis, ou que la petite puce de terre ne se glisse pour les attaquer ; car ce n'est pas seulement le limaçon enfermé dans sa coquille, ou la chenille velue, qui osent ronger les feuilles encore tendres. »

Imitateur de Columelle, Vanière indique, presque dans les mêmes termes, la puce de terre et la chenille :

> Hærens
> Infestabat olus pulex, hirsutaque campe.
> *(Præd. rust.*, lib. IX.)

« Les plantes étaient rongées par la puce de terre qu s'y attache et par la chenille velue. »

Il faudrait aujourd'hui faire un cours complet d'entomologie, pour énumérer et pour décrire tous les insectes qui vivent aux dépens des plantes cultivées. Il n'en est peut-être pas une seule qui n'ait pour ennemi un insecte particulier, et quelquefois plusieurs à la fois.

Il semble inutile d'entrer à cet égard dans des détails trop étendus ; il suffira de signaler les espèces les plus redoutables par leur nombre, et par l'importance du dommage bien constaté qu'elles font éprouver au cultivateur.

Parmi les mollusques, on distingue les limaçons à coquille formant le genre hélice, *helix*, et les limaces, genre *limax*. Quoiqu'on trouve souvent un assez grand nombre de limaçons dans les vignes, ils sont rares dans les champs labourés. Le passage fréquent de la charrue et des autres instruments, qui briseraient leur coquille, lorsqu'elle est encore tendre, les empêche de s'y multiplier. C'est dans les jardins et dans le voisinage des murs, qu'ils exercent surtout leurs ravages. Cependant Pline a indiqué les limaçons et les limaces comme dévastant les champs de vesce ; mais Vanière donne sur ce sujet un détail vraiment caractéristique.

Limaces nascuntur in vicia, et aliquando e terra cochleæ minutæ, mirum in modum erodentes eam.

(Pl., l. XVIII, sec. xliv.)

« Des limaces naissent dans la vesce, et quelquefois de petits limaçons à coquille sortant de terre, qui la rongent d'une manière surprenante. »

Veteri quos evocat imber
Pariete, limaces fracta consumere concha.

(Præd. rust., l. IX.)

« Les limaçons que la pluie a fait sortir des vieilles murailles, il faut les tuer en écrasant leur coquille. »

La limace rouge et la limace cendrée, appelée loche par les jardiniers, parce qu'elle ressemble par la taille et par la couleur au petit poisson d'eau douce qui porte ce nom, fréquentent aussi tout particulièrement les jardins. Une seule espèce est donc vraiment à craindre pour la grande culture, et c'est la plus petite de toutes, la petite limace grise, *limax agrestis*. Elle se multiplie prodigieusement à la fin de l'été, quand les premières pluies d'automne ont répandu, dans l'air et sur la terre, une certaine humidité. On est surpris alors de voir de jeunes plantes à peine levées, le trèfle incarnat, l'escourgeon, surtout le seigle, atteints d'un fléau invisible, disparaître de proche en proche, et laisser entièrement nue la terre qu'ils commençaient à couvrir de leur verdure naissante. Ces petits mollusques, qui, allongés dans leur mouvement de progression, n'ont souvent qu'un centimètre de longueur, et dépassent rarement trois fois cette mesure, sortent, quand vient le soir, des retraites où ils se sont cachés pendant le jour, sous des pierres, ou dans les crevasses de la terre ; ils se répandent à la surface du champ, s'attachent aux jeunes feuilles et les dévorent successivement, en allant de l'une à l'autre ; de sorte qu'en peu de jours, des semis de belle apparence se trouvent entièrement détruits.

C'est surtout près des chaumes herbeux, des champs de luzerne et de sainfoin, où leur multiplication n'a pas été contrariée par la culture, qu'elles exercent leurs ravages, en se répandant sur les terres voisines après les semences. De tous les moyens indiqués pour les détruire, aucun ne paraît entièrement satisfaisant. Les cendres, la chaux, le plâtre, semés sur la terre, sont bientôt lavés par la pluie, ou même par la rosée; leur effet est nul. Il n'y a qu'un seul moyen radical, toujours employé avec un grand succès, quelque lent et minutieux qu'il paraisse ; c'est d'aller, au lever du jour, visiter les semis attaqués par les limaces ; on les trouvera encore occupées à brouter, ou rampant vers leurs retraites. La main armée d'une paire de ciseaux, on les coupe en deux, avec une promptitude extrême, et en quelques visites matinales, on a bientôt purgé le champ de ces petits maraudeurs, surtout si deux ou trois personnes ont entrepris cette tâche.

Le nom *pulex*, donné par les anciens à de petits insectes ennemis des récoltes, est celui par lequel on désigne aujourd'hui la puce. Il s'appliquait sans doute aux espèces du genre altise, *altica*, petits coléoptères de couleur noire, ou bleu foncé, qui doivent à la conformation de leurs cuisses postérieures la faculté de sauter avec agilité, ce qui leur a fait donner le nom vulgaire de puces de terre. Les altises attaquent particulièrement les crucifères, et aussi les cotylédons des trèfles et des luzernes. Quand ils sont en grand nombre, comme cela arrive le plus souvent, et lorsqu'un temps sec retarde le développement des jeunes plantes, le dommage s'étend en peu de jours, et devient bientôt irréparable. Le meilleur moyen, non de les faire périr, mais de les éloigner, c'est de semer sur la récolte naissante, du plâtre, ou mieux de la cendre à haute dose.

Un autre petit insecte funeste au blé est la calandre, ou le charançon, *calandra granaria*. Il ne l'attaque pas dans les épis, soit aux champs, soit dans les granges ; c'est dans les greniers qu'il pique les grains de blé pour y déposer ses œufs. La larve s'y développe, en dévore toute la farine, et en sort insecte parfait, ne laissant que le son, ou l'écorce. Il faut remuer le blé fréquemment, surtout quand la température s'élève ; tenir les greniers propres et bien aérés ; et vendre le blé dès qu'on aperçoit quelques grains piqués, ou qu'on découvre quelques insectes autour du tas.

Columelle indique les soins qu'on donne au blé, comme un moyen de le préserver des charançons. Virgile et Vanière ont consacré un vers à cet insecte, et Pline l'a désigné sous le nom de petite cantharide.

Frumenta repurgari debent, {nam quanto sunt expolitiora, minus a curculionibus exeduntur.
(COL., l. II, cap. xx.)

« Les blés doivent être souvent nettoyés, car plus ils sont tenus propres, moins ils sont attaqués par les charançons. »

> Populatque ingentem farris acervum
> Curculio.   (VIRG., *Georg.*, lib. I.)

Le charançon dévore un vaste amas de grain.
(DELILLE.)

Curculio farris cumulos ubi rodere cœpit.
(*Præd. rust.*, l. I.)

« Lorsque le charançon a commencé à ronger les tas de grain. »

Est et cantharis dictus, scarabeus parvus frumenta erodens.   (PL., l. XVIII, sec. XLIV.)

« On appelle cantharide un petit scarabée qui ronge les blés. »

Un autre genre de coléoptères bien plus redoutable est celui du hanneton, *melolontha*. Le hanneton commun, *m. vulgaris*, est sans contredit le

fléau le plus à craindre pour toute espèce de cultures ; pour les jardins, pour les champs, pour les
pâturages et pour les bois. Il n'y a pas d'insecte plus
connu, parce qu'il n'y en a pas de plus commun. Tous
les ouvrages d'agriculture et de jardinage ont des
articles consacrés à la description de ses mœurs,
et à l'indication des divers moyens proposés pour
sa destruction.

Si l'on se promène, au mois de mai, pendant
une soirée calme et tiède, on entend un bourdon-
nement confus et prolongé. On voit un grand
nombre d'insectes aux ailes étendues, qui se croi-
sent en tous sens, dans leur vol lourd et irrégulier.
Le lendemain, au grand jour, on trouve sur la terre
dure et battue, à la surface des allées de jardin, au
bord des chemins, de petits trous ouverts, par lesquels les hannetons sont sortis de la terre, où ils
étaient ensevelis depuis trois ans.

Dès qu'ils se sont élancés dans l'air, ces insectes
sont portés par leur instinct sur les arbres dont
les feuilles naissantes leur fourniront la nourriture
qui leur convient. Comme cette métamorphose des
larves se prolonge pendant plusieurs jours, leur
nombre va toujours croissant, et ils ont bientôt
dépouillé les arbres, au point que les bois, na-
guère verdoyants, paraissent avoir été ressaisis par
l'hiver. Alors les hannetons se rabattent sur les
taillis et sur les buissons.

Tous les matins, la fraîcheur des nuits et de la rosée les tient immobiles, accrochés par leurs pattes aux feuilles et aux jeunes rameaux ; bientôt les sexes différents se recherchent et s'accouplent, puis on les voit en grand nombre, dans leur vol du soir, se répandre au loin dans la campagne. Ce sont les femelles qui sont en quête d'un lieu convenable pour y déposer leurs œufs. Les terres cultivées, les pelouses, les pâturages et les prairies saines, les jardins et les pépinières reçoivent ce fatal dépôt. La femelle du hanneton fait, dit-on, trois pontes de vingt œufs chacune, mais on évalue à trente œufs en moyenne la ponte de chaque femelle.

Après l'accouplement et la ponte, le hanneton est arrivé au terme de sa carrière ; tous meurent et se laissent tomber sur la terre. Ainsi la larve demeure pendant trois ans enfouie sous terre, dans une obscurité profonde, pour produire un insecte, qui ne jouit que pendant quinze jours de la lumière du ciel.

Les œufs, blancs, globuleux, éclosent au bout de quelques semaines. Ils donnent naissance à un petit ver blanc, ou larve, qui recherche aussitôt les petites racines pour s'en nourrir. Les dégâts qu'il cause, d'abord insensibles, augmentent rapidement, suivant le développement de l'insecte. A la fin de l'été, le refroidissement de la température se faisant sentir à la surface de la terre, les larves s'enfoncent peu à peu, en creusant le sol avec leurs pattes; travail pénible et lent, que la rencontre de pierres et d'autres obstacles, doit bien souvent contrarier.

Elles remontent au printemps, et recommencent leurs dégâts avec une avidité nouvelle, et une puissance bien plus grande. C'est dans cette seconde année que l'œuvre de destruction a le plus d'activité et d'étendue. Elles attaquent tout ce qui se trouve à leur portée, depuis les racines tendres des plantes herbacées, jusqu'à celles des arbres, qu'elles dépouillent de leur écorce. Aux approches du second hiver, le même travail de mine, qui les a préservées, leur procure encore un abri contre le froid, et la troisième année les voit de nouveau reparaître dans la couche de terre cultivée. Quand vient l'automne, le ver blanc arrivé à son plus grand accroissement, qui varie de 30 à 35 millimètres, s'enfonce une dernière fois dans la terre, s'y transforme en nymphe, et devient enfin l'insecte parfait, ou le hanneton, pour sortir de terre au printemps, comme nous l'avons vu en commençant.

Divers moyens ont été indiqués pour éloigner les larves ou pour les détruire. On peut semer sur la terre, au moment de la ponte, des substances alcalines ou caustiques, des cendres, de la chaux et surtout de la suie. En supposant que la présence de ces substances à la surface du sol empêche le hanneton

de s'y arrêter pour y déposer ses œufs, le mal
sera simplement déplacé et reporté sur d'autres
points.

Il est encore plus difficile d'atteindre les vers
blancs dans la terre, et de les mettre en contact
avec une substance assez énergique et assez abondante pour les tuer. On assure que ces larves périssent au contact des feuilles de crucifères en décomposition. On conseille de semer sur les terres
des graines de colza ou de navette, pour enfouir
ensuite ces plantes, quand elles auront quinze ou
vingt centimètres de hauteur; ou bien de répandre
sur le sol et d'y enterrer des tourteaux pulvérisés
de moutarde noire, de colza, ou d'autres plantes
oléagineuses.

Tous ces moyens sont insuffisants, parce que la
larve évite, en se déplaçant, ce qui peut lui nuire.
D'ailleurs les terres déjà ensemencées, les prairies
naturelles ou artificielles, les céréales d'hiver, restent nécessairement en dehors de ces moyens de
préservation.

Ce qui peut seul être d'une efficacité radicale et
décisive, c'est la chasse aux hannetons et à leurs
larves, sous toutes les formes, dans tous les temps,
dans tous les lieux et par tous les moyens possibles.
Cette chasse, pour donner des résultats sérieux,
doit avoir un caractère d'ensemble et de généralité,
qui doit venir de mesures prescrites par l'autorité

comme pour l'échenillage et pour la destruction des chardons.

Il résulte de données certaines et de renseignements officiels, que partout où la destruction du hanneton a été entreprise, un nombre prodigieux de ces insectes a été atteint.

En Suisse, dans le canton de Zurich, on a recueilli en 1807, 17,376 mesures de hannetons, contenant chacune environ 8,800 insectes, soit un total de près de 143 millions. (Extrait d'une instruction rédigée par M. Oswald Heer, publiée par le gouvernement de Zurich, traduite de l'allemand par Maurice Block.)

En 1835, le conseil général de la Sarthe, ayant voté une somme de 20,000 francs pour la destruction du hanneton, on paya à raison de 30 centimes 57,070 décalitres, contenant chacun 5,200 hannetons, ce qui porte le total à près de 274 millions d'individus.

(Voir un article signé A. Dupuis, dans la *Revue horticole* de l'année 1856, page 394.)

. Ces chiffres disent assez quels immenses résultats on obtiendrait, par des mesures prescrites d'une manière générale et exécutées avec suite et persévérance. C'est le matin, lorsqu'ils sont sans mouvement sur les arbres, qu'on leur donne la chasse avec le plus de succès. Il suffit de secouer les branches sur lesquelles ils sont rassemblés, pour les faire tomber comme une grêle, en quantité innombrable. Cela est facile pour les jeunes arbres isolés, ou placés dans des lieux découverts, sur le bord des chemins et des allées des bois ; mais comment atteindre ces insectes sur les arbres de haute futaie, au milieu des taillis, où ils se trouveront cachés en tombant, dans la mousse et sous les feuilles ?

On doit donc en laisser toujours échapper un grand nombre, mais c'est un motif de poursuivre avec plus de soin tous ceux qui peuvent être saisis.

La destruction des hannetons à l'état parfait devrait être accompagnée de la recherche continuelle des larves, dans les jardins et dans les terres cultivées. Les labours d'été en découvrent toujours un grand nombre ; mais, à peine exposées à l'air, elles se cachent bientôt dans la terre nouvellement remuée, en la creusant avec leurs pattes. Il faudrait donc, dans toutes les terres qui en recèlent, faire suivre la charrue par des femmes, ou par des enfants chargés de les ramasser avec soin, moyennant un prix convenu pour une mesure donnée.

Le hanneton vulgaire, étant le plus nombreux, est aussi le plus destructeur ; mais presque toutes les espèces de ce genre éminemment nuisible se nourrissent des feuilles et des racines des végétaux. Leur petitesse seule, ou leur rareté, les rend moins redoutables. Parmi les hannetons de petite taille, on peut citer les *melolontha æstiva, æquinoxialis, sols-titialis*, et plusieurs espèces d'hoplies, genre très-voisin ; le hanneton foulon, *m. fullo*, beaucoup plus gros que notre hanneton vulgaire, est particulier aux départements du midi, et fort heureusement il y est moins multiplié.

On désigne sous le nom de sauterelles d'autres insectes dévastateurs, appartenant à l'ordre des orthoptères et à la famille des sauteurs, genres *locusta* et *acrydium*. Ces insectes se nourrissent de tous les végétaux herbacés que produit l'agriculture. Doués d'une prodigieuse faculté de multiplication, ils font dans les contrées méridionales des ravages incalculables. En quelques jours, ils changent en un désert nu et dépouillé les campagnes couvertes des plus belles récoltes. On sait que l'invasion des sauterelles était comptée au nombre des plaies de l'Égypte ; c'est encore un fléau pour notre colonie algérienne et pour le midi de l'Europe.

On essaye de diminuer leur nombre, en recueillant les insectes et en recherchant leurs œufs. On lit dans le volume de la *Revue horticole* déjà cité, que, dans le département des Bouches-du-Rhône, l'autorité ayant alloué une prime de 25 centimes par kilogramme d'insectes et de 50 centimes par kilogramme d'œufs, on détruisit dans la commune de Sainte-Marie 82,000 kilogrammes de sauterelles, et dans la commune de Marseille 12,000 kilogrammes d'œufs, représentant en germe plus d'un milliard d'individus.

Dans l'ordre des hyménoptères, nous trouvons les fourmis : *angustum formica terens iter*, « la fourmi qui fraye son étroit sentier ». Ces insectes, peu nuisibles à l'agriculture, forment dans les prairies de petites élévations de terre, qu'il faut rabattre de temps en temps, pour qu'elles ne gênent pas la faux.

Parmi les lépidoptères, l'alucite, ou teigne des blés, *tinea granella, œcophora granella*, et la fausse teigne, *hyponomeuta tritici*, exercent quelquefois de grands ravages. La femelle de ces petits papillons pique la partie la plus tendre du grain, y dépose un œuf d'où naît une petite chenille, qui dévore toute la farine et vide le grain entièrement. Les teignes attaquent le blé dans les greniers, ou dans les champs sur les épis.

Gignuntur et in grano, cum spicæ pluviis calor infervescit. (PL., l. XVIII, sec. XLIV.)

« Elles s'engendrent dans le grain, lorsqu'après des pluies, la chaleur a gonflé l'épi. »

On chasse les teignes en aérant les greniers, et en remuant fréquemment le blé, pour éloigner toute humidité et éviter la fermentation. Ces insectes, dont la multiplication semble particulière à certaines localités, sont devenus plus rares, et leurs dégâts n'ont plus l'importance qui a été signalée en d'autres temps.

Les diptères offrent plusieurs espèces, dont les ravages peu apparents n'en sont pas moins, dit-on, quelquefois très-étendus. Ces mouches piquent les tiges herbacées ou le chaume encore tendre des céréales, et y introduisent leurs larves, qui épuisent la séve et font avorter l'épi. On cite particulièrement la mouche frit, *oscinis frit, musca frit*, dont Linné a signalé les ravages en Suède, principalement sur les orges. Les *oscinis lineata, tephritis strigula*, et quelques espèces de *sapromyza*, causent des dommages du même genre.

Pline a indiqué ces insectes dans ce passage :

Nascuntur et vermiculi in radice, cum sementem imbribus secutis, inclusit repentinus calor humorem.
(PL., l. XVIII, sec. XLIV.)

« De petits vers naissent dans la racine des céréales, lorsque, des pluies étant survenues après la semence, une chaleur soudaine y a concentré l'humidité. »

Nous arrivons à la classe intéressante des oiseaux, dans laquelle l'agriculture trouve quelques ennemis, mais aussi ses plus utiles auxiliaires, pour combattre la reproduction des insectes nuisibles qui viennent d'être énumérés.

Les corbeaux et les corneilles sont peu dangereux ; c'est l'espèce appelée le freux, *cornix frugi-
lega*, qui nuit d'une manière toute particulière aux
terres ensemencées. Ces oiseaux quittent en automne
les forêts du Nord, où ils ont niché pendant l'été;
ils arrivent en nombre dans nos contrées. Ils s'a-
battent sur les champs où le blé commence à germer, et ils déterrent le grain, que la pointe du
germe leur fait trouver facilement. Par suite de
cette habitude, leur bec, qu'ils enfoncent souvent
en terre, est dénué de plumes à sa base. Le même
dégât se reproduit au printemps sur les avoines ;
et il est arrivé souvent qu'il a fallu semer de nouveau un champ dévasté par les freux.

On doit faire garder le champ ensemencé, aux
heures où les travaux sont suspendus, jusqu'à ce
que la semence ait été bien recouverte. En général,
il faut éloigner à coups de fusil les corbeaux et
les autres oiseaux, des cultures qu'ils paraissent
menacer. C'est l'application moderne du conseil de
Virgile : *sonitu terrebis aves ;* «tu feras du bruit,
pour effrayer les oiseaux. »

Les pies, beaucoup moins nombreuses, cassent et
enlèvent quelques épis au bord des champs de blé,
quand le grain est encore tendre; mais, si elles ne
dérobaient pas souvent les jeunes poussins et les
petits canards autour des fermes, et aussi les per-
dreaux, elles devraient être conservées, à cause de

la destruction qu'elles font des insectes, surtout du hanneton et de sa larve.

Le moineau a aussi été signalé comme faisant une grande consommation de grains. Il est vrai qu'il pénètre dans les granges, qu'il y dérobe quelques épis, et surtout qu'il cause des dégâts assez sensibles dans les enclos auprès des villages. Ils se réunissent en troupe, et s'abattent sur les blés ; ils se suspendent au sommet des tiges, cassent les épis, ou les dépouillent de leurs grains. Ces dégâts sont réels, mais ils sont accidentels et temporaires, et en toute autre circonstance le moineau rend des services, en détruisant un grand nombre d'insectes et de chenilles.

Les pigeons sont proscrits dans beaucoup d'exploitations. Il y a des villages où les cultivateurs, d'un commun accord, se sont interdit les colombiers. En effet les pigeons s'abattent, comme les corbeaux, en troupes nombreuses. Ils ramassent les semences non encore recouvertes, et enlèvent beaucoup de grains en germination à la surface des terres. Comme ils ne grattent pas, et qu'ils n'introduisent pas leur bec en terre comme le freux, ils n'enlèvent que les grains superficiels, et, sous ce rapport, le dommage n'est pas très-considérable. C'est surtout dans les champs de blé versé qu'ils sont à craindre ; ils le foulent et le couchent davantage contre terre, et en égrènent les épis. Cependant le produit des pigeons, pour les pigeonneaux et pour l'engrais, n'est pas à dédaigner ; et, avec la précaution de les tenir enfermés au temps de la moisson, on pourra ne pas se priver d'une utile ressource.

Les pigeons ramiers, mis au nombre des oiseaux nuisibles, enlèvent en hiver quelques feuilles des champs de navette et de colza ; l'arrêt de proscription qui les frappe paraît peu justifié par ce dommage insignifiant.

On compte quelquefois aussi les perdrix parmi les oiseaux nuisibles à la culture. Pendant la plus grande partie de l'année, elles ne font aucun tort, vivant de petites graines et d'insectes. C'est en hiver, qu'elles sont réduites à se nourrir des petites feuilles du blé, qu'elles pincent avec leur bec ; léger dommage qui n'est guère appréciable, parce qu'il se produit, tantôt sur un point, tantôt sur un autre, dans de grands espaces, où il est inaperçu.

En général, la conservation des oiseaux intéresse au plus haut degré l'agriculture. On s'est élevé bien souvent contre la rage de destruction qui porte les habitants des campagnes à leur faire une guerre sans motifs et sans utilité. La loi sur la chasse, dans ses dispositions principales, s'oppose à cette destruction. C'est aux autorités départementales et municipales qu'il appartient de faire exécuter la loi, surtout par des mesures de persuasion.

Chaque année, dans le courant de l'été, tous les bois sont parcourus, tous les arbres sont visités par les enfants des villages, qui font aux oiseaux et à leurs nids une chasse impitoyable. Des milliers d'œufs sont ainsi enlevés, sans aucun profit pour les petits maraudeurs. Les instituteurs pourraient en faire, dans les écoles, le sujet de conseils bienveillants, appuyés au besoin d'arrêtés du maire et de la sur-veillance du garde champêtre.

Il est une autre chasse, également très-destruc-tive, qui consiste à rechercher en hiver, par une nuit froide et sombre, les oiseaux endormis dans le feuil-lage des arbres toujours verts, ou de ceux qui conser-vent leurs feuilles sèches jusqu'au printemps. Cette chasse s'appelle, selon le lieu, «la brillée, le dallu, l'outarde», *avis tarda*. Le chasseur, tenant de la main gauche une lanterne, de la main droite une palette munie d'un long manche, parcourt les bois, visite les buissons, et abat sans pitié, par centaines, tous les innocents petits oiseaux qu'il peut découvrir. Cette chasse est désastreuse, et sans profit pour ce-lui qui s'y livre : ce n'est qu'une distraction bar-bare pendant les longues soirées d'hiver. Elle est d'ailleurs expressément prohibée ; il suffirait de le rappeler par des avis officiels.

Les mammifères vivant aux champs nous offrent des ennemis nombreux et souvent redoutables pour les récoltes.

La taupe, à laquelle on fait une guerre obstinée, mérite-t-elle sans restriction l'espèce de proscription dont on l'a frappée? Si elle retourne et fouille la terre, dans les jardins et dans les champs, elle fait aussi une chasse continuelle aux insectes et surtout aux larves du hanneton dont elle se nourrit principalement. Vanière a bien indiqué le tort, plus apparent que réel, que produit son travail au milieu des semis :

> Seminibus positis, inimicam avertite talpam,
> Ne deformet agros.
>
> *(Præd. rust.*, l. IX.)

« Quand vous aurez semé, éloignez la taupe ennemie de vos cultures, de peur qu'elle ne bouleverse vos champs. »

Ainsi, elle dépare, elle déforme les champs, elle détruit la symétrie et le niveau parfait de la surface : c'est là le tort qui fait oublier ses services. N'y a-t-il pas à son égard une certaine mesure à observer? On devrait détruire les taupes là ou le mal qu'elles font, en soulevant les jeunes plantes et en dérangeant les semis, l'emporte sur le bien qu'elles produisent ; mais on ne les détruirait pas également en tous lieux. Les taupiers sont assez habiles pour diminuer leur nombre en peu de temps, partout où leur multiplication offrirait un danger réel. Dans les prairies, dans les luzernes, et dans la plupart des champs, il suffirait d'épandre avec soin, deux ou trois fois par an, la terre meuble des taupinières.

Le mulot, *mus campestris*, et le campagnol, *mus arvicola*, sont deux petits rongeurs, qui font une grande consommation de grains dans les champs, et surtout dans les meules, où ils trouvent une retraite sûre et une nourriture abondante. Ceux qui restent pendant l'hiver au milieu des champs se font un nid dans les trous des taupes.

> Sæpe exiguus mus
> Sub terris posuitque domos atque horrea fecit.
> (VIRG., *Georg.*, l. I.)

> Et le mulot remplit ses greniers souterrains.
> (DELILLE.)

Ils sortent la nuit, et, quand le grain vient à manquer, ils coupent les feuilles et les jeunes pousses du blé jusqu'à la terre. On voit dans les champs de blé des espaces circulaires dénudés, au milieu desquels de petits trous restés ouverts accusent la présence de ces rongeurs. Quand leur nombre n'est pas très-considérable, le dégât n'a pas une grande importance ; mais souvent ils se multiplient tellement qu'ils font de véritables ravages. Les oiseaux de proie nocturnes sont les ennemis qui les attaquent avec le plus de succès. Ces petits animaux, comme beaucoup d'autres, périssent quelquefois par l'excès même de leur reproduction, qui les réduit à mourir de faim.

Omnia ea animalia cum cibo deficiunt.
(PL., l. XVIII, sec. XLIV.)

« Tous ces animaux disparaissent quand la nourriture leur manque. »

Les rats et les souris sont les hôtes de l'intérieur de la ferme. Ils exercent leurs déprédations dans les granges et dans les greniers, et en général partout où ils peuvent trouver quelque chose à ronger. Les chats, les piéges, les poisons, dont l'emploi demande une grande prudence, sont les moyens ordinaires de destruction. Il faut surtout avoir des granges solidement construites, dont le sol soit garni d'un bon pavé de briques bien entretenu ; des greniers plafonnés, exactement visités et exempts de trous et d'ouvertures, pouvant donner passage à ces hôtes dangereux.

Pline a une recette merveilleuse pour les éloigner des habitations.

Mures abiguntur cinere mustelæ, vel felis, diluto et semine sparso, vel decoctarum aqua.
(PL., l. XVIII, sec. XLV.)

« Les souris sont chassées par de la cendre de belette ou

de chat, étendue et répandue comme semence, ou avec du bouillon de la chair de ces animaux. »

J'arrive, en terminant cette revue des animaux nuisibles, à une classe de mammifères au sujet desquels de graves questions de responsabilité se sont élevées, et ont été très-diversement appréciées; je veux parler du gibier. Examinons rapidement la nature des dommages causés par les différents animaux qui fréquentent les bois.

Les renards et les blaireaux y trouvent une retraite pendant le jour, soit dans des fourrés, soit dans des terriers qu'ils connaissent; ils en sortent la nuit, et parcourent les champs pour chercher leur nourriture. Ils laissent dans les récoltes quelques traces et quelques tiges abattues; mais, ces animaux n'étant jamais en grand nombre, le dommage causé par eux à des intervalles éloignés et en divers lieux est peu remarqué.

Les sangliers, les cerfs et les chevreuils ne se trouvent que dans certaines forêts, et presque toujours peu nombreux. Comme ils joignent au fait de leur passage à travers les récoltes celui de les brouter, ils occasionneraient de graves dommages, si on les laissait se multiplier avec excès. Mais c'est là une circonstance tout à fait exceptionnelle, qui ne peut soulever que des réclamations locales et très-limitées.

Il n'en est pas de même des lièvres et des lapins.

Le lièvre, qui se gîte au milieu des champs, ou qui rentre au bois pendant le jour, parcourt pendant toute la nuit la campagne. Il va broutant çà et là, selon son caprice ; et le dommage qui en résulte, réparti sur un grand nombre de points, serait peu sensible, si, lorsqu'il s'est cantonné pendant l'été, il ne pratiquait à travers les récoltes des coulées, ou de petits passages, qu'il ouvre en coupant avec ses dents les tiges des céréales montées en tuyaux ou en épis.

Le lapin pratique, comme le lièvre, des coulées, mais seulement dans le voisinage des bois. Les coulées du lièvre diffèrent de celles du lapin, en ce que les tiges y sont coupées beaucoup plus haut ; le lièvre coupe les plantes à 25 ou 30 centimètres ; le lapin à 10 ou 15 cent. Quand le dommage se réduit à quelques coulées à travers les pièces de grains, les tiges coupées, tombées sur le sol, offrent un aspect de désordre qui frappe les yeux ; mais il est vraiment bien plus apparent que réel.

Les coulées du lapin, et même celles du lièvre, n'ont guère qu'une largeur moyenne d'un décimètre ; c'est-à-dire qu'elles ne présentent pas plus d'un décimètre en largeur, entièrement dépouillé de récolte par la dent de ces animaux. Une coulée de dix mètres de longueur ne produira donc qu'une superficie d'un mètre carré, ou d'un centiare. Une coulée de cent mètres produira dix centiares ; d'où il suit qu'une ou plusieurs coulées, offrant un développement total d'un kilomètre, n'auront occasionné qu'une perte réelle d'un are de superficie. Je livre ce calcul, rigoureusement exact, à l'appréciation future des experts, en matière de responsabilité relative aux dégâts du gibier.

Il est vrai que ces dégâts ne se bornent pas toujours à de simples coulées : on trouve souvent au milieu des champs, ou dans le voisinage des bois, quelques espaces arrondis, ou irréguliers, où des herbes et quelques tiges coupées attestent la fréquentation du gibier. Ces espaces broutés ne se trouvent jamais dans une récolte épaisse et bien garnie. C'est dans les clairières, ou sur quelques places où le grain a manqué, que lièvres ou lapins, se trouvant plus à l'aise, vont prendre leurs ébats, et on leur attribue un manque de récolte dont ils ne sont pas la cause.

Les lapins font un tort plus réel, pendant l'hiver, en allant brouter chaque nuit les blés en herbe, surtout lorsque, dans les temps de froid et de gelée, la végétation est suspendue et ne répare pas ses pertes. Si cet état de choses ne se prolonge pas, le blé repoussera, et il n'y aura pas de diminution bien sensible dans la récolte ; mais, si on ne remédie pas au mal, il s'aggrave, il s'étend de proche en proche, comme une tache d'huile : car les lapins, une fois habitués à aller au gagnage sur un point, y retournent chaque nuit. Il n'est même pas nécessaire qu'ils soient très-nombreux, pour causer un dommage très-sensible ; quelques lapins, broutant toutes les nuits à la même place, étendront rapidement l'espace dépouillé, et donneront à penser que le bois en renferme un très-grand nombre. Ce dégât naissant peut être arrêté facilement, car les lapins, ainsi cantonnés, ne s'écartent pas du lieu qu'ils ont choisi ; ils rentrent le matin et prennent leur gîte au bord du bois, dans des fourrés, dans des herbes, sous des ramiers placés dans le voisinage. C'est là qu'il faut les chercher et leur donner la chasse ; et soit en les détruisant, soit en les éloignant du lieu de leur cantonnement, on fera disparaître la cause du dommage, qui sera bientôt réparé.

Quoi qu'on fasse et quelques précautions qu'on prenne, toute terre qui touche immédiatement à des bois ne sera jamais aussi productive, aussi exempte d'avaries, que celle qui jouit pleinement de l'air et du soleil sans être exposée aux accidents nombreux dont le voisinage des bois est la cause nécessaire. Souvent même, le cultivateur qui connaît bien cette infériorité soigne moins la culture et donne moins d'engrais à sa terre, dans une situation qui lui paraît ingrate. Cet abandon, calculé ou non, concourt avec les autres circonstances fâcheuses pour diminuer la production ; sans parler des ruses de tout genre qui peuvent être employées pour simuler ou pour exagérer les dégâts du gibier, et mettre à la charge du propriétaire de bois des indemnités qui dépassent souvent de beaucoup le dommage effectif.

Cette question de responsabilité met en présence des intérêts opposés, assez respectables pour qu'on doive s'efforcer de tenir entre eux la balance égale ; assurément, le cultivateur ne doit pas être troublé dans sa jouissance, il doit pouvoir recueillir intégralement les fruits de son travail, sauf toutefois les cas de force majeure, et ceux qui dérivent naturellement de la situation des lieux.

La chasse a bien aussi son importance : de nombreuses industries se rattachent à cet exercice, qui fournit d'ailleurs à la consommation, en gibier de toute sorte, une quantité de substance alimentaire très-considérable, et qui de plus rapporte au Trésor, par les permis de chasse et par les droits sur la poudre, des sommes assez fortes pour que la chasse ne doive pas être entièrement sacrifiée.

Un ancien proverbe disait : « C'est un mauvais voisin qu'un bois. » Cet état de choses subsiste toujours ; et il n'est guère juste de rendre le propriétaire du bois responsable des inconvénients de ce mauvais voisinage.

Une pièce de terre placée près d'un bois est toujours dans une situation moins favorable que celle qui se trouve en rase campagne. Elle est exposée, par la force des choses à quelques dommages inévitables. Outre le gibier qui peut brouter les récoltes, il y a encore des animaux de toute sorte qui les traversent et qui s'y frayent des passages. Des maraudeurs et des braconniers les parcourent quelquefois dans la nuit ; ce sont autant de causes de désordre qui laissent des traces très-apparentes, qu'il serait injuste de mettre à la charge des propriétaires de bois.

Les juges de paix qui doivent prononcer sur ces questions se décident d'après des rapports d'experts, qui n'ont pas toujours la clarté et l'impartialité nécessaires. Ces experts, avec quelque soin qu'on les choisisse, seront portés naturellement et par principe, ou pour le cultivateur, ou pour le chasseur. De là des jugements rendus dans des sens opposés, au milieu desquels il est difficile de démêler une jurisprudence constante et suffisamment précise.

On invoque les articles 1382 et 1383 du code Napoléon, d'après lesquels « tout fait quelconque qui cause à autrui un dommage oblige celui par la faute duquel il est arrivé à le réparer ; » et qui rendent chacun « responsable du dommage qu'il a causé, non-seulement par son fait, mais encore par sa négligence. »

On décide le plus souvent que, bien qu'un propriétaire n'ait pas mis de lapins dans son bois, qu'il n'ait pas favorisé leur multiplication, on peut le taxer de négligence s'il n'a pas fait tout ce qui était nécessaire pour les détruire. Rien n'est plus incertain, rien n'est plus difficile à établir. Le propriétaire de bois, qui ne veut pas rester exposé à des réclamations fatigantes, ne peut aujourd'hui se décharger d'une manière péremptoire de toute responsabilité, qu'en permettant à ceux qui se plaignent des dégâts du gibier de le détruire eux-mêmes.

Ce moyen peut paraître exorbitant, et il tend à priver d'une grande partie de sa valeur la propriété des bois, déjà si peu productive par elle-même.

Ne serait-il pas plus simple de modifier les dispositions de la loi sur la chasse, et de permettre aux propriétaires des terres qui touchent à des bois, d'employer certains moyens, aujourd'hui prohibés, pour détruire le gibier dans leurs récoltes? Espérons que cette question difficile sera abordée et résolue d'une manière satisfaisante, dans le Code rural qu'on nous promet.

CHAPITRE XIX.

Il reste à examiner dans quelles circonstances et par quels moyens on recueille les produits de la culture, en séparant du sol les plantes qui ont été l'objet des soins et des travaux dont le tableau s'est développé dans tout le cours de cet ouvrage.

En suivant l'ordre indiqué par le mouvement de la végétation et par le cours naturel des saisons, la récolte des fourrages se présente la première ; on peut y joindre logiquement celle des racines. La récolte des céréales, plus spécialement nommée la moisson, sera le sujet d'un dernier chapitre, comme elle est le dernier acte des travaux extérieurs du cultivateur.

Atque hoc supremum est aratoris emolumentum percipiendorum seminum, quæ terræ crediderat.

(Col., l. II, cap. xx.)

« Et c'est là la récompense suprême des travaux du laboureur, de recueillir le produit des semences qu'il avait confiées à la terre. »

Les plantes fourragères se récoltent : 1° à l'état herbacé, pour être consommées de suite, sur place ou à l'étable ; 2° avant leur maturité, pour être séchées et converties en foin ; 3° après le complet développement des tiges et la maturité d'une grande partie des graines, pour former un fourrage sec mélangé de grains, ou pour fournir la semence nécessaire à la reproduction des plantes.

Le premier fourrage herbacé qui peut se récolter au retour du printemps s'obtient par les choux cavaliers et autres espèces assez rustiques pour résister à l'hiver, et par la navette. Dès la fin d'a-vril, la navette orne les champs de ses fleurs jaunes si recherchées des abeilles. On fauche cha-que jour un espace limité, dont on rapporte le produit à la ferme, pour le distribuer aux vaches, ou aux moutons, que cette première verdure af-friande et rend moins disposés à accepter le four-rage sec. La navette monte très-vite et durcit promptement ; son produit, comme fourrage vert, ne dure guère plus de quinze jours ; quelquefois, au lieu de la faucher, on la fait brouter sur le champ même par les moutons.

Le trèfle incarnat succède à la navette ; avec lui, le seigle ou l'escourgeon nouvellement montés en épis et semés pour être consommés en vert ; puis la minette ou lupuline et le trèfle commun. Pour ménager ces fourrages ou prolonger leur durée, on doit avoir à faucher successivement quelques pièces de dragée, mélange de plantes légumineuses, avec un peu d'avoine ou d'orge. Pendant tout l'été, on doit pouvoir rapporter des champs, chaque jour, une provision de fourrage vert. La santé du bétail, l'abondante production du lait, la bonne qualité du beurre, la quantité et la bonté des fumiers, dépendent de cette nourriture copieuse et saine, dont les bestiaux sont avides. Ces distributions journalières se font sans préjudice de ce que les animaux consomment sur place, quand on les conduit au pâturage, dans les champs ou dans les prés, pendant une partie du jour.

Une précaution à prendre dans la distribution des fourrages verts, c'est d'éviter la météorisation. Cet accident est surtout à craindre lorsqu'on introduit les bestiaux sur des champs de luzerne ou de trèfle encore dans toute la force de leur séve ; mais, même à l'étable, ces fourrages nouvellement fauchés, distribués sans ménagement, peuvent produire un effet mortel. Ils ne doivent être présentés aux animaux qu'après qu'ils sont un peu fanés, c'est-à-dire, lorsqu'ils sont coupés depuis quelques heures.

Du reste, le danger n'existe guère que pour

la luzerne et pour le trèfle commun ; les autres fourrages sont inoffensifs.

La préparation du fourrage sec appelé foin, par le travail de la fenaison, réclame tous les soins, toute la vigilance du cultivateur, surtout dans les contrées qui se rapprochent du Nord, et dans les années pluvieuses. Le foin des fourrages légumineux se récolte dans l'ordre suivant.

Le trèfle incarnat, qui monte avant tous les autres, se fauche aussi le premier. Comme il donne un fourrage sec assez médiocre, on livre au bétail tout ce qu'il peut consommer en vert ; on ne fait faner que la quantité surabondante, qui serait exposée à durcir et à sécher sur pied.

La lupuline doit être récoltée à la fin de mai. On commence beaucoup plus tôt à la faire consommer sur pied, ou à la couper pour être donnée à l'étable ; mais, dans les années favorables, ses tiges se ramifient et s'allongent continuellement ; la floraison se prolonge, et le produit est quelquefois si abondant, qu'on se décide à en convertir une partie en fourrage sec. Le fanage de la minette a besoin d'être favorisé par le temps ; car la plante, avec ses nombreuses têtes de fleurs, forme sous la faux des masses pelotonnées qui retiennent l'humidité.

Le sainfoin fleurit au commencement de juin ; on le fauche quand les premières fleurs sont tombées et montrent leur grain bien formé. C'est aussi une plante qui se fane difficilement, à cause de ses tiges fistuleuses, qui conservent encore de l'humidité à l'intérieur, quand elles paraissent sèches au dehors. Aussi est-il sujet à blanchir et à devenir poudreux, si on ne l'a pas laissé bien sécher ou jeter son feu.

Vers le 15 juin on fait la première coupe de la luzerne. C'est elle qui fournit, pour l'hiver, le principal approvisionnement des fourrages, surtout dans les exploitations qui manquent de prairies naturelles. On la coupe quand elle commence à fleurir et lorsque sa végétation s'est ralentie. Les luzernes claires et mêlées d'herbe se fauchent les premières, parce que les graminées qui s'y trouvent feraient un mauvais fourrage, si on les laissait jaunir et sécher sur pied.

Après la récolte de la luzerne, vient celle du trèfle commun ; c'est un fourrage abondant dans les bons sols, mais peu substantiel ; de plus, difficile à faner et sujet à noircir.

L'instrument appelé faux, dont on se sert pour couper tous ces fourrages, est une grande et large lame d'acier recourbée, qui s'ajuste au bout d'un long manche de bois léger, sur lequel elle forme un angle un peu moins ouvert que l'angle droit. Vers l'extrémité du manche est fixée une poignée que le faucheur saisit de la main droite, pendant qu'il tient le manche de la faux , de la main gauche, qui se trouve ainsi la plus rapprochée de la lame.

Le maniement de la faux est pénible ; il demande des hommes robustes et rompus à cet exercice. Le faucheur, inclinant le corps en avant, vers la récolte qu'il veut abattre , y introduit vivement la pointe de la lame, en la faisant glisser horizontalement sur la terre. Quand il a donné le premier coup, il ramène la faux en arrière, et continue à la pousser et à la retirer , par un mouvement alternatif des bras, accompagné d'un balancement régulier du corps. A ce mouvement alternatif correspond celui des pieds, qui, à chaque coup, se portent en avant, d'une distance égale à la largeur coupée par la faux. Le faucheur s'appuie sur le pied gauche, au moment où il donne l'impulsion de droite à gauche ; en même temps , le pied droit se lève ; il retombe pendant le mouvement qui ramène la faux de gauche à droite. Il continue ainsi, en avançant à petits pas mesurés, et en quelque sorte cadencés , jusqu'à ce qu'il ait fauché dans toute sa longueur une bande de fourrage, qui se trouve rassemblée en une ligne serrée, nommée communément « un ondain. » Il revient ensuite, la faux levée, à son point de départ, pour faucher un second ondain , dans le même sens que le premier.

Quand la récolte est bien droite, le travail se

fait sans difficulté et dans le sens qu'il plaît au faucheur de choisir ; mais si les tiges sont inclinées, ou couchées, il doit nécessairement se placer de telle sorte que les tiges, au lieu d'être inclinées vers lui, le soient dans la direction qui lui est opposée. Le travail est, dans cette circonstance, plus long et plus pénible.

Le tranchant de la faux se trouve bientôt émoussé par les tiges dures qu'elle coupe, par les pierres et par les mottes de terre qu'elle rencontre ; aussi faut-il fréquemment en amincir le bord. Le faucheur, assis à terre, fixe entre ses jambes une petite enclume, sur laquelle il étire le taillant de la lame à petits coups de marteau ; cela s'appelle « rebattre la faux. » Il faut, de plus, lui donner du mordant, avec une longue pierre à aiguiser, que l'on passe rapidement des deux côtés du tranchant. Le faucheur porte cette pierre dans une corne de bœuf suspendue entre ses cuisses par un ceinturon. Cette corne contient de l'eau dans laquelle plonge la pierre. C'est un procédé dont Pline a fait mention ; mais, de son temps, certaines pierres devaient être trempées dans l'huile ; plus tard on en a trouvé d'autres, qu'il suffisait, comme aujourd'hui, de mouiller dans l'eau.

Creticis tantum cotibus notis, nec nisi oleo falcis aciem excitantibus ; igitur cornu propter oleum ad crus ligato

fenisex incedebat. Italia aquarias cotes dedit, limæ vice
imperantes ferro.   (Pl., l. XVIII, s. LXVII.)

« On ne connaissait d'abord que les pierres à aiguiser
venant de Crète, qui n'affilent le tranchant de la faux qu'a-
vec de l'huile ; le faucheur marchait donc avec une corne
pleine d'huile attachée à sa cuisse. On a trouvé en Italie
des pierres qui, trempées dans l'eau, mordent sur le fer
comme la lime. »

Les conditions convenables pour faire du foin de
la manière la plus prompte et la plus avantageuse
peuvent être indiquées avec précision dans ces termes :
Étendre la surface d'évaporation, toutes les fois que
l'état de l'atmosphère facilite la dessiccation du fourrage et la transformation de l'humidité en vapeur ;
réduire le plus possible la surface d'absorption ou
d'imbibition quand, par l'effet du brouillard, de la
rosée ou de la pluie, le foin, en partie séché, tend
à se charger d'une humidité nouvelle. Si le fourrage
à demi sec redevient humide ou est lavé par la
pluie, il perd une partie de son arome, sa belle couleur verte jaunit ou devient noire ; en un mot, il
éprouve une détérioration sensible dans son apparence et dans sa qualité réelle.

Tous les fourrages dont il vient d'être question
doivent être agités le moins possible, pendant la fenaison. Ils sont garnis de feuilles, qui en forment
la partie la plus appétissante ; si on les remue fréquemment, ces feuilles se détachent, et il ne reste

bientôt que des tiges dures et nues, qui sont peu recherchées par le bétail.

Lorsque le fourrage est tombé sous la faux, on le laisse sécher pendant un ou deux jours, après lesquels, aussitôt que la rosée s'est évaporée, on le retourne, en se servant d'une fourchette en bois léger. Ces fourchettes sont formées de la bifurcation naturelle d'une longue branche de coudrier, ou d'une gaule droite et légère, de frêne ou de châtaignier, fendue à son extrémité, dont les deux bouts sont maintenus un peu écartés et légèrement recourbés. Le manche doit être plané pour ne pas blesser les mains.

La surface sèche de l'ondain étant mise en dessous, le côté humide, qui était appliqué contre terre, se trouve exposé à l'air et au soleil ; il séchera promptement, et vers la fin du jour, avant que la rosée tombe, on rassemblera tout le fourrage en petits tas roulés successivement dans la longueur des ondains. Ces tas, que nous nommons des *veillotes*, portent des noms différents, selon les localités. Le lendemain, il suffira de les retourner pour qu'ils achèvent de sécher complétement. Si la pluie tombée pendant la nuit avait mouillé l'intérieur, il faudrait les ouvrir et au besoin les étendre au soleil. Quand le temps est pluvieux et sombre, il faut laisser le fourrage en place sans y toucher, jusqu'au retour du beau temps.

Dès qu'il a perdu son eau de végétation, l'humidité accidentelle s'évapore facilement.

Nonnunquam cum fœnum cædimus, imber oppressit; quod si permaduit, inutile est udum movere; meliusque patiemur superiorem partem sole siccari.

(COL., l. II, cap. XVIII.)

« Quelquefois, lorsqu'on a coupé le foin, il se trouve foulé par la pluie ; s'il est complétement trempé, il est inutile de le soulever tout humide ; il vaut mieux attendre qu'il soit séché en dessus par le soleil. »

Fœna si pluviis infusa fuerint, converti ante non debent quam pars eorum summa siccata sit.

(COL., l. VI, cap. I.)

« Si les foins sont entièrement mouillés de pluie, ils ne doivent pas être retournés avant que leur surface supérieure soit séchée. »

Deux ou trois jours de soleil suffisent le plus souvent pour que ce foin soit en état d'être mis en meule. Ce travail a pour but de le garantir de la rosée et de la pluie, et de produire une fermentation modérée, qui achève la dessiccation et rend le fourrage très-agréable au bétail. S'il était complétement desséché par un soleil très-ardent, il aurait perdu toute sa saveur et sa qualité.

Est modus in colligando ut peraridum neque rursus viride colligatur; alterum quod omnem succum si amisit, stramenti vicem obtinet; alterum quod si nimium reti- nuerit, in tabulato putrescit.

(COL., l. VI, cap. I.)

« Il y a une mesure à saisir en amoncelant le foin, pour qu'il ne soit pas rassemblé trop sec ni trop vert; parce que, d'une part, s'il a perdu toute sa séve, il passe à l'état de litière; de l'autre, s'il en a conservé trop, il moisit dans le grenier. »

On fait les meules en réunissant sur un ou plu- sieurs points les petits tas de fourrage préalable- ment formés. On rassemble les tas les plus voisins de l'emplacement choisi, en une première assise circulaire d'un diamètre calculé selon la quantité de fourrage et son état de siccité; quand le foin est suffisamment sec, les grosses meules se conservent mieux et font moins de perte que les petites. Il n'est pas rare d'en voir qui contiennent 150 ou 200 bottes de 6 à 7 kilogrammes. Lorsque la meule commence à s'élever, on y fait monter une personne qui doit étendre bien également le fourrage par lits super- posés, en le foulant légèrement. A une certaine hau- teur, on se sert d'une fourchette à long manche pour élever le fourrage jusqu'au sommet. On doit donner à la meule la forme d'un cône régulier, arrondi su- périeurement, ventru ou renflé au milieu, pour que la base se trouve à l'abri. La pluie coule sur cette surface ronde, et en mouille à peine quelques cen-

timètres, qui sèchent d'ailleurs au premier souffle
du vent.

Fœnum in manipulos colligatum, in metas exstrui con-
veniet, easque ipsas in angustissimos vertices exacui. Sic
enim commodissime fœnum defenditur a pluviis, quæ
etiam si non sint, non alienum tamen est prædictas metas
facere ; ut si quis humor herbis inest, exsudet atque exco-
quatur in acervis.   (Col., l. II, cap. xviii.)

« Le foin ayant été rassemblé en petits tas, il conviendra
d'en former des meules, qui seront très-étroitement ré-
trécies à leur sommet. De cette manière le foin est parfaitement garanti contre la pluie ; et même, s'il ne survenait
pas de pluie, il ne serait pas inutile de faire ces meules,
afin que, si les herbes ont conservé quelque humidité, elle
transpire et jette son feu dans la masse. »

Le champ doit être râtelé avec soin, quand on a
fait les meules, soit avec de simples râteaux qu'on
tient à la main, soit avec des râteaux plus grands,
à dents courbes, qu'on traîne derrière soi ; il en est
même auxquels on attelle un cheval. Ces râtelures,
réunies d'abord autour des meules et convenablement séchées, servent à les combler, après qu'elles
se sont un peu affaissées.

Si une meule contenant du fourrage trop humide
éprouvait une fermentation trop forte, ce qu'il
est facile de reconnaître à la vapeur qui s'en
dégage et à la chaleur excessive qu'on ressent lorsqu'on y introduit la main, il ne faudrait pas hésiter

à la défaire et à étendre le foin. Si cette fermentation n'a pas duré trop longtemps, le fourrage, quoique ayant perdu sa couleur verte, n'en sera pas
moins bon. Il y a même un système de fenaison qui
consiste à entasser le fourrage encore vert, pour
qu'il fermente ; on l'étend pour le faire sécher,
quand cette fermentation est arrivée au degré convenable ; la chaleur qu'elle produit hâte beaucoup la
dessiccation du foin, sans nuire, dit-on, à sa qualité ;
mais il faut une attention extrême, pour ne pas
laisser échapper le moment précis, après lequel la
fermentation prolongée produirait un commencement de décomposition et la perte du fourrage.

Fœnum sectum verti ad solem, nec nisi siccum construi
oportet ; nisi fuerit hoc observatum diligenter, exhalare
matutino nebulam quamdam, metasque mox sole accendi
et conflagrare certum est.

(PL., l. XVIII, sec. LXVII.)

« Le foin coupé doit être étendu au soleil, et il ne faut
le mettre en meule que lorsqu'il est sec ; si cette condition
n'a pas été observée avec soin, on le voit exhaler au matin
un certain brouillard, et il est certain que bientôt les meules
prendront feu au soleil et s'enflammeront. »

Le fourrage doit rester en meule pendant une
semaine au moins, pour qu'il ait le temps de fer-
menter, et, comme on dit, de jeter son feu. Après
quoi, on choisit un temps favorable pour le ren-

trer dans les greniers. Il y a des contrées où on le
rentre sans le lier en bottes, en l'entassant par
brassées dans des magasins, où on va le prendre
pour la distribution journalière. Avec l'usage du
bottelage aux champs, le maniement du fourrage
est plus facile ; il se fait avec moins de perte ; enfin,
on connaît exactement l'importance de l'approvisionnement dont on peut disposer.

On lie le foin, quelquefois avec des lanières d'é-
corce de tilleul, mais plus généralement avec de
la paille de seigle, apprêtée en longues bottes, que
nous appelons *gluis*. Avant de faire les liens, on
mouille le glui, pour rendre la paille moins cassante. On en prend une poignée qu'on sépare en
deux, une moitié dans chaque main ; on les réunit,
du côté des épis, par un nœud particulier qui se
serre ensuite sur le genou. Les liens ainsi préparés
sont portés près des meules, d'où le fourrage est
tiré avec un croc ou avec un râteau. On pose en
travers sur le lien une brassée de fourrage, dont
l'habitude apprend à régler le volume. Les deux
extrémités sont repliées en dessus et maintenues
avec le genou ; puis une brassée semblable est placée sur la première, relevée ou *troussée* de la même
manière ; de sorte que chaque botte, composée de
deux parties distinctes, peut être séparée facilement
en demi-bottes au moment de la distribution du
fourrage. Enfin, le botteleur saisit les bouts du lien

étendu sur la terre, l'un avec la main gauche, l'autre avec la main droite ; il les rapproche, en les croisant au-dessus de la botte, qu'il serre fortement en l'appuyant sous son genou ; il tord les deux bouts et les passe en dedans, pour les empêcher de s'échapper.

Il y a un autre système qui consiste à faire des bottes longues, à deux liens formés avec le fourrage même, que l'on tord comme une sorte de corde.

Les bottes liées sont réunies de suite en dizains, ou *dizeaux*, rapprochés les uns des autres en série continue. Pour faire le dizeau, on pose d'abord quatre bottes sur la terre, les liens se touchant et se trouvant sur la même ligne ; trois autres sont posées sur celles-ci, dans les intervalles. Deux bottes placées de même forment le troisième lit ; la dernière, mise au-dessus d'elles, termine la pyramide et complète le dizeau. C'est là que les voitures doivent venir, sans retard, prendre le fourrage, pour le porter à l'abri dans les greniers.

Le foin des prairies, composé de graminées, se fait de même, avec de légères modifications qu'il suffit d'indiquer brièvement. C'est vers la fin de juin que nous fauchons les prés. On ne doit pas attendre que l'herbe soit trop mûre et qu'elle commence à sécher. Tous les auteurs donnent le même précepte, avec de légères variantes.

Fœnum ne sero seces; priusquam semen maturum sit, secato.

(CAT., § LIII.)

« Ne coupez pas le foin trop tard : coupez-le avant que les graines soient mûres. »

Fœnum optime demetitur antequam inarescat.

(COL., l. II, cap. XVIII.)

« Il est très-convenable de couper le foin avant qu'il commence à sécher. »

Secandi tempus cum spica deflorescere cœpit atque roborari; secandum antequam inarescat.

(PL., l. XVIII, sec. LXVII.)

« Il est temps de couper le foin lorsque les grappes commencent à défleurir; il faut le couper avant qu'il se dessèche. »

L'herbe des prés, qui glisse sous la faux, est plus difficile à couper que les plantes légumineuses; elle demande un taillant plus fin et mieux affilé. Elle se coupe mieux, mouillée de pluie ou de rosée, que quand elle est sèche. L'eau dont elle est humectée produit l'effet du savon, qui empêche la barbe de glisser sous le rasoir. Virgile a bien indiqué cette circonstance :

Nocte leves melius stipulæ, nocte arida prata
Tondentur; noctes lentus non deficit humor.

« La nuit, les chaumes légers, l'herbe sèche des prés, se coupent mieux ; l'humidité de la rosée ne manque jamais pendant la nuit. »

L'herbe des prés diffère essentiellement des autres fourrages, en ce que ses feuilles engaînantes ne se séparent jamais de la tige, et qu'on peut l'épandre et la retourner sans qu'il en résulte aucune perte. On doit donc étendre le foin sur le pré, derrière les faucheurs, et jeter l'herbe en l'éparpillant, pour qu'elle sèche plus promptement ; mais la rosée tombant de bonne heure dans les prés, il faut chaque jour, avant le soir, rassembler tout le foin épandu, en petits monceaux coniques, que la rosée, ou une pluie modérée, ne pénètre pas. On les épandra de nouveau le lendemain, quand la surface du pré sera sèche, pour les réunir de même chaque soir.

Dans les pays de montagnes, où les prairies artificielles sont rares, cette pratique est suivie avec le plus grand soin, surtout pour les regains fauchés en septembre, dont l'herbe verte et pleine de séve se fane lentement. Là où la brièveté des jours, une exposition ombragée, laissent à peine quelques heures à l'évaporation, on épand le foin soigneusement, et on le rassemble, dès que l'humidité retombe, en petites meules d'autant plus grosses que la fenaison sera plus avancée.

Tout ce qui vient d'être dit sur ce sujet a été résumé par Vanière en quelques vers qui méritent d'être connus :

Post aliquot soles, furca quod sæpe bicorni
Versatum, jam nec viride est, nec sole perustum
Siccatumque nimis, sub tecta reponite fenum.
Lanigeras neque enim pecudes, operumque solutos
Dura fames adigel tauros contingere morsu
Gramina, quæ longis exsucca caloribus arent,
Quæ vero nondum satis insolata recondes
Imprudens, subitis pariunt incendia flammis;
Hos stabulis ignes, hæc tanta pericula tectis
Villicus amoveat, nudoque sub æthere fenum
Coniferos struat in cumulos; ut ad intima metæ
Non penetret, sed per latera inclinata relabens
Imber humi cadat, et perflabilis avolet humor.

(Præd. rust., l. VII.)

« Après quelques jours de soleil, quand le foin, souvent retourné avec la fourche à deux dents, n'est plus vert, et n'est cependant ni trop sec ni trop brûlé par le soleil, rentrez-le dans les greniers. Jamais la faim ne poussera les bêtes à laine, ou les bœufs revenus du travail, à se repaître d'herbes desséchées et privées de suc par de longues chaleurs. Cependant celles qui auraient été serrées imprudemment, sans être suffisamment séchées au soleil, s'enflamment tout à coup et produisent des incendies. Le cultivateur doit préserver ses étables de ces feux, et sa demeure d'un si grand péril, en élevant en plein air des monceaux de foin coniques, afin que la pluie ne pénètre pas dans l'intérieur de la meule, mais, coulant sur ses flancs inclinés, tombe sur la terre, et que l'humidité s'exhale et s'évapore dans l'air. »

Les fourrages secs produits par les plantes légumineuses parvenues à leur maturité s'obtiennent de la même manière, et avec des précautions semblables. Si les tiges sont sèches et toutes les cosses bien mûres, on pourra se dispenser de les mettre en meule, et les lier en bottes par une belle journée, après avoir roulé en petits tas égaux toute la récolte. Comme il est avantageux, surtout pour les pois, de les couper avant qu'ils soient complétement secs, et que dans ce cas une partie des cosses est encore verte, il est utile de les réunir en meules pendant quelques jours. Le grain se fera bien dans la meule; mais la pluie pénétrant facilement entre des tiges peu serrées, il est prudent, si le temps est pluvieux, de couvrir le faîte de la meule avec une botte de paille renversée dont on écartera les épis.

On appelle *regain* le fourrage produit en seconde récolte par une prairie naturelle ou artificielle, qu'on a déjà coupée une première fois dans la même année. Dans les prairies artificielles, le trèfle, la luzerne et le sainfoin sont les seules qui donnent du regain. La luzerne même, quand elle est dans sa force, fournit sous notre climat, en septembre ou octobre, une troisième coupe qu'on peut encore faner si le temps est favorable.

Le fourrage de seconde coupe est plus tendre et plus feuillu que le premier; il convient peu aux

chevaux, mais il est excellent pour les vaches laitières. Comme sa principale valeur réside dans les
feuilles, il faut, dans le fanage, les conserver avec
soin, en retournant les ondains sans les agiter. Les
feuilles étant bien sèches, comme les tiges sont
grêles et ont peu de séve, on se dispense de mettre
le regain en meules ; il suffit de le rouler en petits
tas et de le lier sur place. On laisse aussi les bottes
de toute la longueur du fourrage, sans les *trousser*
comme celles de la première coupe.

Les prairies ne donnent du regain à faucher que
dans les bons fonds ; il faut que l'herbe ait une
certaine vigueur pour fournir une seconde coupe
un peu abondante. Le fourrage se fait, comme pour
la première coupe, en mettant le foin en meules,
car la chute des feuilles n'étant pas à craindre, il
peut être agité et manié à plusieurs reprises sans
inconvénient.

Dans les champs et dans les prés, tout ce qui
n'est pas converti en foin est livré au bétail en pâturage. Pline parle en ces termes du regain des
prairies :

Rursus rigari desecta oportet, ut secetur autumnale fenum, quod vocant cordum.

(PL., l. XVIII, sec. LXVII.)

« On doit arroser de nouveau les prés fauchés, afin d'y
récolter du foin d'automne, qu'on appelle foin tardif. »

De toutes les plantes destinées à la nourriture du bétail, les racines se récoltent les dernières, à l'exception des variétés hâtives de pommes de terre, qu'on peut arracher dès les mois de juillet et d'août. D'ailleurs, quand on s'aperçoit, par l'état des tiges, qu'elles sont envahies par la maladie, il faut se hâter d'arracher les tubercules; le mal fait des progrès rapides quand ils sont encore en terre; il épargne ceux qui sont triés avec soin et rentrés dans une cave bien saine, où il faudra cependant les visiter encore et, s'il y a lieu, les trier de nouveau.

On arrache les pommes de terre avec une fourche, car avec la bêche on risquerait d'en couper beaucoup. Cependant l'emploi de la fourche a aussi ses inconvénients; dans les terres sablonneuses ou très-légères, les tubercules passent entre les dents et peuvent rester cachés en terre, au lieu d'être ramenés à la surface. Il faut donc fouiller avec la fourche à plusieurs reprises et avec une certaine attention, pour en laisser le moins possible. On peut aussi les arracher avec la charrue, que l'on fait suivre par des femmes munies de paniers, qui les ramassent soigneusement dans la terre soulevée. Mais il est aisé de supposer qu'il en restera en terre un assez grand nombre, dont une partie pourra encore être ramenée par des hersages. Le cultivateur doit calculer si l'économie de la main-d'œuvre peut compenser la perte des tubercules oubliés.

Les autres racines s'arrachent aussi avec la fourche, ou quelquefois avec une pioche légère. Quand
l'étendue cultivée n'est pas très-considérable, on doit
choisir un temps sec, afin que la terre humide ne
reste pas attachée aux racines. Il faut, dans tous les
cas, les laisser un peu se ressuyer sur le sol, et secouer
autant qu'on le pourra la terre encore adhérente.
Pour les carottes et les betteraves, on séparera les
feuilles, en coupant avec un couteau le cœur ou le
collet des plantes, sans atteindre au vif la racine, ce
qui l'exposerait à pourrir. Si on a à sa disposition des
caves spacieuses, on les y rangera avec soin, pour
y prendre peu à peu chaque jour la ration du bétail.

Lorsqu'on cultive la betterave sur une très-grande
étendue, l'insuffisance des bâtiments oblige à les
conserver dans des silos, ou en les disposant sur le
champ même, en monceaux réguliers abrités de la
gelée par la terre dont on les recouvre. Lorsque
les racines ont été rangées en forme de cône, ou
en lignes allongées comme du bois de corde, on
creuse tout autour ou à côté des fossés peu profonds dont la terre est rejetée sur le tas, de manière
à le recouvrir d'une épaisseur que la gelée ne puisse
traverser. Selon l'intensité du froid, on y ajouterait
un abri de paille capable de les préserver complétement. C'est là qu'on va les prendre pour les besoins des fabriques de sucre et des distilleries,
auxquelles elles sont destinées.

Ainsi, comme la fourmi prévoyante, le cultivateur, après avoir pourvu à la nourriture journalière des animaux qui font sa richesse, a amassé des ressources pour les mauvais jours. Quand la terre dépouillée et devenue inerte ne produira plus rien, il trouvera dans ses approvisionnements de toute sorte de quoi suffire à tous les besoins de l'exploitation. Il attendra sans crainte le retour de la saison nouvelle, qui doit ranimer la végétation et rouvrir la source vive des productions, que l'hiver a tarie. Nous ne pouvons mieux terminer cette revue des fourrages et cet exposé des plus sages mesures de prévoyance, qu'en rappelant le conseil d'ordre et d'économie donné par Caton :

Pabulum aridum quod condideris in hieme, quam maxime conservato, cogitato hiems quam longa sit.

(Cat., cap. xxx.)

« Lorsque vous avez resserré pour l'hiver du fourrage sec, conservez-le très-soigneusement. Songez combien l'hiver est long. »

CHAPITRE XX.

La moisson : est-il un mot qui exprime une idée plus grande et plus consolante? Depuis l'épi coupé par l'humble faucille des villageois, jusqu'à l'ample moisson d'honneurs et de richesses qui peut couronner les efforts du génie et de l'intelligence, ce mot signifie : la glorieuse récompense du travail de l'homme.

La récolte des céréales est plus importante et est l'objet de soins plus pressants que celle des plantes fourragères. La maturité des céréales arrive plus subitement, et le moment convenable pour les couper est plus limité et se prolonge moins que pour les fourrages.

Avant de faire la description des diverses manières de moissonner actuellement en usage, voyons quelles étaient celles que l'on pratiquait dans l'antiquité, selon ce qui en a été dit par les auteurs. Ces différents systèmes étaient si imparfaits, qu'il devait en résulter la perte d'une partie du grain et de la valeur qu'a la paille dans nos cultures, comme pouvant être fourragée par le bétail. Varron nous apprend qu'on coupait d'abord les épis, et plus tard le chaume, à des époques assez éloignées :

Quarto intervallo, inter solstitium et caniculam, plerique messem faciunt..... Quinto intervallo, inter caniculam et æquinoctium autumnale, oportet stramenta desecari.   (VARR., l. I, cap. XXXII, XXXIII.)

« Dans la quatrième période, entre le solstice et la canicule, la plupart des cultivateurs font la moisson..... Dans la cinquième période, entre la canicule et l'équinoxe d'automne, il faut couper les chaumes. »

Il décrit trois manières de moissonner, pratiquées dans les différentes parties de l'Italie, qui toutes ont pour effet de séparer les épis de la paille. D'après la première méthode indiquée, quoique la paille eût été coupée d'abord près de terre, on reprenait de suite les javelles, pour en détacher les épis.

Frumenti tria genera sunt messionis; unum, ut in Umbria, ubi falce secundum terram succidunt stramentum; et manipulum, ut quemque subsecuerunt, ponunt in terra. Ubi eos fecerunt multos, iterum eos percensent, ac de singulis secant inter spicas et stramentum; spicas conjiciunt in corbem, atque in aream mittunt. Stramenta relinquunt in segete, unde tollantur in acervum.
          (VARR., l. I, cap. L.)

« Il y a trois manières de moissonner les céréales : l'une, pratiquée dans l'Ombrie, où l'on coupe la paille près de terre, avec une faucille, en posant sur la terre chaque poignée que l'on a coupée. Lorsqu'on en a fait un grand nombre, on les reprend l'une après l'autre, pour les couper entre l'épi et la paille. Les épis sont jetés dans une corbeille et portés sur l'aire. La paille reste dans le champ d'où on l'enlève pour la mettre en tas. »

Altero modo metunt ut in Piceno, ubi ligneum habent incurvum batillum, in quo sit extremo serrula ferrea. Hæc cum comprehendit fascem spicarum, desecat, et stramenta stantia in segete relinquunt, ut postea subsecentur.

« Une autre méthode est suivie dans le Picenum, où on se sert d'un petit bâton courbé, à l'extrémité duquel est une petite scie de fer, qui embrasse un faisceau d'épis et le coupe. La paille reste debout dans le champ, pour être coupée plus tard. »

Tertio modo, ut sub urbe Roma, et locis plerisque, ut stramentum medium subsecent, quod manu sinistra summum prehendunt; infra manum stramentum, quod terræ hæret, postea subsecatur. Contra quod cum spica stramentum hæret, corbibus in aream defertur.

« La troisième manière est pratiquée dans la campagne de Rome et dans la plupart des lieux. Elle consiste à couper la paille par le milieu, en saisissant la partie supérieure de la main gauche; au-dessous de la main, la paille qui reste attachée à la terre est coupée plus tard. Au contraire, celle qui tient à l'épi est portée sur l'aire dans des corbeilles. »

Columelle et Pline rapportent succinctement ces

différentes méthodes, d'après lesquelles, au moins
pour deux d'entre elles, la paille restait sur pied
tout entière, ou à la moitié de sa hauteur. Dès
lors les épis tombés devaient s'y perdre, et cette
paille abattue, foulée aux pieds, et coupée plus
tard, n'était plus propre qu'à servir de litière.

Ce qui est fort curieux, c'est qu'on trouve décrite par Pline une machine à moissonner très-
grossière, dans laquelle il est permis de reconnaître la première idée de cette grande invention
des moissonneuses mécaniques, que l'on cherche
à perfectionner, sans être parvenu à un résultat
entièrement satisfaisant.

Galliarum latifundiis valli præegrandes dentibus in mar-
gine infestis, duabus rotis per segetem impelluntur, jumento
in contrarium juncto ; ita dereptæ in vallum cadunt spicæ.
(PL., l. XVIII, sec. LXXII.)

« Dans les grandes cultures des Gaules, de larges plateaux, armés de dents sur leur bord et montés sur deux
roues, sont poussés à travers la récolte par une bête de
trait attelée par derrière ; de sorte que les épis arrachés de
leur tige tombent sur le plateau. »

Palladius a donné une description détaillée de
cet appareil, qu'il est intéressant de reproduire.

« Les habitants des pays plats de la Gaule ont une méthode de moissonner qui épargne la main-d'œuvre, puis-

qu'elle n'exige que la journée d'un bœuf pour expédier
tout un canton. Ils ont un chariot monté sur deux petites
roues. La surface de ce chariot, qui est carrée, est garnie
de planches renversées en dehors, de sorte que sa partie
supérieure est plus large que l'inférieure. Ces planches
sont moins hautes sur le devant du chariot que par derrière. Sur ces planches sont distribuées par ordre de petites
dents clair-semées, dont le nombre est proportionné à la
quantité des épis. Ces dents sont recourbées par en haut.
On adapte au derrière de ce chariot deux brancards très-
courts, semblables à ceux des litières dans lesquelles les
femmes se font porter ; et l'on attelle à ces flèches, à l'aide
d'un joug et avec des courroies, un bœuf qui a la tête
tournée vers le chariot. Il faut sans contredit que ce bœuf
soit doux, et qu'il n'aille pas plus vite qu'on ne le pousse.
Le bœuf promenant ce chariot à travers la moisson, tous
les épis se trouvent saisis par les petites dents dont il est
garni, et s'accumulent par conséquent dans le chariot, en
se séparant de la paille qui reste en dehors. Le bouvier,
qui suit par derrière, dirige la marche du chariot en l'élevant ou en le baissant, suivant l'exigence des cas ; et il ne
faut que quelques heures d'allées et venues pour expédier
toute une moisson. Cette méthode est bonne pour les pays
plats et dont le terrain est égal, ainsi que pour ceux où on
ne considère pas la paille comme un objet de nécessité. »
(Extrait de la traduction de Palladius, de l'édition des Agronomes latins publiée par MM. Firmin Didot.)

Malgré le témoignage de ces auteurs, il est difficile de croire que cette machine à moissonner ait
jamais pu être utilement employée. Combien d'épis
devaient échapper aux dents destinées à les saisir,
se casser sur leur tige et tomber dans les grands
chaumes ! Quelle quantité de grains, chassés hors

des épis par le choc et par le frottement, devait se perdre ! Quoiqu'on ait beaucoup vanté l'agriculture des anciens, toutes ces différentes manières de moissonner indiquent un état peu avancé. Le peu de cas qu'on faisait des pailles est un indice d'infériorité, car, dans toute culture progressive, la paille a nécessairement une grande valeur, comme fourrage supplémentaire et comme base des fumiers.

Les pailles, qui ont dans l'agriculture moderne une importance générale et absolue, n'avaient, chez les anciens, qu'une valeur secondaire et relative, selon certaines circonstances que Pline a bien indiquées.

Differentia hæc : ubi stipula domos contegunt, quam longissimam servant. Ubi feni inopia est, stramento paleam quærunt..... Palea plures gentium pro feno utuntur.
(PL., l. XVIII, sec. LXXII.)

« Il y a cette différence : là où on couvre les maisons avec du chaume, on le conserve très-long. Là où le foin est rare, on se procure du fourrage avec la paille..... Dans pluseurs contrées, la paille tient lieu de foin. »

Du reste, on se préoccupait déjà du prix de la main-d'œuvre, d'après lequel on employait telle ou telle manière de moissonner.

Ritus diversitatem magnitudo facit messium, et caritas operariorum.   (PL., l. XVIII, sec. LXXII.)

« La diversité des coutumes s'établit d'après l'étendue des moissons et d'après l'élévation du salaire des ouvriers. »

Si nous considérons les changements que les anciens usages ont éprouvés avec le temps, nous reconnaîtrons qu'après avoir été remplacés par un système déjà bien préférable à tous ceux que les agronomes latins ont décrits, ils ont encore été améliorés et perfectionnés dans ces derniers temps, de sorte que l'agriculture moderne obtient aujourd'hui tout ce que la terre a produit, presque sans perte, et avec le moins de risque possible.

Il y a toutefois des principes généraux anciennement reconnus, qui peuvent encore être pris pour règle, par exemple, qu'on ne doit pas attendre, pour commencer la moisson, que le grain soit complétement mûr, et qu'on doit se hâter dans ce travail, plutôt que de se mettre en retard.

Dispendiosa est cunctatio : primum quod avibus prædam cæterisque animalibus præbet; deinde quod grana et ipsæ spicæ, culmis arentibus celeriter decidunt. Æqualiter flaventibus jam satis, antequam ex toto grana indurescant, cum rubicundum colorem traxerunt, messis facienda est.

(Col., l. II, cap. xx.)

« Le retard cause une grande perte : d'abord parce qu'il laisse la récolte en proie aux oiseaux et aux autres animaux; ensuite parce que les grains et les épis eux-mêmes,

40

quand la paille est desséchée, tombent facilement. Dès que les récoltes ont pris une couleur jaune uniforme, avant que les grains soient entièrement durcis, et quand ils sont devenus rougeâtres, il est temps de faire la moisson. »

Lex aptissima antequam granum indurescat, et cum jam traxerit colorem. Oraculum vero : biduo celerius messem facere potius quam biduo serius.

(PL., l. XVIII, sec. LXXII.)

« La règle la plus convenable, c'est de moissonner avant que le grain soit durci, et quand il a pris sa couleur. On cite cette sentence : Qu'il vaut mieux faire la moisson deux jours trop tôt, que deux jours trop tard. »

On récolte d'abord les grains qui ont été semés les premiers. *Hordea prima cadunt :* ceci s'applique à l'escourgeon d'hiver. Le seigle se coupe aussi au début de la moisson, puis le méteil ; et enfin les froments se succèdent sans interruption. L'avoine et l'orge viennent ensuite, selon l'époque avancée ou tardive à laquelle elles ont été semées.

Souvent, dans les étés secs, après des chaleurs prolongées, l'avoine se trouve mûre avant que les blés soient récoltés. Si on n'a pas des faucheurs spécialement attachés à la récolte des avoines, on a l'habitude, dans cette circonstance, de faire couper l'avoine le matin, pour qu'elle s'égrène moins, et le blé après midi. Le blé peut être coupé bien sec et pendant la chaleur.

At rubicunda ceres medio succiditur æstu.

> (Virg., *Géorg.*, l. I.)

Mais c'est en plein soleil, dans l'ardente saison,
Qu'au tranchant de la faux on livre la moisson.

> (Delille.)

Quant à la manière de moissonner, la faucille a été longtemps le seul instrument employé pour la récolte des céréales, comme la faux pour celle des fourrages.

Le temps de la moisson arrivé, presque toute la population des campagnes demandait du travail aux cultivateurs et s'empressait de leur prêter le concours le plus utile. Dès l'aube, toutes les familles se rendaient aux champs ; chacune prenait sa place, ou s'emparait de l'enraiement désigné par le sort, comme on l'a vu à la fin du chap. XII ; et c'était entre tous une lutte d'activité et de travail opiniâtre, jusqu'à ce que la dernière gerbe eût été mise à l'abri.

Pour se servir de la faucille, le moissonneur se baisse, saisit de la main gauche près de terre une poignée de tiges, et les coupe, en passant au-dessous de cette main la faucille qu'il tient de la main droite. Il coupe ainsi tout ce que sa main ouverte peut retenir, et pose sa poignée sur la terre, en formant à plat de petits tas séparés, qu'on nomme des javelles. C'est donc un système de moisson lent et pénible, puisqu'il faut nécessairement que toutes les tiges d'un champ de blé passent, l'une après l'autre, dans la main des moissonneurs. La lenteur du travail n'est accélérée que par le grand nombre de ceux qui le font. Cette méthode avait cependant un avantage particulier, outre celui d'intéresser à la moisson tous les habitants des campagnes et de permettre à chaque famille de gagner à peu près, en quelques semaines, son pain de l'année ; elle mettait à la disposition des cultivateurs, dans les années pluvieuses, un grand nombre de bras, pour retourner au besoin les javelles mouillées, et pour les lier promptement, quand il fallait saisir le moment favorable. L'usage de la faucille subsiste encore dans quelques lieux ; mais il tend à disparaître, et on le remplace par des procédés plus expéditifs, ceux de la sape et de la faux.

La sape est une petite faux à manche court, que le sapeur tient dans sa main droite ; il frappe avec elle à coups redoublés sur les tiges qu'il coupe près de terre, pendant que sa main gauche, armée d'un long crochet de fer, les rassemble, non en javelle plate, mais en petits tas élevés, qui offrent peu de surface à la rosée et à la pluie. Les sapeurs viennent en grand nombre de l'Artois et de la Belgique ; ils se répandent dans les fermes, aux environs de Paris, et, leur travail terminé, ils retournent vers le Nord, où le climat plus tardif leur permet souvent de faire une seconde moisson. Ces moissonneurs nomades ne se payent pas en grain, comme ceux du pays, mais en argent.

La petite faux des sapeurs était connue en Italie du temps de Pline, qui la décrit ainsi :

Falcium ipsarum duo genera : italicum brevius, ac vel inter vepres tractabile.... Italus fenisex dextra una manu secat. (PL., l. XXIII, sec. LXVII.)

« Il y a deux sortes de faux : la faux italienne est plus courte et peut se manier même au milieu des buissons..... Le faucheur italien coupe avec la main droite seule. »

Le système qui commence à prévaloir aujourd'hui est celui de la grande faux ordinaire, que l'on applique à toute espèce de céréales. Pour les blés et pour les avoines très-hautes, elle est garnie de longs crochets de bois, dirigés dans le sens de la lame. Ces crochets ont pour objet d'empêcher les tiges coupées rez terre de basculer par-dessus la faux, entraînées par le poids des épis. Les tiges, retenues par les crochets, sont poussées les unes sur les autres à chaque coup de faux, et elles vont s'appuyer sur le bord de la récolte restée debout. C'est ce qu'on appelle « faucher sur grain. » Dans ce travail, chaque faucheur doit être assisté d'une femme active et prompte, qui, munie d'une faucille, relève et saisit par brassées toutes les tiges coupées, et les dépose en javelles. Il est utile aussi que chaque couple ait avec lui un enfant, qui ramasse les tiges traînantes et les épis tombés, pour les placer sur les javelles.

Pour les récoltes qui ne sont pas trop hautes, comme les orges et les avoines ordinaires, le faucheur peut agir seul et sans aide. Au lieu de pousser sa faux contre le plein de la récolte et de faucher sur grain, il la jette en dehors. A chaque coup, il retient sur les crochets tout ce qui est coupé, et, par un mouvement particulier, il le jette sur la partie dépouillée; de sorte qu'en allant d'un bord du champ à l'autre, il fera comme une javelle mince, non interrompue, ou un ondain. Cette manière de faucher est expéditive, parce que le coup de faux embrasse une plus grande largeur qu'avec la faux nue; mais elle demande un homme vigoureux et rompu à ce genre de travail. Elle se compose de deux temps bien distincts : le coup de faux, que l'on retient dès qu'il est donné, pour jeter en un second temps les tiges coupées, qui se sont rassemblées sur les crochets.

Quand les différentes espèces de céréales ont été détachées du sol, sur lequel on les dépose, il s'agit de les mettre à l'abri des intempéries, pour séparer ensuite le grain des épis, soit qu'on les batte immédiatement, sur une aire établie en plein air, soit qu'on les rentre dans des granges, ou qu'on en construise des meules, en cas d'insuffisance des bâtiments d'exploitation.

Quel que soit le mode de conservation adopté, il est nécessaire que les récoltes soient mises en gerbes, après que la paille et les herbes qui y sont mêlées sont bien séchées et entièrement privées d'humidité. L'entassement de gerbes humides produirait, comme pour les foins, une fermentation qui gâterait la paille et pourrait faire germer le grain, ou du moins lui ôter beaucoup de sa valeur.

Dans les circonstances normales, c'est-à-dire lorsque le climat, d'accord avec la saison, amène des jours de beau temps plus nombreux que les jours de pluie, le plus simple et le plus économique, c'est de laisser les javelles pendant quelques jours sur le sol, et de les lier en gerbes, en les réunissant plusieurs ensemble, par une belle journée de hâle et de soleil. Si ces javelles avaient été pénétrées par la pluie, ou si elles étaient mêlées d'herbes dont une partie ne serait pas encore sèche et fanée, il faudrait les ouvrir, pour donner de l'air, ou les retourner entièrement. On ouvre les javelles en les remuant avec la pointe d'une faucille, de manière à placer en dessus les parties vertes ou encore humides. On les retourne en glissant au dessous une gaule mince et légère, et en faisant faire la bascule à la javelle entière, qui doit être enlevée l'épi en l'air, pour qu'il ne se trouve pas replié en dessous.

La plupart du temps, ces javelles, retournées avant midi, peuvent être liées parfaitement sèches avant le soir.

La mise en gerbes des céréales se fait à peu près comme le bottelage des fourrages. On doit avoir fait d'avance des liens de paille de seigle assez forts. On les porte aux champs; on les étend sur la terre, et on pose sur chacun d'eux deux ou trois javelles, selon leur grosseur, de manière à former une gerbe que le lien puisse embrasser, et qu'on puisse manier et charger dans les voitures sans trop de peine. Les javelles étant placées, on prend de la main gauche le bout du lien passé en dessous; l'autre extrémité est saisie de la main droite; on les rapproche et on les croise, en appuyant fortement sur la gerbe avec les deux genoux. Puis on tord ensemble les deux bouts, on les replie, et, avec la pointe d'une forte cheville en bois, on tord fortement le lien, en serrant la gerbe et en passant la partie tordue en dessous, pour la maintenir. Déjà, du temps de Virgile, on se servait de paille pour lier les gerbes.

> Cum flavis messorem induceret arvis
> Agricola, et fragili jam stringeret hordea culmo.
>
> (VIRG., Georg., l. I.)

« Lorsque le cultivateur livrait ses champs jaunis aux

moissonneurs, et serrait déjà les gerbes d'orge dans des liens de paille fragile. »

Cette destination, donnée généralement au seigle, de fournir des liens pour les récoltes, oblige à certaines précautions pour avoir la paille entière et de résistance convenable. Étant semé dru, il donnera une paille plus fine; coupée sans être trop mûre, cette paille sera moins cassante. Le seigle ne se fauche pas; on le coupe à la faucille, pour qu'il soit moins mêlé sur les javelles et dans les gerbes. On ne le bat pas au fléau, ni par les moyens mécaniques, de peur de briser la paille; on fouette les épis sur un tonneau, ou sur une pièce de bois montée sur des pieds, appelée « truie. »

Les années extrêmement pluvieuses obligent à des précautions particulières, pour que les céréales puissent être liées en gerbes et mises à l'abri, sans trop d'humidité et sans que le grain soit exposé à germer. Les moyens ordinaires consistent à mettre le blé en petites meules, ou *moyettes*, ou en ruches. Les petites meules peuvent contenir dix ou douze gerbes; les ruches, le plus souvent, n'en forment qu'une. Pour être mises en moyettes, les javelles doivent être presque sèches; on peut les disposer en ruches, toutes chargées d'humidité ou de pluie.

Les meules, ou moyettes, se font en posant à

terre trois ou quatre javelles, épis contre épis, en soulevant les épis de sorte qu'ils soient croisés et passés au-dessus de la javelle voisine. Cette première assise établie, on place au dessus, circulairement, plusieurs rangs dont tous les épis sont tournés au centre. Quand la meule est élevée à une certaine hauteur, un mètre et plus, le centre où se réunissent tous les épis doit se trouver plus élevé que le tour; on lie alors une gerbe très-près du pied, et on la pose sur le sommet de la meule, en écartant les épis tout autour, de manière à former un abri, qui éloigne l'eau du centre et la rejette au bord, d'où elle coule jusqu'à terre, sans causer aucun dommage. Le grain peut rester en cet état pendant plusieurs semaines; il achève même de se former et acquiert de la qualité. On choisit ensuite une journée convenable, pour lier et rentrer les gerbes.

Pour faire des ruches, on prend une javelle de grosseur moyenne; on la lie près des épis, avec quelques brins de blé; on la dresse debout, les épis en l'air, en étalant un peu le pied des tiges en arcboutant; puis on dresse autour d'elle plusieurs autres javelles qui s'y appuient, et sont maintenues droites sur leur pied, qu'on écarte un peu. Quand on en a posé ainsi quelques-unes, formant un petit cône régulier, on lie une dernière javelle, tout près du pied, et on en coiffe verticalement la petite ruche, en plaçant cette javelle, ouverte et écartée tout à l'entour, les épis en bas. Le blé peut être disposé en ruches, tout chargé de rosée ou de pluie; il s'égoutte promptement, dans une position presque verticale; l'air circule à travers ses tiges peu serrées, et après quelques jours, quand l'herbe qui se trouve souvent mêlée au blé est fanée, quand le grain est sec, quelques heures de soleil suffisent pour qu'on puisse lier et rentrer les gerbes. Cette méthode est infaillible dans les années pluvieuses et met la récolte à l'abri de tout accident. Cependant un vent impétueux pourrait renverser les ruches et obligerait à les reformer.

Dans les cantons où l'humidité permanente oblige à prendre habituellement des précautions pour garantir le blé des avaries, on le lie souvent en très-petites gerbes, que l'on dresse l'une contre l'autre, en couvrant les épis avec d'autres gerbes placées en travers, ou avec de la paille. On trouve des exemples de cette méthode en Hollande, en Belgique et dans l'île de Jersey.

Toutes ces précautions, nécessaires dans les années pluvieuses, retardent les travaux de la moisson et les rendent plus coûteux. Dans les temps ordinaires, quand les pluies ne sont pas trop fréquentes, quand le soleil sèche bien les récoltes, on doit se contenter de mettre les céréales en javelles et de les lier en gerbes par un beau jour. Quelquefois

même, si l'air est très-sec et le soleil très-ardent,
la paille se brise, les épis s'égrènent si facilement
qu'on choisit, pour lier et transporter le blé, le matin ou le soir, afin que l'humidité de la nuit resserre
l'épi et rende la paille plus souple.

Non immunis enim est duri nox ipsa laboris;
Colligitur seges, inque graves religata maniplos
Devehitur curru, noctis dum frigus aristas
Contrahit, in tauros neque sol exasperat œstrum.

                    (*Præd. rust.*, l. VII.)

« La nuit même n'est pas exempte d'un travail pénible ;
on rassemble la récolte, on la lie en lourdes gerbes et on
la transporte sur les chariots, pendant que la fraîcheur de
la nuit resserre les épis, et que le soleil n'excite pas les
taons contre les bœufs. »

Quand le blé a été laissé en javelles, s'il survient
un orage ou de fortes pluies, un ou deux jours
suffisent, si le soleil se montre par intervalles, et
que la température soit élevée, pour que les grains
commencent à germer, surtout ceux des épis qui
touchent à la terre. Il faut se hâter, dans ce cas,
de retourner les javelles ; et si le mauvais temps
paraissait devoir se prolonger, il ne faudrait pas
hésiter à les faire relever toutes et à les mettre en
petites ruches. C'est un surcroît de dépense pour le
cultivateur, par lequel il peut éviter de grandes
pertes. Les moissonneurs se prêtent ordinairement

volontiers à ce travail, moyennant une modique indemnité.

L'orge et l'avoine ne se mettent guère en ruches ni en petites meules ; leur paille est courte, elle se disposerait mal par lits ; les épis inclinés de l'orge et les panicules de l'avoine se prêtent peu à cet arrangement. Cependant l'orge, qui lève en peu de jours lorsqu'on la sème, germe aussi très-promptement quand elle est exposée à une humidité chaude. Aussi doit-on s'étonner du conseil que donne Palladius, de laisser javeler l'orge sur la terre, pour en faire renfler le grain.

Hordei culmos jacere in agris aliquantulum sinamus, quia fertur hoc more grandescere.   (PALL., l. VII.)

« On doit laisser les javelles d'orge étendues pendant quelque temps dans les champs, parce qu'on dit que cela fait renfler le grain. »

C'est aujourd'hui l'avoine qui est très-généralement soumise à cette pratique du javelage, pratique trop souvent poussée jusqu'à l'abus. Il n'est pas rare de voir germer l'avoine, soit en javelles, soit en ondains ; les grains émettent des racines qui les attachent à la terre, et quelquefois même des pousses vertes. Dans cet état, elle éprouve une détérioration très-sensible ; de plus, comme il faut lever les ondains appliqués depuis longtemps sur la terre, en les soulevant et en les roulant avec des râteaux, une grande partie du grain se détache et reste sur le sol, où on peut voir la place des ondains, aux traces vertes produites par les grains germés.

Quand on a lié en gerbes les céréales, pour les mettre à l'abri de la pluie qui peut survenir, on les dispose en dizeaux, comme les bottes de fourrage ; cet arrangement donne d'ailleurs une très-grande facilité pour les compter. Il y a différentes manières de former les tas : les dizeaux simples se font en posant quatre gerbes croisées deux à deux, les épis en dedans ; trois autres gerbes sont placées en travers sur celles-ci, puis deux au dessus, enfin une gerbe seule qui comble le tas. Le pied des gerbes étant plus épais, les dizeaux se trouvent inclinés du côté des épis ; il faut avoir soin de tourner cette pente, sur laquelle l'eau coule aisément, vers le côté d'où la pluie vient le plus souvent.

Les gerbes d'avoine et d'orge étant souvent trop courtes pour se soutenir sur un seul rang, on fait les tas de douze ou de vingt gerbes, en mettant l'un contre l'autre deux tas de six ou de dix gerbes croisées, épis contre épis.

Dès qu'on a commencé à lier les gerbes, les voitures et les attelages doivent se mettre en mouvement pour les rentrer. C'est un travail important, qui offre un grand intérêt, et donne de l'animation et presque un air de fête à la ferme. Les animaux eux-mêmes s'en ressentent, surtout les nombreuses volailles, qui se disputent les grains et les épis tombés.

Si les bâtiments d'exploitation offrent des granges spacieuses, on y entasse les gerbes par lits réguliers et serrés le plus possible. Si les granges manquent ou si elles sont insuffisantes, on met la récolte en meules de grosseur variable, depuis quelques centaines de gerbes jusqu'à deux mille et plus. L'emplacement de la meule étant choisi, on trace avec un cordeau un cercle, dont on garnit l'intérieur d'un lit de fagots, afin que le premier rang de gerbes ne se trouve pas en contact avec le sol. Sur ces fagots, on dispose circulairement un rang de gerbes, le pied tourné en dehors. Ce premier cercle de gerbes achevé, on forme un second rang dont les épis sont croisés sur ceux du premier. Les autres se placent de même, l'épi en dehors, le lien des gerbes appuyé à peu près sur le pied du rang précédent, jusqu'à ce qu'on soit arrivé au centre, qui doit être parfaitement plein. Sur le premier lit, on en dispose un second de la même manière, en ayant soin, jusqu'à une certaine hauteur, de laisser déborder un peu le rang extérieur, pour que la meule se trouve renflée au milieu. Ensuite on commence à les rentrer peu à peu, en diminuant le diamètre de la meule, jusqu'à ce qu'elle se termine en cône allongé, bien plein et bien comblé au sommet.

Quand la meule s'élève hors de la portée des voitures, on y pose deux longues perches saillantes, qui reçoivent un petit plancher, sur lequel un homme reçoit les gerbes, et les passe à un autre, au-dessus de lui. La meule achevée, il ne faut pas tarder à la faire couvrir, par un ouvrier spécial, d'une espèce de toit de paille qui doit la mettre à l'abri de la pluie et de la neige, jusqu'à ce qu'on rentre les gerbes dans la grange, ou qu'on les batte sur place, avec une machine mobile.

On voit que la mise en meule des céréales, si elle épargne les frais de construction des granges, nécessite une dépense de couverture qui se reproduit chaque année. Elle occasionne aussi quelque perte de grain, par le maniement réitéré des gerbes. Dans les contrées méridionales, on a conservé l'ancien usage de battre le blé sur une aire établie à ciel ouvert : et quand on a recueilli le grain, la paille seule est mise en meules, pour servir plus tard de fourrage ou de litière. On voit aussi quelques cantons de la Bretagne et de la Vendée, où s'est perpétuée la pratique éminemment vicieuse indiquée par les agronomes latins, celle de récolter d'abord les épis seuls, ou le sommet des tiges, et de laisser la paille presque dans toute sa longueur, pour la couper quelque temps après. C'est une méthode sans doute très-agréable aux chasseurs, mais elle est désastreuse pour le cultivateur.

Nous avons vu comment on obtient par la culture les différentes productions du sol, et quels sont les procédés employés pour dépouiller la terre des récoltes qu'elle a produites. En parcourant toute la série des travaux extérieurs, nous avons suivi le cultivateur dans sa carrière active et, pour ainsi dire, militante. Il resterait à décrire la seconde partie de sa tâche, et peut-être la plus ingrate, celle qui embrasse les détails économiques et administratifs de l'exploitation.

Ces récoltes, obtenues avec tant de peine, ne constituent pas une valeur liquide et disponible. Il faut que le cultivateur les transforme, et qu'il en fasse un objet de commerce. Il doit nourrir d'abord avec ses produits sa maison et les animaux qui lui appartiennent; il en distribue une grande partie aux domestiques et aux ouvriers qu'il est d'usage de payer en nature; il prélève encore le grain nécessaire à l'ensemencement des terres; l'excédant seul, quelquefois bien peu considérable, peut être vendu et réalisé en argent.

La consommation régulière et intelligente des fourrages, et de tout ce qui est propre à la nourriture du bétail, produira le lait, le beurre ou les fromages, les œufs, les volailles et les animaux destinés à la boucherie; toutes les denrées enfin dont

le prix ne peut offrir quelques bénéfices qu'après
l'acquittement des charges de toute sorte que le
maître de l'exploitation doit supporter.

La profession du cultivateur est donc laborieuse
et difficile entre toutes ; et je ne puis m'empêcher
de répéter, en terminant, ce que j'ai dit au commencement de cet ouvrage. On ne sait pas assez de
quelle réunion de qualités rares, de quel dévouement, de quelles vertus, doit être doué l'homme
que l'on cite comme un cultivateur modèle, ou
même celui qui veut diriger convenablement une
exploitation rurale.

Une anecdote rapportée par Pline va donner un
corps à cette proposition, et en fera ressortir la vérité d'une manière saisissante.

Un affranchi nommé Crésinus obtenait, dans un
petit domaine, des récoltes bien plus abondantes
que ses voisins sur des cultures beaucoup plus étendues. Ces voisins envieux, devenus ses ennemis,
l'accusèrent d'user de sortiléges et de maléfices
pour détourner à son profit et attirer à lui les productions des autres terres. L'accusation était grave,
et Crésinus dut comparaître devant le juge Albinus,
qui devait prononcer la sentence, après avoir recueilli les suffrages de la tribu.

Crésinus présenta dans le Forum, pour sa défense,
tout son appareil de culture : des domestiques robustes et bien vêtus, des instruments solides et

parfaitement construits, des bœufs de travail sains et vigoureux ; puis il dit : « Voilà, Romains, quels sont mes sortiléges et mes maléfices ; mais il en est d'autres que je ne puis vous montrer, et que je n'ai pu apporter dans le Forum : mes longues veilles, mes préoccupations pénibles, mes sueurs et mes durs travaux. »

Une acclamation unanime accueillit ces paroles, et Crésinus fut renvoyé honorablement absous.

Veneficia mea, Quirites, hæc sunt : nec possum vobis ostendere, aut in forum adducere lucubrationes meas, vigiliasque et sudores. (PL., l. XVIII, sec. VIII.)

Heureux progrès du temps et des mœurs ! Aujourd'hui les voisins de Crésinus ne l'accusent ni ne l'envient : ils s'efforcent de cultiver comme lui.

FIN

www.ingramcontent.com/pod-product-compliance
Lightning Source LLC
Chambersburg PA
CBHW051512060726
47597CB00001B/32